令和4年版

食料・農業・農村白書

農林水産省　編

食料・農業・農村白書の刊行に当たって

農林水産大臣

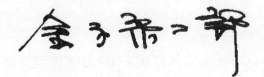

　我が国の農業は、関連産業である食品産業とともに国民の皆様に食料を安定供給し、地域の経済やコミュニティを支え、その営みを通じて、国土の保全、景観の維持等の多面的機能を有している、まさに「国の基」です。農業を強くし、美しく豊かな農山漁村を次世代に継承することは私たちの使命と考えております。

　このため、今回の白書では、そのための道標（みちしるべ）となるよう、2020年農林業センサスの公表も踏まえ、「変化（シフト）する我が国の農業構造」を特集のテーマとし、これまでの我が国の農業構造の中長期的な変化について、品目別、地域別も含めて記述しています。法人化や規模拡大の取組が着実に進んでいることや、品目構成が変化してきていること、さらには1農業経営体当たりの生産農業所得が近年増加傾向にあること等、我が国の農業構造が変化している状況を具体的に見ていただけるものと思っています。

　また、冒頭のトピックスにおいては、令和3年度においても新型コロナウイルス感染症が我が国の経済・社会全体に大きな影響を及ぼしていたことを踏まえ、まず第一に、食料・農業・農村における新型コロナウイルス感染症の感染拡大の影響と対応について取り上げています。あわせて、令和3年度における特徴的な動きとして、みどりの食料システム戦略、農林水産物・食品の輸出、スマート農業や農業のデジタルトランスフォーメーションなどについても紹介しています。

　このほか、昨年来上昇傾向で推移していた食料や飼料、燃油等の農業生産資材の価格が本年2月以降のロシアのウクライナ侵略を受けて更に高い水準に上昇する状況となっていることを踏まえ、それらの価格をめぐる最近の動向についても記述の充実を図りました。農林水産省としては、4月に決定された「原油価格・物価高騰等総合緊急対策」を着実に実施することにより、今後とも、事業者による生産資材の安定的な調達や、食品原材料等の価格上昇による国民の皆様の生活への影響の緩和などの効果が速やかに発揮されるよう努めてまいります。

　国民の皆様の我が国の食料・農業・農村への御関心は、今回の食料価格の上昇等を受けて一段と高まっているものと受けとめています。この白書が、農業や食品関連の職業に現在従事されている皆様はもとより、1人でも多くの国民の皆様に、食料・農業・農村の役割や重要性についての御理解を更に深めていただく一助となれば幸いです。

令和4年5月

令和3年度
食料・農業・農村の動向

第208回国会（常会）提出

目次

トピックス

特集

第1章

第2章

第3章

第4章

用語の解説

第1章　食料の安定供給の確保

第1節　食料自給率と食料自給力指標

トピックス

特集

第1章

第2章

第3章

第4章

用語の解説

トピックス

特集

第1章

第2章

第3章

第4章

用語の解説

トピックス

特集

第1章

第2章

第3章

第4章

用語の解説

トピックス

特集

第1章

第2章

第3章

第4章

用語の解説

第4章　災害からの復旧・復興や防災・減災、国土強靱化等　231

事例一覧

トピックス

特集

第1章

第2章

トピックス
特集
第1章
第2章
第3章
第4章
用語の解説

第3章

第4章

コラム一覧

特集

第1章

第2章

トピックス

特集

第1章

第2章

第3章

第4章

用語の解説

トピックス
特集
第1章
第2章
第3章
第4章
用語の解説

SUSTAINABLE DEVELOPMENT GOALS

○本資料に記載した数値は、原則として四捨五入しており、合計等とは一致しない場合があります。
○本資料に記載した目標値は、食料・農業・農村基本計画に則した政策評価測定指標の目標値です。
○本資料に記載した地図は、必ずしも、我が国の領土を包括的に示すものではありません。
○食料・農業・農村とSDGsの関わりを示すため、特に関連の深い目標のアイコンを付けています。（関連する目標全てを付けている訳ではありません。）

第1部

食料・農業・農村
の動向

は じ め に

　「令和3年度食料・農業・農村の動向」及び「令和3年度食料・農業・農村施策」（以下「本報告書」という。）は、食料、農業及び農村の動向並びに食料、農業及び農村に関して講じた施策に関する報告として、また、「令和4年度食料・農業・農村施策」は、動向を考慮して講じようとする施策を明らかにした文書として、食料・農業・農村基本法に基づき、毎年、国会に提出しているものです。

　我が国の農業は、我が国の経済・社会において重要な役割を果たしています。一方で、我が国の農業・農村は農業者や農村人口の著しい高齢化・減少という事態に直面しており、令和3(2021)年度においては、新型コロナウイルス感染症の感染拡大による影響の継続に加え、ロシアによるウクライナ侵略等を背景として、我が国農業においては持続可能な農業構造の実現に向けた取組がますます重要となっています。このため、本報告書では、特集において、「変化する我が国の農業構造」と題し、2020年農林業センサスの公表等を踏まえ、我が国の農業構造のこれまでの中長期的な変化をテーマに、品目別、地域別も含めた分析をしています。

　また、冒頭のトピックスでは、令和3(2021)年度における特徴的な動きとして、「新型コロナウイルス感染症による影響が継続」のほか、「みどりの食料システム戦略に基づく取組が本格始動」、「農林水産物・食品の輸出額が1兆円を突破」、「スマート農業・農業のデジタルトランスフォーメーション(DX)を推進」、「新たな国民運動「ニッポンフードシフト」を開始」等の七つのテーマを取り上げています。

　トピックス、特集に続いては、食料、農業及び農村の動向に関し、食料自給率の動向や食料安全保障の確立、食品の安全確保等を内容とする「食料の安定供給の確保」、担い手の育成・確保や主要な農畜産物の生産動向等を内容とする「農業の持続的な発展」、田園回帰の動向や中山間地域等の特性を活かした農業経営の推進等を内容とする「農村の振興」の三つの章立てを行い、記述しています。また、これらに続けて、「災害からの復旧・復興や防災・減災、国土強靱化等」の章を設け、東日本大震災や大規模自然災害からの復旧・復興、令和3(2021)年度に発生した災害の状況と対応等について記述しています。

　本報告書の記述分野は多岐にわたりますが、統計データの分析や解説だけでなく、全国各地で展開されている取組事例等を可能な限り紹介し、写真も交えて分かりやすい内容とすることを目指しました。また、本年度から新たに、QRコードも活用し、関連する農林水産省Webサイト等を参照できるようにしています。

　本報告書を通じて、我が国の食料・農業・農村に対する国民の関心と理解が一層深まることを期待します。

トピックス

 新型コロナウイルス感染症による影響が継続

新型コロナウイルス感染症は、令和3(2021)年度においても、緊急事態宣言が同年1〜3月、4〜9月の2回発効されたことに続き、令和4(2022)年1月には34都道府県にまん延防止等重点措置が適用されるなど、我が国の経済・社会全体に大きな影響を及ぼしていますが、外食の売上げや農産物需要等、我が国の食料・農業・農村にも様々な影響が生じる状況が継続しています。

さらに、同年2月以降は、これらに加え、ロシアのウクライナ侵略による更なる原油や穀物等の国際価格の上昇等も懸念される状況となっていますが、以下では、新型コロナウイルス感染症による影響が継続している状況とこれらの影響への対応状況について、主なものを紹介します。

(外食等への支出が減少する状況が継続)

家計消費支出の状況を見ると、新型コロナウイルス感染症の感染拡大の下で、外食への支出額は、令和2(2020)年3月以降大きく減少し、一時的に回復したものの、令和3(2021)年においても影響が続いていることがうかがえます(**図表トピ1-1**)。また、米、生鮮野菜、牛乳については、令和2(2020)年中頃までは支出額が増加しましたが、後半からは緩やかな減少傾向となっています。

図表トピ1-1 1人1か月当たりの食料支出額(令和元(2019)年同月を100とする指数)

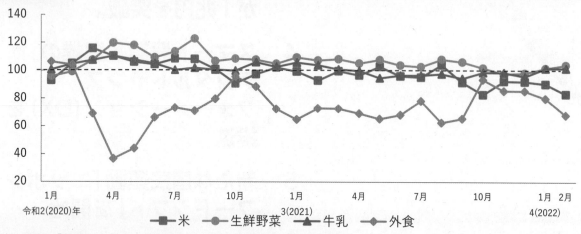

資料:総務省「家計調査」(全国・用途分類・二人以上の世帯)を基に農林水産省作成
注:1) 算出方法は、当月金額÷令和元(2019)年同月金額×100
　　2) 1)の「金額」は消費者物価指数(食料:令和2(2020)年基準)を用いて物価の上昇・下落の影響を取り除き、世帯員数で除した1人当たりのもの

(特にパブレストラン・居酒屋で売上高が大きく減少)

一般社団法人日本フードサービス協会の調査によれば、令和3(2021)年の外食産業全体の売上高は、緊急事態宣言が解除された直後の同年10月以降にやや回復の傾向がありましたが、令和4(2022)年1月に34都道府県にまん延防止等重点措置が適用されたことにより、再び減少しました。特にパブレストラン・居酒屋の売上げは、令和3(2021)年9月には令和元(2019)年同月比で9.5%まで低下した後、令和3(2021)年12月には54.7%まで回復しましたが、令和4(2022)年2月は、再び22.7%まで減少しました(**図表トピ1-2**)。

また、令和3(2021)年9〜10月に農林水産省が実施した調査によれば、今後3〜5年先の事

業方針について、食品小売業の3割、外食産業、食品製造業のそれぞれ2割が「廃業を検討」又は「事業規模を縮小」と回答しており、経営に深刻な影響が生じていることがうかがえます（**図表トピ1-3**）。

図表トピ1-2	外食産業における業態別売上高（令和元(2019)年同月比）

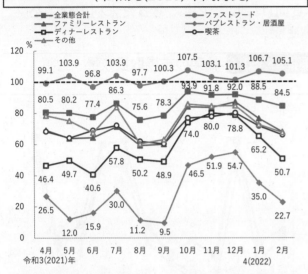

資料：一般社団法人日本フードサービス協会「外食産業市場動向調査」を基に農林水産省作成

注：1) 協会会員社を対象とした調査
    2) 「その他」は総合飲食、宅配ピザ、給食等を含む。

図表トピ1-3	食品産業の今後3〜5年先の事業方針

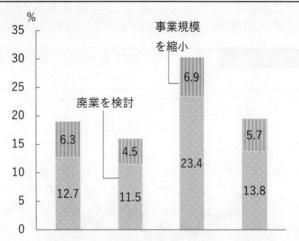

資料：農林水産省「令和3年度 食料・農林水産業・農山漁村に関する意識・意向調査(食品産業の経営課題等に関する意識・意向調査結果)」を基に作成

注：食品製造業、食品卸売業、食品小売業及び外食産業各2,000事業所を対象としたアンケート調査。有効回答数は、食品製造業930事業所、食品卸売業912事業所、食品小売業890事業所、外食産業738事業所

（外食を始めとする業務用需要の減少が継続）

外食需要を始め、学校給食やイベント等の業務用需要の減少等により、様々な農畜産物需要の減少が続いています。

生乳については、生産が好調な一方で、新型コロナウイルス感染症の感染拡大の影響により、外食やお土産等の業務用需要が回復しない中、令和3(2021)年の年末から令和4(2022)年の年始にかけて、乳製品工場をフル稼働させても処理不可能な生乳の発生が懸念される状況となりましたが、消費拡大に向けた業界を挙げた取組と消費者の協力により、そのような事態を回避することができました（**図表トピ1-4**）。また、例年、年度末からゴールデンウィークの時期は生乳生産が増加する一方、春休み等で学校給食が停止する時期であり、令和4(2022)年の春は例年以上に需給が緩和する可能性があったため、消費拡大に向け業界を挙げて取組を行いました。

花きについては、全体として需要は回復傾向にありますが、新型コロナウイルス感染症の感染拡大により、成人式、結婚式等の中止・延期や、葬儀の縮小等により、業務用を中心に需要の減少が続き、品目によっては影響が残っています。具体的には、令和3(2021)年の輪菊の市場取扱金額及び取扱数量は平年の1割減となっています（**図表トピ1-5**）。

なお、米については、新型コロナウイルス感染症の感染拡大以前においても、1人当たりの消費量や人口減少等の影響により毎年10万t程度需要が減少している中で、小売事業者向けは令和2(2020)年2月以降、おおむね令和元(2019)年同月比の水準を上回っていますが、中食[1]・外食事業者向けは令和2(2020)年3月以降減少し、令和3(2021)年においても令和元

---

[1] 用語の解説3(1)を参照

(2019)年同月比の水準を下回って推移するなどの影響が続いています（**図表トピ1-6**）。

　このほか、砂糖については、国内消費量を見ると消費者の低甘味嗜好等により減少傾向で推移している中、新型コロナウイルス感染症の感染拡大による外出自粛等に伴う外食及びインバウンド需要の減少の影響も受けています。

　また、新型コロナウイルス感染症の感染拡大の下で、子供食堂や生活困窮者等への支援の必要性が高まっています。このような中、外食向けに販売予定であった未利用食品をフードバンク[1]を通じて提供する動きが広がっています。

図表トピ1-4	11〜3月における家庭用牛乳の消費量

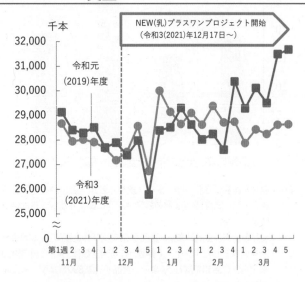

資料：一般社団法人Jミルク「牛乳類の販売状況（Jミルク）」を基に農林水産省作成

図表トピ1-5	輪菊の市場取扱数量・金額

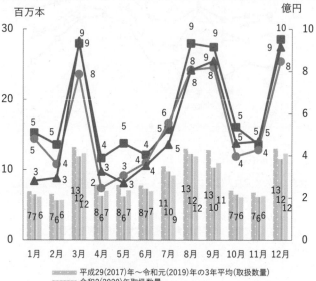

資料：東京都中央卸売市場「市場統計情報（月報）」を基に農林水産省作成

図表トピ1-6	米穀販売事業者における販売数量の動向(令和元(2019)年同月比)

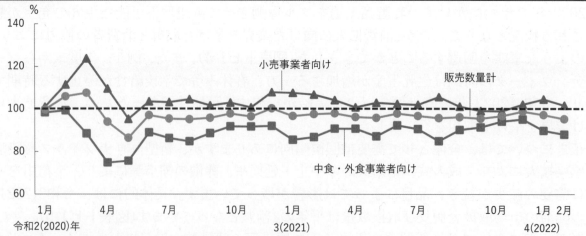

資料：農林水産省「米穀の取引に関する報告」を基に作成
注：1）　調査対象事業者は、年間玄米仕入数量5万t以上の販売事業者である。
　　2）　調査対象者が販売している精米の全体の数量の動向を指数化したものであり、個別の取引や産地銘柄ごとの動向を表すものではない。

---

[1] 用語の解説3(1)を参照

（入国制限により技能実習生等の外国人材の入国者数が減少）

　新型コロナウイルス感染症の感染拡大に伴い、生産現場での人手不足への影響も懸念されました。外国からの渡航者に対する水際対策が強化されたことにより、来日を予定していた外国人技能実習生等の外国人材の入国が困難となり、令和3(2021)年2月から入国者数は大幅に減少しました（**図表トピ1-7**）。

　このような中、同年10月末時点の農業分野における外国人の労働者数は、国内の技能実習生の在留延長などにより、前年10月時点とほぼ同じ、3万8,532人となっています（**図表トピ1-8**）。

　なお、令和4(2022)年3月から水際対策が緩和され、外国人材の入国が認められました。

図表トピ1-7　外国人技能実習生の入国者数（全分野合計）

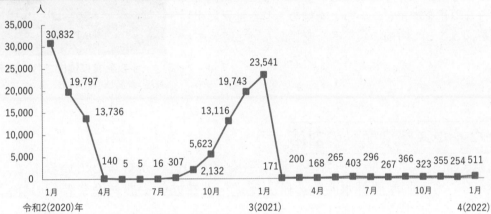

資料：出入国在留管理庁「出入国管理統計（月報）」を基に農林水産省作成
注：再入国者を含む。

図表トピ1-8　農業分野における外国人材の受入れ状況

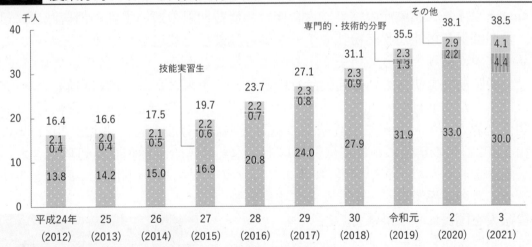

資料：厚生労働省「「外国人雇用状況」の届出状況」を基に農林水産省で集計・作成
注：1）各年10月末時点
　　2）「専門的・技術的分野」の令和元(2019)年以降の数値には、「特定技能在留外国人」の人数も含まれる。
　　3）「外国人雇用状況」の届出は、雇入れ・離職時に義務付けており、「技能実習」から「特定技能」へ移行する場合等、離職を伴わない場合は届出義務がないため、他の調査と一致した数値とはならない。

（事例）観光農園のいちごを学校給食に提供し、農業者を支援（群馬県）

　群馬県みなかみ町では、新型コロナウイルス感染症の感染拡大により、町内でいちごを栽培する農業者が運営する観光農園の来場者が大幅に減少したため、令和3(2021)年に観光農園のいちごを町内の小中学校の給食用に提供する取組を実施しました。

　その際、子供たちに食育の講話を行うとともに、町内のいちごのPR冊子を配布することにより、地元がいちごの産地であることを周知しました。これらの取組により、小中学生の保護者等のいちごの購入機会も増えているとのことです。

　子供たちからは、「採れたてのいちごはおいしい。」、「困っている農家さんを応援したい。」といった声がありました。同町では、このような取組を継続し、いちごを始めとした地元農産物の消費拡大を図ることで町内の農業者を支援したいと考えています。

学校給食に提供されたいちご
資料：群馬県みなかみ町

新型コロナウイルス感染症への対応

　農林水産省は、新型コロナウイルス感染症の感染拡大の影響が継続している中で、令和3(2021)年度においても国産農林水産物の販売促進・消費拡大や農林漁業者への経営継続支援等に向けて、各般の措置を実施しています。

ア　国産農林水産物の販売促進と消費拡大を支援

（牛乳乳製品の消費拡大の呼び掛け）

　新型コロナウイルス感染症の感染拡大に伴い、消費期限の短い牛乳の消費減少に対応するため、長期間保存可能な脱脂粉乳やチーズ等の乳製品を製造してきたことから、これらの乳製品の在庫が積み上がっています。このようなことから、「プラスワンプロジェクト」において、脱脂粉乳を使っている乳製品を中心に、アイスクリームは1日1個、ヨーグルトやチーズはふだんより1個多く（プラスワン）食べるように、政府と生産者団体、乳業メーカー等の関係業界が一体となって消費拡大の協力を呼び掛けました。令和3(2021)年の年末から令和4(2022)年の年始にかけては例年以上に生乳の需給が緩和し、処理できない生乳の発生も懸念されたため、「NEW(乳)プラスワンプロジェクト」を開始し、政府と生産者、乳業メーカー等の関係業界が一体となって牛乳乳製品の消費拡大を国民に呼び掛けました。

　さらに、年度末からゴールデンウィークは、需給が緩和する可能性があり、業界団体では、牛乳等の消費拡大キャンペーンに取り組みました。農林水産省としても業界の取組を後押しするため、省公式YouTubeチャンネル「BUZZ MAFF」やテレビCMによる情報発信を行っています。

農林水産大臣・副大臣が定例会見で
牛乳等の消費拡大をPR

（花きの利用拡大のための支援や取組（花いっぱいプロジェクト））

　イベントの中止・縮小等により、業務用を中心に需要が減少している花きの利用拡大を図るため「花いっぱいプロジェクト2021」と題した花きの需要拡大の取組を行いました。

　「花いっぱいプロジェクト2021」では、農林水産省のWebサイトに特設サイトを立ち上げるとともに、地方公共団体や花きの生産、流通、小売の関係団体等に協力を呼び掛け、家庭や職場等に花きを取り入れて楽しむプロジェクトを実施しました。特設サイトでは、花き業界等の取組や、花飾りに役に立つ情報、BUZZ MAFFの動画等を紹介しています。

農林水産省 Web サイト「花いっぱいプロジェクト」

（米穀の集荷団体と実需者が連携して行う長期的な保管や販売促進の取組への支援）

　新型コロナウイルス感染症の感染拡大の影響による需要減に相当する15万tの米穀について特別枠を設け、集荷団体と実需者等が市場に影響を与えないように連携して行う、長期計画的な販売に伴う保管に係る経費や、中食・外食事業者等への販売促進の取組に係る経費等を支援しています。

（主食用米・酒造好適米の長期計画的に販売する取組への支援）

　新型コロナウイルス感染症の感染拡大の影響等による需要減退の状況等を踏まえ、主食用米・酒造好適米を長期計画的に販売する取組に係る保管経費を支援しています。

（国産農林水産物等の販路の多様化や新たな販路開拓の取組を支援）

　外食やインバウンドの需要減少の影響を受け、販路が減少した農林漁業者や加工業者等に対して、国産農林水産物等の新たな販路開拓の取組や、学校給食や子供食堂等への食材として提供する際の食材調達費や輸送費等を支援しています。

（フードバンクを通じた未利用食品の子供食堂等への提供の取組を支援）

　新型コロナウイルス感染症の感染拡大の影響で、子供食堂や生活困窮者等へ食品を届きやすくすることが課題となっていたため、子供食堂等へ食品の提供を行っているフードバンクに対して、食品の受入れや提供を拡大するために必要となる運搬用車両、一時保管用倉庫の賃借料等を支援しています。

　また、政府備蓄米を活用して学校給食を支援してきた無償交付制度の枠組みの下、子供食堂や子供宅食における食育の一環としてごはん食の推進を支援しています。

（農林水産物・食品の輸出の維持・促進の取組を支援）

　新型コロナウイルス感染症の感染拡大の影響で、商談機会を逸失している中、輸出先国の経済活動の回復状況に即応して、速やかに反転攻勢をかけられるよう輸出商談・プロモーションを支援しています。また、マーケットインの発想の下、令和3(2021)年12月に改訂された「農林水産物・食品の輸出拡大実行戦略」で設定されている重点品目及びターゲット国・地域を対象とした取組を支援しています。

　具体的には、独立行政法人日本貿易振興機構(JETRO)によるビジネスマッチング、日本食品海外プロモーションセンター(JFOODO)による重点的・戦略的プロモーションや、コメ・コメ加工品の海外需要の開拓等を行うなど、官民一体となった海外での販売力を強化する取組を支援しています。

（飲食店の需要喚起のための支援を実施）

　新型コロナウイルスの感染状況等を踏まえながら、感染拡大により甚大な影響を受けている飲食店の需要喚起に向けて、都道府県ごとのプレミアム付食事券の発行等を、一時停止・再開を繰り返しながら実施しています。

イ　農林漁業者等の経営継続支援

（農林漁業者や食品関連事業者の事業継続・資金繰りを支援）

　農林漁業者の資金繰りに支障が生じないよう、金融機関に対する適時・適切な貸出し、担保徴求の弾力化等の対応の要請を行うとともに、農林漁業セーフティネット資金等の経営維持・再建に必要な資金の実質無利子化・無担保化の措置を継続して実施しています。

　また、食品関連事業者の債務保証に必要な資金の支援を実施しています。

（新たな需要に対応した品目への切替え、継続的・安定的な供給を図るための体制整備を支援）

　生産構造等の変化の下での農産物の安定供給や新市場の獲得に取り組む事業者に対し、新たな需要に対応した品目への切替え等を図るための高性能な農業機械のリース導入・取得や施設の整備等を支援しています。

　また、水田地帯において、新たな園芸作物を導入する産地における合意形成や、園芸作物の本格的な生産を始める産地における機械・施設のリース導入の取組等を支援しています。

（畜産農家の経営体質の強化等を支援）

　牛肉の価格に影響を受けた肉用牛肥育経営の影響を緩和するため、肉用牛肥育生産におけるコスト低減等の取組を支援しています。また、新型コロナウイルス感染症の感染拡大により在庫が高水準にある脱脂粉乳・バターの需要拡大と生乳の需給調整機能の維持を図るため、新たな業務用需要に対して脱脂粉乳・バターを活用する取組を支援しています。

（需要の減少に対応する農業者等に必要な経費を支援）

　野菜価格の下落により収入が減少した農業者の経営を支えるため、野菜価格安定対策事業の資金を追加し、補給金を交付しています。

　また、飲食店の時短営業等の影響を受けた食料品卸業界の安定供給機能を確保するため、

卸売市場等に対し、非接触型等の業務の構築・推進、販路の多様化・拡大に向けた取組の支援を行っています。

ウ　農業・漁業現場の労働力確保支援

（入国制限等による人手不足を解消するための労働力の確保を支援）

新型コロナウイルス感染症に関する入国制限により、予定していた外国人材が受け入れられないこと等から人手不足となっている農業・漁業経営体に対して、代替人材を受け入れるために必要な掛かり増し経費や人材の募集の情報発信等に必要な経費を支援し、農業・漁業現場における人手不足の解消と農業生産等の維持を図っています。

エ　食料品の供給状況等の情報発信

（食料品の供給状況や農林漁業者・食品関連事業者への支援策についての情報発信等を実施）

農林水産省は、国民に対し、食料品の供給状況等の情報を提供するため、令和2(2020)年3月、農林水産省Webサイトに新型コロナウイルス感染症に関する特設ページを開設したほか、MAFFアプリ[1]や、SNS[2]、動画共有サービス等の様々なチャンネルを活用し、引き続き情報発信に努めています。

このほか、新型コロナウイルス感染症の感染拡大の影響を受けた農林漁業者・食品関連事業者が令和3(2021)年度に活用できる支援策を取りまとめ、Webサイト上で情報発信しています。

新型コロナウイルス感染症について
（国民の皆様へ）
URL: https://www.maff.go.jp/j/saigai/n_coronavirus/
index.html#c01

新型コロナウイルス感染症について
（農林漁業・食品産業の皆様へ）
URL: https://www.maff.go.jp/j/saigai/n_coronavirus/
index.html#d200

→新型コロナウイルス感染症による影響については、第1章第2節、第3節、第4節及び第8節、第2章第1節、第3節、第5節及び第7節、第3章第1節、第3節、第5節及び第6節を参照
→ロシアのウクライナ侵略による食料価格等への影響については、第1章第2節、飼料や資材等への影響については、第2章第7節を参照

---

[1] 農業者等に役立つ情報を農林水産省から直接配信するスマートフォン用アプリ
[2] Social Networking Serviceの略。登録された利用者同士が交流できるWebサイトのサービス

みどりの食料システム戦略に基づく取組が本格始動

　我が国の食料・農林水産業は、大規模自然災害、地球温暖化、農業者の減少等の生産基盤の脆弱化、地域コミュニティの衰退、生産・消費の変化等の、持続可能性に関する政策課題に直面しています。また、諸外国ではSDGs(持続可能な開発目標)[1]や環境を重視する動きが加速しており、あらゆる産業に浸透しつつあることから、我が国の食料・農林水産業においても的確に対応していく必要があります。

　これらを踏まえ、農林水産省は令和3(2021)年5月に「みどりの食料システム戦略」(以下「みどり戦略」という。)を策定しました。以下では、みどり戦略の目指す姿と実現に向けた取組を紹介します。

(みどりの食料システム戦略を策定)

　我が国の食料・農林水産業の生産力向上と持続性の両立をイノベーションで実現させるため、農林水産省は、生産者、関係団体、食品事業者等幅広い関係者との意見交換等を経て、令和3(2021)年5月にみどり戦略を策定しました。

　みどり戦略は、令和32(2050)年までに目指す姿として、農林水産業のCO_2ゼロエミッション化の実現、化学農薬使用量(リスク換算)の50%低減、化学肥料使用量の30%低減、耕地面積に占める有機農業の取組面積の割合を25%に拡大等、14の数値目標(KPI[2])を掲げました。その実現に向けて、調達から生産、加工・流通、消費までの各段階での課題の解決に向けた行動変容、既存技術の普及、革新的な技術・生産体系の開発と社会実装を、時間軸をもって進めていくことが重要です(**図表トピ2-1**)。

図表トピ2-1 みどりの食料システム戦略が令和32(2050)年までに目指す姿

温室効果ガス削減	①農林水産業の**CO_2ゼロエミッション化**(2050)
	②**農林業機械・漁船の電化**・水素化等技術の確立(2040)
	③化石燃料を使用しない**園芸施設**への完全移行(2050)
	④我が国の再エネ導入拡大に歩調を合わせた、農山漁村における**再エネの導入**(2050)
環境保全	⑤**化学農薬使用量**(リスク換算)の50%低減(2050)
	⑥**化学肥料使用量**の30%低減(2050)
	⑦耕地面積に占める**有機農業**の割合を25%(100万ha)に拡大(2050)
食品産業	⑧**事業系食品ロス**を2000年度比で半減(2030)
	⑨**食品製造業の労働生産性**を2018年比で3割以上向上(2030)
	⑩飲食料品卸売業の売上高に占める**経費**の割合を10%に縮減(2030)
	⑪食品企業における持続可能性に配慮した**輸入原材料調達**の実現(2030)
林野	⑫林業用苗木のうち**エリートツリー**等が占める割合を3割(2030)9割以上(2050)に拡大 **高層木造の技術**の確立・木材による炭素貯蔵の最大化(2040)
水産	⑬**漁獲量**を2010年と同程度(444万トン)まで回復(2030) ⑭ニホンウナギ、クロマグロ等の**養殖**において人工種苗比率100%を実現(2050) **養魚飼料**の全量を配合飼料給餌に転換(2050)

資料：農林水産省作成

---

[1] 用語の解説3(2)を参照
[2] Key Performance Indicatorの略であり、「重要業績評価指標」。組織やチームで設定した最終的な目標を達成する上で、過程を計測・評価するための個別の指標・数値目標のこと

（多様な関係者との意見交換の実施と国連食料システムサミットでの発信）

　みどり戦略は、食料システムを構築する関係者それぞれの理解と協働の上で実施していく必要があることから、取組の分野ごとの解説動画を作成して公開するほか、全国各地で意見交換を実施し、様々な機会を捉えてみどり戦略の目指す姿、取組方向等を発信しました。

　また、欧米と気象条件や生産構造が異なるアジアモンスーン地域の特性に応じた持続可能な食料システムを提唱していくため、令和3(2021)年7月にイタリアのローマで開催された国連食料システム・プレサミットにおいて、みどり戦略を紹介するとともに、同年9月にオンラインで開催され150か国以上の首脳級・閣僚が参加した国連食料システムサミットにおいて、生産力の向上と持続性の両立、各国・地域の気候風土、食文化を踏まえたアプローチの重要性等について提唱し、みどり戦略を通じて持続可能な食料システムの構築を進めていく旨を発信しました。

意見交換の様子(九州農政局)

みどり戦略の解説動画

プレサミットでみどり戦略
について発言する農林水産大臣

（みどりの食料システム戦略の実現に向けて）

　みどり戦略の実現に向けて、各分野の令和32(2050)年までの技術の工程表、更には現在から直近5年程度までの技術の工程表を作成しており、毎年取組の進捗管理をしていくこととしています。また、食の生産・加工・流通・消費に関わる幅広い関係者が一堂に会する場として、令和3(2021)年12月に「持続可能な食料生産・消費のための官民円卓会議」を設置しました。生産者や食品関連産業、消費者等の関係者間の対話を通じて、情報や認識を共有し、具体的な行動にコミットしていきます。

　さらに、令和4(2022)年2月に「環境と調和のとれた食料システムの確立のための環境負荷低減事業活動の促進等に関する法律案(みどりの食料システム法案)」を国会に提出しました。また、戦略を強力に推進するため、みどりの食料システム戦略推進総合対策等の関係予算を措置しており、これらの取組により、みどり戦略の実現に資する研究開発、地域ぐるみでの環境負荷低減の取組を促進することを目指していきます。

みどりの食料システム戦略トップページ
URL：https://www.maff.go.jp/j/kanbo/kankyo/seisaku/midori/index.html

→第1章第6節、第2章第9節を参照

農林水産物・食品の輸出額が1兆円を突破

農林水産物・食品の輸出額は年々増加し、令和3(2021)年に初めて1兆円を突破しました。政府は、令和7(2025)年までに2兆円、令和12(2030)年までに5兆円という輸出額目標の達成に向けて、令和3(2021)年12月に「農林水産物・食品の輸出拡大実行戦略(以下「輸出戦略」という。)」を改訂し、更なる輸出拡大に取り組んでいます。以下では、農林水産物・食品の輸出をめぐる動きについて紹介します。

(農林水産物・食品の輸出額が過去最高額を更新)

令和3(2021)年の農林水産物・食品の輸出額は、前年に比べ25.6%(2,522億円)増加の1兆2,382億円となり、初めて1兆円を突破しました(**図表トピ3-1**)。

品目別では、新型コロナウイルス感染症の感染拡大により減少した海外の外食需要が回復したことに加えて、EC販売が好調だったことから、前年に比べ牛肉は85.9%(248億円)増加し537億円、日本酒は66.4%(160億円)増加し402億円となりました。また、贈答用や家庭内需要が増加したりんごが前年に比べ51.5%(55億円)増加し162億円となりました。国・地域別では、ホタテ貝や日本酒、ウイスキー等のアルコール飲料の輸出が増加した中国向けのほか、ぶり、牛肉等の輸出増加により米国向けが増加しました。

図表トピ3-1　農林水産物・食品の輸出額

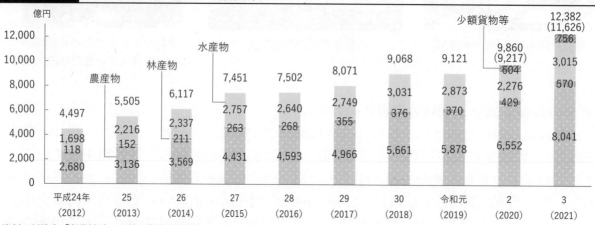

資料：財務省「貿易統計」を基に農林水産省作成
注：1) 少額貨物は、1品目20万円以下の貨物。貿易統計には計上されていないことから、別に金額の調査を実施
　　2) 令和2(2020)年の「9,217」は少額貨物及び木製家具を含まない数値。令和3(2021)年の「11,626」は少額貨物を含まない数値

(輸出阻害要因の解消等による輸出環境の整備の進展)

東京電力福島第一原子力発電所(以下「東電福島第一原発」という。)の事故に伴い、多くの国・地域において、日本産農林水産物・食品の輸入停止や放射性物質の検査証明書等の要求、検査の強化といった輸入規制措置が講じられています。これらの国・地域に対し、政府一体となってあらゆる機会を捉えて規制の撤廃に向けた粘り強い働き掛けを行ってきた結果、令和3(2021)年度においては、輸入規制措置がシンガポール、米国で撤廃され、EU、台湾等で緩和されました(**図表トピ3-2**)。

動植物検疫協議については、農林水産業及び食品産業の持続的な発展に寄与する可能性が高い輸出先国及び品目から優先的に協議を進めているところです。動物検疫協議については、国内で高病原性鳥インフルエンザ[1]や豚熱[2]が発生しても輸出が継続できるよう、主

---

[1] 用語の解説3(1)を参照
[2] 用語の解説3(1)を参照

な輸出相手国・地域との間で協議を行い、未発生県等からの輸出の継続が認められました。同年度もこれらの疾病が発生しましたが、鶏卵や豚肉の輸出拡大に影響を及ぼすことなく、輸出額は前年度よりも増加しています。植物検疫協議については、令和3(2021)年度は、ベトナム向けのうんしゅうみかんや米国向けのメロン、インド向けのりんごについて輸出が解禁されました(**図表トピ3-3**)。

図表トピ3-2 東電福島第一原発事故に伴う食品等の輸入規制の緩和・撤廃の内容(令和3(2021)年度)

年月	国・地域名	原発事故による諸外国・地域の食品等の輸入規制の緩和・撤廃の内容
2021年 5月	シンガポール	輸入規制撤廃
9月	米国	輸入規制撤廃
10月	EU、EFTA加盟国(スイス、ノルウェー、アイスランド、リヒテンシュタイン)	検査証明書及び産地証明書の対象品目が縮小(栽培されたきのこ類等を検査証明及び産地証明書の対象から除外)
2022年 2月	台湾	・福島県、栃木県、群馬県、茨城県、千葉県の農水産物・食品は、キノコ類等を除き、証明書添付等を条件に輸入停止が解除 ・書類添付義務の対象地域・品目が縮小

資料:農林水産省作成

図表トピ3-3 輸出が解禁された国と品目(令和3(2021)年度)

年月	輸出先国	品目
2021年 10月	ベトナム	うんしゅうみかん
11月	米国	メロン
2022年 3月	インド	りんご

資料:農林水産省作成

(輸出戦略の着実な推進)

我が国の農林水産物・食品の生産額に占める輸出額の割合は2%と、米国(12%)やフランス(28%)、イタリア(21%)と比較しても低い分、輸出増のポテンシャルは高いと考えられます。令和7(2025)年に2兆円、令和12(2030)年に5兆円の輸出額目標の達成に向けて、更に輸出を拡大するには、海外市場で求められる産品を生産・販売するマーケットインの体制整備が不可欠である一方、輸出にチャレンジする産地・事業者の支援、オールジャパンでの輸出の取組や海外での支援体制が不十分であること等が課題となっています。

このため、政府は、令和3(2021)年5月に、令和2(2020)年12月に策定した輸出戦略の具体的な対応策を「輸出拡大実行戦略フォローアップ」として取りまとめました。また、令和3(2021)年12月には、輸出戦略を改訂し、「かき・かき加工品」を新たに加え、28の輸出重点品目を定めるとともに、輸入規制の撤廃に向けた輸出先国・地域への働き掛けや輸出産地の育成・展開、輸出先国における輸出支援プラットフォームの立上げ等、新たな輸出促進施策の方向性を決定しました。

さらに、改訂した輸出戦略に基づき、「農林水産物及び食品の輸出の促進に関する法律等の一部を改正する法律案」を令和4(2022)年3月に国会に提出しました。これにより、輸出品目ごとに、生産から販売に至る関係者が連携し、輸出の促進を図る法人を「認定農林水産物・食品輸出促進団体」(品目団体)として認定する制度を創設し、オールジャパンでの輸出拡大を推進することとしています。これは、例えば、米であれば、米の生産者、産地、卸売業者、パックご飯の製造者等、生産から販売までの幅広い関係者によって品目団体を構成し、業界が一丸となって、輸出先国・地域のニーズ・規制の調査やジャパンブランドを活用したプロモーション等の輸出促進に取り組むこととするものです。このほか、本法案においては、輸出事業に必要な設備投資への金融・税制の支援の拡充、民間検査機関による輸出証明書の発行、JAS法改正による有機JAS制度の改善等も行うこととしています。

→第1章第5節を参照

スマート農業・農業のデジタルトランスフォーメーション(DX)を推進

ITの急速な発展・普及により、農業や食関連産業等においても新たな発展が期待されています。特に農業分野では、農業者の高齢化や労働力不足が続いており、農業を成長産業としていくためには、デジタル技術を活用して、効率的な生産を行いつつ、消費者から評価される価値を生み出していくことが不可欠です。

以下では、スマート農業や農業のデジタルトランスフォーメーション(DX[1])の実現に向けた農林水産省の取組について紹介します。

(農業DX構想に基づくデジタル変革の実現に向けて)

農林水産省では、農業や食品関連産業の分野におけるDXの方向性や取り組むべき課題を示し、食や農に携わる方々の参考となるよう、令和3(2021)年3月に「農業DX構想」を取りまとめ、公表しました。

この構想では、農業・食関連産業におけるDXの実現に向けて、農業・食関連産業の「現場」、農林水産省の「行政実務」、そして現場と農林水産省をつなぐ「基盤」の整備について、計39のプロジェクトを掲げています。現在、この構想の下で、データを活用したスマート農業の現場実装、「農林水産省共通申請サービス(eMAFF)」による行政手続のオンライン化等、多様なプロジェクトを進めています。

(スマート農業の現場実装を加速化)

農林水産省は、ロボット、AI[2]、IoT[3]等先端技術を活用したスマート農業技術を実際の生産現場に導入して、その経営改善の効果を明らかにするため、令和元(2019)年度から全国182地区でスマート農業実証プロジェクトを実施しています。

実証プロジェクトでは、農作業の自動化、情報共有の簡易化、データの活用等を行っており、令和3(2021)年度は、輸出、新たな農業支援サービス、スマート商流、新しい生活様式に対応したリモート化・超省力化、防災・減災の五つの農政上の課題に対応したテーマに基づき地区を採択しました。これまでの実証の成果として、生産者間でデータを共有することで、新規就農者[4]を含めた産地全体で収量が向上し経営の改善につながった事例や、労働時間削減効果なども確認されています。その一方で、スマート農業機械の導入コストを回収するためには一定規模以上の農地面積が必要であることや、スマート農業機械の操作に慣れた人材が不足していることといった課題も明らかになりました。

このため、令和3(2021)年2月に改訂した「スマート農業推進総合パッケージ」で示す、今後5年間で展開する施策の方向性に則し、シェアリング等新たな農業支援サービスの育成と普及、農業データの活用、農地インフラの整備等による実践環境の整備、農業大学校・農業高校等での学習機会の提供等に取り組んでいるところです。また、実証に取り組む農業者の現場の声「REAL VOICE」を、Webサイトで公開しています。

---

1 用語の解説3(2)を参照
2 用語の解説3(2)を参照
3 用語の解説3(2)を参照
4 用語の解説2(6)を参照

匠の技の見える化による技術の伝承
（ARの補助によるブドウの摘粒）

自律走行無人草刈機

スマート農業に取り組む
農業者の現場の声「REAL VOICE」
URL：https://www.affrc.maff.go.jp/docs
/smart_agri_pro/jissho_seika/index.htm

（eMAFFプロジェクトが本格始動）

　農林水産省では、所管する法令や補助金・交付金において3千を超える行政手続がありますが、現場の農業者を始め、地方公共団体等の職員からは、申請項目や添付書類が非常に多いとして、改善を求める声が多数寄せられています。このような状況を改善し、農業者が自らの経営に集中でき、地方公共団体等の職員が担い手の経営のサポートに注力できる環境とするため、行政手続をオンラインで行えるようにするeMAFFの開発を進め、令和3(2021)年度から本格的な運用を開始しました。

　eMAFFは、政府方針にある「デジタル化3原則」（デジタルファースト、ワンスオンリー、コネクテッド・ワンストップ）に則していることはもちろん、申請者等の負担を軽減するため、全ての手続について点検を行い、申請に係る書類や申請項目等の抜本的な見直し(BPR[1])を行った上でオンライン化を進めています。令和4(2022)年3月末時点で、2,623の手続がオンライン化を完了しており、令和4(2022)年度末までに全てオンラインで申請できるようにすることを目指しています。

　これにより、農業者を始めとした行政手続の申請者や、地方公共団体等の行政手続の審査者といったeMAFFの利用者にとって、実際に利便性を感じていただけるよう、運営していきます。また、今後は、様々な行政手続のデータが得られることによって、より効果的な施策を提案できるようになることが期待されます。

　さらに、オンライン化に当たっては、幅広い農業者がデジタル化の恩恵を受けられるようにすることも重要です。このため、令和3(2021)年6月には、農業や食品関連産業分野におけるDXを実現していくための取組の一環として、eMAFFに関する包括連携協定を株式会社日本政策金融公庫との間に締結したところであり、他の民間事業者等との連携にも取り組んでいきます。

約50cm

交付金申請手続における添付資料一式の例
（1事業者の申請）

eMAFFの申請者側画面

→第2章第8節を参照

---

[1] Business Process Reengineering の略で、業務改革のこと

トピックス 5 新たな国民運動「ニッポンフードシフト」を開始

　農林水産省は、食料の持続的な確保が世界的な共通課題となる中で、令和3(2021)年度から、食と農のつながりの深化に着目した、官民協働で行う新たな国民運動「食から日本を考える。ニッポンフードシフト」(以下「ニッポンフードシフト」という。)を開始しました。以下では、これからの日本の食を確かなものにしていくために進めているニッポンフードシフトの取組状況について紹介します。

(多様なイベントやメディアを通じて食と農の魅力を発信)

　ニッポンフードシフトは、次代を担う1990年代後半から2000年代生まれの「Z世代」をターゲットとして、全国各地の農林漁業者の取組や地域の食、農山漁村の魅力を全国各地で開催するイベントやテレビ、新聞、雑誌等のメディアを通じて発信し、それを国民の消費行動につなげていくことを目指しています。農林水産省は、この取組に賛同する1,711[1]の企業・団体等を「推進パートナー」として登録し、官民一体となって国民運動を推進していくこととしています。

　これまでのところ、まず、令和3(2021)年には、日本の食が抱える課題や目指す未来について考えるきっかけとするイベントを全国で開催したほか、高校生参加型のテレビ番組で食の課題を解決するためのアイディアコンテストを実施しました。また、吉本興業株式会社所属の「食」に関する芸名の芸人の参画を得た、食をテーマとした動画の発信、「食と農のマンガ」の雑誌での特集等を行いました。

　さらに、令和4(2022)年には、47都道府県の地方新聞紙上で、各都道府県内で活躍する若手農業者等の栽培方法や品種への「こだわり」を紹介したほか、株式会社ビームスが手掛ける「BEAMS JAPAN」と連携してのオリジナル農業ウェアの販売等も行っています。

大学生らが参加する
ニッポンフードシフト・フェス
トークセッション

高校生参加型のテレビ番組企画
資料：株式会社テレビ東京

よしもと「食」芸人による動画
URL：https://www.youtube.com/watch?
v=mWhvqkHBWhw&t=4s

---

[1] 令和4(2022)年3月時点

（ニッポンフードシフトを通じた食と農への関心の高まりと今後の展開）

　令和3(2021)年10月に東京都で開催したフェスへの来場者に対して行ったアンケートでは、イベントへの参加により、「食や農業の重要性や持続性への理解」が「深まった」又は「やや深まった」と回答した割合は9割、「国産農林水産物を積極的に選択する意識」について「高まった」又は「やや高まった」と回答した割合は8割となっています。

　我が国の食と農についての国民の理解が深まり、国産の農林水産物や有機農産物を積極的に選択する行動につながっていくよう、今後も様々な角度から食と農のつながりを深めていくための取組を展開していきます。

（事例）ニッポンフードシフト推進パートナーの取組事例(福島県)

　福島県国見町(くにみまち)は、地産地消の推進や地場産品の販路拡大に力を入れており、ニッポンフードシフトの活動と同町が掲げるまちづくりの方向性が合致したため、ニッポンフードシフト推進パートナーの登録を行いました。

　令和3(2021)年10月には、ニッポンフードシフトのロゴマークを使用し、生産者が直接消費者に同町産の農産物の安全性を説明しながら農産物の販売を行う「くにみマルシェ」を開催し、2日間で1万6千人が来場しました。

　参加者からは、「ニッポンフードシフトのロゴマークを見て、マルシェの目的の一つである地産地消への意気込みを強く感じた。」と感想がありました。

　同町は「ロゴマークを使用することは、地産地消を推進する上で効果がある。」として、今後も継続してこの取組にロゴマークを使用していくこととしています。

**くにみマルシェで使用されている
ニッポンフードシフトのロゴマーク**

資料：福島県国見町

ニッポンフードシフト
ロゴマーク

ニッポンフードシフト
公式 Web サイト
URL：https://nippon-food-shift.maff.go.jp/

→第1章第6節、第7節を参照

19

6 加工食品の国産原料使用の動きが拡大

　加工食品における国産原料の使用が広がっています。令和4(2022)年4月から加工食品の原料原産地表示が義務化される中で、今後、更なる広がりが想定されます。以下では、これらの動きについて紹介します。

（食品製造事業者の国産原料使用の広がり）

　敷島製パン株式会社では、平成24(2012)年から国産小麦を100％使用した製品の販売を行っています。令和2(2020)年時点で、全商品に使用する国産小麦の比率は11％となっており、令和12(2030)年に同比率を20％にする目標を掲げ、使用拡大に取り組んでいます。

　豆腐メーカーの相模屋食料株式会社は、国産大豆の使用量を年々増やしており、令和2(2020)年度の国産大豆の比率は22％となっています。同年度の国産大豆使用量は平成27(2015)年度比で8割増となりました。令和7(2025)年度には国産使用量を現在の2倍にすることを目標とし、今後、国産大豆を使用した製品を増やす考えです。

　米菓メーカーの岩塚製菓株式会社は、平成26(2014)年から全ての商品に使用する原料米を国産にしています。海外販売も視野に入れ、令和3(2021)年3月から商品のパッケージに「日本のお米100％使用」と表示しています。

国産小麦を使用したパン
資料：敷島製パン株式会社

国産大豆を使用した木綿豆腐
資料：相模屋食料株式会社

国産米を使用した米菓
資料：岩塚製菓株式会社

（加工食品の原料原産地表示の義務化が後押し）

　平成29(2017)年9月の食品表示基準の改正により、全ての加工食品[1]を対象に、重量割合1位の原材料の原産地を原則として国別重量順で表示する制度が施行されています。

　令和4(2022)年3月末までは経過措置期間でしたが、同年4月から全ての加工食品の原材料の原産地表示が義務化されます。これを受け、消費者が加工食品を購入する際に表示を確認し、国産原材料を使用したものを選択することができるようになります。このことも、食品製造事業者による輸入原料から国産原料への切替えを後押ししていると考えられます（図表トピ6-1）。

---

[1] 外食、容器包装に入れずに販売する場合、作ったその場で販売する場合、輸入品は対象外

図表トピ6-1　加工食品の原料原産地表示制度での表示例(国別重量順表示)

これまでの表示

名称　ウインナーソーセージ
原材料名　豚肉、豚脂肪、たん白加水分解物、食塩、香辛料、…

新たな表示

豚肉産地	豚肉部分の表示
1か国	豚肉(アメリカ産)
2か国	豚肉(アメリカ産、国産)
3か国以上	・全て表示する場合 →豚肉(アメリカ産、国産、カナダ産、デンマーク産) ・3か国目以降を「その他」と表示する場合 →豚肉(アメリカ産、国産、その他) 　※3か国目以降は、「その他」とまとめて表示可能

資料：消費者庁資料を基に農林水産省作成

(消費者の過半は原料原産地表示を確認し国産原料を選択、国内産地の活性化にも寄与)

　消費者庁が令和3(2021)年3月に行った調査によると、食品を購入する際に原料原産地名の表示を参考にしていると回答した人は67.1%となっており、原料原産地表示が消費者にとって商品選択をする上で重要な要素となっています(**図表トピ6-2**)。また、株式会社日本政策金融公庫が令和4(2022)年1月に行った調査によると、割高でも国産品を選ぶと回答した人は53.2%となっています(**図表トピ6-3**)。

　このような中、食品製造事業者による国産原料使用の取組が更に広がり、加工食品の原料を供給している国内産地の活性化にも寄与することが期待されます。

図表トピ6-2　食品購入時の「原料原産地名」表示に対する意識

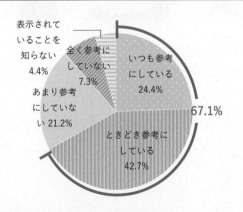

資料：消費者庁「令和2年度食品表示に関する消費者意向調査報告書」
　　　(令和3(2021)年3月)を基に農林水産省作成
注：全国の15歳以上の一般消費者を対象としたインターネット調
　　査(有効回答数1万1,380から性別、年代、地域の比率を考慮し
　　てサンプル数1万を無作為に抽出)

図表トピ6-3　国産食品の輸入食品に対する価格許容度

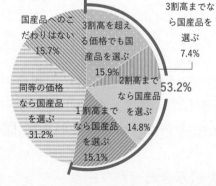

資料：株式会社日本政策金融公庫「消費者動向調査」(令和4(2022)
　　　年1月調査)を基に農林水産省作成
注：全国の20歳代〜70歳代の男女を対象としたインターネット調
　　査(有効回答数2,000)

→第1章第8節、第2章第7節を参照

半農半Xなど多様な農業への関わり方が展開

　ここ数年、都市住民の農山漁村や農業への関心の高まりもうかがわれる中で、別の仕事をしながら農業をする「半農半X」や短期・短時間の就業先として農業に携わる動き等の広がりが見られるようになっています。以下では、このような多様な農業への関わり方をめぐる最近の動きについて紹介します。

(半農半Xの広がり)

　人口急減地域特定地域づくり推進法[1]により、都市から農村に移住し農業と別の仕事を組み合わせた「半農半X」の取組が広がりを見せています。Iターンで島根県津和野町に移住した金田信治さんは、同法に基づいて令和3(2021)年3月に設立された「津和野町特定地域づくり事業協同組合」の職員として、5〜9月は水稲、茶、露地野菜等の栽培、収穫作業を中心に従事し、それ以外の期間は酒類製造に携わっています。金田さんは、「マルチワークによりスキルアップしている実感があり、人材が不足している現場に派遣されることから、感謝されてモチベーションアップにもつながる。」と述べています。

(産地間連携の取組を利用した短期間就農の動き)

　繁忙期の異なる複数地域の農業協同組合(以下「農協」という。)が連携し、就業期間終了後の次の就業先を紹介し合う取組が行われています。この取組を利用して、定住せずに短期間就業で農作業を行いながら全国を渡り歩くアルバイトも見られます。

　北海道のJAふらの、愛媛県のJAにしうわ、沖縄県のJAおきなわは「農業労働力確保産地間連携協議会」を平成30(2018)年2月に設立し、共同でアルバイトの確保を行っています。全国からWeb広告等で募集した主に20〜30代の男女のアルバイト20〜30人程度が、産地

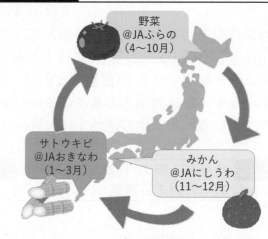

図表トピ7-1　産地間連携のイメージ図

野菜
@JAふらの
(4〜10月)

サトウキビ
@JAおきなわ
(1〜3月)

みかん
@JAにしうわ
(11〜12月)

資料：農林水産省作成

間を繁忙期に合わせて移動し、それぞれの農協のアルバイト用宿舎に滞在しながら、農作業に従事しています。参加したアルバイトからは「次のアルバイト先の紹介があるので助かる。」との声が寄せられています(図表トピ7-1)。

(農業を組み合わせたワーケーションの実施)

　農業に興味のある都市住民と農村地域の農業や観光・宿泊業が連携し、働き方改革の一環として広がりを見せるワーケーションと農業を組み合わせた取組が行われています。

　都市地域のIT企業に勤める戸塚惇子さんは、令和3(2021)年6〜7月に長野県須坂市で実施されたワーケーションと農業を組み合わせた取組「農ケーション」に15日間参加しまし

---
[1] 正式名称は「地域人口の急減に対処するための特定地域づくり事業の推進に関する法律」(令和2(2020)年6月施行)

た。戸塚さんは、期間中は同市の旅館に宿泊し、平日午前5〜7時にぶどうの摘粒や出荷作業等の農作業を行い、午前9時〜夕方にテレワークを行いました。テレワークが短いときは農作業を増やし、また、休日には農作業や観光を行い過ごしました。戸塚さんは「農作業での収入を滞在費として補填でき、身体もリフレッシュできるので良い体験になった。」と述べています。

（労働力募集アプリを活用した1日単位での農業への関わり）

北海道十勝管内の農協等で構成される「とかちアグリワーク協議会設立準備会」（令和元(2019)年設立）は、Kamakura Industries株式会社が開発した1日バイトアプリ「デイワーク」を活用して、短期で働きたい人とアルバイトを雇いたい農業者をマッチングする取組をしています。デイワークを利用してアルバイトをする者は、副業として利用する社会人が最も多く、次いで学生となっています。アルバイトをする者の多くからは、「満足度が高い。」との声があり、また、アルバイトを雇用する農業者からも、「当初は1日単位で雇うことに不安があったが、始めてみたらとても真面目に一生懸命に作業してくれてとても助かった。」との声がありました。

（多様な農業への関わり方を可能とする取組と農業現場での期待）

これらの動きからは、雇う側、雇われる側の双方が、就農時間、雇用形態、居住地域等に柔軟に対応することで、多様な農業への関わり方が可能となっていることがうかがわれます。農業の現場では労働力不足に直面していることから、今後、このような新たな動きが更に広がり、農業現場での短期的な労働力不足の解消に寄与するとともに、将来的な就農につながっていくことが期待されます。

半農半Xの実践者
（農業と酒蔵での勤務）
資料：島根県津和野町

1日農業バイトの仕組み
資料：とかちアグリワーク協議会設立準備会

→第2章第3節、第3章第6節を参照

特集

変化する
我が国の農業構造

変化する我が国の農業構造
シフト

　我が国の農業は、国民生活に必要不可欠な食料を供給する機能を有するとともに、地域の経済やコミュニティを支え、国土保全等の多面的機能を有しており、我が国の経済・社会において重要な役割を果たしています。

　他方、我が国の農業・農村は農業者や農村人口の著しい高齢化・減少という事態に直面していますが、令和3(2021)年度においては、新型コロナウイルス感染症の感染拡大による影響の継続に加え、ロシアによるウクライナ侵略等を背景として、食料自給率[1]の向上や食料安全保障[2]の強化への期待が一層高まっており、そのような中で、我が国農業においては持続可能な農業構造の実現に向けた取組がますます重要となっています。

　このため、今回の特集では、そのための道標となるよう、2020年農林業センサスの公表等を踏まえ、我が国の農業構造のこれまでの中長期的な変化をテーマに、品目別、地域別も含めた分析を行いました。以下では、その内容について紹介します。

(1) 基幹的農業従事者

(基幹的農業従事者は減少傾向、令和2(2020)年は136万人)

　個人経営体[3]の世帯員である基幹的農業従事者[4]は減少傾向が続いており、令和2(2020)年は136万3千人と、平成27(2015)年の175万7千人と比べて22%減少しました。15年前の平成17(2005)年の224万1千人と比べると39%減少しました(**図表 特-1**)。

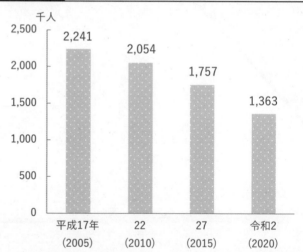

図表 特-1　基幹的農業従事者数

資料：農林水産省「農林業センサス」、「2010年世界農林業センサス」
　　　(組替集計)
注：1) 各年2月1日時点の数値
　　2) 平成17(2005)年の基幹的農業従事者数は販売農家の数値

---

[1] 用語の解説3(1)を参照
[2] 用語の解説3(1)を参照
[3] 用語の解説1、2(1)を参照
[4] 用語の解説1、2(5)を参照

(65歳以上の基幹的農業従事者が70%、49歳以下の割合は11%)

　令和2(2020)年の基幹的農業従事者数のうち、65歳以上の階層は全体の70%(94万9千人)を占める一方、49歳以下の若年層の割合は11%(14万7千人)となっています(**図表 特-2**)。

図表 特-2 年齢階層別基幹的農業従事者数

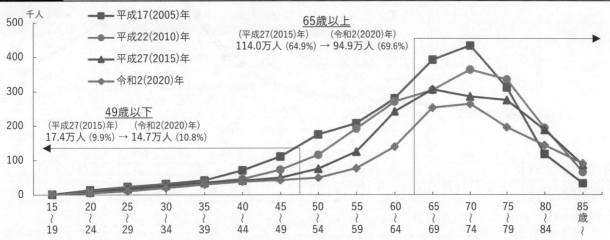

資料：農林水産省「農林業センサス」、「2010年世界農林業センサス」（組替集計）
　注：1) 各年2月1日時点の数値
　　　2) 平成17(2005)年の基幹的農業従事者数は販売農家の数値

(令和2(2020)年の20~49歳層は平成27(2015)年の15~44歳層に比べて2万2千人増加)

　農林業センサスは5年ごとの調査で、年齢階層も5年単位であることから、例えば、平成27(2015)年に20~24歳の階層に属する基幹的農業従事者は、令和2(2020)年には25~29歳の階層に属することになります。

　これを踏まえて、令和2(2020)年の年齢階層別基幹的農業従事者数を、平成27(2015)年の5歳若い階層と比較すると、70歳以上の階層では後継者への継承等により減少する一方、69歳以下の各階層で微増となりました(**図表 特-3**)。

　このうち、令和2(2020)年の20~49歳層(平成27(2015)年時点の15~44歳層)の動向を見ると、親からの経営継承や新規参入等により12万4千人から14万7千人と2万2千人増加、60~69歳層(同55~64歳層)は36万7千人から39万3千人と2万6千人増加しました。60~69歳層は退職後に就農するいわゆる定年帰農による増加と考えられます。一方、人数の多い70歳以上の階層の減少率が高いことから、基幹的農業従事者全体としては大幅な減少となりました。

　このような中、我が国の農業の持続的な発展のためには、若年層等の農業従事者の確保・定着と併せて、それらの農業従事者一人一人がこれまでに比べてより大きな役割を担っていくことが必要になっていると考えられます。

図表 特-3 基幹的農業従事者の平成27(2015)年・令和2(2020)年の増減

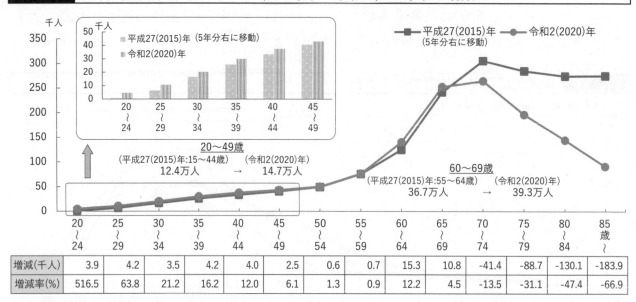

	20〜24	25〜29	30〜34	35〜39	40〜44	45〜49	50〜54	55〜59	60〜64	65〜69	70〜74	75〜79	80〜84	85歳〜
増減(千人)	3.9	4.2	3.5	4.2	4.0	2.5	0.6	0.7	15.3	10.8	-41.4	-88.7	-130.1	-183.9
増減率(%)	516.5	63.8	21.2	16.2	12.0	6.1	1.3	0.9	12.2	4.5	-13.5	-31.1	-47.4	-66.9

資料：農林水産省「農林業センサス」を基に作成
注：1) 各年2月1日時点の数値
　　2) 平成27(2015)年のグラフを1階層(5年分)右に移動して令和2(2020)年の同じ世代の階層と増減比較

(事例)Iターン就農で、菊栽培に取り組む若手基幹的農業従事者(長野県)

　長野県茅野市の鈴木紘平さんと仁美さんは、菊58a(施設15a、露地43a)の栽培を行う49歳以下の基幹的農業従事者です。平成28(2016)年の新・農業人フェア等で紹介されたIターンの先輩である菊農家の下で、2年間の里親研修等を受け、菊の栽培技術を習得後、国の支援を活用し、令和元(2019)年に愛知県から長野県へ移住、Iターン就農をしました。

　綿密な栽培計画と、電照、シェード栽培等開花調整技術を活用し、計画出荷、作業負荷分散に取り組んだ結果、就農2年目に経営計画における5年目の売上げと出荷数量の目標を達成しました。

　鈴木さんは、今後、若手の新規就農者*を増やすことで、地域農業の発展を促していきたいと考えています。

* 用語の解説2(6)を参照

鈴木紘平さんと仁美さん

(若年層の基幹的農業従事者は酪農や施設野菜で大きい割合)

　令和2(2020)年の若年層(49歳以下)の基幹的農業従事者を販売金額1位部門別に見ると、人数では稲作や施設野菜、露地野菜でそれぞれ約3万人と多く、49歳以下の割合では酪農で31%、施設野菜で21%と大きくなっています(図表 特-4)。施設野菜や酪農等の畜産部門は、経営体の販売金額や農業所得[1]が比較的大きく、かつ、生産に当たって多くの労働力を要することから、若年層の割合の大きさにつながっているものと考えられます。

---

[1] 用語の解説2(4)及び特集(5)参照

図表 特-4 販売金額1位部門別の基幹的農業従事者数（全体及び49歳以下）

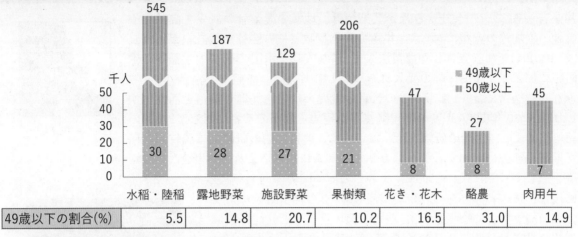

49歳以下の割合(%)	水稲・陸稲	露地野菜	施設野菜	果樹類	花き・花木	酪農	肉用牛
	5.5	14.8	20.7	10.2	16.5	31.0	14.9

資料：農林水産省「2020年農林業センサス」結果を基に集計・作成

（コラム）団体経営体における若年農業者の状況

　法人経営体等の団体経営体*について、農業者の年齢を見ると、令和2(2020)年は、団体経営体の農業者19万人のうち49歳以下の割合は45%(8万5千人)で、個人経営体の割合(12%)より高くなっています。

　販売金額1位部門別に見ても、ほぼ全ての部門で、団体経営体の農業者に占める49歳以下の割合は、個人経営体の割合を上回っており、特に、稲作部門では、個人経営体の6%に対して、団体経営体では30%となっています。

　個人経営体の農業者数については、若年層の割合が小さく、また、高齢化等の影響により今後も減少傾向で推移することが見込まれます。このため、若年農業者の就農における団体経営体の役割は、引き続き大きいと考えられます。

　＊ 用語の解説1、2(1)を参照

個人経営体・団体経営体の農業者数
（全体及び49歳以下）（令和2(2020)年）

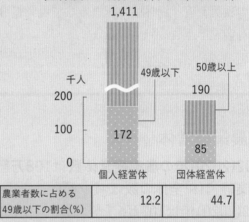

農業者数に占める 49歳以下の割合(%)	個人経営体	団体経営体
	12.2	44.7

資料：農林水産省「2020年農林業センサス」を基に作成
注：1) 個人経営体の農業者数は、基幹的農業従事者と個人経営体が雇い入れた常雇いの総数
　　2) 団体経営体の農業者数は、役員・構成員(年間農業従事150日以上)と団体経営体が雇い入れた常雇いの総数
　　3) 年齢不詳の常雇いは50歳以上に含む。

販売金額1位部門別の団体経営体における農業者数（全体及び49歳以下）（令和2(2020)年）

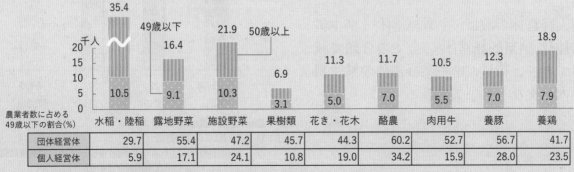

農業者数に占める 49歳以下の割合(%)	水稲・陸稲	露地野菜	施設野菜	果樹類	花き・花木	酪農	肉用牛	養豚	養鶏
団体経営体	29.7	55.4	47.2	45.7	44.3	60.2	52.7	56.7	41.7
個人経営体	5.9	17.1	24.1	10.8	19.0	34.2	15.9	28.0	23.5

資料：農林水産省「2020年農林業センサス」結果を基に集計・作成
注：1) 個人経営体の農業者数は、基幹的農業従事者と個人経営体が雇い入れた常雇いの総数
　　2) 団体経営体の農業者数は、役員・構成員(年間農業従事150日以上)と団体経営体が雇い入れた常雇いの総数
　　3) 年齢不詳の常雇いは50歳以上に含む。

（事例）農業法人で研修を受けた新規就農希望者が町内外で活躍（福井県）

福井県若狭町の有限会社かみなか農楽舎は、地域の農業者の減少・高齢化や荒廃農地の増加等の課題に対して、集落住民と行政と株式会社類設計室が出資して平成13（2001）年に設立された農業法人で、借り入れた水田45haでの水稲等の生産・販売に加えて、農業体験の受入れを事業として実施しています。

かみなか農楽舎では、「都市からの若者の就農・定住を促進し集落を活性化する」との目的で、年間3人程度の新規就農を希望する都市の若者に対して2年間の農業栽培技術・農村生活の研修を行っています。農村生活の研修では農村の一員として地域の活動に参加することもカリキュラムに組み込まれており、こうした活動等を通じて、受け入れる地域住民等との信頼関係の向上が図られています。

研修後は、後継者等不在の認定農業者*等からの経営継承により自立して新規就農者になる研修生、地元の担い手農家と共同経営で法人を設立する研修生、かみなか農楽舎に就職する研修生等がおり、農業法人が研修生に対して多様な就農のゴールを提示することが可能となっています。

令和3（2021）年度までに49人の若者の長期研修生が卒業しており、そのうち26人が若狭町内での就農・定住やかみなか農楽舎への就職により地域農業を支えるとともに、それ以外の研修生も県外での就農や青年海外協力隊員として農業指導を行うなど、研修生は各方面で活躍しています。

* 用語の解説3(1)を参照

農業技術の指導を受ける研修生
資料：有限会社かみなか農楽舎

（2）農業経営体

（令和2（2020）年の農業経営体数は108万経営体で、96％が個人経営体）

農業経営体[1]全体の数は減少傾向にあり、令和2（2020）年は107万6千経営体と15年前の平成17（2005）年の200万9千経営体と比べて46％減少しました。

農業経営体のうち96％を占める個人経営体が減少傾向の一方、4％を占める団体経営体は微増傾向で推移しています（**図表特-5**）。

個人経営体の数は、主業経営体[2]、準主業経営体[3]、副業的経営体[4]の全ての分類で減少しており、特に、準主業経営体の減少割合が大きくなっています。

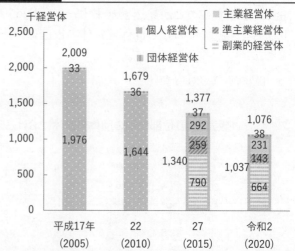

図表 特-5　農業経営体数

千経営体

凡例：
- 主業経営体
- 準主業経営体
- 副業的経営体
- 個人経営体
- 団体経営体

年	合計	団体経営体	個人経営体	副業的	準主業	主業
平成17年(2005)	2,009	33	1,976			
22(2010)	1,679	36	1,644			
27(2015)	1,377	37	1,340	790	259	292
令和2(2020)	1,076	38	1,037	664	143	231

資料：農林水産省「農林業センサス」
注：1）各年2月1日時点の数値
　　2）主業経営体…65歳未満の世帯員（年60日以上自営農業に従事）がいる農業所得が主の個人経営体
　　準主業経営体…65歳未満の世帯員（同上）がいる農外所得が主の個人経営体
　　副業的経営体…65歳未満の世帯員（同上）がいない個人経営体

---

1 用語の解説1、2(1)を参照
2 用語の解説1、2(1)を参照
3 用語の解説2(1)を参照
4 用語の解説2(1)を参照

（主業経営体、法人経営体の経営する耕地面積の割合の合計は増加傾向）

　経営耕地面積に占める割合を農業経営体の経営形態別に見ると、主業経営体と法人経営体の合計は増加傾向で推移し、令和2(2020)年で63％を占めています。特に法人経営体の割合は平成17(2005)年に比べて14ポイント増加しました。

　その一方で、準主業経営体の割合が減少していますが、これは、5年間経過する中で、65歳未満の農業従事者が不在となり、副業的経営体になったこと等によるものと考えられます。

　令和2(2020)年の割合を地目別に見ると、畑では主業経営体と法人経営体の割合が大きく、合計で81％を占めています。一方、田や樹園地においては副業的経営体の割合が約4割を占めています。

　また、地域別に見ると、北海道においては主業経営体と法人経営体の割合が合計で90％を占める一方で、田・樹園地が多く、中山間地域の割合も高い中国地域、四国地域では副業的経営体の割合がおよそ半分の面積を占めています（**図表 特-6**）。

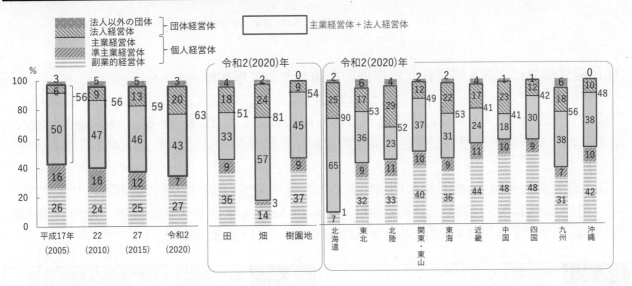

図表 特-6　経営形態別経営耕地面積の割合

資料：農林水産省「農林業センサス」を基に作成
注：1) 各年2月1日時点の数値
　　2) 平成17(2005)年、平成22(2010)年、平成27(2015)年の主副業別の内訳の数値は、販売農家の主副業別の面積の割合を個人経営体の面積に当てはめて作成した推計値

経営耕地面積に占める、自営農業に60日以上従事している65歳未満の世帯員がいない副業的経営体の割合を都道府県別に見ると、近畿、中国、四国で50%を超える府県もあり、本州の都府県、特に西日本において、副業的経営体が経営する耕地面積の割合が大きくなっています（**図表 特-7**）。多くの地域において65歳以上の農業従事者が地域の農業を維持する上で大きな役割を果たしていることがうかがえます。

図表 特-7　副業的経営体の経営耕地面積の割合

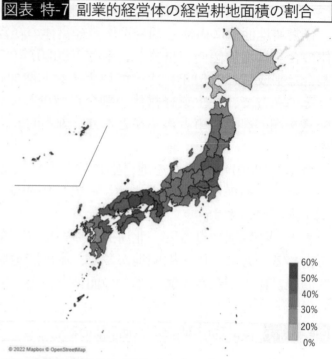

資料：農林水産省「2020年農林業センサス」を基に作成

（団体経営体では、法人経営体が稲作部門を始めとして増加傾向）

団体経営体では、法人経営体の数が増加傾向にあり、令和2(2020)年は3万1千経営体と平成17(2005)年の1万9千経営体に比べて60%増加しました（**図表 特-8**）。農業経営を法人化することで、経営管理の高度化、安定的な雇用の確保等の点でメリットがあるためと考えられます。

法人経営体数を販売金額1位部門別に見ると、ほぼ全ての部門で増加傾向にありますが、特に稲作部門においては、令和2(2020)年の法人経営体数が9千経営体となり、平成17(2005)年の2千経営体の4.7倍と大きく増加しています（**図表 特-9**）。

図表 特-8　団体経営体数

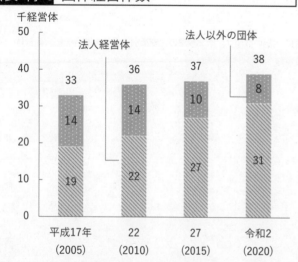

資料：農林水産省「農林業センサス」を基に作成
注：各年2月1日時点の数値

図表 特-9　販売金額1位部門別法人経営体数

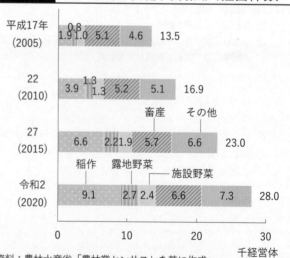

資料：農林水産省「農林業センサス」を基に作成
注：1) 法人経営体数には販売のない経営体を含まない。
　　2) 畜産は酪農、肉用牛、養豚、養鶏、養蚕、その他畜産の合計

（耕種部門では、特に稲、麦類、豆類で団体経営体の割合が増加傾向）

　耕種部門において、品目別の作付（栽培）面積に占める団体経営体の割合を見ると、全体的に増加傾向にあります。特に麦類、豆類は、令和2（2020）年に団体経営体が約4割と大きくなっています。

　稲、麦類、豆類においては、平成17（2005）年から平成22（2010）年にかけて団体経営体の割合が大幅に増加するとともに、その後、平成22（2010）年以降も着実に増加しています（**図表 特-10**）。内訳を見ると、法人以外の団体の割合が減少する一方で、法人経営体の割合が増加しており、同年以降においては、稲・麦類・豆類等を作付けする集落営農組織の法人化が進んだものと考えられます。

図表 特-10	作付（栽培）面積に占める団体経営体の割合（耕種部門）		
	団体経営体		個人経営体
	法人経営体	法人以外の団体	
稲 2005年	2.3	0.9	96.8
稲 2010年	5.2	6.2	88.5
稲 2015年	9.6	5.4	85.0
稲 2020年	16.0	3.5	80.6
麦類 2005年	6.4	5.5	88.0
麦類 2010年	12.4	18.8	68.8
麦類 2015年	19.8	15.0	65.2
麦類 2020年	30.1	7.8	62.1
豆類 2005年	7.9	10.1	82.0
豆類 2010年	15.0	19.7	65.3
豆類 2015年	23.0	15.9	61.1
豆類 2020年	33.5	8.5	58.0
野菜類 2005年	4.7		95.0
野菜類 2010年	7.4		92.2
野菜類 2015年	11.5		88.2
野菜類 2020年	16.6		83.1
果樹類 2005年	2.2		97.5
果樹類 2010年	2.6		97.0
果樹類 2015年	4.1		95.7
果樹類 2020年	5.8		94.0

資料：農林水産省「農林業センサス」を基に作成
注：各年2月1日時点の数値

（事例）集落営農組織から法人が設立（佐賀県）

　佐賀県南西部の嬉野市塩田東部地区は、塩田川と鹿島川に囲まれた水田農業が行われている地域です。農業者の減少と高齢化への危機感から、平成16（2004）年度から始まった基盤整備をきっかけに、集落営農組合を立ち上げて農地の集積*を推進してきました。平成19（2007）年度には塩田町内の12組合が構成員となって営農組合連絡協議会を設立し、相互の情報共有を図ってきました。

　情報共有の中で今後は更なる担い手不足が懸念されることから、集落営農組織の経営基盤を強化するため、法人化に向けた集落内での話合いや関係機関との協議を重ねてきました。その結果、平成27（2015）年3月に地区内で初めての農事組合法人「アグリ三新」が設立され、その後四つの法人が設立され、現在では五つの法人が経営を行っています。これらの法人では農地中間管理機構から農地を借り受けるなどして、農地の集約化を進めた結果、地区全体の8割以上の農地が法人を中心とする担い手によって耕作されています。

地域と5法人の位置関係

　法人化の取組と併せて、平成24（2012）年度から暗渠排水の整備による汎用化や畦畔除去による大区画化等の基盤整備も進めた結果、大型機械の導入等による農作業効率の向上や高収益作物の導入が進められました。

　「アグリ三新」では、更なる効率化に向けてスマート農機の実証実験が行われるとともに、酒造米や加工用キャベツ等の高収益作物の作付け等により、同法人で働く農業者の所得の向上にもつながっています。同地区では、今後もこのような取組を継続することにより、担い手の経営をより一層安定させていきたいと考えています。

　* 用語の解説3(1)を参照

汎用田におけるキャベツの契約栽培

特

（畜産部門では、法人化がより進展し、採卵鶏や豚で飼養頭羽数の9割が法人経営体）

畜産部門において、品目別に飼養頭羽数に占める団体経営体の割合を見ると、耕種部門に比べても法人化の進展が顕著になっています。特に採卵鶏や豚においては、令和2(2020)年の飼養頭羽数の約9割が法人経営体によるものとなっています（**図表 特-11**）。

図表 特-11　飼養頭羽数に占める団体経営体の割合（畜産部門）

団体経営体

🔲法人経営体　🔲法人以外の団体　▨個人経営体

		法人経営体	個人経営体
乳用牛	2005年	12.9	86.8
	2010年	17.7	81.8
	2015年	24.8	74.8
	2020年	37.7	61.7
肉用牛	2005年	25.8	73.3
	2010年	32.1	66.8
	2015年	41.2	58.3
	2020年	51.0	48.6
豚	2005年	65.3	33.8
	2010年	73.2	26.4
	2015年	80.3	19.5
	2020年	87.7	12.0
採卵鶏	2005年	80.2	18.4
	2010年	85.6	13.9
	2015年	90.0	9.8
	2020年	94.2	5.4
ブロイラー	2005年	51.5	48.0
	2010年	60.7	38.9
	2015年	68.1	31.8
	2020年	70.8	28.7

資料：農林水産省「農林業センサス」を基に作成
注：各年2月1日時点の数値

（事例）酪農家族経営の法人化により若手従業員と後継者を確保（新潟県）

新潟県新潟市の株式会社Moimoiファームは4棟の牛舎で、130頭の乳用牛（育成牛含む。）を飼育している農業生産法人です。社長の堤富士人さんは、両親から酪農業を継承して家族経営を行っていましたが、近隣の酪農経営体の廃業を契機に経営規模を拡大してきました。

元々家族に牧場経営を継承する意向がなかった堤さんは、規模拡大に合わせた経営基盤を強化するとともに、将来的な経営継承の環境を整えるため、平成25(2013)年に牧場経営を法人化しました。

法人化を契機に、補助金を活用して搾乳ロボットを導入し、作業効率の向上により飼養頭数の増加が図られました。あわせて、若年層の人材の雇用も進み、現在は堤さん以外に30歳代の従業員が2人、パート2人の体制で経営を行っています。また、法人化により経営継承の環境が整ったことから、堤さんの知り合いの酪農家（現在は廃業）の子で、従業員として雇用している若手酪農家を後継の経営者に指名することができました。

堤さんは、「畜産経営の環境が厳しい中、後継者を確保・継承できる環境が整ったのは法人化の結果である。一方、地域の酪農経営体が減少しており、残る酪農経営体も点在となると、酪農団体の弱体化や生乳の輸送コスト増など経営に直接影響が出てくることから、地域としての酪農経営体の維持が課題となっている。」としています。

導入した搾乳ロボット
資料：株式会社Moimoiファーム

堤さんと後継者の打合せ
資料：株式会社Moimoiファーム

（いずれの農業地域類型においても法人経営体数が増加）

団体経営体数を農業地域類型[1]別に見ると、平地農業地域[2]、中間農業地域[3]等いずれの地域においても増加傾向となっています（**図表 特-12**）。内訳を見ると、いずれの地域においても法人経営体数は増加しており、世帯で農業を行う経営体[4]や集落営農組織等の法人化が進展していることがうかがわれます。

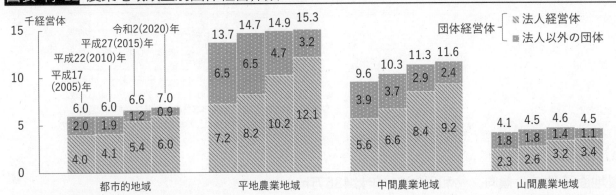

図表 特-12 農業地域類型別団体経営体数

資料：農林水産省「農林業センサス」を基に作成
注：1) 各年2月1日時点の数値
　　2) 農業地域類型区分について、平成17(2005)年は平成20(2008)年6月、平成22(2010)年は平成25(2013)年3月、平成27(2015)年及び令和2(2020)年は平成29(2017)年12月改定のもの

（いずれの農業地域類型においても法人経営体の経営耕地面積が増加）

団体経営体の経営耕地面積を農業地域類型別に見ると、いずれの地域においても増加しており、経営体数の増加の程度と比べても、増加傾向がより顕著になっています（**図表 特-13**）。

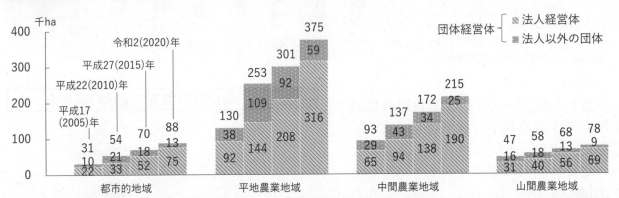

図表 特-13 農業地域類型別団体経営体の経営耕地面積

資料：農林水産省「2005年農林業センサス」（組替集計）、「2010年世界農林業センサス」（組替集計）、「2015年農林業センサス」（組替集計）、「2020年農林業センサス」を基に作成
注：1) 各年2月1日時点の数値
　　2) 農業地域類型区分について、平成17(2005)年は平成20(2008)年6月、平成22(2010)年は平成25(2013)年3月、平成27(2015)年及び令和2(2020)年は平成29(2017)年12月改定のもの

---

[1] 用語の解説2(7)を参照
[2] 用語の解説2(7)を参照
[3] 用語の解説2(7)を参照
[4] 2020年農林業センサスでは、世帯で農業を行う経営体のうち、法人化していない経営体は個人経営体に、法人化した経営体は団体経営体（法人経営体）に分類

また、経営耕地面積に占める団体経営体の割合を農業地域類型別に見ると、いずれの類型も20％台となっていますが、山間農業地域[1]が25.9％と若干高くなっています（**図表 特-14**）。

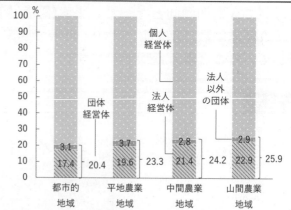

図表 特-14 農業地域類型別団体経営体の経営耕地面積の割合

資料：農林水産省「2020年農林業センサス」を基に作成
注：農業地域類型区分は、平成29(2017)年12月改定のもの

(3) 農地

（農地面積は減少傾向、令和3(2021)年は435万ha）

農地面積は減少傾向にあり、令和3(2021)年は435万haと、昭和35(1960)年の607万haと比べると28％、平成17(2005)年の469万haと比べると7％減少しました（**図表 特-15**）。

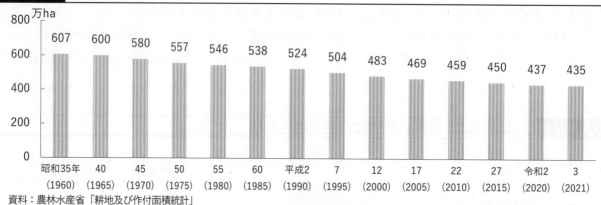

図表 特-15 農地面積

昭和35年(1960)	40(1965)	45(1970)	50(1975)	55(1980)	60(1985)	平成2(1990)	7(1995)	12(2000)	17(2005)	22(2010)	27(2015)	令和2(2020)	3(2021)
607	600	580	557	546	538	524	504	483	469	459	450	437	435

資料：農林水産省「耕地及び作付面積統計」

平成17(2005)〜令和3(2021)年の農地面積の減少率を都道府県別に見ると、首都圏や、東海、四国等西日本の都府県において比較的減少率が大きくなっています（**図表 特-16**）。

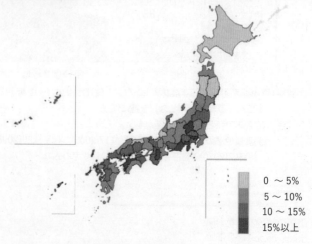

図表 特-16 都道府県別農地面積の減少率

0 〜 5%
5 〜 10%
10 〜 15%
15%以上

資料：農林水産省「耕地及び作付面積統計」を基に作成
注：平成17(2005)年〜令和3(2021)年の減少率

---

[1] 用語の解説 2(7)を参照

（4）規模拡大

（1農業経営体当たりの経営耕地面積は、借入耕地面積の増加もあり、拡大傾向）

農業経営体の規模拡大の状況を見ると、1農業経営体当たりの経営耕地面積は、借入耕地面積の増加もあり、令和2(2020)年で3.1haと、平成17(2005)年の1.9haから1.6倍に拡大しました（**図表 特-17**）。

図表 特-17 1農業経営体当たりの経営耕地面積

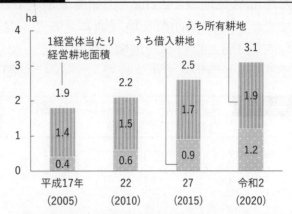

資料：農林水産省「農林業センサス」を基に作成
注：各年2月1日時点の数値

（15年間で麦類・豆類の作付（栽培）面積、豚、採卵鶏の飼養頭羽数は2倍以上に拡大）

品目別に1農業経営体当たりの経営規模（作付（栽培）面積、飼養頭羽数）を見ると、平成17(2005)年から令和2(2020)年にかけての15年間では、各品目で拡大傾向にあります。特に、作付（栽培）面積、飼養頭羽数に占める法人経営体の割合が増加している麦類、豆類の作付（栽培）面積、豚、採卵鶏の飼養頭羽数は15年間で2倍以上拡大しました（**図表 特-18**）。

図表 特-18 品目別1農業経営体当たりの経営規模

	耕種部門作付（栽培）面積				令和2年/平成17年		畜産部門飼養頭羽数				令和2年/平成17年
	平成17年(2005)	22(2010)	27(2015)	令和2(2020)			平成17年(2005)	22(2010)	27(2015)	令和2(2020)	
稲(ha)	1.0	1.2	1.4	1.8	1.8	乳用牛(頭)	58.8	68.4	77.2	95.8	1.6
麦類(ha)	2.1	4.2	5.3	6.7	3.1	肉用牛(頭)	30.7	37.4	44.9	56.3	1.8
豆類(ha)	0.7	1.2	1.7	2.5	3.5	豚(頭)	1,237.2	1,626.4	2,145.8	2,806.0	2.3
野菜類(ha)	0.5	0.7	0.7	0.9	1.7	採卵鶏(100羽)	211.4	304.3	362.3	578.6	2.7
果樹類(ha)	0.6	0.6	0.7	0.7	1.2	ブロイラー(100羽)	1,986.7	2,605.6	3,365.7	3,476.0	1.7

資料：農林水産省「農林業センサス」を基に作成
注：各年2月1日時点の数値

（1農業経営体当たりの経営耕地面積は、平地農業地域や北海道、東北、北陸で大きい）

　1農業経営体当たりの経営耕地面積を農業地域類型別に見ると、全ての類型で規模が拡大しています。令和2(2020)年は、平地農業地域で4.2haと最も大きい一方、地形条件の不利な中間農業地域で2.7ha、山間農業地域で2.5haとなっています(**図表 特-19**)。

　また、同年の同面積を地域別に見ると、北海道が最も大きく30.2ha、都府県では東北、北陸で約3haと東日本の地域で大きくなっている一方、中山間地域の多い近畿、中国、四国が約1haと西日本で小さくなっています(**図表 特-20**)。

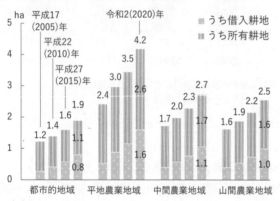

図表 特-19　農業地域類型別の1農業経営体当たりの経営規模

資料：農林水産省「農林業センサス」、「2005年農林業センサス」(組替集計)を基に作成

注：1) 各年2月1日時点の数値
　　2) 農業地域類型区分について、平成17(2005)年は平成20(2008)年6月、平成22(2010)年は平成25(2013)年3月、平成27(2015)年及び令和2(2020)年は平成29(2017)年12月改定のもの

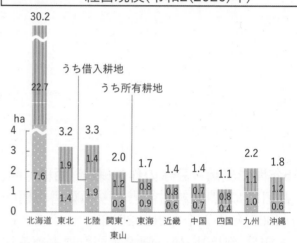

図表 特-20　地域別の1農業経営体当たりの経営規模（令和2(2020)年）

資料：農林水産省「2020年農林業センサス」を基に作成

（農業経営体全体では0.5〜1.0ha層が大きく減少の一方、10ha以上層は増加）

　全農業経営体について、経営耕地面積別の経営体数を見ると、全体的に減少傾向で推移していますが、最も大きな割合を占める0.5〜1.0ha層の経営体数が大きく減少している一方で、10ha以上の層の経営体数は増加傾向となっています(**図表 特-21**)。

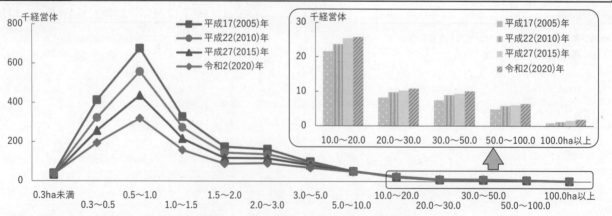

図表 特-21　経営耕地規模別経営体数(全農業経営体)

資料：農林水産省「農林業センサス」を基に作成

注：1) 各年2月1日時点の数値
　　2) 経営耕地なしを除く。

(法人経営体では、農業経営体全体より大きい規模の層が多く、かつ、増加傾向)

　法人経営体数を経営耕地面積別に見ると、全農業経営体数に比べ、規模が大きい層の経営体が多く、かつ、増加傾向となっています(**図表 特-22**)。

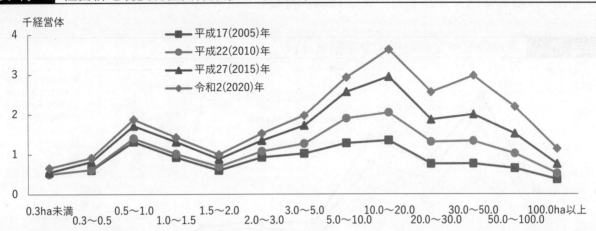

図表 特-22 経営耕地規模別経営体数(法人経営体)

資料：農林水産省「農林業センサス」を基に作成
　注：1)　各年2月1日時点の数値
　　　2)　平成17(2005)年は0.3ha未満を除く。平成22(2010)年、平成27(2015)年、令和2(2020)年は経営耕地なしを除く。

(平地農業地域において規模拡大が進展、特に法人経営体ではその傾向が顕著)

　農業地域類型ごとに、令和2(2020)年の経営耕地面積別の経営体数を見ると、1.0ha未満の層では中間農業地域の経営体数が多く、1.0ha以上の層では、平地農業地域の経営体数が多くなっており、規模拡大の動向は平地農業地域において比較的進展しています。また、大規模層の割合が高い法人経営体においては、その傾向がより顕著になっています(**図表 特-23**)。

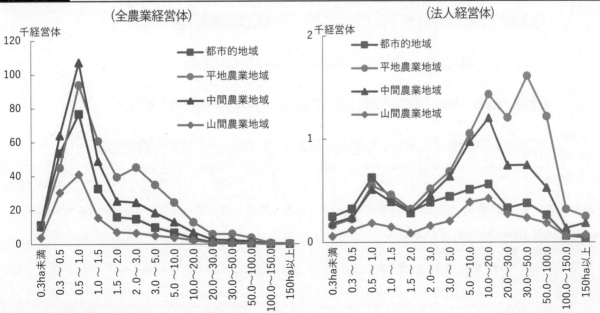

図表 特-23 農業地域類型別の経営耕地面積規模別経営体数(令和2(2020)年)

(全農業経営体)　　　　　　　　　　　　　　(法人経営体)

資料：農林水産省「2020年農林業センサス」を基に作成
　注：1)　農業地域類型区分は平成29(2017)年12月改定のもの
　　　2)　経営耕地なしを除く。

(5) 農業所得

(販売金額が3千万円以上の経営体数は増加)

　農産物販売金額別の経営体数について、平成17(2005)年から令和2(2020)年までの変化を見ると、販売金額が3,000万円未満の階層では減少しています。一方で、3,000万円以上の階層では増加傾向で推移しています(**図表 特-24**)。

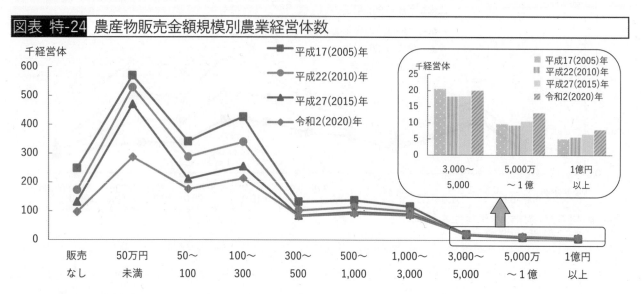

図表 特-24 農産物販売金額規模別農業経営体数

資料：農林水産省「農林業センサス」を基に作成

　経営規模拡大の進展を反映して、販売金額3,000万円以上の経営体数は、特に稲作や野菜作等の耕種部門で増加しています(**図表 特-25**)。畜産部門については販売金額5,000万円以上で経営体数が増加しています。

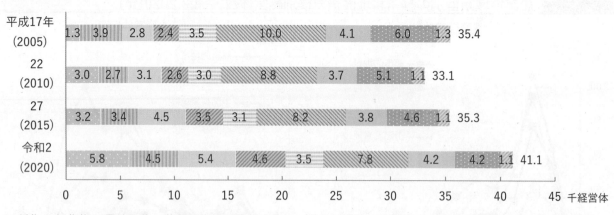

図表 特-25 販売金額3,000万円以上の経営体数(販売金額1位部門別)

資料：農林水産省「農林業センサス」を基に作成
　注：1) 畑作物は麦類作、雑穀・いも類・豆類、工芸農作物の合計
　　　2) その他畜産は養豚、養鶏、養蚕、その他の畜産の合計

（主業経営体1経営体当たりの農業所得は415万円）

令和2(2020)年の主業経営体1経営体当たりの農業粗収益は、稲作等で経営規模が拡大したこと、野菜作等の作物収入が増加し1,266万6千円になったこと等により、前年から増加し1,993万6千円となっています。一方で、農業経営費は、主に、出荷する際の包装資材や運賃等の荷造運賃手数料が55万4千円、33%増加したこと等から、1,578万2千円に増加しています。この結果、農業粗収益から農業経営費を除いた農業所得[1]は前年から減少し415万4千円となっています（**図表 特-26**）。

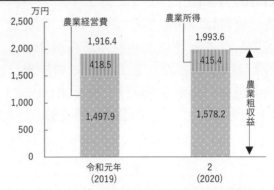

図表 特-26 主業経営体1経営体当たりの農業経営収支

資料：農林水産省「農業経営統計調査 営農類型別経営統計」

経営部門別に令和2(2020)年の主業経営体1経営体当たりの所得を見ると、水田作では雇人費、動力光熱費等の農業経営費は減少したものの、農業粗収益も減少したことから、農業所得は前年から減少し278万5千円となっています。

露地野菜作では、農業経営費の2割を占める荷造運賃手数料が増加したものの、作物収入が増加したことから、農業所得は増加し417万6千円となっています。

また、酪農経営、肥育牛経営では農業経営費の3〜4割を占める飼料費が増加したこと等から、農業所得はそれぞれ前年から減少し酪農は774万4千円となり、肥育牛は213万4千円の赤字となっています。養豚では令和2(2020)年の豚肉の卸売価格が高い水準で推移したことを受け、養豚収入が1,486万7千円増加したため、農業所得は前年から増加し2,500万8千円となっています。採卵鶏では、令和元(2019)年は、農業粗収益を農業経営費が上回ったため農業所得は1,382万円の赤字でしたが、令和2(2020)年は、鶏卵収入が5,570万5千円増加したため、農業所得は1,180万9千円となっています（**図表 特-27**）。

経営部門別に経営収支の内容、構成割合は異なりますが、粗収益の増加と併せ、経営費の削減に向けた経営実態の把握と分析、改善に向けた取組も必要です。

図表 特-27 営農類型別の主業経営体1経営体当たりの農業所得

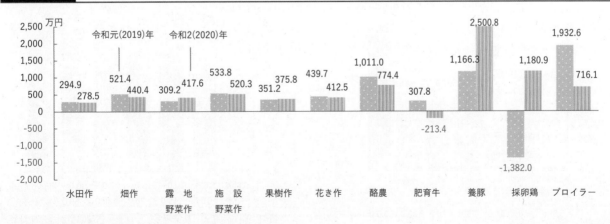

資料：農林水産省「農業経営統計調査 営農類型別経営統計」
注：酪農、肥育牛、養豚、採卵鶏、ブロイラーは、全農業経営体の農業所得

---

[1] 用語の解説2(4)を参照

（法人経営体1経営体当たりの農業所得は323万円）

　令和2(2020)年の法人経営体の1経営体当たりの農業粗収益は、前年から増加し、1億1,101万3千円となっています。一方、農業経営費は、肉用牛や採卵鶏等で飼料費が増加したこと等により前年から増加し、1億777万9千円となりました。この結果、農業所得は前年から35万7千円増加し、323万4千円となっています(**図表　特-28**)。

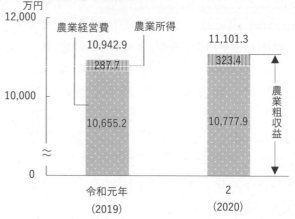

図表　特-28　法人経営体1経営体当たりの農業経営収支

資料：農林水産省「農業経営統計調査　営農類型別経営統計」

（水田作では規模が大きいほど所得は大きく、土地生産性が高い傾向）

　部門別に経営規模と所得の関係を見ると、水田作では作付延べ面積の規模が大きいほど農業所得は大きくなり、令和2(2020)年の1経営体当たりの農業所得は、30〜50haの層では785万7千円、50ha以上の層では1,353万円となっています(**図表　特-29**)。

　また、水田作では、規模が大きいほど土地生産性(面積当たりの付加価値額)は高い傾向となっています(**図表　特-30**)。土地生産性は、以前は規模が一定水準(10〜15ha)に達すると横ばい又は低下する傾向が見られましたが、近年、農地の集積・集約化[1]による分散錯圃の解消や区画整理が進んでいること等が背景にあると考えられます。

　今後、所得向上を図るためには、基盤整備による大区画化や農地の集約化等により、更に規模拡大を推進するとともに、経営データの活用等のスマート農業の取組を促進すること等により、生産性を一層向上させることが重要と考えられます。

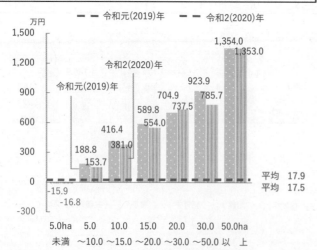

図表　特-29　水田作作付延べ面積規模別農業所得（全農業経営体）

資料：農林水産省「農業経営統計調査　営農類型別経営統計」

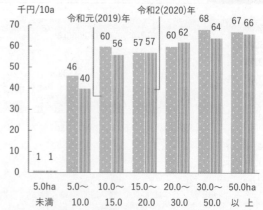

図表　特-30　水田作作付延べ面積規模別土地生産性(全農業経営体)

資料：農林水産省「農業経営統計調査　営農類型別経営統計」
注：土地生産性とは面積当たりで生み出す価値を表す指標のことであり、ここでは水田作作付延べ面積10a当たりの付加価値額

1 用語の解説3(1)を参照

(露地野菜作では規模が大きいほど所得は大きいが、20ha以上層では低下)

　露地野菜作においても作付面積の規模が大きいほど、農業所得が大きくなりますが、20ha以上の層では低下しています**(図表 特-31)**。これは、経営規模の大きい法人経営体において、雇人費を始めとした農業経営費が農業粗収益を上回り、農業所得がマイナスになっていることが影響していると考えられます。

　また、露地野菜作では、規模が大きいほど労働生産性(時間当たりの付加価値額)が高くなりますが、20ha以上の層で低下しています**(図表 特-32)**。これは、20ha以上の層における、15〜20haの層と比べた付加価値額の増加割合よりも、労働時間の増加割合が上回っているためです。露地野菜作全体の経営規模の拡大を進めるためには、20ha以上層において、更に労働生産性が向上するよう、雇用労働力の労務管理等による労働時間の短縮、業務の効率化に向けた取組が必要です。

図表 特-31	露地野菜作作付延べ面積規模別農業所得(全農業経営体)

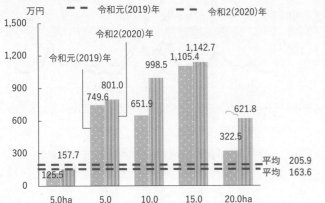

資料:農林水産省「農業経営統計調査　営農類型別経営統計」

図表 特-32	露地野菜作作付延べ面積規模別労働生産性(全農業経営体)

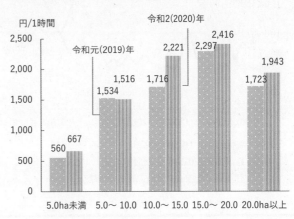

資料:農林水産省「農業経営統計調査　営農類型別経営統計」を基に作成

注:労働生産性とは、投入した労働時間からどれくらいの価値が生み出されたかを表す指標であり、ここでは露地野菜作1時間当たりの付加価値額

特集

43

（コラム）米と野菜の価格の動向

　米と野菜の価格の動向を平成2(1990)年以降の農業物価指数で見ると、米はおおむね低下傾向で推移している一方、野菜は長期的には上昇傾向で推移しているものの、近年は豊作等により価格が低下しています。

　野菜は天候によって作柄が変動しやすく、短期的には価格が大幅に変動する傾向があり、令和3(2021)年においては、きゅうり、キャベツ、はくさい等の価格は生育が良好であったことから前年に比べ低下しています。

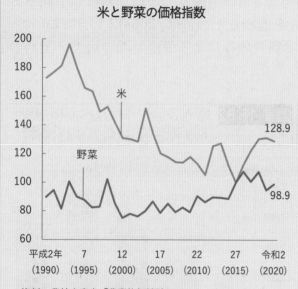

米と野菜の価格指数

資料：農林水産省「農業物価統計」
注：1）平成27(2015)年平均価格を100とする指数
　　2）野菜の価格指数は野菜総合の指数

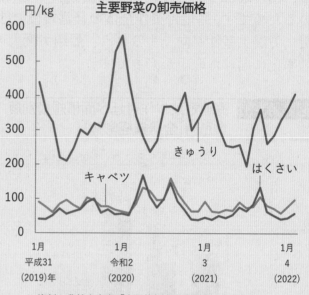

主要野菜の卸売価格

資料：農林水産省「青果物卸売市場調査」を基に作成
注：主要卸売市場の日別調査結果の加重平均値

（酪農でも規模が大きいほど所得は大きい傾向）

　酪農でも搾乳牛の飼養頭数の規模が大きいほど農業所得が大きくなっています。しかし、令和2(2020)年の200頭以上層では、令和元(2019)年と比べて農業粗収益が横ばいの一方で、飼料費や荷造運賃手数料等の増加により農業経営費が3,345万3千円増加したため、農業所得は大幅に減少しました（**図表特-33**）。

図表 特-33 搾乳牛飼養頭数規模別農業所得(全農業経営体)

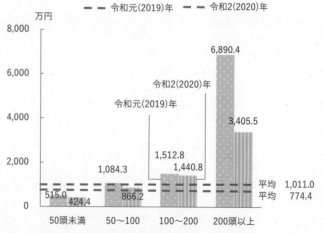

資料：農林水産省「農業経営統計調査 営農類型別経営統計」

(6) 品目構成

(農業総産出額は米の割合が減少、畜産や野菜の割合が増加)

　農業総産出額[1]は、ピークであった昭和59(1984)年から長期的に減少傾向が続いていましたが、需要に応じた生産の取組等により、平成27(2015)年以降は増加傾向で推移し、令和2(2020)年は8.9兆円となっています(図表 特-34)。

　品目別の割合について見ると、米は長期的に減少傾向で推移し、昭和59(1984)年の33.5%から令和2(2020)年は18.4%となっている一方で、畜産や野菜は長期的に増加傾向で推移しており、昭和59(1984)年と令和2(2020)年の割合は、畜産で28.1%と36.2%、野菜で16.8%と25.2%となっています。

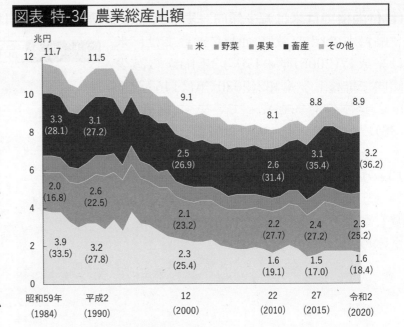

図表 特-34 農業総産出額

資料：農林水産省「生産農業所得統計」
注：1)「その他」は、麦類、雑穀、豆類、いも類、花き、工芸農作物、その他作物、加工農産物の合計
　　2)（　）内は、産出額に占める割合(%)

(都道府県別農業産出額1位の品目が変化)

　都道府県別に農業産出額1位の品目の移り変わりを見ると、60年前の昭和35(1960)年は43道府県で米が産出額1位となっていましたが、平成2(1990)年では、米は18府県に減少し、代わりに野菜が13都府県、畜産が13道県となりました(図表 特-35)。また、令和2(2020)年では、米が9県、野菜が15都府県、果実が5県、畜産が18道県となっています。

図表 特-35 農業産出額1位品目の移り変わり

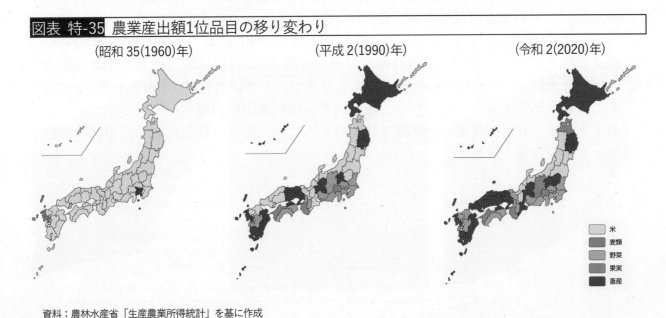

(昭和35(1960)年)　　　(平成2(1990)年)　　　(令和2(2020)年)

資料：農林水産省「生産農業所得統計」を基に作成

---

[1] 用語の解説1を参照

　農業産出額は、その年の天候や作柄、価格等の変動に左右されますが、各都道府県がそれぞれの条件に合わせ、農業生産の選択的拡大を図ってきたことがうかがえます。

（作付面積では米は減少傾向、麦・大豆は微増傾向、野菜は微減傾向）

　品目別の作付（栽培）面積については、米は平成17（2005）年の170万2千haから減少傾向で推移し、令和2（2020）年は146万2千ha、全体の37％となっています（**図表　特-36**）。一方で、麦・大豆は微増となっており、それぞれ平成17（2005）年の26.8万ha、13.4万haから、令和2（2020）年は27.6万ha、14.2万haとなっています。また、野菜は微減しており、令和2（2020）年は37.7万ha、全体の9％となりました。

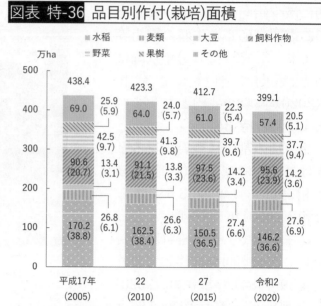

図表　特-36　品目別作付（栽培）面積

資料：農林水産省「耕地及び作付面積統計」、「野菜生産出荷統計」を基に作成

注：1）麦類は、4麦（小麦、二条大麦、六条大麦及びはだか麦）計（子実用）の数値

　　2）飼料作物は、牧草、青刈りとうもろこし、ソルゴーのほか、その他の飼料作物（飼料用米等）を含めた数値

　　3）野菜は、野菜計からばれいしょを除いた数値

　　4）（　）内は各面積の割合（％）

（米以外の産出額が大きい県の方が1経営体当たりの生産農業所得も大きい）

　都道府県別に、米以外の産出額と1経営体当たりの生産農業所得[1]の相関を見ると、米以外の産出額が大きい都道府県の方が、概して1経営体当たりの生産農業所得も大きい状況となっています（**図表　特-37**）。その相関関係は、平成2（1990）年より令和2（2020）年の方がより強くなっています。また、都道府県別の動向を見ると、1経営体当たりの生産農業所得が大きい北海道や、宮崎県、群馬県、鹿児島県等では、平成2（1990）年から令和2（2020）年の間に米の産出額が減少する一方で、畜産物や野菜の産出額が増加しています。

　このような中、我が国農業の持続的な発展のためには、需要の変化に応じた生産の取組が今後とも重要と考えられます。

---

[1] 用語の解説1を参照

図表 特-37 1経営体当たり生産農業所得と米以外の産出額

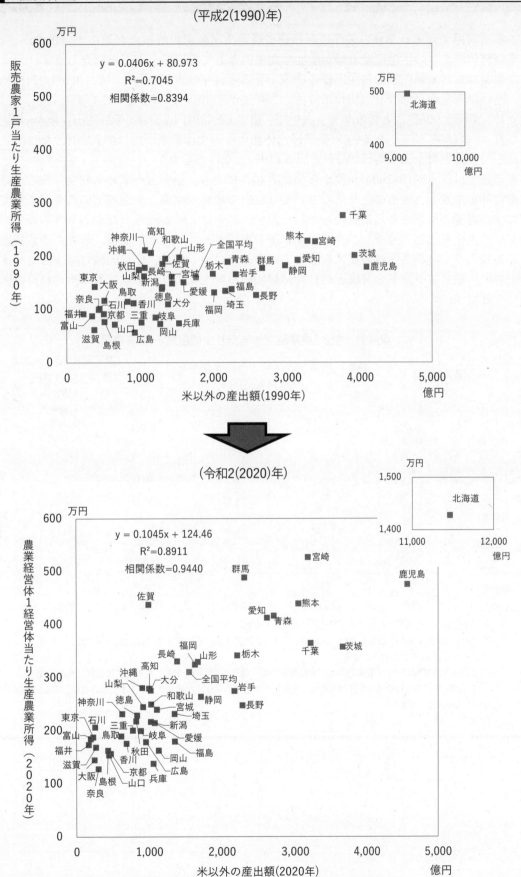

（平成2(1990)年）

（令和2(2020)年）

資料：農林水産省「農林業センサス」、「生産農業所得統計」を基に作成
注：1）平成2(1990)年の販売農家には、農家以外の農業事業体、農業サービス事業体を含む。
　　2）米以外の産出額の全国平均は全国の米以外の産出額÷47(都道府県)で計算

（コラム）消費者起点に立った売れるものづくりにより生産農業所得を増加（青森県）

　各都道府県ではそれぞれの条件に合わせて農業生産の選択的拡大が進んでいますが、ここでは1農業経営体当たりの生産農業所得が増加した事例として青森県の取組を紹介します。

　青森県における部門別農業産出額の構成を見ると、平成2(1990)年では、米が1,074億円と最も多く、次いで畜産が766億円、果樹が647億円、野菜が593億円の順となっていましたが、令和2(2020)年では、果樹が906億円と最も多く、次いで、畜産が883億円、野菜が821億円、米が548億円となりました。その結果、同年、青森県の1農業経営体当たりの生産農業所得は417万円となり、平成2(1990)年からの上昇率は全国平均(94%)を上回る119%となりました。

　青森県では、平成16(2004)年度から消費者起点に立ち、消費者が求める安全・安心で良質な農林水産物等を生産し、強力に売り込んでいく「攻めの農林水産業」を進めているとのことです。具体的には、需要が堅調なりんごを始めとした果樹、にんにく、ごぼう、ながいも等の野菜、畜産については、大手量販店と連携し、品種や品質等で市場ニーズに対応しつつ、米からの転換などを進めることにより生産農業所得の拡大を図っており、米については、作付面積は減少していますが、その一方で、独自ブランドの育成を通じた付加価値の向上により、生産農業所得の維持を図っているとのことです。

農業産出額と1農業経営体当たり生産農業所得（青森県）

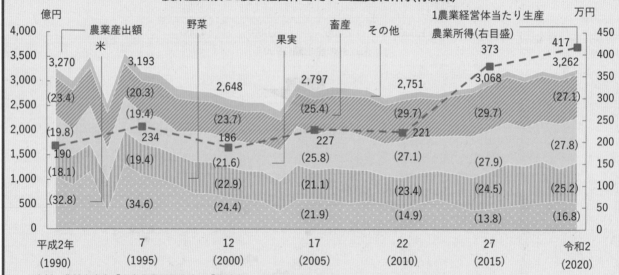

資料：農林水産省「生産農業所得統計」、「農林業センサス」を基に作成
　注：1)「その他」は、麦類、雑穀、豆類、いも類、花き、工芸農作物、その他作物、加工農産物の合計
　　　2)（　）内は産出額に占める割合(%)
　　　3) 1農業経営体当たり生産農業所得は、生産農業所得÷農業経営体数で計算。農業経営体数は、平成2(1990)年、平成7(1995)年、平成12(2000)年は販売農家、農家以外の農業事業体及び農業サービス事業体の合計、平成17(2005)年以降は農業経営体数とした。

（1農業経営体当たりの生産農業所得は近年増加傾向）

　1農業経営体当たりの生産農業所得を算出してみると、近年、増加傾向となっており、令和2(2020)年では、平成2(1990)年の160万円から約2倍となる311万円となっています（**図表 特-38**）。

　平成2(1990)年から平成22(2010)年までは、全国の生産農業所得と農業経営体数が共に減少傾向となっていたことから、1農業経営体当たりの生産農業所得は横ばいで推移していましたが、その後、農業経営体数は減少している一方で、畜産物等の産出額の増加等により生産農業所得が増加傾向にあることから、1農業経営体当たりの生産農業所得は増加傾向となっています。

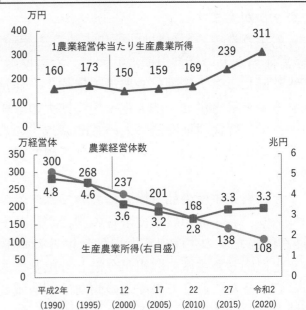

図表 特-38 農業経営体数、生産農業所得及び1農業経営体当たりの生産農業所得（全国）

資料：農林水産省「生産農業所得統計」、「農林業センサス」を基に作成
注：農業経営体数は、平成2(1990)年、平成7(1995)年、平成12(2000)年は販売農家、農家以外の農業事業体及び農業サービス事業体の合計、平成17(2005)年以降は農業経営体数。1農業経営体当たり生産農業所得は、生産農業所得÷農業経営体数で計算

（事例）米から麦への作付転換により収益が3倍（滋賀県）

　滋賀県近江八幡市の株式会社イカリファームは、従業員9人で、水田230haに、米90ha、麦68ha、大豆71haを栽培しています。

　同社は学校給食向けのパンを製造する製パン会社からの依頼を受け、平成24(2012)年から、中力粉と混ぜることでパン用に使用できる超強力系の小麦品種「ゆめちから」の試験的な栽培を始めました。ゆめちからは、耐倒伏性に強く、単収が多いことから、同社では小麦の主力品種として栽培を行っています。

　また、小麦の裏作で大豆を栽培し、従来の米中心の経営と比べ3倍以上の収益を得るようになりました。

　同社では、今後も国内産小麦の需要が増加すると見込んでおり、作付面積を拡大するとともに、単収の増加や作業効率化等により、高収益が得られる経営体制を確立したいと考えています。

イカリファームの皆さん
資料：株式会社イカリファーム

(7) 今後に向けて

　今回、我が国の農業構造のこれまでの変化について分析を進めたところ、我が国農業の持続的な発展のためには、若年層等の農業従事者の確保・定着と併せて、それらの農業従事者一人一人がこれまでに比べてより大きな役割を担っていくことが必要となっていることがうかがえます。

　このような中、経営耕地面積に占める主業経営体と法人経営体の割合が増加傾向であり、1経営体当たりの経営規模も拡大し、大規模層では農業所得も大きくなっていることから、基盤整備による大区画化や農地の集約化、経営データの活用等のスマート農業の取組を促進すること等と併せ、法人化・規模拡大の取組は今後とも重要であると考えられます。その一方で、経営耕地面積に占める65歳以上の農業従事者の割合は依然として大きく、地域の農業を維持する観点からは、これら農業従事者の果たす役割も引き続き大きいと考えられます。

　また、農業生産の品目構成においては、米の割合が減少し、畜産や野菜の割合が増加傾向にあり、若年層の農業従事者の割合が畜産や野菜の部門で高くなっていること、さらに1経営体当たりの生産農業所得は米以外の産出額が大きい県の方が大きいことから、需要の変化に応じた生産の取組が今後とも重要であることがうかがえます。

　このようなこれまでの変化の傾向は、地域ごとに様々な事情もある中での現場の生産者や地方公共団体等の関係者による取組が反映されたものであることから、今後の持続可能な農業構造の実現に向けての大きな方向性を示す道標となると考えられます。

（コラム）食料・農業・農村基本計画における農業経営モデル

　令和2(2020)年3月に閣議決定した食料・農業・農村基本計画における「農業経営の展望」では、家族経営を含む多様な担い手が地域の農業を維持・発展できるよう、他産業並の所得を目指し、新技術等を導入した省力的かつ生産性の高い経営モデルを、主な営農類型・地域について例示しています。具体的には、水田作、畑作等営農類型別に、意欲的なモデル、現状を踏まえた標準的なモデル、スマート農機の共同利用や作業の外部委託等を導入したモデル、複合経営モデルの計37モデルを提示しています。あわせて、半農半X等多様なライフスタイルを実現する取組や規模が小さくても安定的な経営を行いながら、農地の維持、地域の活性化等に寄与する取組を事例として取り上げています。また、小規模農家も含めた多様な農業経営の取組事例を参考として提示しています。

　各地域で、これらのモデルや事例を参考として、担い手の育成や所得増大に向けた取組が進展することが期待されています。

農業経営モデルの例

営農類型	露地野菜（生食・農地維持型）	対象地域	関東以西

モデルのポイント

高齢化する家族経営において、農機の共同利用や一部作業の外部委託により、省力化・生産性の向上を図る家族経営

技術・取組の概要

- 乗用型全自動移植機の共同利用により、経営コスト上昇を回避するとともに、移植作業時間を約50%削減
- 外部委託によるドローンを活用したセンシング、農薬散布等によって、中間管理の負担を軽減し、当該作業時間を約25%削減
- 高齢化による労働力不足を一部作業の外部委託や機械化により効率化するとともにアシストスーツの活用により収穫物の運搬などの重労働の作業負担を軽減
- 過疎化・高齢化により地域内から労働力を調達することが困難となっている状況化において、農作業の人材派遣に対応している人材派遣会社を活用

経営発展の姿

【経営形態】
家族経営（2名（うち主たる従事者1名）、
　　　　　臨時雇用 1名）

【経営規模・作付体系】
経営耕地　　　　　　1.7ha
　キャベツ　　　　　1.2ha
　すいか　　　　　　0.5ha

【試算結果】
粗収益　　　　　　1,247万円
経営費　　　　　　653万円
農業所得　　　　　595万円

主たる従事者の所得（/人）　419万円
主たる従事者の労働時間（/人）　1,514hr

（参考）比較を行った経営モデル
【経営形態】
　家族経営（2名、臨時雇用1名）

【経営規模・作付体系】
　経営耕地　　　　　1.7ha
　露地野菜　　　　　1.7ha

耕起、移植	栽培管理	営農管理	収穫	運搬

● 乗用型全自動移植機

● ドローンによる
センシング・農薬散布等

● 営農管理システム

● アシストスーツ

● : 2019年までに市販化

資料：農林水産省作成
　注：試算に基づくものであり、必ずしも実態をあらわすものではない。

第1章

食料の安定供給の確保

第1節　食料自給率と食料自給力指標

　令和2(2020)年3月に閣議決定した食料・農業・農村基本計画において、令和12(2030)年度を目標年度とする総合食料自給率[1]の目標が設定されるとともに、国内生産の状況を評価する食料国産率[2]の目標が設定されました。また、我が国の食料の潜在生産能力を評価する食料自給力指標[3]についても同年度の見通しが示されています。

　本節では、食料自給率・食料国産率、食料自給力指標等の動向、食料自給率の向上等に向けた生産・消費面の取組の重要性等について紹介します。

(1) 食料自給率・食料国産率の動向

(供給熱量ベースの食料自給率は37%、生産額ベースの食料自給率は67%)

　食料自給率は、国内の食料消費が国内生産によってどれくらい賄えているかを示す指標です。供給熱量[4]ベースの総合食料自給率は、生命と健康の維持に不可欠な基礎的栄養価であるエネルギー(カロリー)に着目したものであり、消費者が自らの食料消費に当てはめてイメージを持つことができるなどの特徴があります。令和2(2020)年度の供給熱量ベースの総合食料自給率は、原料の多くを輸入している砂糖、でん粉、油脂類等の消費が減少したものの、米の消費が減少していること、小麦の単収が特に作柄が良かった前年に比べて減少したこと等により、前年度に比べ1ポイント低下し、平成5(1993)年度、平成30(2018)年度と並び過去最も低い37%となりました(**図表1-1-1、図表1-1-2**)。

　一方、生産額ベースの総合食料自給率は、食料の経済的価値に着目したものであり、畜産物、野菜、果実等のエネルギーが比較的少ないものの高い付加価値を有する品目の生産活動をより適切に反映させることができます。令和2(2020)年度の生産額ベースの総合食料自給率は、鶏肉、豚肉、野菜、果実等の国内生産額が増加したこと、魚介類、牛肉、鶏肉、豚肉等の輸入額が減少したこと等により、前年度より1ポイント上昇し、67%となりました。

---

[1] 用語の解説3(1)を参照
[2] 用語の解説3(1)を参照
[3] 用語の解説3(1)を参照
[4] 用語の解説3(1)を参照

図表 1-1-1 我が国の総合食料自給率

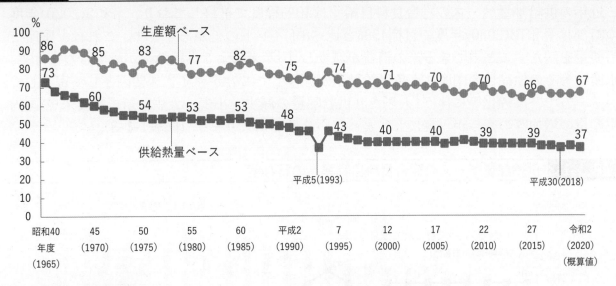

資料： 農林水産省「食料需給表」
注：平成30(2018)年度以降の食料自給率は、イン(アウト)バウンドによる食料消費増減分を補正した数値

図表1-1-2 供給熱量ベースと生産額ベースの総合食料自給率(令和2(2020)年度)

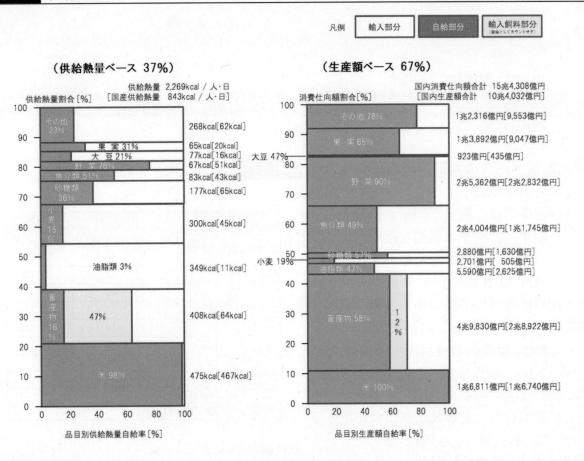

資料： 農林水産省作成

（食料自給率には生産・消費の両面が影響）

　近年の供給熱量ベースの総合食料自給率は40％程度で推移しており、令和2(2020)年度の37％は令和12(2030)年度の目標45％と比べ8ポイントの差があります。これは、国産で需要量を満たすことのできる米の消費が減少し、国産米による供給熱量が減少したことや、水産物等その他品目の国産による供給熱量が減少したことがマイナス要因として寄与している一方で、高齢化等に伴う1人当たり供給熱量の減少、小麦、大豆、新規需要米[1]の国内生産量の増加等の寄与が一定にとどまっていることによります（**図表1-1-3**）。

図表 1-1-3　供給熱量ベースの総合食料自給率への寄与度

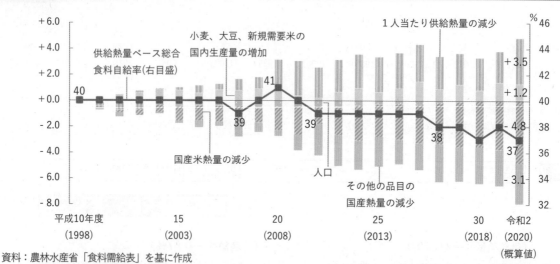

資料：農林水産省「食料需給表」を基に作成
注：供給熱量ベースの総合食料自給率の変動要因を「人口」、「1人当たり供給熱量の減少」、「小麦、大豆、新規需要米の国内生産量の増加」、「国産米熱量の減少」、「その他の品目の国産熱量の減少」に分け、各年度における寄与度は平成10(1998)年度を基準とし、基準年度からの増減を指数化したもの

（供給熱量ベースの食料国産率は46％、飼料自給率は25％）

　食料国産率は、飼料が国産か輸入かにかかわらず、畜産業の活動を反映し、国内生産の状況を評価するものです。

　令和2(2020)年度の供給熱量ベースの総合食料自給率は37％である一方、食料国産率は前年度と同じ46％となっています。また、畜産物の食料国産率（供給熱量ベース）は、規模拡大・生産性向上により、堅調な国産需要に対応して畜産物の生産が増加したこと等により、前年度から1ポイント上昇し、63％となりました（**図表1-1-4、図表1-1-5**）。

　令和2(2020)年度の飼料自給率は、前年度と同じ25％となりました。その内訳を見ると、飼料作物の作付面積が減少し

図表 1-1-4　食料国産率と飼料自給率

（単位：%）

		供給熱量ベース	生産額ベース
食料国産率		46 (37)	71 (67)
畜産物の食料国産率		63 (16)	70 (58)
	牛肉	43 (11)	65 (57)
	豚肉	50 (6)	59 (46)
	鶏肉	66 (8)	74 (61)
	鶏卵	97 (12)	98 (66)
	牛乳乳製品	61 (26)	79 (71)
飼料自給率			25
	粗飼料自給率		76
	濃厚飼料自給率		12

資料：農林水産省作成
注：1）令和2(2020)年度の数値
　　2）（　）内の数値は、飼料自給率を反映した総合食料自給率の数値
　　3）飼料自給率は、粗飼料及び濃厚飼料を可消化養分総量（TDN）に換算して算出

---

[1] 主食用米、加工用米、備蓄米以外の米穀で、飼料用米、米粉用米、稲発酵粗飼料用米等がある。

たことに加え、生育時期の低温や長雨による日照不足、収穫時期の台風の影響等により単収が減少したこと等から、粗飼料自給率は前年度より1ポイント減少し76%となりました。

畜産業の生産基盤強化による食料国産率の向上と、国産飼料の増産・利用拡大による飼料自給率の向上を共に図っていくことで、食料自給率の向上が図られます。

図表 1-1-5　我が国の食料国産率と飼料自給率の推移

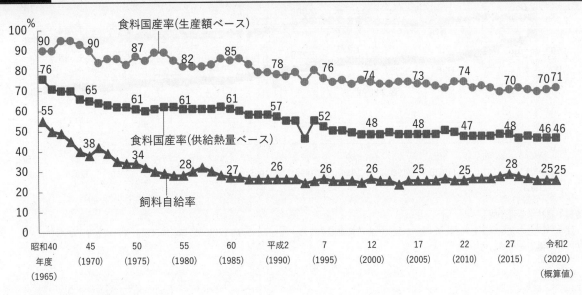

資料：農林水産省「食料需給表」

(2) 食料自給力指標の動向

(いも類中心の作付けでは推定エネルギー必要量を上回る)

食料自給力指標は、我が国の食料の潜在生産能力を評価する指標であり、栄養バランスを一定程度考慮した上で、農地等を最大限活用し、熱量効率が最大化された場合の1人1日当たり供給可能熱量を試算したものです。

令和2(2020)年度の食料自給力指標は、私たちの食生活に比較的近い「米・小麦中心の作付け」で試算した場合、農地面積の減少により前年度を2kcal/人・日下回る1,759kcal/人・日となり、日本人の平均的な1人当たりの推定エネルギー必要量2,168kcal/人・日を下回ります(図表1-1-6)。

一方、供給熱量を重視した「いも類中心の作付け」で試算した場合は、農地面積の減少やかんしょの単収低下、労働力の減少により、前年度を62kcal/人・日下回る2,500kcal/人・日となり、日本人の平均的な1人当たりの推定エネルギー必要量を上回ります。

図表 1-1-6　食料自給力指標

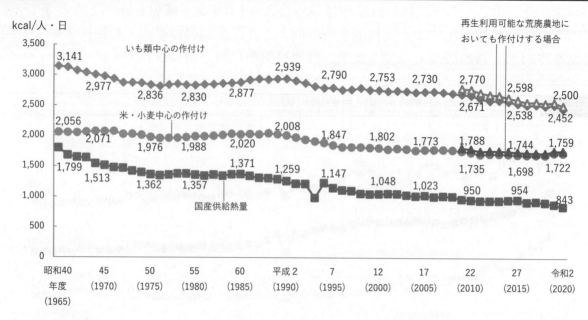

kcal/人・日

再生利用可能な荒廃農地に
おいても作付けする場合

いも類中心の作付け

3,141
2,977　2,836　2,830　2,877　2,939　2,790　2,753　2,730　2,770　2,598　2,500
2,671　　　　　2,538　2,452

米・小麦中心の作付け

2,056
2,071　1,976　1,988　2,020　2,008　1,847　1,802　1,773　1,788　1,744　1,759
1,735　1,698　1,722

国産供給熱量

1,799
1,513　1,362　1,357　1,371　1,259　1,147　1,048　1,023　950　954　843

昭和40
年度
(1965)　45
(1970)　50
(1975)　55
(1980)　60
(1985)　平成2
(1990)　7
(1995)　12
(2000)　17
(2005)　22
(2010)　27
(2015)　令和2
(2020)

資料：農林水産省作成
注：労働力の充足状況を考慮した場合の最大供給可能熱量の推移。ただし、平成17(2005)年以前は統計データがそろわないため、
　　労働力を考慮していない。

(3) 食料自給率の向上と食料自給力の維持向上に向けて

（食料自給率の向上等に向けて生産・消費両面の取組を推進）

　将来にわたって食料を安定的に供給するためには、国内で生産できるものは、できる限り国内で生産することが重要です。食料・農業・農村基本計画においては、総合食料自給率について、食料消費の見通しと生産努力目標を前提に、令和12(2030)年度を目標年度として、供給熱量ベースで45%、生産額ベースで75%に向上させる目標を定めています。

　この目標の達成に向け、担い手の育成・確保や農地の集積・集約化[1]、農地の大区画化・汎用化、スマート農業の導入等により国内農業の生産基盤強化を図るとともに、国産飼料の増産・利用拡大による飼料自給率の向上、今後も拡大が見込まれる加工・業務用需要や海外需要に対応した生産を進めています。

　このような生産面での取組に加え、ニッポンフードシフトを始めとする官民協働による国民運動[2]の展開により、国産農産物が消費者から積極的に選択される状況を創り出すことを目的として、食育や地産地消[3]等消費面の取組も進めています。

　食料自給力指標についても、農地面積の減少等により長期的に低下傾向にあり、食料の生産基盤である農地を確保し、農業生産を担う人材を育成・確保するとともに、限られた農地と労働力を最大限活用するため、農業技術による単収・生産性向上を図っていくことにより、食料自給力の維持向上を図っていくこととしています。

---

[1] 用語の解説3(1)を参照
[2] トピックス5を参照
[3] 用語の解説3(1)を参照

第2節 食料供給のリスクを見据えた総合的な食料安全保障の確立

　世界の食料需給は、人口の増加や経済発展に伴う畜産物の需要増加等が進む一方、気候変動や、家畜の伝染性疾病・植物病害虫の発生等が食料生産に影響を及ぼす可能性があり、中長期的には逼迫(ひっぱく)が懸念されます。このような世界の食料需給を踏まえ、我が国の食料の安定供給は、国内の農業生産の増大を図ることを基本とし、これに輸入及び備蓄を適切に組み合わせることにより確保することが必要です。

　食料の安定供給は、国の最も基本的な責務の一つであり、新型コロナウイルス感染症の感染拡大やロシアのウクライナ侵略等により、世界的に、輸入国間の競合等の食料供給に対する懸念も生じている状況の中、食料自給率[1]の向上や食料安全保障[2]の強化への関心が一層高まっています。

　本節では、直近の国内外の食料価格の上昇や、我が国の主要農産物の輸入状況、国際的な食料需給の動向等、食料安全保障に関わる様々な状況と取組を紹介します。

(1) 食料価格の上昇の状況

(穀物等の国際価格が上昇、小麦は過去最高値を記録)

　穀物等の国際価格は、新興国の畜産物消費の増加を背景とした需要やエネルギー向け需要の増大、地球規模の気候変動の影響等により、近年上昇傾向で推移していましたが、令和3(2021)年以降において、小麦については主要輸出国である米国やカナダでの高温乾燥による不作や飼料需要の拡大に加え、ロシアによるウクライナ侵略が重なったことから、令和4(2022)年3月に523.7ドル/tと過去最高値を記録しました(**図表1-2-1**)。また、とうもろこし、大豆の国際価格についても平成24(2012)年の過去最高価格に迫る水準で推移しています。

図表 1-2-1 穀物等の国際価格

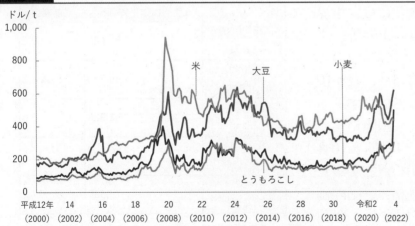

米 434ドル/t
過去最高価格 1,038ドル/t
平成20(2008)年5月21日

大豆 615.9ドル/t
過去最高価格 650.7ドル/t
平成24(2012)年9月4日

小麦 495.3ドル/t
過去最高価格 523.7ドル/t
令和4(2022)年3月7日

とうもろこし 297.8ドル/t
過去最高価格 327.2ドル/t
平成24(2012)年8月21日

資料：シカゴ商品取引所、タイ国家貿易取引委員会のデータを基に農林水産省作成
注：1) 小麦、とうもろこし、大豆の価格は、各月ともシカゴ商品取引所の第1金曜日の期近価格
　　2) 米の価格は、タイ国家貿易取引委員会公表による各月第1水曜日のタイうるち精米100%2等のFOB価格。FOBはFree On Boardの略。国際的売買契約の約款の一つで、売主は船積港で指定の船舶に物品を積み込むまでの一切の責任と費用を持つ。
　　3) 令和4(2022)年3月時点

---

[1] 用語の解説3(1)を参照
[2] 用語の解説3(1)を参照

(世界的に食料価格が上昇)

　穀物等の国際価格の上昇の影響を受け、FAO(国際連合食糧農業機関)が公表している食料価格指数[1]は、令和4(2022)年2月に食料品全体で平成2(1990)年の統計公表以来最高値の141.4を記録し、前年同月比で21.3%上昇しました[2](**図表1-2-2**)。特に、植物油の価格指数は201.7と、前年同月比で36.8%上昇しました。これは、令和2(2020)年後半から、南米の乾燥による作柄懸念、中国の需要の増加等により大豆価格が上昇したことや、マレーシアにおいて、新型コロナウイルス感染症の感染拡大に伴う労働力不足によって、パーム油の原料であるアブラヤシの収穫作業が滞ったことが影響しています。さらに、ロシアによるウクライナ侵略を背景に、穀物等の国際相場は高い水準で推移しつつ、不安定な動きを見せており、今後の動向を注視する必要があります。

図表1-2-2 FAOの食料価格指数

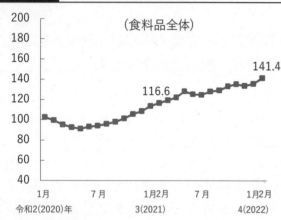
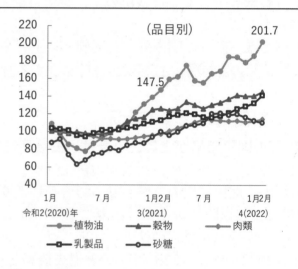

資料：FAO「Food Price Index」
注：平成26(2014)〜28(2016)年の平均価格を100とする指数

(国内でも食料価格が上昇)

　世界の食料価格の上昇に加え、原油価格の上昇や為替相場の影響、さらには、世界的なコンテナ不足、海上運賃の上昇等、グローバル・サプライチェーン(供給網)の各段階における様々な要因が重なり、我が国の穀物等の輸入価格は上昇しています。

　輸入小麦の政府売渡価格は、国際相場の変動の影響を緩和するため、4月期と10月期の年2回、価格改定を行っていますが、令和4(2022)年4月期の売渡価格は、国際価格の上昇等により7万2,530円/tと、令和3(2021)年10月期と比べて17.3%の引上げとなり、平成20(2008)年10月期の7万6,030円/tに次ぐ過去2番目の高値となりました(**図表1-2-3**)。

図表1-2-3 輸入小麦の政府売渡価格

(単位：円/t(税込み)、%)

	5銘柄加重平均価格	対前期比
令和2(2020)年 4月期	51,420	3.1
2(2020) 10月期	49,210	▲4.3
3(2021) 4月期	51,930	5.5
3(2021) 10月期	61,820	19.0
4(2022) 4月期	72,530	17.3

資料：農林水産省作成
注：5銘柄とは、カナダ産ウェスタン・レッド・スプリング、米国産ウェスタン・ホワイト、(ダーク)ノーザン・スプリング及びハード・レッド・ウィンター、豪州産スタンダード・ホワイト

[1] 国際市場における五つの主要食料(穀物、食肉、乳製品、植物油及び砂糖)の国際価格から計算される世界の食料価格の指標
[2] 令和4(2022)年3月4日公表時点

また、食肉についても輸入価格が上昇しています(**図表1-2-4**)。これは、我が国の牛肉の主要輸入相手国である豪州においてと畜頭数が減少したことや、鶏肉の主要輸入相手国であるタイの鶏肉加工場において新型コロナウイルス感染症の集団感染が発生し、鶏肉加工場の一時閉鎖により食肉の生産量が減少したこと等が要因となっています。さらに、世界的に経済活動が再開されたことで外食の需要が回復し、食肉の引き合いが増えたことも輸入価格の上昇につながっています。

図表1-2-4　食肉(牛肉、鶏肉)の輸入価格

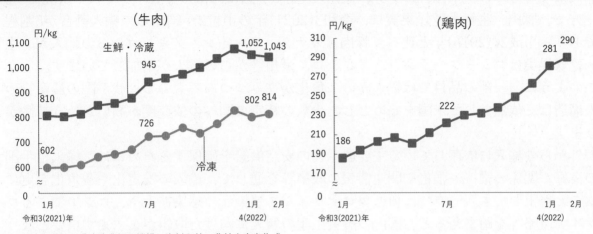

資料：独立行政法人農畜産業振興機構の資料を基に農林水産省作成
注：CIF価格

　これら食料の輸入価格の上昇は、国内の食料価格にも影響を及ぼしており、国内における食料の消費者物価指数は、令和3(2021)年6月以降上昇傾向で推移しています(**図表1-2-5**)。ロシアによるウクライナ侵略等も踏まえ、今後も、食料の国際相場や国内の食料価格を注視していく必要があります。

図表1-2-5　国内の消費者物価指数

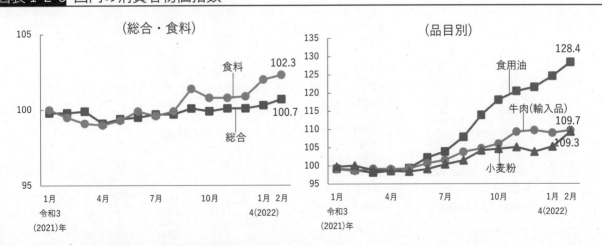

資料：　総務省「消費者物価指数」(令和2(2020)年基準)を基に農林水産省作成

(2) 主要農産物の輸入状況

(我が国の主要農産物の輸入は特定の国に依存)

　令和3(2021)年の我が国の農産物輸入額は7兆388億円となりました。国別の輸入額を見ると、米国が1兆6,411億円、次いで中国が7,112億円で、カナダ、豪州、タイ、イタリアと続いており、上位6か国が占める輸入割合は6割程度で推移しています(**図表1-2-6**)。

　品目別に見ると、小麦、大豆、とうもろこし、牛肉は、特定国への依存傾向が顕著となっており、上位2か国で8〜9割を占めています。小麦についてはロシアやウクライナからの輸入はないものの、米国、カナダ、豪州の上位3か国に99.8%を依存している状況です。

　一方で、豚肉、生鮮・乾燥果実は、令和3(2021)年の上位2か国からの輸入割合が5割程度であり、平成28(2016)年と比べ、豚肉はカナダ、スペイン、メキシコからの輸入が、生鮮・乾燥果実はニュージーランド、メキシコ、豪州等からの輸入が増加しています。

　このように、一部の品目では輸入先の多角化が進みつつあるものの、我が国の農産物の輸入構造は、依然として米国を始めとした少数の特定の国への依存度が高いという特徴があります。

　海外からの輸入に依存している主要農産物の安定供給を確保するためには、輸入相手国との良好な関係の維持・強化や関連情報の収集等を通じて、輸入の安定化や多角化を更に図ることが重要です。一方で、新型コロナウイルス感染症の感染拡大や、ロシアによるウクライナ侵略等を踏まえると、国内の農業生産の増大に向けた取組がますます重要となっています。

図表 1-2-6　我が国の主要農産物の国別輸入額

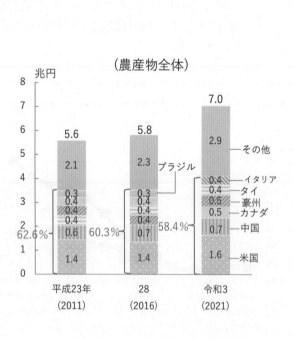

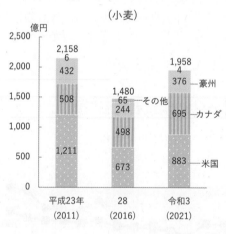

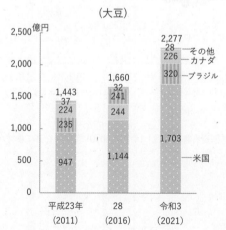

資料：財務省「貿易統計」を基に農林水産省作成

図表 1-2-6 我が国の主要農産物の国別輸入額(続き)

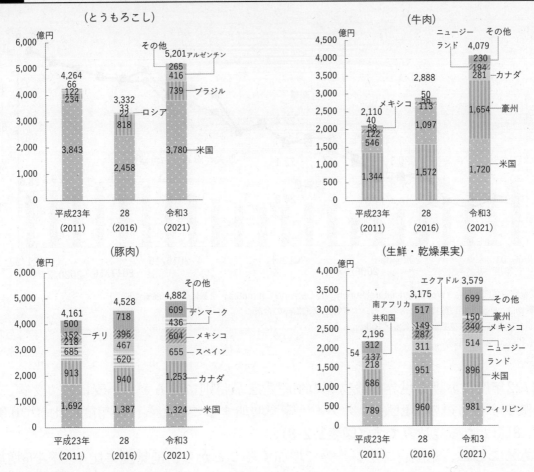

資料:財務省「貿易統計」を基に農林水産省作成

(3) 国際的な食料需給の動向

(2021/22年度における穀物の生産量、消費量は前年度に比べて増加)

　令和4(2022)年3月に米国農務省が発表した穀物等需給報告[1]によると、2021/22年度における世界の穀物全体の生産量は、前年度に比べて0.7億t(2.6%)増加の27.9億tとなり、過去最高となる見込みです(図表1-2-7)。

　また、消費量は、開発途上国の人口増加、所得水準の向上等に伴い、一貫して増加しており、前年度に比べて0.6億t(2.0%)増加し27.9億tとなる見込みです。

　この結果、期末在庫量は前年度に比べて0.1%の減少となり、期末在庫率は28.6%と前年度(29.2%)を下回る見込みです。

---

[1] 米国農務省「World Agricultural Supply and Demand Estimates」(March 9, 2022)

図表1-2-7 世界全体の穀物生産量、消費量、期末在庫率

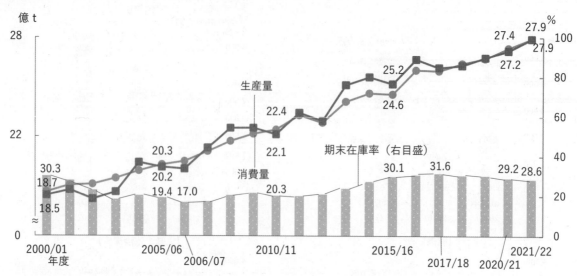

資料：米国農務省「PS&D」、「World Agricultural Supply and Demand Estimates」を基に農林水産省作成
注：1）穀物は、小麦、粗粒穀物（とうもろこし、大麦等）、米（精米）の合計
　　2）期末在庫率＝期末在庫量÷消費量×100
　　3）令和4（2022）年3月時点

　2021/22年度における世界の穀物等の生産量を品目別に見ると、小麦は、カナダ、ロシア等で減少するものの、EU、ウクライナ等で増加することから、前年度に比べて0.3%増加し、7.8億tとなる見込みです（**図表1-2-8**）。

　とうもろこしは、米国、ブラジル等で増加することから、前年度に比べて7.4%増加し、12.1億tとなる見込みです。

　米は、インド等で増加することから、前年度に比べて0.9%増加し、5.1億tとなる見込みです。

　大豆は、南米の乾燥等によりブラジル等で減少することから、前年度に比べて3.4%減少し、3.5億tとなる見込みです。

　消費量がいずれも前年度から増加した結果、期末在庫率については、小麦、とうもろこし、大豆は前年度に比べて低下、米は前年度に比べて僅かに増加する見込みです。

図表1-2-8 世界全体の穀物等の生産量、消費量、期末在庫率（2021/22年度）

（単位：百万t）

品目	生産量	対前年度増減率（%）	消費量	対前年度増減率（%）	期末在庫量	対前年度増減率（%）	期末在庫率（%）	対前年度増減差（ポイント）
小麦	778.52	0.3	787.28	0.6	281.51	-3.0	35.8	-1.3
とうもろこし	1,206.14	7.4	1,196.62	5.1	300.97	3.3	25.2	-0.5
米	514.07	0.9	511.06	1.4	190.52	1.6	37.3	0.1
大豆	353.80	-3.4	363.68	0.4	89.96	-11.6	24.7	-3.4

資料：米国農務省「World Agricultural Supply and Demand Estimates」を基に農林水産省作成
注：令和4（2022）年3月時点

（世界の食料需給をめぐる中長期的な見通し）

　世界の人口は、令和3(2021)年では79億人と推計されていますが、今後も開発途上国を中心に増加し、令和32(2050)年には97.4億人[1]になると見通されています。

　このような中、令和12(2030)年における世界の穀物等の需給について、需要面においては、アジア・アフリカ等の総人口が継続的に増加するものの、新型コロナウイルス感染症の世界的流行等の影響も受けて、中期的に多くの国で経済成長が鈍化し、所得水準の向上等に伴う途上国を中心とした食用・飼料用需要の増加がより緩やかになることから、需要の伸びはこれまでに比べて鈍化する見込みです。供給面においては、小麦等の一部の穀物における世界の収穫面積がやや減少する一方、単収の上昇によって需要の増加分を補う見込みです[2]。

　世界の食料の需給及び貿易は、農業生産が地域や年ごとに異なる自然条件の影響を強く受け、生産量が変動しやすいことや、世界全体の生産量に比べて貿易量が少なく、輸出国の動向に影響を受けやすいこと等から、不安定な要素を有しています。

　また、気候変動や大規模自然災害、豚熱[3]等の動物疾病、新型コロナウイルス感染症等の感染症の流行、ロシアによるウクライナ侵略等、多様化するリスクを踏まえると、平素から食料の安定供給の確保に一層の万全を期する必要があります。

(4) 不測時に備えた平素からの取組

（食料供給を脅かすリスクに対する早期の情報収集・分析等を強化）

　農林水産省は、不測の事態に備え、平素から食料供給に係るリスクの分析等を行うとともに、我が国の食料の安定供給への影響を軽減するための対応策を検討、実施することにより、総合的な食料安全保障の確立を図ることとしています。

　新型コロナウイルス感染症の感染拡大による需要の急激な変化等により、フードサプライチェーンへの影響が発生したことを踏まえ、農林水産省は、食料供給を脅かす新たなリスクに適切に対応するため、令和3(2021)年2月に食料安全保障アドバイザリーボードを開催し、外部の有識者を交えて食料安全保障対策の強化について検討し、同年6月に検討結果を公表しました。

　これを受け、同年7月に緊急事態食料安全保障指針[4]を改正し、平素からの取組の中に早期注意段階を新設しました。主要農産物の国際価格の上昇といった当時の状況を踏まえ、早期注意段階を即時適用し、商社や業界団体との意見交換や、在外公館や調査会社等との連携により、情報収集・分析等を強化しました。

　また、令和4(2022)年3月には、ロシアによるウクライナ侵略を踏まえ、農林水産業や食品産業等の関連事業者に向けて、「ウクライナ情勢に関する相談窓口」を設置するとともに、政府の対策を一元的に確認できるWebサイトを農林水産省ホームページ内に開設し、燃油対策や資金繰り支援等の情報発信を強化しました。

　このほか、政府は国内の生産量の減少や海外における不測の事態の発生による供給途絶等に備えるため、米にあっては政府米を100万t程度[5]備蓄しています。あわせて、食糧用小

---

[1] 国際連合「World Population Prospects 2019」
[2] 農林水産政策研究所「2030年における世界の食料需給見通し」（令和3(2021)年3月公表）
[3] 用語の解説3(1)を参照
[4] 平成24(2012)年に策定した、不測の要因により食料供給に影響が及ぶおそれのある事態に的確に対処するため、政府として講ずべき対策の内容等を示した指針
[5] 10年に1度の不作や、通常程度の不作が2年連続した事態にも国産米をもって対処し得る水準

麦にあっては国全体として外国産食糧用小麦の需要量の2.3か月分を、飼料穀物にあっては
とうもろこし等100万t程度をそれぞれ民間で備蓄しており、今後も、これらの取組を着実
に実施することとしています。

食料安全保障について
URL：https://www.maff.go.jp/j/zyukyu/anpo/

(5) 国際協力の推進

(世界の食料安全保障に貢献する国際協力の推進)

　農林水産省は、国際機関への拠出や、二国間の技術協力を通じ、途上国におけるフード
バリューチェーンの構築支援、飢餓・貧困の削減、気候変動や越境性感染症等の地球的規
模の課題への対応に取り組んでいます。

　WFP(国際連合世界食糧計画)との間でも、西アフリカ地域において、小規模稲作農家の
食品栄養群や日常的に摂取する食物の栄養価等栄養に関する基礎的知識の向上と、生産技
術や販売スキル向上のための農業支援を併せて実施する事業に取り組みました。

　また、令和4(2022)年3月にオンラインで開催されたG7臨時農業大臣会合では、ロシアに
よるウクライナ侵略が世界の食料安全保障へ及ぼす影響について議論が行われ、我が国か
らは、ロシアによるウクライナ侵略を強く非難するとともに、食料輸出国による輸出規制
等により、特に食料を輸入している途上国への食料供給が滞らないようにと訴えました。
同会合では、食料危機を回避するために、G7が協力して対応していくことを決意した大臣
声明が採択されました。

(持続可能な食料生産・消費に向けた取組)

　令和3(2021)年12月、各国政府、国際機関、民間企業等の参画を得て、政府主催で「東
京栄養サミット[1]2021」を開催し、世界全体の栄養改善に向けて国際社会が今後取り組むべ
き方向性を取りまとめた成果文書として、「東京栄養宣言」が発出されました。

　その際に農林水産省が主催した関連イベントでは、「東京栄養宣言」のテーマの一つであ
る「食：健康的で持続可能な食料システムの構築」の実施に向け、食料システムの変革、
食関連産業のイノベーションの推進、個人の栄養に関する行動変容の促進、途上国・新興
国の栄養改善への支援等を内容とするアクションプランを発出しました。また、アクショ
ンプランに賛同した、60を超える民間企業・団体、非政府組織(NGO)等がそれぞれの具体
的な取組を公表し、減塩や機能性に優れた商品の提供や途上国の栄養改善に向けた取組等
を行っています。

---

[1] 栄養サミットは、英国が開始した栄養改善に向けた国際的な取組であり、オリンピック・パラリンピック競技大会に合わせて開催

（事例）G7で農業・食品関係企業の持続可能なサプライチェーンを議論

　令和3(2021)年、英国が議長国となり開催されたG7の一連の会合では、大企業がどのように世界の持続可能性に貢献できるかが議題となりました。

　この議論を踏まえ、持続可能なサプライチェーンの構築に向けて、企業の環境的、社会的取組の向上を目指す必要があるとの認識の下、G7各国の農業・食品関係企業が民間外部指標を活用して、自身の持続可能性の向上につなげることを目的とする「持続可能なサプライチェーンイニシアチブ」を立ち上げました。

立ち上げイベントの様子
資料：明治ホールディングス株式会社

　同イニシアチブには、G7各国から22の企業が参加し、我が国からは、明治ホールディングス株式会社、日本ハム株式会社及び株式会社セブン＆アイ・ホールディングスが参加表明しています。

　同年12月には、英国が同イニシアチブの立ち上げイベントをオンラインで開催し、我が国からは明治ホールディングス株式会社が、カカオ豆の調達に当たっての森林保全や、児童労働・強制労働排除に向けた活動等持続可能なサプライチェーン実現に向けた取組等についてプレゼンテーションを行いました。

第3節　食料消費の動向

　近年においては人口減少や高齢化により国内の食市場が縮小すると見込まれる一方で、消費者ニーズは多様化し、食の外部化[1]が進展していたところ、新型コロナウイルス感染症の感染拡大は、そのような食料消費の動向に大きな影響をもたらし、令和3(2021)年においてもその影響は続いています。本節では、このような食料消費の動向について紹介します。

(新型コロナウイルス感染症の感染拡大で外食への支出は減少、生鮮・調理食品等への支出は増加)

　新型コロナウイルス感染症の感染拡大で外出の機会が減った一方、家庭で調理する機会が増えたことで、令和2(2020)年は食料消費支出に占める生鮮食品の割合の増加と、外食の割合の減少が顕著になりました(**図表1-3-1**)。また、令和3(2021)年は、生鮮食品の割合は前年よりも減少し、外食の割合は前年と同程度となっています。このほか、調理食品への支出割合は増加傾向で推移しています。

　なお、令和2(2020)年の外食の減少幅は人口の多い大都市でより大きくなっています(**図表1-3-2**)。

図表 1-3-1　食料消費支出の内訳

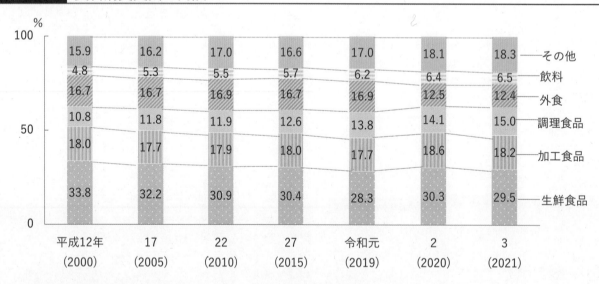

資料：総務省「家計調査」(全国・用途分類・二人以上の世帯)を基に農林水産省作成
注：1)　消費者物価指数(食料：令和2(2020)年基準)を用いて物価の上昇・下落の影響を取り除き、世帯員数で除した1人当たりの数値
　　2)　生鮮食品は、米、生鮮魚介、生鮮肉、牛乳、卵、生鮮野菜、生鮮果物の合計
　　3)　加工食品は、パン、麺類、他の穀類、塩干魚介、魚肉練製品、他の魚介加工品、加工肉、乳製品、乾物・海藻、大豆加工品、他の野菜・海藻加工品、果物加工品の合計
　　4)　調理食品は、主食的調理食品と他の調理食品の合計で、他の調理食品には冷凍調理食品も含む。
　　5)　その他は、油脂・調味料、菓子類、酒類の合計

---

[1] 用語の解説3(1)を参照

図表 1-3-2　大都市の食料消費支出の内訳

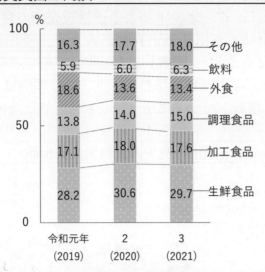

資料：総務省「家計調査」（全国・用途分類・二人以上の世帯）を基に農林水産省作成
注：1）消費者物価指数（食料：令和2(2020)年基準）を用いて物価の上昇・下落の影響を取り除き、世帯員数で除した1人当たりの数値
　　2）生鮮食品は、米、生鮮魚介、生鮮肉、牛乳、卵、生鮮野菜、生鮮果物の合計
　　3）加工食品は、パン、麺類、他の穀類、塩干魚介、魚肉練製品、他の魚介加工品、加工肉、乳製品、乾物・海藻、大豆加工品、他の野菜・海藻加工品、果物加工品の合計
　　4）調理食品は、主食的調理食品と他の調理食品の合計で、他の調理食品には冷凍調理食品も含む。
　　5）その他は、油脂・調味料、菓子類、酒類の合計
　　6）大都市は「家計調査」における「大都市」（政令指定都市及び東京都区部）を指す。

（生鮮肉、パスタ、冷凍調理食品等の支出が増加傾向で推移）

　新型コロナウイルス感染症の感染拡大による影響は、品目別の食料消費支出額にも見ることができ、令和2(2020)年3月以降、生鮮肉等の生鮮食品、長期保存が可能なパスタ、即席麺、バター等の加工食品、冷凍調理食品等の調理食品への支出額は令和元(2019)年の同月を上回る水準で推移しています（**図表1-3-3**）。この傾向は、令和4(2022)年に入って以降も継続しています。

図表 1-3-3　主な品目別の1人1か月当たりの支出額（令和元(2019)年の同月を100とする指数）

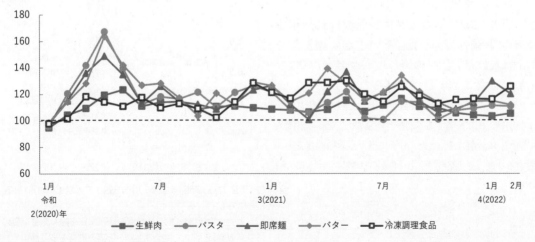

資料：総務省「家計調査」（全国・用途分類・二人以上の世帯）を基に農林水産省作成
注：1）算出方法は、当月金額÷令和元(2019)年同月金額×100
　　2）1）の「金額」は消費者物価指数（食料：令和2(2020)年基準）を用いて物価の上昇・下落の影響を取り除き、世帯員数で除した1人当たりのもの

第
1
章

69

（インターネットによる通信販売での食料消費支出額が増加）

　令和2(2020)年3月以降、インターネットによる通信販売での食料消費支出額が増えています。項目別に見ると、出前の支出額は上昇幅が大きく、令和4(2022)年1月には令和元(2019)年同月比で3.9倍となりました（**図表1-3-4**）。

　食料品や飲料の支出額も上昇傾向で推移しており、この傾向は令和3(2021)年9月に緊急事態宣言が解除された後も継続していることから、一過性ではないことがうかがわれます。

図表 1-3-4　インターネットによる通信販売での食料消費支出額

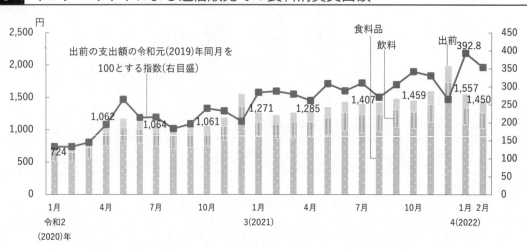

資料：総務省「家計消費状況調査」（月次・二人以上の世帯）を基に農林水産省作成
注：1) 消費者物価指数（食料：令和2(2020)年基準）を用いて物価の上昇・下落の影響を取り除き、世帯員数で除した1人当たりの数値
　　2) 出前の指数の算出方法は、当月金額÷令和元(2019)年同月金額×100

（コラム）　エンゲル係数の変動要因

　家計の消費支出に占める食料消費支出の割合であるエンゲル係数は、令和2(2020)年に対前年比で1.8ポイント上昇しました。その要因*を見ると、「家計購入数量要因」の寄与度がプラス1.4ポイントとなっており、家計消費支出の減少の影響が大きい状況となっています。

　また、令和3(2021)年のエンゲル係数は対前年比で0.3ポイント減少しました。その主な要因としては「家計購入数量要因」の寄与度がマイナス0.2ポイントとなったことなどが挙げられます。

* エンゲル係数の変動要因は、係数を算出する際の分母に当たる家計消費支出に影響する「消費者物価要因」と「家計購入数量要因」に分解でき、また、分子に当たる食料消費支出に影響する「食料品価格要因」と「食料購入数量要因」に分解できる。

エンゲル係数の推移及び変動要因別に見た寄与度

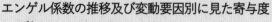
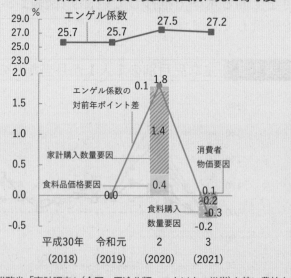

資料：総務省「家計調査」（全国・用途分類・二人以上の世帯）を基に農林水産省作成
注：1) 消費者物価指数（食料、持家の帰属家賃を除く総合：令和2(2020)年基準）を用いて物価の上昇・下落の影響を取り除いた数値
　　2) それぞれの要因の寄与度は、エンゲル係数の対前年増減差を「食料品価格要因」の寄与度、「食料購入数量要因」の寄与度、「消費者物価要因」の寄与度、「家計購入数量要因」の寄与度の合計となるよう割り戻して算出

| 第4節 | 新たな価値の創出による需要の開拓 |

食品産業は、農業と消費者の間に位置し、食料の生産から消費までの各段階において、食品の品質と安全性を保ちつつ安定的かつ効率的に供給するとともに、消費者ニーズを生産者に伝達する役割を担っています。また、食品ロス削減等環境問題への対応にも重要な役割を果たしています。本節では、これらに係る食品産業の動向等について紹介します。

(1) 食品産業の競争力の強化

ア 食品産業の動向

(食品産業の国内生産額は 92.1 兆円)

食品産業の国内生産額は、近年増加傾向で推移していましたが、令和2(2020)年は新型コロナウイルス感染症の感染拡大により外食産業が大きな影響を受けたことから、前年と比べ9兆2千億円減少し、92兆1千億円となりました(**図表1-4-1**)。食品製造業では清涼飲料や酒類の工場出荷額が減少したこと等から前年と比べ2.8%減少の36兆6千億円となり、関連流通業はほぼ前年並の34兆9千億円となりました。また、全経済活動に占める食品産業の割合は前年と比べ0.3ポイント減少し、9.4%となりました。

図表 1-4-1 食品産業の国内生産額

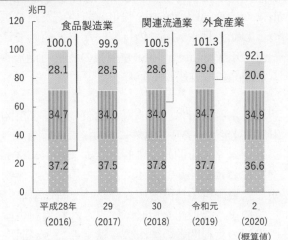

資料：農林水産省「農業・食料関連産業の経済計算」
注：食品製造業には、飲料、たばこを含む。

(適切な価格転嫁を行うためのガイドラインを策定し取引環境を整備)

原油価格の上昇と為替相場における円安の進展があいまって、我が国が輸入に依存するエネルギーや原材料価格の上昇が懸念されていたこと等を踏まえ、令和3(2021)年12月、政府は「パートナーシップによる価値創造のための転嫁円滑化施策パッケージ」を決定しました。中小企業等が賃上げを確保できるよう支援していくことに併せて、取引事業者全体のパートナーシップにより、労務費、原材料費、エネルギーコストの上昇分を価格に適切に転嫁できるように取り組んでいます。

農林水産省では、同月に「食品製造業者・小売業者間における適正取引推進ガイドライン」を策定し、食品製造業者と小売業者との取引関係において、問題となり得る事例等を示しています。また、取引上の法令違反の未然防止、食品製造業者及び小売業者の経営努力が報われる健全な取引の推進を目指し、本ガイドラインの普及を行っています。

(食に関する課題の解決や新たなビジネスの創出に向けフードテックの取組を推進)

　世界的に消費者の健康志向や環境志向等、食の価値観が多様化している中で、フードテック[1]を活用した新たなビジネスの創出に関心が高まっています。このため、農林水産省は、令和2(2020)年10月に立ち上げた「フードテック官民協議会」に設置した作業部会での専門的な議論を通じ、食に関する課題の解決や、フードテックを活用した新たなビジネスの創出に向けた官民連携の取組を推進しています。また、多様な食の需要への対応や社会課題の解決を図るため、食品事業者等の関係者が実行するフードテック等を活用した新たな商品・サービスを生み出すビジネスモデルを実証する取組を支援しています。

(コラム) 宇宙における食料供給システムの開発を実施

　近年、国際社会において宇宙開発利用の拡大に向けた取組が活発化しています。このような中、我が国においては、宇宙における国際競争力を強化していくための重要な要素の一つとして、月や火星での持続的な有人活動で活用が期待される、QOL(Quality of Life)重視型の持続可能な食料供給システムの開発に取り組んでいます。

月面における食料生産イメージ

資料：国立研究開発法人宇宙航空研究開発機構(JAXA)

　農林水産省では、内閣府が創設した「宇宙開発利用加速化戦略プログラム」の一環として、令和3(2021)年度から「月面等における長期滞在を支える高度資源循環型食料供給システムの開発」戦略プロジェクトを開始しました。本プロジェクトでは、将来の月面基地での食料生産を想定した閉鎖空間におけるイネ、ダイズ、イモ類などの作物を対象とした環境制御による栽培技術と発酵等を利用した資源再生技術を組み合わせた高効率な食料供給システムの開発等を目指しています。

　このような取組を通じて確立された食料生産技術は、砂漠のような過酷な環境における食料生産や世界の食料問題の解決に貢献することが期待されます。

イ　卸売市場を始めとする食品流通の合理化等

(食品流通の合理化を推進)

　トラックドライバーを始めとする流通分野の人手不足が深刻化する中で、国民生活や経済活動に必要不可欠な物流の安定を確保するためには、サプライチェーン全体で食品流通の合理化に取り組む必要があります。特に、野菜や果物等の青果物の輸送は、荷物の手積み、手降ろしといった手荷役作業が多い、小ロット・多頻度での輸送が多いなどの事情から、運送業者から取扱いを敬遠される事例があります。

　農林水産省は、令和3(2021)年6月に閣議決定された「総合物流施策大綱(2021年度～2025年度)」を踏まえ、青果物流通の現状と今後の対応の方向性について関係者が議論・検討する検討会を開催し、流通段階や事業者ごとに規格が一様でないパレットやコード・情報の標準化等、青果物流通の合理化に向けた取組を進めています。

　生鮮食料品等を取り扱う1卸売市場当たりの取扱金額は、令和2(2020)年度に707億円の目標に対し、前年度から23億円減少し、605億円となりました。新型コロナウイルス感染症の感染拡大防止のための外出自粛や飲食店への営業自粛の要請、緊急事態宣言等による

---

[1] 生産から流通・加工、外食、消費等へとつながる食分野の新しい技術及びその技術を活用したビジネスモデルのことで、我が国における取組事例としては、大豆ミートや、健康・栄養に配慮した食品、人手不足に対応する調理ロボット、昆虫を活用した環境負荷の低減に資する飼料・肥料の生産等の分野で、スタートアップ企業等が事業展開、研究開発を実施

飲食店への時短営業の要請等により、飲食店を始めとする業務需要が大きく落ち込み、水産物を中心に取扱金額が影響を受けたためと考えられます。

　卸売市場の活性化に向け、農林水産省は、卸売市場のハブ機能の強化、コールドチェーンの確保や、パレット等の標準化、デジタル化・データ連携による業務の効率化等を推進することにより、令和6(2024)年度までに1卸売市場当たりの取扱金額を、平成28(2016)年度比で24億円増加の719億円にすることを目標としています。

ウ　規格・認証の活用

(日本発の食品安全管理に関する認証規格(JFS 規格)の取得件数は年々増加)

　JFS[1]規格は、一般財団法人食品安全マネジメント協会が策定した、日本発の食品安全管理に関する認証規格です。JFS規格の特徴は、生食や発酵食等の食品の認証が可能で、我が国の食文化になじむことにあります。くわえて、JFS規格の各製造セクターでは、HACCP[2]の考え方を取り入れた衛生管理を包含するJFS-A規格や、HACCPに基づく衛生管理を包含するJFS-B規格、国際取引にも通用する高水準のJFS-C規格[3]が設けられており、経営規模等に応じて段階的に取り組みやすい仕組みとなっています。

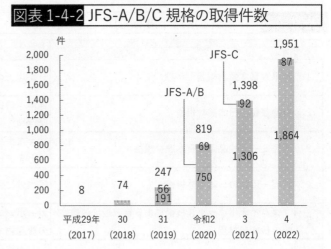

図表 1-4-2　JFS-A/B/C 規格の取得件数

資料：一般財団法人食品安全マネジメント協会資料を基に農林水産省作成
注：1) 集計基準は適合証明書発行日
　　2) 各年3月末時点の数値

　JFS-A/B/C規格の国内取得件数は、平成28(2016)年の運用開始以降、年々増加してきており、令和4(2022)年3月末時点で1,951件[4]となりました(図表1-4-2)。今後、JFS規格の更なる普及により、我が国の食品安全レベルの向上や食品の輸出力強化が期待されます。

(HACCP に沿った衛生管理の実施が義務化)

　農林水産省は、HACCP導入について、手引書を使ったモデルの実証やオンライン学習教材の作成等への支援を行っています。令和2(2020)年度は、HACCPに沿った衛生管理を導入済み又は導入途中の食品製造事業者の割合は、前年度から20ポイント増加し、60%となりました。これを従業者規模別に見ると、導入済み又は導入途中の事業者は、従業員数が100人以上の事業者では98%であるのに対し、50人未満の事業者では53%となっており、中小規模の事業者でHACCP導入の割合を高めることが課題となっています。

　令和3(2021)年6月からは、令和2(2020)年6月に施行された食品衛生法等の一部を改正する法律により、1年間の猶予期間を経てHACCPに沿った衛生管理が完全施行され、原則全ての食品等事業者(食品製造、調理、販売等)に対して、HACCPに沿った衛生管理の実施が義務化されています。このため、農林水産省は、引き続き、中小規模の事業者におけるHACCP導入を促進するためWebサイトにおける情報提供を行っています。

---

[1] Japan Food Safetyの略。用語の解説3(2)を参照
[2] 用語の解説3(2)を参照
[3] 平成30(2018)年10月にGFSI(世界食品安全イニシアティブ)に国際規格として承認された。GFSIについては用語の解説3(2)を参照
[4] 製造セクター以外の規格を含めた国内取得総件数は2,031件

（多様な JAS を推進）

　近年、輸出の拡大や市場ニーズの多様化が進んでいることから、農林水産省では、農林水産物・食品の品質だけでなく、事業者による農林物資の取扱方法、生産方法、試験方法等について認証する新たなJAS制度を推進しており、令和3(2021)年度には、精米、大豆ミート食品類のJAS等、8規格を制定しました（**図表1-4-3**）。これらのJASによって、事業者や産地の創意工夫により生み出された多様な価値・特色を戦略的に活用でき、我が国の食品・農林水産分野の競争力の強化につながることが期待されています。

　農林水産省は、輸出促進に向け海外との取引を円滑に進めるための環境整備として、産官学の連携により、ISO規格等の国際規格の制定・活用を進めています。

図表1-4-3　令和3(2021)年度に制定されたJAS

	規格	活用における利点
1	精米の日本農林規格	一定以上の品質を保った精米であることをアピールすることが可能
2	有機藻類の日本農林規格	環境への負荷を可能な限り低減した管理方法によって生産された藻類（わかめ、こんぶ等）であることを広くアピールすることが可能
3	大豆ミート食品類の日本農林規格	様々な大豆ミート製品がある中、動物性たんぱく質が含まれていないことをアピールすることが可能
4	錦鯉ー用語の日本農林規格	国内外における、錦鯉の正当な評価や取引の適正化・円滑化が可能
5	プロバイオポニックス技術による養液栽培の農産物の日本農林規格	カーボンニュートラル等の環境負荷軽減を実現する持続型の養液栽培の農産物であることをアピールすることが可能
6	みその日本農林規格	我が国独自のこうじ菌及び製造方法で製造したみそであることをアピールすることが可能
7	魚類の鮮度(K値)試験方法ー高速液体クロマトグラフ法の日本農林規格	「活け締め」等の日本の鮮度保持技術が正当に評価され、日本産品の公正な取引が可能
8	りんごジュース中のプロシアニジン類の定量ー高速液体クロマトグラフ法の日本農林規格	機能性成分が多く含まれる日本産品の優位性を客観的に説明・証明することが可能

資料：農林水産省作成
注：令和3(2021)年度末時点

(2) 食品産業における環境問題への対応

（食品産業界全体の取組により食品ロス発生を抑制）

　食品ロスを削減するため、令和3(2021)年6月、農林水産省は一般社団法人日本フランチャイズチェーン協会、消費者庁、環境省と連携して、小売店舗が消費者に対して、商品棚の手前にある商品を選ぶ「てまえどり」を呼び掛ける取組を行いました。「てまえどり」を行うことで、販売期限が過ぎて廃棄されることによる食品ロスを削減する効果が期待されます。

「てまえどり」を呼び掛けるポスター

（プラスチックに係る資源循環の促進等に関する法律が成立）

　令和3(2021)年6月に成立した「プラスチックに係る資源循環の促進等に関する法律」では、製品の設計からプラスチック廃棄物の処理までに関わるあらゆる主体におけるプラスチック資源循環等の取組を促進することとしています。令和4(2022)年4月以降、製造事業者等においては環境配慮型の製品設計に努めること、フォーク、スプーン等の使い捨てプラスチック製品の提供事業者においては使用の合理化のための取組を行うこと、排出事業者においては可能な限りプラスチック使用製品産業廃棄物等の排出抑制と再資源化を実施することなどが求められます。

　このほか、飲料用PETボトルについては、令和2(2020)年度の回収率は前年度から4ポイント増加し97%となり、93%の目標を達成しました。農林水産省は、令和12(2030)年度までに100%とすることを目標としています。

第5節　グローバルマーケットの戦略的な開拓

新型コロナウイルス感染症の感染が世界的に拡大する中、我が国の農林水産物・食品の輸出額は増加しており、令和3(2021)年には過去最高額を更新し、初めて1兆円を突破しました。人口減少や高齢化により農林水産物・食品の国内消費の減少が見込まれる中で、農業・農村の持続性を確保し、農業の生産基盤を維持していくためには、輸出を拡大していくことが重要です。

本節では、政府一体となっての輸出環境の整備、輸出に向けた海外への商流構築やオールジャパンのプロモーション、食産業の海外展開の促進、知的財産の保護・活用について紹介します。

(1) 農林水産物・食品の輸出促進に向けた環境の整備

(輸出の関連施策を政府一体となって実施)

農林水産物・食品の輸出に関しては、マーケットインによる輸出への転換のための海外現地における情報収集や売り込み、輸入規制等に係る政府間協議、食品安全管理、知的財産管理、流通・物流整備、研究開発等、様々な関連分野において政府による環境整備が不可欠です。海外でニーズがあるにもかかわらず、我が国からの輸入が規制されている、海外の規制に対応する国内の加工施設が少ないなどの理由により輸出できない産品は、依然として多くあります。

このような課題に対応するため、農林水産物・食品輸出本部を政府全体の司令塔組織として、輸出関連施策を政府一体となって実施することとしています。

(事例) 輸出拠点として成田市公設地方卸売市場を開場(千葉県)

千葉県成田市は、令和4(2022)年1月に成田市公設地方卸売市場(以下「成田市場」という。)を開場しました。

成田市場は敷地面積が9.3haで成田国際空港に隣接し、青果棟、水産棟のほか、各輸出証明書の交付、検疫等の輸出手続を市場内で完結できる高機能物流棟を有しています。輸出手続のワンストップ化により、輸出手続を短縮することが可能となりました。

今後は、海外からの訪日外国人旅行者等に向けて我が国の農水産物や食文化を発信する集客施設を整備し、輸出拠点と卸売市場の役割を両立させていきます。

輸出手続をワンストップで
完結できる成田市場

資料：千葉県成田市

（改正投資円滑化法が施行）

　農林漁業や食品産業の分野では、輸出のための生産基盤構築・施設整備や、スマート農林水産業による生産性向上等の新たな動きに対応するための資金需要が生じています。

　このことを踏まえ、農業法人だけでなくフードバリューチェーンに携わる全ての事業者を投資対象にすること等を内容とする「農林漁業法人等に対する投資の円滑化に関する特別措置法」が令和3(2021)年8月に施行されました。農林漁業の生産現場から輸出に関するものも含め、フードバリューチェーン全体への資金供給を促進するための措置を講じることにより、農林漁業や食品産業の更なる成長発展を図ることとしています。

（マーケットインの発想に基づく輸出産地・事業者の育成・展開）

　農林水産物・食品の輸出拡大実行戦略に基づき、農林水産省は、輸出先国のニーズや規制に対応した輸出産地の育成・展開を図るため、主として輸出向けの生産を行う輸出産地・事業者をリスト化しています。リスト化された輸出産地・事業者の数は、令和4(2022)年3月時点で1,287産地・事業者になります。リスト化された輸出産地・事業者をサポートするため、地方農政局等に輸出の専門家を「輸出産地サポーター」として配置し、「農林水産物及び食品の輸出の促進に関する法律」に基づく輸出事業計画の策定と実行を支援しています。

(2) 海外への商流構築等と食産業の海外展開の促進

ア　海外への商流構築、プロモーションの促進

（GFPを活用し輸出を支援）

　GFP[1]のWebサイトを通じて会員登録すると、専門家による無料の輸出診断や輸出商社の紹介、登録者同士の交流イベントへの参加等のサービスを受けることができます。登録者数は令和3(2021)年度末時点で6,105件となっており、前年度から1,533件増加しています。このうち輸出診断の対象者である農林水産物・食品事業者は3,448件となっており、農林水産省、独立行政法人日本貿易振興機構(JETRO)、輸出の専門家等とともに、令和3(2021)年度においては、227件に輸出診断を行いました。また、輸出に取り組む商社や事業者を育成するためにセミナーやマッチングイベント、輸出相談会を行いました。

GFP コミュニティサイト
URL：https://www.gfp1.maff.go.jp/

GFP 農林水産物・食品輸出プロジェクト
URL：https://www.maff.go.jp/j/shokusan/
export/gfp/gfptop.html

---

[1] Global Farmers/Fishermen/Foresters /Food Manufacturers Project の略称

（事例）GFPの会員登録をきっかけに輸出の取組を開始(熊本県)

　熊本県玉名市にある株式会社レッドアップは、昭和22(1947)年からトマトの栽培を開始し、現在はビニールハウス40棟でトマトとミニトマトを生産しています。

　平成30(2018)年9月にGFPに会員登録し、GFPの輸出診断を活用して輸出先国や認証に関するアドバイス、商社の紹介を受け、輸出に取り組み始めました。

　JETRO担当者からのサポートもあり、令和3(2021)年3月から香港の高級スーパー向けにミニトマトの輸出をすることができました。近年は、他の野菜や加工品の引き合いがあり、周辺の生産者の商材を取りまとめて輸出する体制を整備しています。

　今後は、輸出量の更なる拡大と海外販路の開拓、加工品の内製化を目指しています。

株式会社レッドアップの生産者
資料：株式会社レッドアップ

(JETRO・JFOODOによる海外での販路開拓)

　JETROは、国内外の商談会の開催、海外見本市への出展、セミナー開催、専門家による相談対応等により、海外販路の開拓・拡大を目指す事業者をオンラインを活用しつつ支援しました。

　また、日本食品海外プロモーションセンター(JFOODO)は、牛肉、水産物（ブリ・ハマチ、ホタテ、タイ）、茶、米粉及び米粉製品、日本酒等について、市場分析に基づいて国・地域を設定し、売り込むべきメッセージを明確にした重点的・戦略的なプロモーションを実施したほか、品目別団体と連携したオールジャパンでのプロモーションを実施しました。

海外見本市
資料：JETRO

オンラインを通じた商談会
資料：JETRO

(海外において日本食・日本産食材が普及)

　海外における日本食レストランの数については、令和3(2021)年は約15万9千店と、平成25(2013)年の3倍近くに増加しており、近年、海外での日本食・食文化への関心が高まっていることがうかがえます(図表1-5-1)。

　農林水産省は、平成28(2016)年度から、日本産食材を積極的に使用する海外の飲食店や小売店を民間が主体となって「日本産食材サポーター店」として認定する制度を創設し、日本産食材の主要な輸出拠点とすることとしています。令和3(2021)年度末時点で、前年度に比べて2,176店増加の8,245店が認定されており、JETROでは、世界各地の日本産食材サポーター店等と連携して、日本産食材等の魅力を訴求するプロモーションを実施しています。

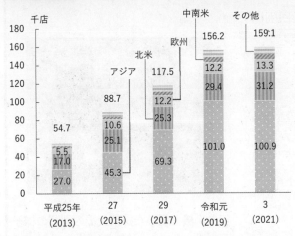

図表 1-5-1 日本食レストランの店舗数

千店

	平成25年 (2013)	27 (2015)	29 (2017)	令和元 (2019)	3 (2021)
その他	5.5	10.6	12.2	12.2	13.3
中南米・欧州	17.0	25.1	25.3	29.4	31.2
アジア・北米	27.0	45.3	69.3	101.0	100.9
合計	54.7	88.7	117.5	156.2	159.1

資料:農林水産省作成

**海外における日本産食材
サポーター店認定制度**
URL：https://www.maff.go.jp/j/shokusan/
syokubun/suppo.html

(訪日外国人旅行者の日本滞在時の食に関する体験を推進)

農林水産省が平成30(2018)年から実施している「食かけるプロジェクト」では、食と芸術や歴史等、異分野の活動を掛け合わせた体験を通じて、訪日外国人旅行者の日本食への関心を高めるとともに、帰国後も我が国の食を再体験できる環境の整備を推進しています。本プロジェクトの一環として、食と異分野を掛け合わせた食体験を募集・表彰する「食かけるプライズ」を実施し、令和3(2021)年9月に大賞等15件を決定しました。

イ　食産業の海外展開の促進

(輸出を後押しする食産業の海外展開を支援)

農林水産物・食品の輸出のみならず、輸出を後押しする我が国農林水産・食品事業者の戦略的な海外展開を通じて広く海外需要を獲得していくことは、国内生産者の販路や稼ぎの機会を増やしていくことにつながります。このため、農林水産省では、海外展開に際し注意すべきポイントや代表的な契約ひな形を取りまとめた海外展開ガイドラインを作成するとともに、RCEP協定、ハラール・コーシャ等、農林水産・食品事業者の関心に沿った海外展開に関するセミナーを開催しました。

（事例）製造機械等の技術も含めたフードバリューチェーン全体での海外展開

　　ふぁん・じゃぱん株式会社は、マレーシアを拠点に同国内の工場で同国のハラール認証(JAKIM認証)を取得した菓子類を製造、小売店への卸売販売等を行っています。近年では、大福を始めとした和菓子も製造・販売しており、マレーシアでも人気を博しています。

　　大福を大量生産するためには、あんを餅で包むための機械(包あん機)が必要となりますが、包あん機は我が国のメーカーが世界シェアの大部分を占めており、同社でも、マレーシアで我が国のメーカーの機械を使用して大福を製造しています。また、大福の原料として我が国で製造し、同国に輸出した抹茶を使用しています。

　　このように、農林水産物・食品の輸出を更に拡大していくためには、製造機械等の技術も含めたフードバリューチェーン全体で海外展開を考えることが重要です。

包あん機を用いた抹茶大福の製造の様子
資料：ふぁん・じゃぱん株式会社

（3）知的財産の保護・活用

（GI保護制度の登録産品は119産品となり着実に増加）

　　地域ならではの特徴的な産品の名称を知的財産として保護する仕組みである地理的表示(GI)保護制度については、GIの国内登録数を令和11(2029)年度までに200産品にする目標を掲げているところ、令和3(2021)年度は、新たに13産品が登録されました。これまでに登録された産品は、同年度末時点で41都道府県と2か国の計119産品となりました(**図表1-5-2**)。

　　このほか、日EU・EPA[1]により、日本側GI 95産品、EU側GI 106産品が相互に保護され、日英EPAにより、日本側GI 47産品、英国側GI 3産品が相互に保護されています。

図表1-5-2　GIの登録件数

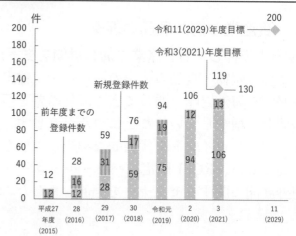

資料：農林水産省作成

（改正種苗法の施行により植物新品種の海外流出を防止）

　　近年、我が国の登録品種[2]が海外に流出する事例が見られたことも踏まえ、植物品種の育成者権の保護を強化し、新品種の開発を促進するために令和3(2021)年4月に施行された改正種苗法[3]により、登録品種のうち、国立研究開発法人農業・食品産業技術総合研究機構(以下「農研機構」という。)や都道府県等が開発した品種約3,800品種について海外への持ち出しが制限されることとなりました。

---

[1] 用語の解説3(2)を参照
[2] 種苗法に基づき品種登録を受けている品種
[3] 正式名称は「種苗法の一部を改正する法律」

また、令和4(2022)年4月からは、登録品種の増殖は農業者による自家増殖も含め育成者権者の許諾が必要となり、無断増殖等が把握しやすくなるとともに、育成者権侵害に対しての立証を容易にする措置が講じられることとなっています。

　植物の新品種は、我が国農業の今後の発展を支える重要な要素となっている中で、これらの措置によって、育成者権者による登録品種の管理の徹底や海外流出の防止を図り、新品種の開発や、それを活用した輸出を促進することとしています。

(和牛遺伝資源の適正な流通・利用を確保)

　和牛遺伝資源[1]の適正な流通・利用を確保し、知的財産としての価値の保護を図っていくために令和2(2020)年10月に施行された改正家畜改良増殖法と家畜遺伝資源法[2]に基づき、和牛遺伝資源の生産事業者において、その遺伝資源の譲渡先との間で、利用者の範囲等について制限を付す契約を締結するなどの取組が進展しています。

　和牛は関係者が長い年月をかけて改良してきた我が国固有の貴重な財産であり、その遺伝資源は我が国畜産業における競争力の源泉の一つとなっている中で、引き続き国内生産基盤の強化を図り、和牛肉の輸出拡大につなげていくこととしています。

(事例) GI 登録の効果

　GI制度は、登録により模倣品が排除されるほか、産品の認知度向上に伴う輸出を含む取引の増大や地域の担い手の増加等の効果が現れています。また、GI登録を機に、生産者団体が自ら産品の価値を再認識することで、品質管理の重要性を認識し、より良い産品を生産しようとする意欲が高まるといった効果も現れています。

　平成28(2016)年にGI登録された長野県の市田柿(いちだがき)は、地域発祥の渋柿品種「市田柿」を用いた糖度が高く、あめ色の果肉と表面の白い粉が特徴の干し柿です。令和2(2020)年度の輸出額は、平成28(2016)年度に比べ2.2倍の1億2,500万円となりました。

　また、福井県の吉川ナス(よしかわ)は、光沢のある黒紫色をした直径10cmほどの大きさの肉質が緻密な丸ナスです。栽培農家が途絶えていましたが、有志8人が研究会を立ち上げ、平成28(2016)年のGI登録を機に生産者が増加し、令和3(2021)年度末時点で21人の生産者が栽培しています。

市田柿

吉川ナス

---

1 用語の解説3(1)を参照
2 正式名称は「家畜改良増殖法の一部を改正する法律」と「家畜遺伝資源に係る不正競争の防止に関する法律」

第6節　みどりの食料システム戦略の推進

気候変動や生産基盤の脆弱化等の国内外の課題を背景に、農林水産省は、令和3(2021)年5月に「みどりの食料システム戦略[1]」(以下「みどり戦略」という。)を策定し、令和32(2050)年までに目指す姿を示しました。本節では、みどり戦略の意義と、調達、生産、加工・流通、消費の各分野での具体的な取組の推進状況を紹介します。

(1) みどりの食料システム戦略の意義

(持続可能な食料システムの構築が必要)

我が国の食料システムは、高品質・高付加価値な農林水産物・食品を消費者に提供している一方で、気候変動への対応や生産基盤の脆弱化等の克服すべき課題に直面しています(**図表1-6-1**)。世界的にもSDGs[2]が広く浸透し、環境配慮に対する関心が高まってきており、諸外国では環境負荷軽減のための戦略を策定し、国際ルールに反映させようとする動きも出ています。

このような中、将来にわたり食料の安定供給と農林水産業の発展を図るためには、我が国において持続可能な食料システムを構築する必要があります。あわせて、そのシステムをアジアモンスーン地域の持続的な食料システムのモデルとして打ち出し、国際ルールメーキングに参画していくことも必要となっています。

図表 1-6-1 食料・農林水産業を取り巻く状況

(日本の年平均気温偏差の経年変化)

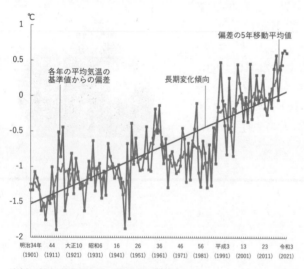

資料：気象庁資料を基に農林水産省作成
注：令和3(2021)年の日本の平均気温の基準値は、平成3(1991)年〜令和2(2020)年の平均値

(1時間降水量50mm以上の年間発生回数)

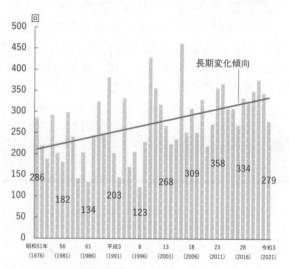

資料：気象庁資料を基に農林水産省作成
注：1) 各年の年間発生回数は、全国のアメダスによる観測値を1,300地点当たりに換算した値
2) 1時間降水量は、毎正時における前1時間降水量

---

[1] トピックス2を参照
[2] 用語の解説3(2)を参照

(生産力向上と持続性の両立に向け、中長期的な観点から行動変容とイノベーションを推進)

　持続可能な食料システムの構築に向け、生産力向上と持続性の両立を実現するには、調達に始まり、生産、加工・流通、消費に至る食料システムを構成する関係者による行動変容と、これに併せ、官民を挙げたイノベーションを強力に推進することが必要です。そのため、みどり戦略では、令和32(2050)年までに目指す姿と各分野での具体的な取組を示し、中長期的な観点から、それらの取組を進めていくこととしています(**図表1-6-2**)。

図表 1-6-2　みどりの食料システム戦略の各分野での具体的な取組

調達	**1.資材・エネルギー調達における脱輸入・脱炭素化・環境負荷軽減の推進**

(1)持続可能な資材やエネルギーの調達
(2)地域・未利用資源の一層の活用に向けた取組
(3)資源のリユース・リサイクルに向けた体制構築・技術開発

2.イノベーション等による持続的生産体制の構築 生産
(1)高い生産性と両立する持続的生産体系への転換
(2)機械の電化・水素化等、資材のグリーン化
(3)地球にやさしいスーパー品種等の開発・普及
(4)農地・森林・海洋への炭素の長期・大量貯蔵
(5)労働安全性・労働生産性の向上と生産者のすそ野の拡大
(6)水産資源の適切な管理

・持続可能な農山漁村の創造
・サプライチェーン全体を貫く基盤技術の確立と連携(人材育成、未来技術投資)
・森林・木材のフル活用によるCO₂吸収と固定の最大化

✓ 雇用の増大
✓ 地域所得の向上
✓ 豊かな食生活の実現

消費 **4.環境にやさしい持続可能な消費の拡大や食育の推進**
(1)食品ロスの削減など持続可能な消費の拡大
(2)消費者と生産者の交流を通じた相互理解の促進
(3)栄養バランスに優れた日本型食生活の総合的推進
(4)建築の木造化、暮らしの木質化の推進
(5)持続可能な水産物の消費拡大

3.ムリ・ムダのない持続可能な加工・流通システムの確立 加工・流通
(1)持続可能な輸入食料・輸入原材料への切替えや環境活動の促進
(2)データ・AIの活用等による加工・流通の合理化・適正化
(3)長期保存、長期輸送に対応した包装資材の開発
(4)脱炭素化、健康・環境に配慮した食品産業の競争力強化

資料:農林水産省作成

(2) 資材・エネルギー調達における脱輸入・脱炭素化・環境負荷低減の推進

(農山漁村に賦存する地域・未利用資源の活用を推進)

　みどり戦略においては、温室効果ガス[1]削減のため、令和32(2050)年までに目指す姿として、農林水産業のCO₂ゼロエミッション化、化石燃料を使用しない園芸施設への完全移行、令和22(2040)年までの農林業機械・漁船の電化・水素化等技術の確立、我が国の再生可能エネルギーの導入拡大に歩調を合わせた農山漁村における再生可能エネルギーの導入に取り組むこととしています。その一環として、国内の地域資源や未利用資源を一層活用し、循環利用を促進していくこととしています。

　肥料原料は資源が世界的に偏在していることから、我が国は、化学肥料原料の大部分を限られた相手国からの輸入に依存しています。貿易統計及び肥料関係団体からの報告によると、りん酸アンモニウムや塩化加里はほぼ全量を、尿素は96%を輸入に依存しています(**図表1-6-3**)。

---

[1] 用語の解説3(1)を参照

図表 1-6-3　我が国の肥料原料の輸入相手国

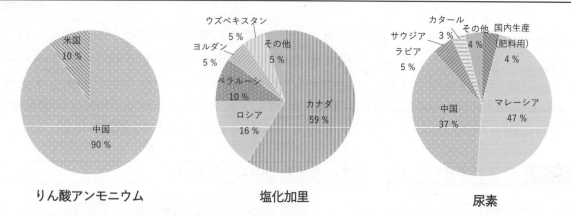

りん酸アンモニウム　　塩化加里　　尿素

資料：財務省「貿易統計」及び肥料関係団体からの報告を基に農林水産省作成
注：令和2(2020)肥料年度(令和2(2020)年7月～令和3(2021)年6月)の数値

　そのため、農林水産省は、散布に労力が掛からず、かつ、家畜排せつ物の発生場所から離れた場所でも利用可能なペレット堆肥の活用を推進しています。ペレット堆肥の技術実証を進めるとともに、ペレット堆肥を含む高品質堆肥の生産や広域流通等の推進のために必要な機械・施設整備を支援しています。

　また、国内の未利用資源の利用拡大について、例えば、下水汚泥中の窒素やりん等を含む有機物を肥料として利用する取組は、国土交通省が実施した調査によると令和元(2019)年時点で10%となっています。このような未利用資源の肥料利用を促進するため、農林水産省は、原料に汚泥や産業副産物を含む肥料の規格を大括り化するとともに、肥料に使用できる原料の種類や条件について規格を設定し明確化するなどの肥料制度の見直しを行いました。新制度は令和3(2021)年12月から施行されました。

(事例) ペレット堆肥を開発し実用化に向けた取組を推進(新潟県)

　新潟県阿賀野市のささかみ農業協同組合では、令和3(2021)年6月に堆肥製造施設「ゆうきセンター」においてペレット堆肥を試験的に開発しました。堆肥を水分調整しながら圧縮、乾燥させることで、直径5mmと小さく割れにくいペレット堆肥の製造に成功しました。また、堆肥散布機から効率良く施肥ができるよう、直径6mmでも製造しています。

　また、田畑への堆肥散布は従来、専用の大型散布機や堆肥運搬用の重機等を使っていましたが、ペレット堆肥の場合、トラックで運搬し、農業者自身がトラクターに小型散布機を取り付けて散布することが可能となり、同組合の実施した試験散布では、散布時間を半減することができました。

　同農協は、新潟県におけるペレット堆肥散布試験の圃場の一つにも選定されており、今後、通常の施肥と比較した土壌分析を行う予定です。

試験的に開発したペレット堆肥
資料：ささかみ農業協同組合

(3) イノベーション等による持続的生産体制の構築

(化学農薬や化学肥料の使用量の低減に向けた取組を推進)

みどり戦略においては、環境負荷低減のため、令和32(2050)年までに目指す姿として、化学農薬使用量(リスク換算[1])を50%低減、化学肥料使用量を30%低減することに取り組むこととしています。

このうち、化学農薬については、令和元(2019)農薬年度(平成30(2018)年10月〜令和元(2019)年9月)の使用量は2万3,330(リスク換算値)となっており、低減に向けて化学農薬のみに依存しない病害虫の総合防除の取組の推進、リスクのより低い化学農薬の開発等を進めることとしています。このため、農林水産省は、土壌診断・輪作等の導入による土壌くん蒸剤の低減や、化学農薬を代替する光防除技術、天敵等の導入等、地域の実態に合った総合防除体系の実証の取組を支援しています。

また、化学肥料については、平成28(2016)肥料年度[2](平成28(2016)年7月〜平成29(2017)年6月)の使用量は90万t(NPK総量・出荷ベース[3])となっており、低減に向けて家畜排せつ物を始めとした様々な未利用有機性資源の循環利用による化学肥料の代替を進めているほか、ドローンによるセンシングに基づく可変施肥など土壌の性質や作物の生育に応じた施肥の効率化等を進めています。

(コラム) 少ない窒素肥料で高い生産性を示すコムギの開発に成功

国立研究開発法人国際農林水産業研究センター(JIRCAS)は、国際とうもろこし・小麦改良センター(CIMMYT)等と共同で、少量の窒素肥料でも高い生産性を示す生物的硝化[*1]抑制(BNI[*2])強化コムギの開発に世界で初めて成功しました。本コムギは、研究において、標準より6割少ない窒素肥料でも、従来品種(育種の親系統)と同等の生産性を示しました。また硝化抑制により窒素肥料の農地での損失を軽減できるため、窒素肥料に起因する水質汚濁物質や温室効果ガス排出の削減が期待できます。

今後、世界第2位のコムギ生産国であるインドにおいて、BNI技術を用いて窒素利用効率に優れたコムギの栽培体系を確立していく予定です。将来的には、世界のコムギ農地、約2億2,500万haからの一酸化二窒素(N_2O)排出削減や、窒素肥料の製造過程からの温室効果ガス排出削減等が期待されます。

*1 微生物(硝化菌)がアンモニア態窒素(アンモニウム)を硝酸態窒素へと酸化する過程
*2 Biological Nitrification Inhibition の略。植物自身が根から物質を分泌し、硝化を抑制する働きのこと

BNI強化コムギ(左)と従来品種(右)との比較
資料：JIRCAS

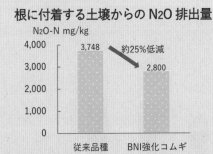

根に付着する土壌からの N_2O 排出量

N_2O-N mg/kg

従来品種 3,748　約25%低減　BNI強化コムギ 2,800

資料：JIRCAS資料を基に農林水産省作成

---

1 個々の農家段階での単純な使用量ではなく、環境への影響が全国の総量で低減していることを、検証可能な形で示せるように算出した指標。リスク換算は、有効成分ベースの農薬出荷量に、ADI(Acceptable Daily Intake：許容一日摂取量)を基に設定したリスク換算係数を掛けたものの総和により算出
2 化学肥料の需要実績の算定に用いている窒素質肥料の輸入量について、近年、一部が工業用に仕向けられている可能性があり、業界からの聞き取り等を通じて精査を行っているところ。このため、基準値、現状値共に現在公表されている直近のデータである2016肥料年度の数値(精査前の数値)を用いている。
3 肥料の三大成分である窒素(N)、りん酸(P)、加里(K)の全体での出荷量のこと

（有機農業の拡大に向けた取組を推進）

　みどり戦略においては、令和32(2050)年までに目指す姿として、耕地面積に占める有機農業の取組面積の割合を25%(100万ha)に拡大することに取り組むこととしています。有機農業については、平成30(2018)年度の取組面積は、有機JAS認証を取得しているところと、有機JAS認証を取得していないところを合わせると2万3,700ha、またその耕地面積に占める割合は0.5%となっています(**図表1-6-4**)。

　有機農業の取組の拡大に向け、除草や病害虫の防除等の作業に多くの時間を要するという課題を解決するため、農研機構は、AI[1]により雑草のみを物理的に除草するロボット等の先進的な技術の開発を進めるとともに、水稲や野菜等の栽培マニュアル等の普及に取り組みました。

　また、農林水産省は、都道府県における指導員の育成や各地で農業者等が行う技術講習会の開催の支援を通じて、新たな栽培技術の全国的な普及を進めており、令和3(2021)年12月に持続可能性の高い農法への転換に向けての手引書を作成・公表しました。また、令和4(2022)年1月には、みどり戦略の実現に向けて、栽培暦の見直し等、生産現場でより持続性の高い農法への転換に向けた検討に活用していただくことを目的に、現場への普及が期待される技術を「みどりの食料システム戦略」技術カタログとして取りまとめ、公表しました。さらに、複数の病害に抵抗性を有する品種の育成やAIによる病害虫発生予察の実施等、様々な次世代有機農業技術の確立に取り組んでいます。

　このほか、化学農薬・化学肥料を原則5割以上低減する取組と併せて行う地球温暖化防止や生物多様性保全等に効果の高い営農活動に対しては、環境保全型農業直接支払制度による支援を行っており、令和2(2020)年度の支援面積は、前年度比で約1千ha増加して約8万1千haとなりました。

　これらの取組を通じ、令和12(2030)年度における有機農業の取組面積を6万3千haとすることを目標としています。

図表 1-6-4　有機農業の取組面積

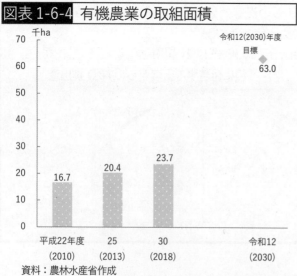

「みどりの食料システム戦略」技術カタログ
URL：https://www.maff.go.jp/j/kanbo/kankyo/seisaku/midori/catalog.html

資料：農林水産省作成
注：有機JAS認証を取得している農地面積と、有機JAS認証を取得していないが有機農業が行われている農地面積との合計

---

[1] 用語の解説3(2)を参照

（事例）農機メーカーと連携して有機米を産地化し学校給食へ活用（千葉県）

　千葉県木更津市は、令和元(2019)年度から有機米の産地化に取り組んでいます。

　令和3(2021)年3月には、水田での作業改善の観点から、農機メーカーの井関農機株式会社と「先端技術を活用した農業と有機農業の推進に関する連携協定」を結びました。有機農業の課題となる雑草を、水位センサーによる水管理や、条間に加え株間も除草可能な新型の水田除草機で抑制し、収量を向上させることが狙いです。

　令和3(2021)年度は、学校給食に提供することを目的に約15haの水田を13人の農業者で栽培し、収穫された米のうち約50tを、令和3(2021)年11月から令和4(2022)年2月の間に市内の公立小中学校30校の学校給食に提供しました。有機米を提供した学校給食では、児童・生徒の残食率が従来の米を使用した給食より低減された学校もありました。

　同市は、今後、有機米を学校給食へ安定供給することを目標としています。そのためには玄米ベースで年間147t(35ha相当)が必要となっていることから、毎年5haずつ栽培面積を増やし、令和8(2026)年に達成する計画を立てて取り組んでいます。

水田除草機による除草
資料：千葉県木更津市

有機米を活用した学校給食
資料：千葉県木更津市

(4) ムリ・ムダのない持続可能な加工・流通システムの確立

（食品産業分野の労働生産性の向上に資する取組を推進）

　みどり戦略においては、食品製造業の労働生産性を向上することに取り組むこととしています。

　令和2(2020)年度における食品製造業の労働生産性は、目標値が540万1千円/人に対し、実績値は483万6千円/人となっています（**図表1-6-5**）。農林水産省は、ロボット、AI、IoT[1]等の先端技術を活用した自動化・リモート化による食品産業の労働生産性の向上を推進しており、令和3(2021)年度では実際の製造等の現場における先端技術のモデル実証や、その成果の横展開を図るための情報発信の取組を支援しています。これらの取組を通じて、令和11(2029)年度までに669万4千円/人にすることを目標としています。

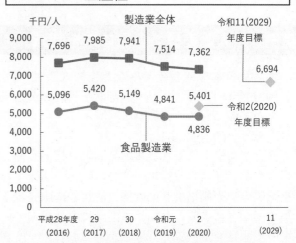

図表1-6-5　製造業全体と食品製造業の労働生産性

資料：財務省「法人企業統計調査」を基に農林水産省作成
注：1) 労働生産性＝付加価値額÷総人員
　　2) 食品製造業には、飲料、たばこを含む。

（食品産業界全体の取組を支援することにより食品ロス発生抑制を推進）

　みどり戦略においては、令和12(2030)年度までに事業系食品ロス量を平成12(2000)年度比で半減することに取り組むこととしています。

---

[1] 用語の解説3(2)を参照

我が国の食品ロスの発生量は、近年減少傾向にあり、令和元(2019)年度においては、前年度より30万t減少し、年間570万tと推計されます(**図表1-6-6**)。食品ロスの発生量を場所別に見ると、一般家庭における発生(家庭系食品ロス)は261万tとなっています。また、食品産業における発生(事業系食品ロス)は309万tで、そのうち食品製造業128万t、食品卸売業14万t、食品小売業64万t、外食産業103万tとなっています。

食品ロスを更に削減するため、農林水産省は令和3(2021)年10月30日の「全国一斉商慣習見直しの日[1]」に、食品小売事業者が賞味期間の3分の1を経過した商品の納品を受け付けない「3分の1ルール」の緩和や、食品製造事業者における賞味期限表示の大括り化(年月表示、日まとめ表示)の取組を呼び掛けました。その結果、同年10月時点で3分の1ルールの緩和に取り組む食品小売事業者は、前年同月と比べて44事業者増の186事業者、賞味期限表示の大括り化に取り組む食品製造事業者は67事業者増の223事業者となりました。

このほか、農林水産省は、食品製造事業者等による出荷量、気象等のデータやAIを活用した需給予測システム等の構築を推進しています。

また、国の災害用備蓄食品について、食品ロス削減及び生活困窮者支援等の観点から有効に活用するため、更新により災害用備蓄食品の役割を終えたものについて、原則として、フードバンク[2]団体等への提供に取り組むこととしました。農林水産省が「国の災害用備蓄食品の提供ポータルサイト」を設け、各府省庁の情報を取りまとめて公表を行っています。

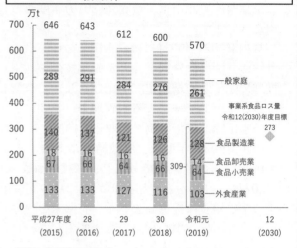

図表1-6-6 食品ロスの発生量と発生場所(推計)

資料：農林水産省作成

(事例) 無人販売機で食品ロスを削減

ネスレ日本株式会社とみなとく株式会社は連携して、令和3(2021)年6月から、食品ロス削減を目的とした無人販売機「みんなが笑顔になる　食品ロス削減ボックス」の運用を東京など全国5か所で開始しました。

飲食が可能でありながら納品期限を超過したことで出荷先が限定され、通常の流通ルートでの販売が困難になっている商品を一般の小売価格より低価格で消費者に販売するチャネルを構築することにより、食品ロス削減に取り組んでいます。各設置場所で想定を上回る売行きとなっており、一度購入した人のリピート購入が多くなっています。

この取組を通して食品ロスを削減し、コーヒー豆やカカオ豆等の原材料を可能な限り無駄にせず、持続可能な形で消費者に商品を届ける仕組みを作ることを目指しています。

食品ロス削減ボックス
資料：ネスレ日本株式会社

---

[1] 令和元(2019)年10月に施行された「食品ロスの削減の推進に関する法律」において、10月が「食品ロス削減月間」、10月30日が「食品ロス削減の日」と定められている。
[2] 用語の解説3(1)を参照

（事例）AIによる自動発注や在庫管理等により食品ロスを削減（大阪府）

大阪府大阪市の株式会社シノプスは、「世界中の無駄を10%削減する」ことの達成のために、同社の流通業向けAIサービスを活用した食品ロスの削減に取り組んでいます。

同社の需要予測を中心としたクラウド型AIサービスは、日配食品のほかに総菜やパン等、それぞれに特化した需要予測・自動発注を行うことが可能であり、令和3(2021)年12月時点で100社、5千以上の小売店舗等に導入されています。

同社のシステムでは、AIが天候や特売の有無による来店客数の変化や、過去の販売実績を学習し、商品ごとの売行きや値引き、欠品を加味し、売上げ・粗利を最大化する数量を自動発注します。同システムにより、食品ロスが約2割削減した店舗の事例も見られました。

同社は、食品分野に強みを持つ総合商社と提携し、小売業の需要予測データを卸売業者や食品メーカーに共有するプラットフォームを構築することを目指しています。これにより、川下から川上への情報共有を図り、サプライチェーン全体の無駄削減・物流DX＊を目指すデマンド・チェーン・マネジメントの構築を目指しています。

＊ 用語の解説3(2)を参照

クラウド型AIサービスでの在庫管理
資料：株式会社シノプス

（製造・流通・販売部門における効率的な食品流通体系の構築を推進）

みどり戦略においては、令和12(2030)年度までに飲食料品卸売業における売上高に占める経費の割合を10%に縮減することに取り組むこととしています。

令和2(2020)年における飲食料品卸売業における売上高に占める経費の割合は、11.5%となっています。農林水産省は、食品流通事業者による、デジタル化・データ連携による業務の効率化や輸送コストの低減、コールドチェーンの整備、食料品アクセスの確保等、効率的なサプライチェーン・モデルを構築し、食品流通の合理化・高度化を推進しています。

特に、青果物流通では、遠隔産地からの長距離輸送や人力によるトラックへの青果物の積み下ろし作業が非効率であるため、共同物流拠点施設の整備や集荷場の整備・集約等による共同輸配送、船舶・鉄道輸送へのモーダルシフト等を支援しており、農産物の流通の効率化を推進しています。

（持続可能な輸入原材料調達の実現に向けた取組を推進）

みどり戦略においては、令和12(2030)年度までに食品企業における持続可能性に配慮した輸入原材料調達の実現に取り組むこととしています。

海外では、小売企業等が商品を納入する企業に対して持続可能な原材料調達を求める動きが広がっていることを受け、民間団体や政府による調達の認証システムが構築されつつあります。こうした国際的な動きに対応するため、農林水産省は、原料生産国の生産の現状や国際的な認証制度の動向、食品業界の取組実態や課題等について調査・分析を進めるとともに、現地での安定供給体制の構築に対する支援を行っています。

（食品産業におけるESG投資の引き込みにつながる情報開示等を推進）

みどり戦略の下では、国際的な動向を踏まえた環境配慮経営の推進によるESG[1]投資の引き込みと持続可能性の向上や環境保全に関するESG取組の促進を図っていくこととしています。

食品産業において持続可能な原材料調達や食品ロス削減への対応が急務となっている中、環境、人権への関心が世界的に高まっています。このような中で、機関投資家等は既に、ESGに積極的に取り組む企業に対する投資を優先しています。今後、日本の食品産業が持続的な発展を図っていくためには、情報開示等を進め、ESG投資による資金を食品企業に円滑に引き込んでいくことが不可欠です。

このような状況も踏まえ、農林水産省では、令和3(2021)年11月からESGへの先進的な取組を行う食品企業と勉強会を開催し、ESGに係る具体的な取組や取組上の課題等を企業間で共有・集約するとともに、Webサイトで公表しました。また、食品企業におけるESGへの理解の促進等を図るため、ESGに係る国内外の最新動向や、ESG投資の進展がもたらす食品企業への影響分析等の調査を実施しました。

（生産から消費までのデータの相互利用を可能にするシステムの構築等を推進）

みどり戦略の下では、生産から加工・流通、販売、消費までのデータの相互利用を可能とするシステムの構築等を推進しています。

内閣府の「戦略的イノベーション創造プログラム(SIP)」においては、生産から消費に至るまでのデータ連携が可能なスマートフードチェーンの研究開発が行われています。出荷・流通・販売の全ての過程において記録された時間と温度を消費者が確認できることに加え、鮮度が保証されることで農産物の高付加価値化につながる「フードチェーン情報公表JAS」をレタスのほか、メロンやブドウを対象に、令和4(2022)年度中の策定を目指して検討及び実証を行っています。

今後、スマートフードチェーンの取組を進めることで、青果物輸送での共同物流による環境負荷の低減や、需給予測による食品ロス削減も期待できます。

(5) 環境にやさしい持続可能な消費の拡大や食育の推進

（サプライチェーン全体における行動変容を促進）

みどり戦略の実現に向け、農林水産省は、ニッポンフードシフトに加え、関係省庁や、企業・団体が一体となって令和2(2020)年6月に立ち上げた、持続可能な生産消費を促進する「あふの環(わ)2030プロジェクト～食と農林水産業のサステナビリティを考える～」(以下「あふの環プロジェクト」という。)を推進しており、本取組には令和4(2022)年3月末時点で、農業者や、食品製造事業者等の150社・団体が参画しています。

あふの環プロジェクトでは、勉強会や交流会を開催するほか、令和3(2021)年9月、「サステナウィーク」として食と農林水産業のサステナビリティについて認知を高めるため、参加メンバーが一斉に情報発信を実施しました。

サステナウィークでのイベントの様子
資料：イオン九州株式会社　イオン佐賀大和店

---

[1] 環境(Environment)、社会(Social)、企業統治(Governance)

（コラム）サステナアワード2021 農林水産大臣賞は海底耕耘の取組

　「あふの環プロジェクト」では、食と農林水産業の持続可能な取組を伝える動画を表彰する「サステナアワード2021 伝えたい日本の"サステナブル"」を開催し、令和4(2022)年2月に表彰式を行いました。

　令和元(2019)年度に続き2度目となる今回は、農林水産大臣賞を新設し、全国各地から応募された92作品の中から、持続可能な海を目指す取組を表現した兵庫県の明石浦漁業協同組合の「「豊かな海へ」海底耕耘プロジェクト」が選ばれました。この取組は、海に投入した鉄製器具「耕耘桁(けた)」をロープで船に結んで引っ張り、海底を掘り起こすことで、堆積していた窒素やりんなどを栄養塩として海中に放出し、漁業環境を改善して豊かな海を目指すものです。

**明石浦漁業協同組合の
戎本組合長**
資料：明石浦漁業協同組合

　また、消費者庁長官賞は長崎県波佐見町の「半農半陶の里 波佐見の地域内循環の取組」が選ばれました。この取組は、陶磁器の作陶過程で廃棄された石こう型を肥料として再利用し、休耕田や畑に散布して農作物の栽培に活用したものです。

　令和4(2022)年3月に東京で開催されたシンポジウムでは、上記受賞者が取組内容について講演しました。今後、その他の受賞作品も含め、在外公館で行われるレセプション等を通じて、我が国のサステナブルな取組として国内外で発信していくこととしています。

**波佐見町が作った
陶箱クッキー**
資料：長崎県波佐見町

　持続可能な食料システムを構築するためには、フードサプライチェーン全体で脱炭素化を推進するとともに、その取組を可視化して持続可能な消費活動を促すことが必要です。

　農林水産省は、令和2(2020)年にフードサプライチェーンにおける脱炭素化の実践とその可視化の在り方について検討を開始し、令和3(2021)年6月、TCFD[1]（気候関連財務情報開示タスクフォース）提言の解説や、農産物、畜産物等、業種別の気候変動による重要な課題、事業インパクト等を例示した食品事業者向けの手引書を公表しました。

　また、農業者等の脱炭素の努力・工夫に関する消費者の理解や脱炭素に貢献する製品への購買意欲の向上等、消費行動の変容を促すために、商品やサービスの原材料調達から廃棄・リサイクルに至るまでの全体を通して排出される温室効果ガスを CO_2 換算で算定し表示するカーボンフットプリントなどの消費者に分かりやすい伝達方法等について検討し、農産物の温室効果ガス排出削減効果を「見える化」する簡易算定ツール等の作成を進め、フードサプライチェーンを通じた脱炭素化の実践とその可視化の取組を促すこととしています。

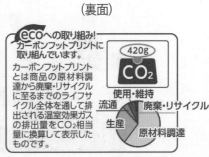

カーボンフットプリントの表示の例
資料：日本ハム株式会社

---

[1] Task Force on Climate-related Financial Disclosuresの略。効率的な気候関連財務情報開示を企業等に促す、民間主導のタスクフォース。各国の中央銀行総裁及び財務大臣から成るFSB（金融安定理事会）の作業部会に位置付けられる。

（事例）生産者自らが消費者に対して環境に配慮した生産活動を推進（北海道）

　北海道新篠津村で農業を営む有限会社大塚ファームの大塚裕樹さんは、平成9(1997)年から有機農業に取り組んでいます。17ha(うち有機JAS認証9.8ha)の農地にミニトマトやだいこん、ハーブ等30種類以上の有機野菜を生産するとともに、干し芋やドレッシングの開発や販売にも力を入れています。

　大塚さんは、生産者の「取組の見える農業」を意識し、子供の農業体験や大学生の研修受入れを行うほか、有機野菜を使った料理を提供するイベントを開催する等、消費者と一体となって有機農業の良さを伝える活動を積極的に実践してきました。

　平成21(2009)年からは、消費者との契約栽培に取り組むことで、生産した有機農産物の安定的な販路を確立しました。これにより、市場には出回らない規格外の有機野菜も、消費者のニーズに対応し有効活用することが可能になりました。

　大塚さんは今後も、生産規模の拡大や新たな加工品の開発・販売等により売上増を目指し、自身が60歳になる令和15(2033)年には、経営を3人の後継者にバトンタッチする予定です。

消費者との交流の様子
資料：有限会社大塚ファーム

（第4次食育推進基本計画の目標達成に向け食育活動を推進）

　みどり戦略では、環境にやさしい持続可能な食育の推進に取り組むこととなっています。食育については、令和3(2021)年度からおおむね5年間を計画期間とする「第4次食育推進基本計画」で、基本的な方針や目標値を掲げるとともに、食育の総合的な促進に関する事項として取り組むべき施策等が定められています。

　目標の達成に向けて、農林水産省は、農林漁業体験機会の提供、「日本型食生活」の実践を含む食文化の保護・継承等について、地域の関係者が連携し創意工夫して取り組む食育活動を推進しています。また、農林水産省、岩手県と第16回食育推進全国大会岩手県実行委員会は、令和3(2021)年6月に、「第16回食育推進全国大会inいわて」をオンラインで開催しました。

第16回食育推進全国大会 in いわて
料理教室の様子

食育白書
URL：https://www.maff.go.jp/j/wpaper/index.html

第7節　消費者と食・農とのつながりの深化

　消費者や食品関連事業者に積極的に国産農林水産物を選択してもらえるようにするためには、消費者と農業者・食品関連事業者との交流を進め、消費者が我が国の食や農を知り、触れる機会の拡大を図ることが重要です。また、平成25(2013)年の和食文化のユネスコ無形文化遺産登録を踏まえた次世代への和食文化の継承や、海外での和食の評価を更に高めるための取組等も重要です。

　さらに、原油、肥料原料、飼料を始めとする生産資材や原材料価格の上昇等による農産物、食品の生産コストの上昇等について、消費者の理解を得つつ、生産コスト等の適切な価格転嫁のための環境整備を進めていくことも必要です。

　本節では、これらの課題に対応した、消費者と食と農とのつながりの深化を図るための様々な取組を紹介します。

(1) 地産地消の推進と国産農林水産物の消費拡大

(地産地消の取組を推進)

　地域で生産された農林水産物をその地域内で消費する地産地消[1]の取組は、国産農林水産物の消費拡大につながるほか、地域活性化や食品の流通経費の削減等にもつながります。地産地消に係る基本方針[2]に基づいて、農林水産省は年間販売金額が1億円以上の通年営業の農産物直売所数を令和7(2025)年度までに令和元(2019)年度から9割増の5,700件にするという目標を掲げており、令和2(2020)年度は、全体件数が減少傾向にある中、前年度に比べ23件減少し2,922件となりました(**図表1-7-1**)。なお、年間販売金額が1億円以上の通年営業の農産物直売所の割合は、0.5ポイント増加して26.4%となりました。

図表 1-7-1　農産物直売所数(販売金額規模別)

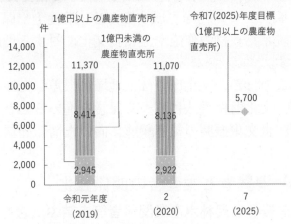

資料：農林水産省「6次産業化総合調査」を基に作成
注： 1) 通年営業で常設施設利用の農産物直売所が調査対象
　　 2) 販売金額規模別の直売所数は推計値

　また、学校給食等において地場産物を使用することは、地産地消を推進するに当たって有効な手段となります。地場産の農林水産物の利用については、一定の規格等を満たした量を不足なく納入する必要があるなど多くの課題があるため、農林水産省では、学校給食等の現場と生産現場の双方のニーズや課題の調整役となる「地産地消コーディネーター[3]」を全国の学校等施設給食の現場に派遣してきました。引き続き、これらの取組を更に発展させていくことで、地場産の農林水産物の利用拡大を図っていきます。

---

[1] 用語の解説3(1)を参照
[2] 農林水産省「農林漁業者等による農林漁業及び関連事業の総合化並びに地域の農林水産物の利用の促進に関する基本方針」
[3] 栄養教諭、生産者組織代表、農協、コンサルタント、企業、行政等

（2）和食文化の保護・継承

（和食文化の保護・継承に向けた取組）

　令和3（2021）年度に実施した食育に関する意識調査[1]では、いわゆる郷土料理や伝統料理（自身の生まれ育った地域や現在住んでいる地域に限定せず、旅先や外食先等で食べた日本全国の郷土料理や伝統料理を含む。）を食べる頻度について、「月に1回以上」と回答した人は61.7%となりました。

　一方で、近年における食の多様化や家庭環境の変化等を背景に、和食[2]や地域の郷土料理、伝統料理に触れる機会が少なくなってきており、郷土料理等を受け継ぎ、次世代に伝えることが和食文化の保護・継承に向けた課題となっています。このため、令和元（2019）年度から、地域固有の多様な食文化を地域で保護し、次世代に継承していくことを目的として、47都道府県別の1,300を超える郷土料理の歴史や由来、レシピ等を取りまとめたデータベース「うちの郷土料理～次世代に伝えたい大切な味～」を公開しています。

うちの郷土料理
URL：https://www.maff.go.jp/j/keikaku
/syokubunka/k_ryouri/

　また、農林水産省は、平成30（2018）年度から身近で手軽に健康的な和食を食べる機会を増やしてもらい、将来にわたって和食文化を受け継いでいくことを目指し、官民協働の「Let's！和ごはんプロジェクト」に取り組んでいます。

　さらに、子供や子育て世代に対して和食文化の普及活動を行う中核的な人材（「和食文化継承リーダー」）を育成するため、栄養士や保育士等向けに和食文化の子供への伝え方等を解説した教材の作成や、和食文化に対する理解を深めるための研修会の開催等を行っています。

　このほか、文化庁では、地域に根差した多様な日本の食文化を次の世代へ継承するために、文化財保護法に基づく保護を進めるとともに、各地の食文化振興の取組に対する支援や、食文化振興の機運醸成に向けた情報発信等を行っています。

（3）消費者と生産者の関係強化

（消費者と農林水産業関係者等を結ぶ広報を推進）

　新型コロナウイルス感染症の感染が拡大する中、デジタル技術を活用した生活様式の変化により、消費者はSNSなどのインターネット上の情報を基に購買行動を決定し、生産者もこれに合わせて積極的にSNS上で情報発信をするようになりつつあります。これを踏まえ、農林水産省は、職員がYouTuberとなって、我が国の農林水産物の良さや農山漁村の魅力等を伝える省公式YouTubeチャンネル「BUZZ MAFF（ばずまふ）」や、農林水産業関連の情報や省の施策を消費者目線で発信する省公式Twitter、食卓や消費の現状、暮らしに役立つ情報等を毎週発信するWebマガジン「aff（あふ）」等を通じて、消費者と農林水産業関係者、農林水産省を結ぶための情報発信を強化しています。

　特に、令和2（2020）年1月から開始したBUZZ MAFFは、令和3（2021）年度末時点で総再生回数2,300万回を突破し、チャンネル登録者数は14万4千人を超えています。

---

[1]　農林水産省「食育に関する意識調査」（令和4（2022）年3月公表、全国の20歳以上の者5千人を対象として実施した郵送及びインターネットによる調査、有効回収率48.9%）
[2]　「和食；日本人の伝統的な食文化」が平成25（2013）年12月にユネスコ無形文化遺産に登録。用語の解説3（1）を参照

省公式YouTube チャンネル
「BUZZ MAFF」
URL：https://www.youtube.com/channel/
UCk2ryX95GgVFSTcVCH2HS2g

省公式Twitter

aff(あふ) 2021年6月号

(事例) SNSを活用した消費者との結び付きにより売上げを増加(兵庫県)

　兵庫県南あわじ市の野口ファームは、従業員6人により、2.5ha
の農地でレタスやたまねぎを中心に30品目を栽培しています。農
業の実態や、野菜の栽培状況を消費者に知ってもらうために、平
成26(2014)年から複数のSNSによる広報活動を開始し、Instagram
でのフォロワー数は1.7万人となっています。

　子育て世代の女性をメインターゲットとし、農園の様子やスタ
ッフの紹介、これから収穫が始まる野菜等の情報をSNSに毎日投
稿することで、消費者の農園への親近感や購買意欲を高めること
を目指しています。SNSでの発信を機にネット販売等の販路が拡
大したことで、現在の販売先の8割は直接販売によるものとなり、
また、面積当たりの売上げは1.5〜2.5倍に増加しました。

　今後は、野菜の栽培方法に関する動画の公開や、販売する野菜
の成長過程の発信等、広報活動の更なる充実を目指しています。

SNSに掲載した宣伝用の写真

資料：野口ファーム

| 第8節 | 国際的な動向に対応した食品の安全確保と消費者の信頼の確保 |

第8節　国際的な動向に対応した食品の安全確保と消費者の信頼の確保

　食品の安全性を向上させるためには、食品を通じて人の健康に悪影響を及ぼすおそれのある有害化学物質・微生物について、科学的根拠に基づいたリスク管理等に取り組むとともに、農畜水産物・食品に関する適正な情報提供を通じて消費者の食品に対する信頼確保を図ることが重要です。本節では、国際的な動向等に対応した食品の安全確保と消費者の信頼の確保のための取組を紹介します。

（食中毒発生件数は直近10年間で最少）

　食中毒の発生は、消費者に健康被害が出るばかりでなく、原因と疑われる食品の消費の減少にもつながることから、農林水産業や食品産業にも経済的な影響が及ぶおそれがあります。このような中、農林水産省は、食品の安全や、消費者の信頼を確保するため、「後始末より未然防止」の考え方を基本とし、科学的根拠に基づき、生産から消費に至るまでの必要な段階で有害化学物質・微生物の汚染の防止や低減を図る措置の策定・普及に取り組んでいます。

　令和3(2021)年の食中毒の発生件数は、全体で717件と令和2(2020)年に引き続き直近10年間で最少となりました（**図表1-8-1**）。食中毒発生件数が減少した要因としては、新型コロナウイルス感染症の感染拡大による緊急事態宣言やまん延防止等重点措置の発出、いわゆる3密（密閉、密集、密接）を避ける生活様式の常態化により、飲食店の利用機会が減少したことが考えられます。

　一方で、患者数が2人以上の食中毒事件の病因物質別内訳において、カンピロバクター[1]とノロウイルス[2]の二つが他の物質より多いという傾向は、依然として変わっていません（**図表1-8-2**）。

図表 1-8-1　食中毒発生件数

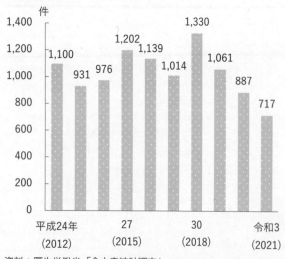

資料：厚生労働省「食中毒統計調査」
　注：国外の事例及び国内外不明の事例は除く。

---

[1] 食中毒の原因細菌の一つ。加熱不足の鶏肉が主な原因
[2] 食中毒の原因ウイルスの一つ。加熱不足の二枚貝や、ウイルスに汚染された食品が主な原因

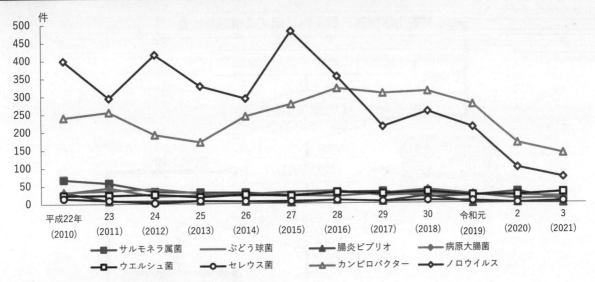

図表1-8-2 主な病因物質別の食中毒発生件数(2人以上の事件数)

資料：厚生労働省「令和3年食中毒発生状況」を基に農林水産省作成
注：病原大腸菌は、腸管出血性大腸菌を含む。

(最新の科学的知見・動向を踏まえリスク管理を実施)

農林水産省は、食中毒の発生件数の増減等の最新の科学的知見や、消費者・食品関連事業者等関係者の関心、国際的な動向を考慮して、令和4(2022)年2月に「農林水産省が優先的にリスク管理を行うべき有害微生物のリスト」を更新しました。

更新した優先リストでは、カンピロバクター、サルモネラ、腸管出血性大腸菌、ノロウイルス、リステリア・モノサイトジェネスを「リスク管理を継続するため、生産段階での保有実態や食品中の汚染実態の調査の実施及びリスク管理措置の策定・検証の必要がある危害要因」としました。また、E型肝炎ウイルス、A型肝炎ウイルスを「リスク管理措置の必要性を検討するための基礎的情報が不足しているため、継続して情報を収集する必要がある危害要因」としました。このほか、この優先リストに基づいて、令和4(2022)年2月に、令和4(2022)年度から令和8(2026)年度までの有害微生物の実態調査の計画(サーベイランス・モニタリング中期計画)を作成しました。

農林水産省では、有害化学物質・微生物について、中期計画に基づいて毎年度の計画(サーベイランス・モニタリング年次計画)を策定し、農畜水産物・食品の実態調査等とともに、汚染低減のための指針等の導入・普及や衛生管理の推進などの安全性向上対策を食品関連事業者と連携して実施しています。令和3(2021)年7月には、野菜の生産段階における衛生上の注意点をまとめた「栽培から出荷までの野菜の衛生管理指針」を、令和4(2022)年2月には、コメに含まれる無機ヒ素を低減する技術等をまとめた「コメ中ヒ素の低減対策の確立に向けた手引き」を改訂しました。

さらに、食品安全に関する国際基準・国内基準や規範の策定、リスク評価に貢献するため、これらの取組により得た科学的知見やデータをコーデックス委員会[1]や関連の国際機関、関係府省へ提供しています(**図表1-8-3**)。

---

[1] 用語の解説3(1)を参照

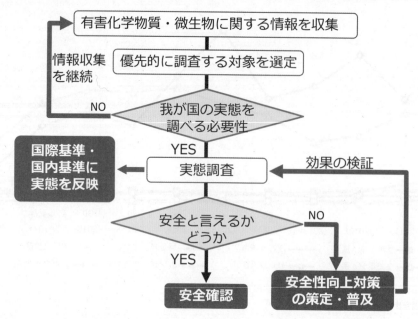

図表1-8-3　食品安全に関するリスク管理の流れ

資料：農林水産省作成

（抗菌剤の適正かつ慎重な使用のため、薬剤耐性の知識・理解に関する普及啓発を推進）

　近年、畜水産物の安定供給に必要な抗菌剤は、その不適切な使用を原因とした薬剤耐性菌[1]の発生により、動物だけでなく人への影響も懸念されることから、国内外で薬剤耐性菌の監視・動向調査、抗菌剤の適正かつ慎重な使用に関する厳しい対応が求められています。こうしたことから、省庁横断的に取り組むべき対策を関係閣僚会議[2]において、「薬剤耐性（AMR[3]）対策アクションプラン（以下「アクションプラン」という。）」として取りまとめたことを受け、厚生労働省や農林水産省等はアクションプランに基づき、薬剤耐性菌の増加を防ぐ対策に取り組んでいます。

　アクションプランに位置付けられた目標に基づいて薬剤耐性菌の発生を防ぐため、農林水産省は、平成28(2016)年からポスターや家畜疾病の抗菌剤治療ガイドブックなどを活用しながら獣医師、家畜の飼養者、獣医系大学生、愛玩動物飼育者等に抗菌剤の適正かつ慎重な使用を促しています。医療分野と連携したシンポジウムの開催や大学における講義に加え、令和3(2021)年3月から、事故率の低減や生産性の向上を実現し、抗菌剤に頼らない養豚生産を実践している飼養者の取組を、優良事例動画としてWebサイトで紹介しています。

　このほか、農林水産省は、抗菌剤の飼料添加物としての指定の取消しや薬剤耐性菌の動向調査の強化を進めてきました。家畜に対する使用量が多いテトラサイクリン[4]と人の健康に大きな影響が及ぶおそれがある第3世代セファロスポリン[5]、フルオロキノロン[6]について、薬剤への耐性率を成果指標として定め、毎年モニタリングを行っています。

1 薬剤耐性とは抗菌性物質に対する、細菌の抵抗性のことで、この抵抗性を示した細菌のことを薬剤耐性菌という。
2 平成28(2016)年4月に開催された国際的に脅威となる感染症対策関係閣僚会議
3 Antimicrobial Resistanceの略
4 作用機序はタンパク質の合成阻害。比較的安全な抗生物質だが、歯の着色や投与局所の刺激性が特徴
5 作用機序は細菌の細胞壁の形成阻害。フルオロキノロンとともに医療のみならず獣医療でも重要な抗菌剤
6 作用機序は細菌のDNA複製に不可欠な酵素である、DNAジャイレース及びトポイソメラーゼの活性阻害

愛玩動物の飼い主向け
普及啓発ポスター

家畜疾病の抗菌剤治療
ガイドブック

抗菌剤に頼らない養豚生産の取組
(優良事例動画)

（肥料の原料管理制度が開始）

　産業副産物等の未利用資源の肥料としての有効活用や、農業者のニーズに応じた肥料生産に向け、令和元(2019)年12月に公布された「肥料取締法の一部を改正する法律」に基づき、令和3(2021)年12月に原料管理制度が施行されました。

　これにより、産業副産物等に由来する肥料を農業者がより安心して利用できるよう、肥料に使用できる原料の種類や条件について規格が設定されるとともに、肥料の生産業者・輸入業者に対しては、適切に原料が利用されていることを確認できるよう原料帳簿の備付けが義務付けられたほか、生産業者や輸入業者が掲示物等で使用原料等の虚偽宣伝を行うことが禁止になりました。

　また、令和2(2020)年12月に施行された肥料の配合に関する規制の見直しにより、普通肥料(化学肥料等)と特殊肥料(堆肥等)を配合した肥料や、肥料と土壌改良資材を配合した肥料を、届出で生産・輸入できるようになりました。令和3(2021)年度には、こうした肥料の生産・輸入に係る農林水産大臣への届出が176件ありました。また、当該制度の更なる活用に向け、肥料事業者向けオンライン説明会の開催等を通じた制度内容の周知を行いました。

（最新の科学的知見に基づく農薬の再評価を開始）

　農林水産省は、農薬の安全性の一層の向上を図るため、平成30(2018)年12月に改正された農薬取締法に基づき、令和3(2021)年度から再評価制度を開始しました。

　農薬の再評価は、農薬の安全性に関する最新の科学的知見に基づき、全ての農薬についておおむね15年ごとに実施することとしています。再評価の対象となる農薬は、平成30(2018)年12月時点で4千以上あるため、人の健康や環境に対する影響の大きさを考慮し、国内での使用量が多い農薬から優先して順次再評価を進めていくこととしています。再評価の結果、必要に応じて随時登録内容の見直し等を実施します。

　令和3(2021)年度は、国内での使用量が多い農薬として、グリホサートやネオニコチノイド系農薬等、14有効成分[1]を含む農薬を対象に、最新の科学的知見に基づき再評価を開始しました。

---

1 アセタミプリド、イソチアニル、イミダクロプリド、グリホサートアンモニウム塩、グリホサートイソプロピルアミン塩、グリホサートカリウム塩、グリホサートナトリウム塩、クロチアニジン、1,3-ジクロロプロペン、ジノテフラン、チアメトキサム、チオベンカルブ、チフルザミド、ブタクロール

第9節　動植物防疫措置の強化

　食料の安定供給や農畜産業の振興を図るため、農林水産省は関係省庁や都道府県と連携し、高病原性鳥インフルエンザ[1]や豚熱[2]を始めとする家畜伝染病や植物病害虫に対し、侵入・まん延を防ぐための対応を行っています。また、近年、アフリカ豚熱[3]、口蹄疫等畜産業に甚大な影響を与える越境性動物疾病が近隣のアジア諸国において継続的に発生しています。これら疾病の海外からの侵入を防ぐためには、関係者が一丸となって取組を強化することが重要です。

　本節では、こうした観点から動植物防疫措置の強化等に関わる様々な取組を紹介します。

（高病原性鳥インフルエンザへの備えを徹底）

　令和3(2021)年11月に秋田県で高病原性鳥インフルエンザが発生して以降、令和4(2022)年3月末までに11県[4]17例の発生が確認され、約109万羽が殺処分の対象となっています(図表1-9-1)。農林水産省は関係省庁や都道府県と連携し、迅速な防疫措置が実施されるよう、必要な人的・物的支援を行いました。

　また、全国の都道府県に対しては、発生状況等に応じて飼養衛生管理基準の遵守指導の徹底等を通知するとともに、各都道府県を通じて飼養衛生管理の全国一斉点検等の取組を実施しました。

　引き続き、消毒や防鳥ネットの管理等、全ての関係者による飼養衛生管理の徹底や早期発見・通報のための監視の強化が求められます。

　なお、我が国の現状において、家きんの肉や卵を食べることにより、ヒトが鳥インフルエンザウイルスに感染する可能性はないと考えています。

図表 1-9-1　高病原性鳥インフルエンザの発生場所

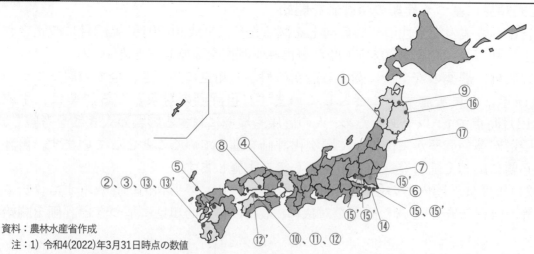

資料：農林水産省作成
注：1) 令和4(2022)年3月31日時点の数値
　　2) 数字は発生の順を示す。赤字数字は、令和3(2021)年度における家きんでの発生農場。青字数字は赤字数字と同じ発生農場からの家きんの移動等から疑似患畜と判定し殺処分を行った農場等

---

[1] 用語の解説3(1)を参照
[2] 用語の解説3(1)を参照
[3] 用語の解説3(1)を参照
[4] 秋田県、鹿児島県、兵庫県、熊本県、千葉県、埼玉県、広島県、青森県、愛媛県、岩手県、宮城県

(豚熱はワクチン接種開始後も引き続き発生)

　平成30(2018)年9月に26年ぶりに国内で豚熱が確認されてから、令和4(2022)年3月時点で16県[1]の豚又はイノシシの飼養農場において77例の発生が確認されています(**図表1-9-2**)。令和元(2019)年10月の豚熱ワクチン接種開始後も19例の発生が確認され、ワクチン接種推奨地域は39都府県に拡大しています。

　令和3(2021)年度は、7県[2]の飼養農場で、14例が発生しました。

　農林水産省は豚熱対策として、農場防護柵の設置や飼養衛生管理の徹底に加え、サーベイランスや捕獲の強化、経口ワクチン散布等の野生イノシシ対策を行うとともに、令和元(2019)年10月から飼養豚への予防的ワクチンの接種を実施しています。

図表 1-9-2　豚熱の発生場所

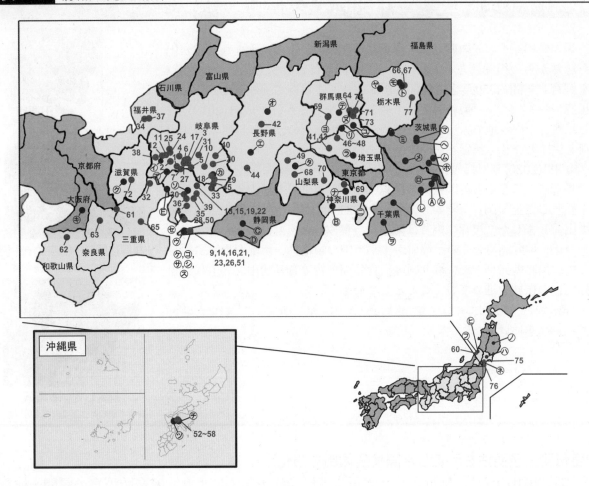

　資料：農林水産省作成
　注：1) 令和4(2022)年3月31日時点
　　　2) 数字は発生の順を示す。赤字数字は飼養豚での発生農場。青字カタカナとアルファベットは発生農場からの豚の移動等から疑似患畜と判定し殺処分を行った農場等

1　岐阜県、愛知県、三重県、福井県、埼玉県、長野県、山梨県、沖縄県、群馬県、山形県、和歌山県、奈良県、栃木県、神奈川県、滋賀県、宮城県
2　群馬県、三重県、栃木県、山梨県、神奈川県、滋賀県、宮城県

(家畜衛生対策を強化するため飼養衛生管理基準等を改正)

　令和2(2020)年度の高病原性鳥インフルエンザの過去最大の発生と豚熱ワクチン接種農場での豚熱の継続的な発生を踏まえ、農林水産省は家畜衛生対策を強化するため、令和3(2021)年9月に飼養衛生管理基準等を改正し、大規模農場における畜舎ごとの飼養衛生管理者の配置や対応計画の策定、埋却地確保の取組の必要性を明確化しました。

飼養衛生管理基準について
URL：https://www.maff.go.jp/j/syouan/douei/katiku_yobo/k_shiyou/

(事例) 豚熱対策による一時飼養中断から黒豚飼養に挑戦(愛知県)

　愛知県田原市（たはらし）の愛知県立渥美農業高等学校は、市内で大きな被害が出た豚熱からの復興に力を入れています。同校はこれまで、三元交配豚*を飼育し年間約350頭を出荷してきました。くわえて、地域では珍しい黒豚(バークシャー種)の導入も計画していましたが、平成31(2019)年2月以降、市内各地で豚熱の感染確認が相次いだため、同年11月に全頭出荷を完了した後、飼養を一時中断しました。

　令和2(2020)年2月、県内の飼養豚へのワクチン接種開始を機に、同校は長野県の農場から英国系統の黒豚(雄2頭、雌6頭)を仕入れ、豚熱対策を徹底した上で飼養を開始し、令和3(2021)年2月、市外の精肉店に初めて出荷しました。黒豚の肉質は繊細で、臭みもなく好評でした。

　今後、地元酒造会社の芋焼酎かすや市内の規格外トマトを黒豚に給与して、黒豚の発育調査に取り組み、食品廃棄物の有効活用とともに、黒豚飼養の振興を進めていくこととしています。

* 2種の品種を交配させて生まれた雌の豚と、もう1種類の雄を交配させて生まれた、3種類の品種を重ね合わせた豚

黒豚に飼料を給与する生徒
資料：愛知県立渥美農業高等学校

飼育している黒豚
資料：愛知県立渥美農業高等学校

(家畜伝染病予防法を改正し水際検疫体制を強化)

　令和2(2020)年7月に施行された改正家畜伝染病予防法により、家畜防疫官の質問・検査権限の強化や廃棄権限の新設、輸出入検疫に係る罰則の引上げ等の措置が講じられました。また、動植物検疫探知犬については令和2(2020)年度末までに140頭体制へと増頭し、家畜防疫官については令和3(2021)年度末には508人体制とするなど体制の強化も図っています。

　近隣のアジア諸国においては、アフリカ豚熱、口蹄疫等畜産業に甚大な影響を与える越境性動物疾病が確認されています。引き続き、海外の越境性動物疾病の国内侵入を阻止するため、入国者に対する家畜防疫官の口頭質問や動植物検疫探知犬を活用し、旅客の携帯品や国際郵便による肉製品の違法持込みを摘発するなど、強化した体制で水際対策を徹底して行っています。

動物検疫カウンターで業務に当たる家畜防疫官

動物検疫所から肉製品の持ち込みについてのお知らせ
（海外から肉や肉製品を持ち込まないで！）
URL：https://nettv.gov-online.go.jp/prg/prg20233.html

（植物の病害虫の侵入・まん延を防止）

　農林水産省では、病害虫の侵入を効果的かつ効率的に防止するため、海外での発生情報等を踏まえた適切な検疫措置を検討する病害虫リスクアナリシスを行うとともに、その結果に基づき、侵入を警戒すべき病害虫の見直し等を実施しています。

　病害虫リスクアナリシスの結果等を踏まえ、病害虫の国内侵入を阻止するため、空港・港等において、貨物、携帯品、国際郵便物により輸入される全ての植物やその容器包装を対象に検疫を行っています。また、国内での病害虫のまん延を防ぐため、都道府県と連携し、病害虫の侵入警戒調査を実施しています。病害虫の侵入が連続して見られる場合、防除区域を指定し生果実等の移動を禁止するなど、侵入病害虫に対する緊急防除等の取組を進めています。

図表 1-9-3　九州地方におけるミカンコミバエの誘殺状況

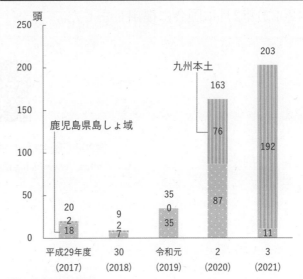

資料：農林水産省作成

　令和3(2021)年5月以降、沖縄及び九州の一部の県において、かんきつ類等の重要害虫であるミカンコミバエ種群の発見が相次ぎました。これを受けて農林水産省は県と連携し、初動防除として雄成虫を誘引して殺虫する誘殺板を設置しました。くわえて、本虫に寄生された果実が確認された地域では、寄主植物の除去やヘリコプターによる誘殺板の散布(航空防除)を実施し、本虫の定着防止に取り組んでいます(**図表1-9-3**)。

ミカンコミバエ(成虫)

誘殺板の設置作業

（植物防疫法改正案を国会に提出）

　近年、温暖化等による気候変動、人やモノの国境を越えた移動の増加等に伴い、植物の病害虫の侵入・まん延リスクが高まっています。

　他方、化学農薬の低減等による環境負荷低減が国際的な課題となっていることに加え、国内では化学農薬に依存した防除により薬剤抵抗性が発達した病害虫が発生するなど、発生の予防を含めた防除の普及等を図っていくことが急務となっています。

　また、農林水産物・食品の輸出促進に取り組む中で、植物防疫官の輸出検査業務も増加するなど、植物防疫をめぐる状況は複雑化しています。

　このため、輸入検疫等の対象及び植物防疫官の権限の拡充・強化、新たに海外から侵入する病害虫について国内への侵入状況等に関する調査事業の実施及び防除内容等に係る基準の作成等による緊急防除の迅速化、国内に広く存在する病害虫について発生予防を含めた総合防除を推進するための仕組みの構築、農林水産大臣の登録を受けた登録検査機関による輸出検査の一部の実施等を内容とする「植物防疫法の一部を改正する法律案」を令和4(2022)年2月に国会に提出しました。

第208回国会提出法律案(農林水産省)
URL：https://www.maff.go.jp/j/law/bill/208/index.html

第10節 国際交渉への対応

　国際交渉においては、我が国の農林水産業が「国の 基」として発展し、将来にわたってその重要な役割を果たしていけるよう交渉を行うとともに、輸出重点品目の関税撤廃等、我が国の農林水産物・食品の輸出拡大につながる交渉結果の獲得を目指していくこととしています。本節では、経済連携交渉等の我が国における国際交渉への対応状況について紹介します。

（EPA/FTA 等の締結が進展）

　特定の国・地域で貿易ルールを取り決めるEPA/FTA[1]等の締結が世界的に進み、令和3(2021)年6月時点では366件に達しています。

　我が国においても、令和3(2021)年度末時点で、21のEPA/FTA等が発効済・署名済です（**図表1-10-1**）。これらの協定により、我が国は世界経済の約8割を占める巨大な市場を構築することになります。輸出先国の関税撤廃等の成果を最大限活用し、我が国の強みを活かした品目の輸出を拡大していくため、我が国農林水産業の生産基盤を強化していくとともに、新市場開拓の推進等の取組を進めることとしています。

　また、世界共通の貿易ルールづくり等が行われるWTO[2]でも、これまで数次にわたる貿易自由化交渉が行われてきました。平成13(2001)年に開始されたドーハ・ラウンド交渉においては、依然として、開発途上国と先進国の溝が埋まっていないなど、農業分野等の交渉の今後の見通しは不透明ですが、我が国としては、世界有数の食料輸入国としての立場から公平な貿易ルールの確立を目指し交渉に臨んでおり、我が国の主張が最大限反映されるよう取り組んでいます。

図表 1-10-1　我が国における EPA/FTA 等の状況

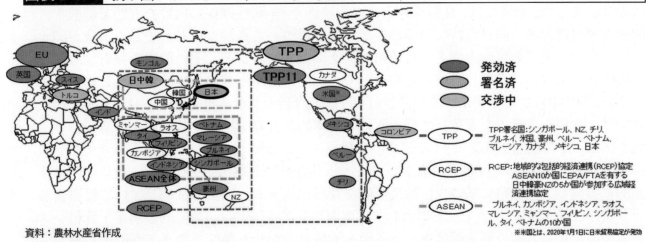

資料：農林水産省作成

（RCEP協定が発効）

　平成24(2012)年に交渉の立ち上げが宣言された地域的な包括的経済連携協定（RCEP協定）が、令和3(2021)年11月までに我が国を含む10か国において国内手続を完了し、協定の寄託者であるASEAN[3]（東南アジア諸国連合）事務局長に批准書等を寄託したことから、令

---

[1] 用語の解説3(2)を参照
[2] 用語の解説3(2)を参照
[3] 用語の解説3(2)を参照

和4(2022)年1月に発効しました。韓国については、令和3(2021)年12月に寄託したことから、令和4(2022)年2月に発効し、マレーシアについては、同年1月に寄託したことから、同年3月に発効しました。

日本側の関税については、重要5品目(米、麦、牛肉・豚肉、乳製品、甘味資源作物)について関税の削減・撤廃から全て除外し、農林水産品の関税撤廃率はTPP11協定(環太平洋パートナーシップに関する包括的及び先進的な協定)、日EU・EPAよりも大幅に低い水準に抑制しました。一方、各国の関税については、中国からはほたて貝等、韓国からはキャンディー、板チョコレート等、インドネシアからは牛肉等の関税の撤廃を新たに得ることができました。ルール分野では、税関手続や衛生植物検疫(SPS)措置、知的財産権等に関し、農林水産物・食品の輸出促進に資する環境を整備しました。

(TPP11協定への英国の加入手続が開始)

平成30(2018)年12月に発効したTPP11協定について、令和3(2021)年2月の正式な申請を受け、同年6月に行われたTPP委員会において、英国の加入手続の開始及び英国の加入に関する作業部会(AWG)の設置が決定され、同年9月に開始されたAWG第1回会合において、英国の協定義務の遵守等が議論・検討されました。同会合は令和4(2022)年2月に終了し、英国側の市場アクセスのオファー及び適合しない措置を提出するよう英国に伝達しました。

(国際ルール形成への対応)

近年の貿易自由化の進展や、環境問題等への世界的関心の高まりの中で、引き続き、政府が必要な農業施策を実施するとともに、民間企業が輸出や海外進出に円滑に取り組む環境を確保するためには、EPA/FTA、WTO等の貿易交渉はもとより、国際会議や国際機関での政策的議論に積極的に参画し、宣言文や行動規範(ガイドライン)等の国際ルールの形成に我が国の考え方を的確に反映させていくことが重要です。

このような中、我が国は、令和3(2021)年9月にイタリアで開催されたG20農業大臣会合に参加しました。会合では、食料システムの持続性と強靱性確保に向けた課題と経験や、飢餓ゼロ目標達成に向けた持続可能な農業開発等について議論が行われました。我が国からは、食料・農業の生産力向上と持続可能性を両立させること、その取組を共有することの重要性等について発信し、食料・農業分野での国際ルール形成に積極的に関与しました。

また、同年9月にオンラインで開催された「国連食料システムサミット」は、SDGs[1]達成に向け、食料システムを変革していくための具体的な行動を検討する重要な会議であり、我が国は、その議論や成果に、「みどりの食料システム戦略」に基づく我が国の考えを反映できるよう、同年7月に開催されたプレサミット(閣僚級準備会合)を始め、一連の会合に積極的に参画し、同戦略に基づき、持続可能な食料システムの構築を推進していく旨発表しました[2]。さらに、プレサミットに合わせ、東南アジア各国とは、持続的な農業・食料システムの実現には万能の解決策はなく、各国・地域のおかれた条件を踏まえた取組が重要であることについて、EUとはイノベーションの推進について、フランスとはバランスのとれた食生活の重要性について、それぞれの共同文書に合意した結果、国連事務総長から発出された「議長サマリー・行動宣言」においては、持続的な農業・食料システムの実現には「万能の解決策はない」等と明記されるなど我が国の考えが反映されました。

---

[1] 用語の解説3(2)を参照
[2] トピックス2を参照

第2章

農業の持続的な発展

農業総産出額と生産農業所得等の動向

　我が国の農業総産出額[1]と生産農業所得[2]は長期的に減少し、近年はおおむね横ばいで推移していますが、令和2(2020)年には新型コロナウイルス感染症の感染拡大による影響も見られます。本節では、農業総産出額や生産農業所得、都道府県別の農業産出額等の動向について紹介します。

（農業総産出額は432億円増加の8.9兆円）

　令和2(2020)年の農業総産出額は、米において主食用米の需要減少に見合った作付面積の削減が進まなかったことや、肉用牛において新型コロナウイルス感染症の感染拡大の影響により外食需要やインバウンド需要が減退したことから、それぞれの価格が低下した一方、野菜や豚において天候不順や巣ごもり需要により価格が上昇したこと等により、前年に比べ432億円増加の8兆9,370億円となりました（**図表2-1-1**）。

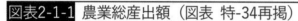
図表2-1-1　農業総産出額（図表 特-34再掲）

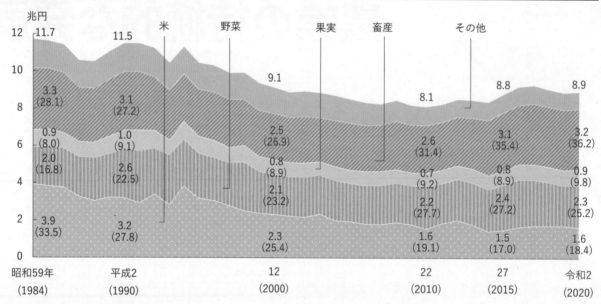

資料：農林水産省「生産農業所得統計」
　注：1)　「その他」は、麦類、雑穀、豆類、いも類、花き、工芸農作物、その他作物、加工農産物の合計
　　　2)　( )内は、産出額に占める割合(%)

　令和2(2020)年の部門別の産出額を見ると、米の産出額は、前年に比べ5.7%減少の1兆6,431億円となりました。全国の生産量は前年並となったものの、主食用米の需要減少に見合った作付面積の削減が進まなかったことや、新型コロナウイルス感染症の感染拡大の影響により中食[3]・外食向けの需要が減少したこと等から民間在庫量が増加し、主食用米の取引価格が前年に比べ低下したこと等によるものと考えられます。

　野菜の産出額は、前年に比べ4.7%増加の2兆2,520億円となりました。春先の低温や夏季

[1] 用語の解説 1 を参照
[2] 用語の解説 1 を参照
[3] 用語の解説 3(1) を参照

の長雨・日照不足等の影響によりトマト、ねぎ、ごぼう等の多くの品目において生産量が減少したことに加え、新型コロナウイルス感染症の感染拡大の影響により家庭用需要が増加し、保存性の高い冷凍野菜や簡便志向によるカット野菜等の需要が増加したことを受け、多くの品目で価格が上昇したこと等が寄与したものと考えられます。

　果実の産出額は、前年に比べ4.1%増加の8,741億円となりました。みかん、りんごにおいて好天により生産量が増加し価格が低下した一方、日本なし、ぶどう、ももにおいて天候不順により生産量が減少し価格が上昇したこと等が寄与したものと考えられます。

　畜産の産出額は、前年に比べ0.8%増加の3兆2,372億円となりました。その主な内訳を見ると、肉用牛については、新型コロナウイルス感染症の感染拡大の影響により家庭用需要が増加したものの、外食需要やインバウンド需要の減少から価格が低下し、産出額が減少したものと考えられます。一方、生乳については、新型コロナウイルス感染症の感染拡大の影響により業務用需要が減少したものの、家庭用需要等から牛乳・乳製品の消費が堅調に推移する中、生乳生産量が増加したこと等により、産出額が増加したものと考えられます。豚については、大規模化の進展により生産頭数が増加したこと、新型コロナウイルス感染症の感染拡大の影響により家庭用需要が旺盛となったこと等から価格が高く推移し、産出額が増加したものと考えられます。

（生産農業所得は218億円増加し3.3兆円）

　生産農業所得は、農業総産出額の減少や資材価格の上昇により、長期的に減少傾向が続いてきましたが、米、野菜、肉用牛等において需要に応じた生産の取組が進められてきたこと等から、平成27(2015)年以降は、農業総産出額の増加等により増加に転じ、3兆円台で推移してきました（**図表2-1-2**）。

　令和2(2020)年は、農業総産出額が増加したこと等により、前年に比べ218億円増加の3兆3,433億円となりました。

図表 2-1-2　生産農業所得

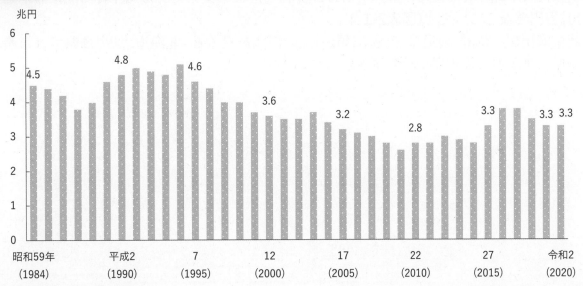

資料：農林水産省「生産農業所得統計」

（1農業経営体当たりの農業所得は123万円）

　令和2（2020）年の1農業経営体[1]当たりの農業粗収益は、野菜作等の作物収入が増加したこと等から前年に比べ7.2%増加の992万3千円となりました（**図表2-1-3**）。一方、農業経営費は荷造運賃手数料、雇人費等が増加したことから前年に比べ7.7%増加の869万円となり、農業所得[2]は前年に比べ3.8%増加の123万3千円となりました。

図表2-1-3　1農業経営体当たりの農業経営収支

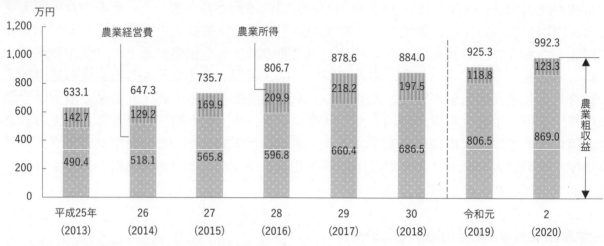

資料：農林水産省「農業経営統計調査　営農類型別経営統計」
注：1）平成25（2013）年から平成30（2018）年までの数値は、「農業経営統計調査　経営形態別経営統計（個別経営）」及び「農業経営統計調査　経営形態別経営統計（組織法人経営）」の集計結果から推計した数値
　　2）令和元（2019）年調査から調査票を税務申告資料から転記する形式に変更。平成30（2018）年以前は農業経営費に市場手数料、交際費等が含まれていない。

（都道府県別の農業産出額が上位の道県の主力部門は、畜産と野菜）

　都道府県別の農業産出額を見ると、北海道が1兆2,667億円で1位となっており、2位は鹿児島県で4,772億円、3位は茨城県で4,417億円、4位は千葉県で3,853億円、5位は熊本県で3,407億円となっています（**図表2-1-4**）。

　農業産出額上位5位の道県で、産出額が1位の部門を見ると、北海道、鹿児島県では畜産、茨城県、千葉県、熊本県では野菜となっています。

---

[1] 用語の解説1、2(1)を参照
[2] 用語の解説2(4)を参照

図表 2-1-4 都道府県別の農業産出額

（単位：億円）

	農業産出額	順位		1位部門		2位部門		3位部門	
北海道	12,667	1	(1)	畜産	7,337	野菜	2,145	米	1,198
青森県	3,262	7	(7)	果実	906	畜産	883	野菜	821
岩手県	2,741	10	(10)	畜産	1,628	米	566	野菜	292
宮城県	1,902	17	(18)	米	795	畜産	724	野菜	275
秋田県	1,898	18	(19)	米	1,078	畜産	365	野菜	301
山形県	2,508	13	(11)	米	837	果実	729	野菜	465
福島県	2,116	15	(15)	米	762	野菜	480	畜産	434
茨城県	4,417	3	(3)	野菜	1,645	畜産	1,270	米	756
栃木県	2,875	9	(9)	畜産	1,225	野菜	756	米	662
群馬県	2,463	14	(14)	畜産	1,079	野菜	1,004	米	152
埼玉県	1,678	20	(20)	野菜	831	米	327	畜産	245
千葉県	3,853	4	(4)	野菜	1,383	畜産	1,194	米	641
東京都	229	47	(47)	野菜	129	果実	32	花き	32
神奈川県	659	37	(38)	野菜	345	畜産	147	果実	64
新潟県	2,526	12	(13)	米	1,503	畜産	485	野菜	321
富山県	629	39	(39)	米	434	畜産	78	野菜	54
石川県	535	43	(43)	米	281	野菜	101	畜産	88
福井県	451	44	(44)	米	284	野菜	80	畜産	44
山梨県	974	32	(34)	果実	650	野菜	117	畜産	78
長野県	2,697	11	(12)	果実	894	野菜	891	米	413
岐阜県	1,093	30	(31)	畜産	411	野菜	339	米	206
静岡県	1,887	19	(17)	野菜	582	畜産	451	果実	254
愛知県	2,893	8	(8)	野菜	1,011	畜産	831	花き	497
三重県	1,043	31	(30)	畜産	419	米	270	野菜	145
滋賀県	619	41	(40)	米	353	畜産	106	野菜	105
京都府	642	38	(37)	野菜	250	米	171	畜産	125
大阪府	311	46	(46)	野菜	141	米	65	果実	65
兵庫県	1,478	22	(22)	畜産	592	米	420	野菜	349
奈良県	395	45	(45)	野菜	113	米	95	果実	75
和歌山県	1,104	29	(29)	果実	759	野菜	141	米	78
鳥取県	764	36	(36)	畜産	290	野菜	214	米	150
島根県	620	40	(42)	畜産	253	米	189	野菜	101
岡山県	1,414	23	(23)	畜産	585	米	284	果実	264
広島県	1,190	27	(26)	畜産	487	野菜	247	米	236
山口県	589	42	(41)	畜産	182	野菜	160	米	145
徳島県	955	33	(33)	野菜	352	畜産	255	米	123
香川県	808	35	(35)	畜産	320	野菜	242	米	121
愛媛県	1,226	24	(24)	果実	532	畜産	258	野菜	197
高知県	1,113	28	(28)	野菜	711	米	114	果実	111
福岡県	1,977	16	(16)	野菜	707	畜産	383	米	344
佐賀県	1,219	25	(27)	野菜	343	畜産	342	米	227
長崎県	1,491	21	(21)	畜産	532	野菜	471	果実	140
熊本県	3,407	5	(6)	野菜	1,221	畜産	1,192	米	361
大分県	1,208	26	(25)	畜産	430	野菜	351	米	187
宮崎県	3,348	6	(5)	畜産	2,157	野菜	681	米	173
鹿児島県	4,772	2	(2)	畜産	3,120	野菜	562	いも類	305
沖縄県	910	34	(32)	畜産	397	工芸農作物	225	野菜	127

資料：農林水産省「生産農業所得統計」

注：1）令和2(2020)年の数値。（　）内は、令和元(2019)年の順位

　　2）農業産出額には、自都道府県で生産され農業へ再投入した中間生産物(種子、子豚等)は含まない。

　　3）順位付けは、原数値(100万円単位)により判定した。

第2節　力強く持続可能な農業構造の実現に向けた担い手の育成・確保

　我が国農業が成長産業として持続的に発展していくためには、効率的かつ安定的な農業経営を目指す経営体等の担い手の育成・確保が重要です。本節では、認定農業者[1]制度、法人化、新規就農者[2]、女性農業者等の動向について紹介します。

(1) 認定農業者制度や法人化等を通じた経営発展の後押し

（農業経営体に占める認定農業者の割合は増加、法人経営体の認定数は一貫して増加）

　農業者が作成した経営発展に向けた計画（農業経営改善計画）の認定数（認定農業者数）は、令和2(2020)年度末時点で5年前に比べ7.6%減少し22万7千経営体となりました。農業経営体[3]に占める認定農業者の割合は増加傾向で推移しており、令和2(2020)年度末時点で21.7%の目標に対し、22.1%となっています（**図表2-2-1**）。

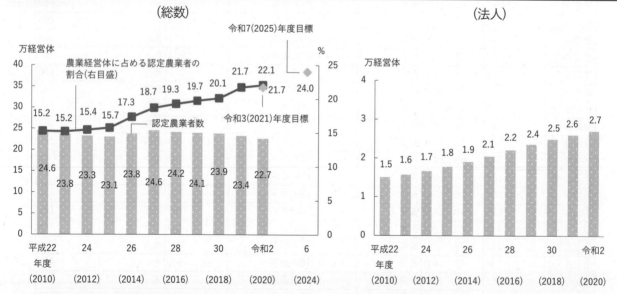

図表 2-2-1　農業経営改善計画の認定数

資料：農林水産省「農業経営改善計画の認定状況」、「農林業センサス」、「農業構造動態調査」を基に作成
　注：1）各年度末時点の数値
　　　2）特定農業法人で認定農業者とみなされている法人を含む。
　　　3）令和3(2021)年度及び令和7(2025)年度の目標は、それぞれ令和2(2020)年度及び令和6(2024)年度の実績に対する目標値

　このうち法人経営体の認定数は一貫して増加しており、令和2(2020)年度末時点で5年前と比べ32.1%増加の2万7千経営体となりました。また、法人経営体に占める認定農業者の割合は85.8%となっています。法人経営体の認定状況を営農類型別で見ると、全ての営農類型で年々増加しており、特に、複合経営[4]の認定数が多く、5年前と比べ33.5%増加し、

---

[1] 用語の解説3(1)を参照
[2] 用語の解説2(6)を参照
[3] 用語の解説1、2(1)を参照
[4] 経営体ごとの農産物販売金額1位の部門（作目）の販売金額が農産物総販売金額の80%未満の経営をいう。

9,942経営体となっています(**図表2-2-2**)。

　農業経営改善計画の実現に向け、農林水産省は、認定農業者に対し、農地の集積・集約化[1]や経営所得安定対策等の支援措置を講じており、農業経営体に占める認定農業者の割合を令和7(2025)年度までに24.0%にすることを目標としています。

　さらに、令和2(2020)年度からは、認定農業者による市町村の区域を越えた経営展開に対応し、複数の市町村で農業を営む農業者について、農林水産省や都道府県において認定ができるようになりました。同年度には、農林水産省で138経営体、都道府県で1,979経営体の認定を行っています。

図表 2-2-2　法人経営体の営農類型別農業経営改善計画の認定状況

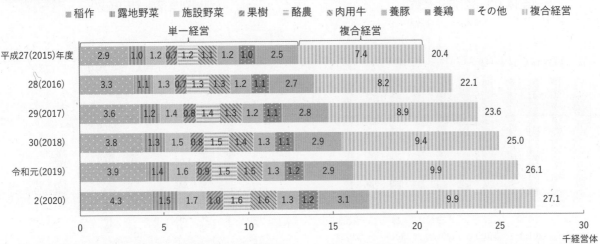

資料：農林水産省「農業経営改善計画の営農類型別等の認定状況」
注：1) 各年度末時点の数値
　　2)「その他」は麦類作、雑穀・いも類・豆類、工芸農作物、花き・花木、その他の作物、養蚕、その他の畜産を合計した数値
　　3) 単一経営とは、経営体ごとの農産物販売金額1位の部門(作目)の販売金額が農産物総販売金額の80%以上を占める経営
　　4) 複合経営とは、経営体ごとの農産物販売金額1位の部門(作目)の販売金額が農産物総販売金額の80%未満の経営

(法人経営体は3.2万経営体に増加)

　農業経営の法人化については、経営管理の高度化や安定的な雇用、円滑な経営継承、雇用による就農機会の拡大等の利点があります。農林水産省では、農業経営の法人化を進めるため、農業経営相談所が関係機関と連携して行う経営相談、経営診断等の取組を支援しています。法人経営体数は、令和5(2023)年までに5万法人にすることを目標としており、令和3(2021)年は4万2,920法人の目標に対して、3万2千経営体となり、前年から2.9%増加しました(**図表2-2-3**)。

図表 2-2-3　法人経営体数

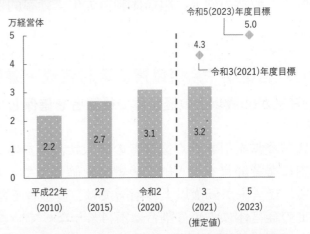

資料：農林水産省「農林業センサス」、「令和3年農業構造動態調査」
注：1) 各年2月1日時点の数値
　　2) 令和3(2021)年の数値は、農業構造動態調査の結果であり、標本調査により把握した推定値

---

[1] 用語の解説3(1)を参照

（集落営農組織の法人は増加）

　集落営農[1]組織は、地域の担い手として農地の利用、農業生産基盤の維持に貢献していますが、近年では、米、麦、大豆以外の高収益作物等の生産・販売や農産加工品の製造・販売等により収益の向上に取り組む組織が増えています。令和3(2021)年2月時点での集落営農組織数は1万4,490組織となりました（**図表2-2-4**）。

　また、集落営農のうち法人経営体の組織数は年々増加しており、令和3(2021)年は前年に比べ106組織（1.9%）増加の5,564組織となりました。地域別に見ると、稲作が盛んな北陸、中山間地域[2]が多い中国で法人化率が高くなっています。

図表 2-2-4　集落営農組織数

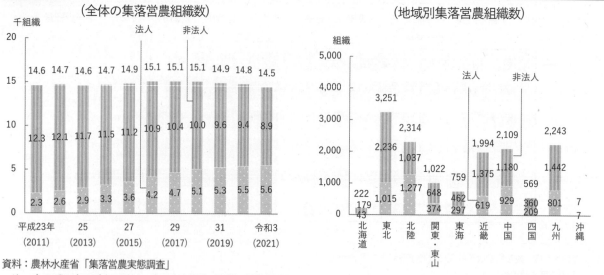

資料：農林水産省「集落営農実態調査」
注：1) 平成24(2012)年以降は、東日本大震災の影響で営農活動を休止している宮城県と福島県の集落営農については調査結果に含まない。
　　2) 各年2月1日時点の数値
　　3) 地域別集落営農組織数は、令和3(2021)年2月1日時点の数値

　農林水産省では、集落営農組織において法人化に加えて、機械の共同利用や人材の確保につながる広域化、高収益作物の導入等、それぞれの状況に応じた取組を促進し、人材の確保や、収益力向上、組織体制の強化、効率的な生産体制の確立を図っていくこととしています。

(2) 経営継承や新規就農、人材育成・確保等

（経営主が65歳以上の経営体で後継者を確保している割合は27%、新規就農者数は5.4万人）

　農業経営を引き継ぐ後継者の確保状況を見ると、令和2(2020)年2月時点において、5年以内に農業経営を引き継ぐ後継者を確保している農業経営体数は26万2千経営体で、このうち、経営主が65歳以上の階層では、後継者を確保している経営体数は19万経営体、65歳以上の経営体に占める割合は27.4%となっています（**図表2-2-5**）。一方、後継者を確保していない経営体数は48万7千経営体で70.5%となっています。また、64歳以下の階層では後継者を確保していない経営体数は27万7千経営体と64歳以下の経営体数の約7割を占めて

---

[1] 用語の解説3(1)を参照
[2] 用語の解説2(7)を参照

います。

　新規就農者数は、平成26(2014)年から2年連続で増加したものの、近年は横ばいで推移しています。令和2(2020)年の新規就農者数は、前年に比べ3.8%減少の5万3,740人となっています（**図表2-2-6**）。この内訳を見ると、全体の約7割を占める4万100人が新規自営農業就農者[1]となっています。新規雇用就農者[2]は、平成26(2014)年までは8千人前後で推移していましたが、平成27(2015)年以降は1万人前後で推移し、令和2(2020)年は1万50人になっています。

　このうち、将来の担い手として期待される49歳以下の新規就農者は、近年2万人前後で推移しています。令和2(2020)年は前年に比べ0.9%減少の1万8,380人となっており、5割強を新規雇用就農者と新規参入者[3]で占めています。

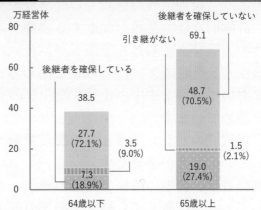

図表2-2-5　経営主の年齢階層別後継者の確保状況

資料：農林水産省「2020年農林業センサス」を基に作成
注：1）令和2(2020)年2月1日時点の数値
　　2）「後継者を確保している」は、5年以内に農業経営を引き継ぐ後継者を確保している経営体
　　3）「引き継がない」は、農業経営を開始又は農業経営を引継いだ直後であり、5年以内に農業経営を引き継がない経営体
　　4）「後継者を確保していない」は、5年以内に農業経営を引き継ぐ後継者を確保していない経営体

図表 2-2-6　新規就農者数

（全体の新規就農者数）

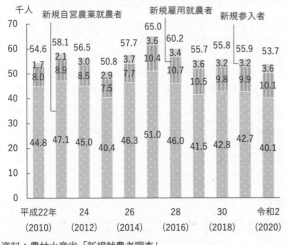

（49歳以下の新規就農者数）

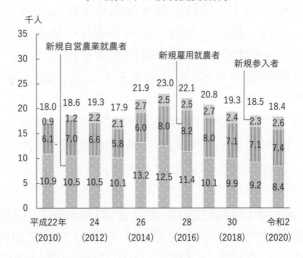

資料：農林水産省「新規就農者調査」
注：1）平成26(2014)年調査以降は、新規参入者については従来の「経営の責任者」に加え、新たに「共同経営者」が含まれる。
　　2）各年2月1日〜翌年1月31日までの数値

1 用語の解説2(6)を参照
2 用語の解説2(6)を参照
3 用語の解説2(6)を参照

第2章

（経営継承、新規就農を支援）

　農業従事者[1]の高齢化と減少が進む中、地域農業を持続的に発展させていくためには、農地はもとより、農地以外の施設等の経営資源や、技術・ノウハウ等を次世代の経営者に引き継ぐ、計画的な経営継承を促進する必要があります。

　このため、農林水産省は、農業者が話合いに基づき、地域における農業の在り方等を明確化する「人・農地プラン」[2]の取組を進めるとともに、都道府県段階に設置した農業経営相談所において税理士や中小企業診断士等の専門家による相談対応を行うなど、円滑な経営継承を進めています。

　また、世代間のバランスのとれた農業労働力の構造を実現していくことにより地域農業を維持していくことが必要です。

　新規就農者は、農地の確保、資金の確保、営農技術の習得等が、経営開始時の大きな課題となっており、就農しても経営不振等の理由から定着できない就農者もいます。

　このため、農林水産省では、就農準備段階や、就農直後の経営確立を支援する資金を交付するとともに、雇用就農を促進するため、農業法人等による新規雇用就農者への実践研修、新たな法人の設立に向けた研修の実施を支援しています。さらに、新規就農者の経営発展や地域への定着のため、市町村や農協、農地中間管理機構等地域の関係機関が連携して、就農後の農業技術向上や販路確保等に対しての支援を行うほか、就農情報ポータルサイト「農業をはじめる.JP」による情報発信、新規就農者の定着に向けた無利子資金等の支援を行っています。

就農情報ポータルサイト「農業をはじめる.JP」
URL：https://www.be-farmer.jp/

（若者の就農意欲を向上させる活動等を支援）

　農業に関する学科を有する高等学校は全ての都道府県に設置されています。農業高校では、植物、動物、食品、地域環境等の基礎的な知識や技術を学ぶとともに、農業実習等の実践的・体験的な学習や解決方法を模索するプロジェクト学習等に取り組んでおり、近年では国際協力やGAP[3]に取り組む高校が増えています。

　農林水産省では、若い人が農業の魅力を感じ、将来的に農業を職業として選択し、経営感覚や国際感覚を持つ農業経営者として活躍できるよう、スマート農業、経営管理等の教育カリキュラムの強化や、地域の先進的な農業経営者による高校等への出前授業を行うなど、若者の就農意欲を向上させるための活動等を支援しています。

（農業大学校卒業生の就農割合はほぼ横ばいで推移）

　農業経営の担い手を養成する機関として道府県立農業大学校が42道府県に設置されています。卒業生は平成25(2013)年度以降はほぼ横ばいで推移しており、令和2(2020)年度の卒業生数は1,753人、卒業後に就農した者は937人と卒業生全体の53.5%となっています（図表2-2-7）。

　卒業生の就農率を見ると、自営就農率は15%前後で推移しています。雇用就農率は年々増加傾向にあり、令和2(2020)年度は33.1%となりました。

---

[1] 用語の解説1、2(5)を参照
[2] 第2章第4節を参照
[3] 用語の解説3(2)を参照

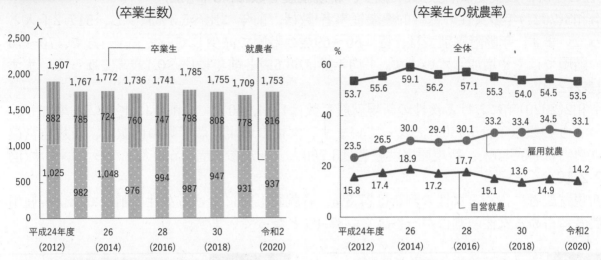

図表 2-2-7 農業大学校卒業生数と卒業生の就農率

（卒業生数）

（卒業生の就農率）

資料：全国農業大学校協議会資料を基に農林水産省作成

注：1）就農者には、一度、他の仕事に就いた後に就農した者は含まない。

2）卒業生の就農率については以下のとおり。

ア　全体＝就農者÷卒業生×100

イ　雇用就農＝雇用就農者÷卒業生×100

ウ　自営就農＝自営就農者÷卒業生×100

3）雇用就農とは、農業法人等へ就農した者を示す。全体の就農者には雇用就農、自営就農以外にも農家で継続的に研修をしている者等が含まれる。

（リース法人による農業への参入が増加傾向）

農地のリース方式により農業に参入し、農業経営を行う法人の数は令和元(2019)年12月末時点で3,669法人となっています。平成21(2009)年の農地法改正によりリース方式による参入が全面解禁されたことから参入する法人数は年々増加しています（**図表2-2-8**）。参入した法人格別の割合を見ると、令和元(2019)年は、株式会社が63%、NPO法人[1]等が24%、特例有限会社が12%となっています。

図表 2-2-8 農地のリース方式で農業に参入した法人の動向

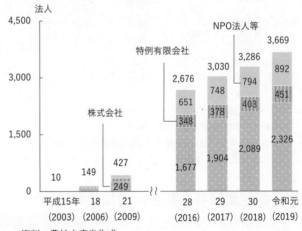

資料：農林水産省作成

---

[1] 用語の解説3(2)を参照

(3) 女性が活躍できる環境整備

(女性の基幹的農業従事者数は5%減少、新規就農者数は8.5%増加)

令和3(2021)年の女性の基幹的農業従事者[1]数は、前年に比べ5.3%減少し、51万2千人となっています。年齢階層別では、特に60〜69歳の階層で減少しています。一方で、70〜74歳の階層ではやや増加しています。平均年齢は68.5歳と前年に比べ0.1歳高くなっています(**図表2-2-9**)。

令和2(2020)年における女性の新規就農者数は1万4,940人で、前年に比べ8.5%増加し、そのうち49歳以下は5,430人となっています。女性の新規就農者数の内訳は、新規自営農業就農者は1万550人、新規雇用就農者は3,760人、新規参入者は630人となっています(**図表2-2-10**)。

新規就農者に占める女性の割合は27.8%、各就農形態における女性の割合では新規雇用就農者に占める女性の割合が一番高く、37.4%となっています。

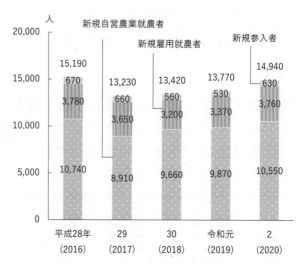

図表2-2-9　女性の基幹的農業従事者数と平均年齢

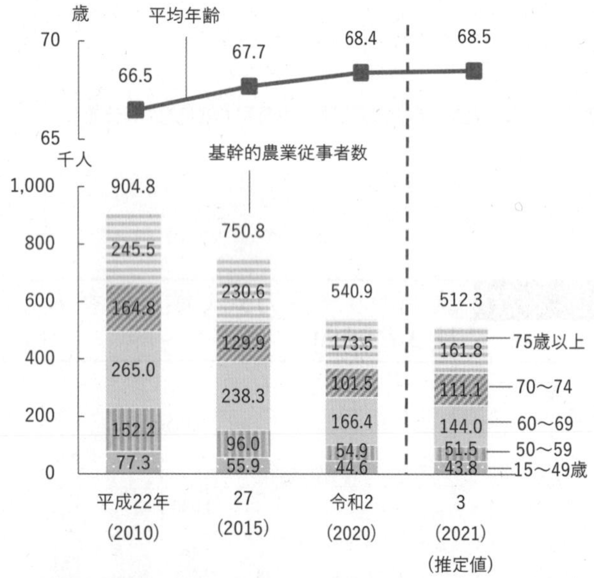

資料：農林水産省「農林業センサス」、「2010年世界農林業センサス」(組替集計)、「令和3年農業構造動態調査」
注：令和3(2021)年の数値は、農業構造動態調査の結果であり、標本調査により把握した推定値

図表2-2-10　女性の新規就農者数

資料：農林水産省「新規就農者調査」
注：各年2月1日〜翌年1月31日までの数値

(女性の認定農業者の割合は増加傾向)

令和2(2020)年度末時点の女性の認定農業者数は前年度から134人減少し、1万1,604人となりましたが、全体の認定農業者数に占める女性の割合は増加傾向で推移しており、令和2(2020)年度は5.0%の目標に対し、前年度に比べ0.1ポイント増加し5.1%となりました(**図表2-2-11**)。

また、認定農業者制度には、家族経営協定[2]等が締結されている夫婦による共同申請が認められており、その認定数は5,961経営体となっています。地域別で見ると、関東[3]、中国・四国、九州の3地域で全国の約8割を占めています(**図表2-2-12**)。

---

1 用語の解説1、2(5)を参照
2 用語の解説3(1)を参照
3 茨城県、栃木県、群馬県、埼玉県、千葉県、東京都、神奈川県、山梨県、長野県、静岡県

農林水産省は、女性の農業経営への主体的な関与をより一層推進するため、認定農業者に占める女性の割合を平成30(2018)年度末時点より0.7ポイント増加させ、令和7(2025)年度までに5.5%[1]にすることを目標としています。目標の達成に向け、女性が働きやすい環境の整備や地域を牽引（けんいん）する女性リーダーの育成等の取組を支援しています。

図表 2-2-11 女性の認定農業者の割合

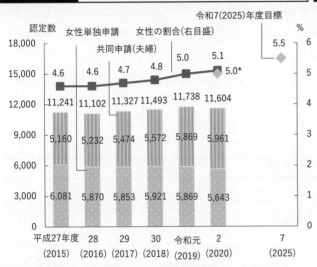

資料：農林水産省「農業経営改善計画の営農類型別等の認定状況」を基に作成

注：1）各年度末時点の数値
　　2）＊は政策評価の測定指標における令和3(2021)年度の目標値

図表 2-2-12 地域別夫婦共同申請の認定割合

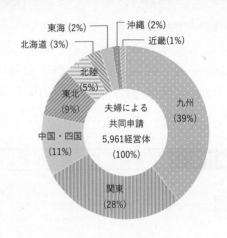

資料：農林水産省「農業経営改善計画の営農類型別等の認定状況」を基に作成

注：令和2(2020)年度末時点の数値

（事例）夫婦による認定農業者制度への共同申請は全国で最多（熊本県）

熊本県の認定農業者数は、令和2(2020)年度末時点で1万334経営体となっています。そのうち、夫婦による共同申請数は1,285経営体と全国で最も多くなっています。また、同年度の認定農業者数に占める女性の割合は、14.2%と5年前に比べて2.6ポイント増加しています。

熊本県では、平成12(2000)年に認定農業者連絡会議を設立し、平成19(2007)年には、全国認定農業者協議会に加入している県組織の中で初めて女性部を設立しました。同会議の女性部では、農業の振興や地域活性化に向けて、研修会やセミナー等の活動が行われています。

熊本県の夫婦による共同申請数と女性の認定農業者の割合

資料：農林水産省「農業経営改善計画の営農類型別等の認定状況」を基に作成

注：各年度末時点の数値

---

[1] 内閣府「第5次男女共同参画基本計画」（令和2(2020)年12月閣議決定）における成果目標

（農業委員、農協役員に占める女性の割合は増加）

農業委員や農協役員に占める女性の割合は、農業委員会等に関する法律及び農業協同組合法における、農業委員や農協理事等の年齢や性別に著しい偏りが生じないように配慮しなければならない旨の規定を踏まえ、女性の参画拡大に向けた取組が促進されたことによって、増加傾向にあります。令和3（2021）年度はそれぞれ前年度に比べ0.1ポイント、0.3ポイント増加し、12.4％と9.3％になりました（**図表2-2-13**）。

また、農業委員については、全国1,702農業委員会のうち、女性が委員となっている農業委員会は令和3（2021）年度において1,448委員会となりました。このうち、女性の割合が30％に達している農業委員会は65委員会（全体の3.8％）となっています。

農業委員や農協役員に占める女性の割合については、農業委員は平成30（2018）年度から約18ポイント増加させ令和7（2025）年度までに30％[1]、農協役員は平成30（2018）年度から7ポイント増加させ令和7（2025）年度までに15％[1]にすることを目標としています。

図表 2-2-13 農業委員及び農協役員に占める女性の割合

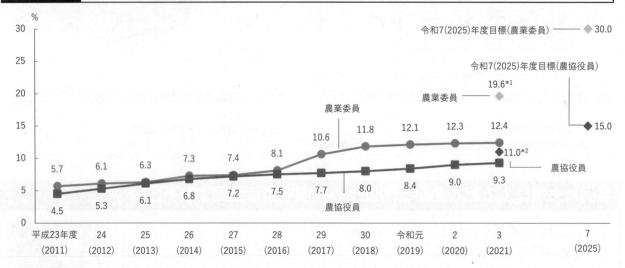

資料：農林水産省「農業委員への女性の参画状況」、「総合農協統計表」を基に作成

注：1）農業委員は各年度の10月1日時点
　　2）農協役員は各事業年度末
　　3）令和3（2021）年度の数値は、全国農業協同組合中央会調べ
　　4）＊1は政策評価の測定指標における目標
　　5）＊2は政策評価の測定指標における令和4（2022）年度目標

土地改良区[2]についても、土地改良区等（土地改良区連合を含む。）の理事に占める女性の割合を、平成28（2016）年度から約9ポイント増加させ、令和7（2025）年度までに10％[3]にすることを目標としています。令和2（2020）年度の割合は0.6％ですが、土地改良区等における女性参画拡大に向け、令和元（2019）年12月に「全国水土里（み ど り）ネット女性の会」が発足し、女性の役職員の知見・ノウハウの共有やスキルの向上を図るなど、女性が土地改良事業の中核的役割を担える環境づくりに向けた取組を推進しているところです。

---

[1] 内閣府「第5次男女共同参画基本計画」（令和2（2020）年12月閣議決定）における成果目標
[2] 農地の整備や農業水路の維持管理を行うほか、住民と連携した地域づくりや地域農業の振興のための活動を行う農業者の組織。土地改良区地区数は4,325地区（令和3（2021）年3月末時点）
[3] 内閣府「第5次男女共同参画基本計画」（令和2（2020）年12月閣議決定）における成果目標

(「女性活躍・男女共同参画の重点方針2021」を策定)

　令和3(2021)年6月、政府は、第5次男女共同参画基本計画で決定した目標の達成に向けて、政府全体として今後重点的に取り組むべき事項を定めた「女性活躍・男女共同参画の重点方針2021」を策定しました。

　重点方針では、市町村や農協に対して、女性の農業委員、農協役員の参画割合の目標や、女性参画のための具体的な取組を定めるように促すとともに、これらの策定状況、参画実績について毎年調査し、公表することとしています。また、女性委員がいない農業委員会や、女性の役員がいない農協に対し働き掛けを重点的に行うなど、女性の参画を推進しています。

　さらに、土地改良区等について、土地改良長期計画(令和3(2021)年3月閣議決定)に基づき、国、都道府県、都道府県土地改良事業団体連合会等で構成される協議会を都道府県ごとに設置の上、当該協議会を通じ員外理事制度を活用した女性理事の参画を促しています。

(女性が経営方針の決定に参画している割合は36%)

　令和2(2020)年の女性の経営への参画状況を見ると、経営主が女性の個人経営体[1]は、農業経営体全体の5.9%、経営主が男性だが、女性が経営方針の決定に参画している割合は30.0%となっており、女性が経営に関与する個人経営体は全体の35.9%を占めています(**図表2-2-14**)。

図表 2-2-14　女性の経営方針決定への関わり(個人経営体)

(単位：%)

	経営主が女性	経営主が男性だが、女性が経営方針決定に参画している		女性が経営方針の決定に関わっている
		男女の経営方針決定参画者がいる	女性の経営方針決定参画者がいる	
令和2年 (2020)	5.9	7.1	22.9	35.9

資料：農林水産省「2020年農林業センサス」を基に作成
注：令和2(2020)年2月1日時点の数値

農業における女性をめぐる事情
URL：https://www.maff.go.jp/j/keiei/jyosei/gaiyo.html

---

[1] 用語の解説1、2(1)を参照

第3節　農業現場を支える多様な人材や主体の活躍

　地域の農業生産や農地を確保し、持続可能なものとしていくためには、中小・家族経営等多様な人材や主体の活躍を促進することも重要です。本節では、多様な人材や主体の活躍に資する家族経営協定[1]の状況のほか、農業支援サービス[2]等の取組状況、外国人材の受入れ等への新型コロナウイルス感染症の感染拡大の影響について紹介します。

(家族経営協定の締結農家数は、令和2(2020)年度末時点で5万9千戸)

　中小・家族経営等の世帯員が意欲とやりがいを持って農業経営に参画するとともに、仕事と生活のバランスに配慮した働き方を実現していく環境を整えるため、経営方針や労働時間・休日、役割分担について、家族間の十分な話合いを通じて家族経営協定を締結することを普及・推進しています。協定の中で役割分担や就業条件等を明確にすることにより、仕事と家事・育児を両立しやすくなるほか、それぞれが研修会等に気兼ねなく参加しやすくなるなどの効果があります。

　家族経営協定の締結農家数は増加しており、令和2(2020)年度末時点では前年度に比べて363経営体増加し、5万9千経営体になりました。これは、令和3(2021)年の主業経営体[3]数(22万2千経営体)の約3割に相当します。令和2(2020)年度に締結した協定において取り決められた内容を見ると、農業経営の方針決定(96.1%)、労働時間・休日(94.3%)、農業面の役割分担(80.5%)、労働報酬(72.5%)が多くなっています。また、締結した主な理由は、親世代からの経営継承(22.4%)、新規就農(21.0%)、定期的な見直し(13.3%)となっています。

家族経営協定について(家族経営協定に関する実態調査　令和3年調査結果)
URL：https://www.maff.go.jp/j/keiei/jyosei/kyoutei.html

(農業の働き方改革に向けた取組が進展)

　地域農業の維持に向けて、生産現場に必要な若年層等の人材の確保・定着を図るためには、農業経営に若年層等のニーズに合わせた働き方を導入することが重要です。このため、農林水産省では多様な人材が活躍できる農業の「働き方改革」を推進し、家族経営協定の締結等、農業現場における働きやすい環境づくりに取り組んでいます。

　令和3(2021)年度は、農業経営者が就農希望者等と一緒に働くための環境づくりについて、特に女性に着目して取りまとめた「これからの農業経営のためのハンドブック－女性とはたらく－」を作成し、全国の各地方公共団体窓口に配布しました。ハンドブックには、農業経営者が女性と働いていく際に知っておきたい三つの切り口(「マッチング」、「日々の業務」、「知識の点検」)や、女性活躍の事例、キャリア形成に関する情報を掲載しています。

---

[1] 用語の解説3(1)を参照
[2] 農産物の流通・販売に係るサービス(代理販売や共同出荷等)以外で不特定の農業者等に対して対価を得て提供するサービス(例:ドローン散布等の作業受託やデータ分析、農業機械のシェアリング、農業現場への人材供給等)
[3] 用語の解説1、2(1)を参照

これからの農業経営のためのハンドブック −女性とはたらく−
URL：https://myfarm.co.jp/women/pickup/detail/?p=2249

(水稲作の全作業を受託する経営体数・受託面積が増加)

農作業の一部又は全部を受託して作業を行った農業経営体[1]の数は、令和2(2020)年に9万1千経営体で、その大部分が水稲作部門の育苗、田植、稲刈り等の農作業を受託した8万1千経営体となっています。

水稲作部門を受託した経営体の数は平成27(2015)年と比べて18%減少していますが、このうち全作業を受託した経営体数は、受託面積と共に増加しています(**図表2-3-1**)。これは、人手不足により農作業への従事を縮小した経営体数・面積が増加したためと考えられます。

また、令和2(2020)年に畜産部門を受託した経営体の数も、平成27(2015)年と比べて14%減少し、1,574経営体(耕種部門と重複して受託する経営体を含む。)となりました。

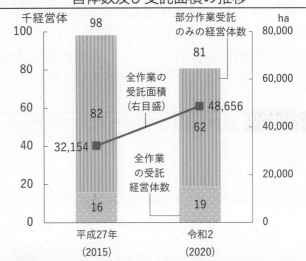

図表2-3-1 水稲作の農作業を受託する農業経営体数及び受託面積の推移

資料：農林水産省「農林業センサス」を基に作成

(農業支援サービスの定着を促進)

令和3(2021)年度に実施した農業支援サービスに関する意識・意向調査によると、農業支援サービスを利用している農業者の割合は53%で、今後利用する意向がある農業者の13%と合わせて66%となっており、農業支援サービス事業を展開する事業者の更なる育成が必要となっています。営農類型別では、酪農や肉用牛といった畜産部門の利用割合が高くなっています(**図表2-3-2**)。

また、近年は、ドローンや収穫ロボット等のスマート農業技術を活用した次世代型の農業支援サービスを展開する事業体も見られます。

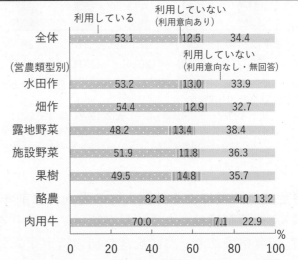

図表2-3-2 農業支援サービスの利用実績と利用意向

資料：農林水産省「農業支援サービスに関する意識・意向調査」(令和3(2021)年12月公表)を基に作成

注：1) 2020年農林業センサス結果を基に認定農業者等がいる個人経営体の世帯主又は団体経営体の代表者である農業者2万人を対象として、令和3(2021)年8〜9月に実施した郵送とインターネットによるアンケート調査(有効回答数1万2,938人)

　　2) 「外部の組織や個人が提供しているサービスを利用しているか」及び「(利用していない農業者に対して)今後、サービスを利用する意向があるか」の質問への回答結果(回答総数1万2,881人)

---

[1] 用語の解説1、2(1)を参照

生産現場における人手不足を解決するため、農林水産省は、農作業の委託や、機械・機具のリース、人材派遣等、農業者が様々なサービスを活用できる環境の整備に向け、事業立上げ当初のニーズの把握や人材育成の取組等を支援しています。

（農業分野での外国人材の受入れは前年からほぼ横ばい）

外国人技能実習制度は、外国人技能実習生への技能等の移転を図り、その国の経済発展を担う人材育成を目的とした制度であり、我が国の国際協力・国際貢献の重要な一翼を担っています。農業分野においても全国の農業生産現場で多くの外国人技能実習生が受け入れられています。

農業分野における外国人材の受入れは増加傾向で推移していましたが、令和3(2021)年10月末時点の同分野の外国人材の総数は、新型コロナウイルス感染症の感染拡大による水際措置の影響を受けて、前年同月末時点とほぼ同じ、3万8,532人となっています。このうち、外国人技能実習生は3万30人で、入国者数が大幅に減少する中、国内の技能実習生の在留延長等により前年同月末に比べ2,974人(9.0%)の減少にとどまりました(**図表2-3-3**)。

図表2-3-3　農業分野における外国人材の受入れ状況(図表トピ1-8再掲)

資料：厚生労働省「「外国人雇用状況」の届出状況」を基に農林水産省で集計・作成
注：1）各年10月末時点
　　2）「専門的・技術的分野」の令和元(2019)年以降の数値には、「特定技能在留外国人」の人数も含まれる。
　　3）「外国人雇用状況」の届出は、雇入れ・離職時に義務付けており、「技能実習」から「特定技能」へ移行する場合等、離職を伴わない場合は届出義務がないため、他の調査と一致した数値とはならない。

（特定技能制度による外国人材の受入れは前年に比べて増加）

特定技能制度は、人手不足が続いている中で、外国人材の受入れのために創設された新たな在留資格であり、農業を含む14の特定産業分野が受入対象となり、一定の専門性・技能を有し即戦力となる外国人を受け入れています。令和3(2021)年12月末時点で、農業分野では6,232人の外国人材がこの制度により働いており、前年同月末に比べて3,845人増加しました。

農林水産省では制度の適切な運営を図るため、受入機関、業界団体、関係省庁で構成する農業特定技能協議会及び運営委員会を設置し、本制度の状況や課題の共有、その解決に向けた意見交換等を行っています。

| 第4節 | 担い手等への農地集積・集約化と農地の確保 |

　我が国においては、人口減少が本格化する中で、農業者の減少や荒廃農地[1]の拡大が更に加速化し、地域の農地が適切に利用されなくなることが懸念されています。このため、農業の成長産業化を進めていく上では、生産基盤である農地について、持続性をもって最大限利用されるようにしていく必要があります。

　本節では、担い手への農地の集積・集約化[2]の取組や「人・農地プラン」の取組等の動きについて紹介します。

（農地は緩やかに減少、荒廃農地面積は横ばい）

　令和3(2021)年における我が国の農地面積は、荒廃農地からの再生等による増加があったものの、耕地の荒廃、宅地等への転用等による減少を受け、前年に比べて2万3千ha減少の435万haとなりました（**図表2-4-1**）。作付(栽培)延べ面積も減少傾向が続いており、この結果、令和2(2020)年の耕地利用率は91.3％となっています。

| 図表2-4-1 | 農地面積(図表 特-15再掲)、作付(栽培)延べ面積、耕地利用率 |

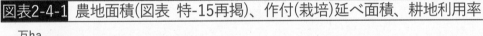
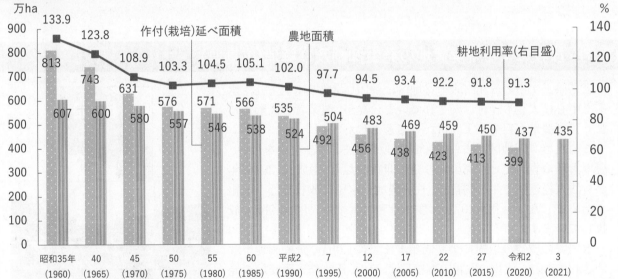

資料：農林水産省「耕地及び作付面積統計」を基に作成
注：耕地利用率(%)＝作付(栽培)延べ面積÷耕地(農地)面積×100

　令和2(2020)年の荒廃農地の面積は、前年と同水準の28万2千haとなりました。このうち、再生利用が可能なもの(遊休農地[3])は9万ha、再生利用が困難と見込まれるものは19万2千haとなっています。再生利用が困難と見込まれるものの面積は、再生利用が可能なものからの移行等により、増加傾向にあります（**図表2-4-2**）。

---

[1] 用語の解説3(1)を参照
[2] 用語の解説3(1)を参照
[3] 用語の解説3(1)を参照

令和12(2030)年に農用地区域内の農地を397万ha確保するため、農林水産省は令和2(2020)年度から令和12(2030)年度にかけて農用地区域内の再生可能な荒廃農地のうち4万8千ha(1年当たり4,400ha)を再生することを目標としています。令和2(2020)年度は8千ha、うち農用地区域内では5千haの農地が再生利用されました。

引き続き、目標の達成に向けて、地域における積極的な話合いを通じて、多面的機能支払交付金や中山間地域等直接支払交付金の活用、担い手への農地の集積・集約化、農地の粗放的な利用(放牧等)等により荒廃農地の発生を防止するとともに、農業委員会による所有者等への利用の働き掛け等により荒廃農地の再生に取り組むこととしています。

図表2-4-2　荒廃農地面積

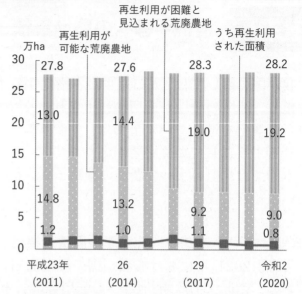

資料：農林水産省「荒廃農地の発生・解消状況に関する調査」を基に作成
注：「再生利用が困難と見込まれる荒廃農地」とは、森林の様相を呈しているなど農地に復元するための物理的な条件整備が著しく困難なもの、又は周囲の状況から見て、その土地を農地として復元しても継続して利用することができないと見込まれるものに相当する荒廃農地

(事例) 放牧による荒廃農地の発生抑制及び解消(広島県)

広島県三次市の三和町大力谷地区は、中山間地域*に位置し、水稲を中心に大豆も作付けがされていましたが、農業者の高齢化により荒廃農地が目立つようになってきました。

このため、同地区は法人経営体や地域住民等で話合いを行い、農地管理の省力化と荒廃農地の発生抑制のため、平成28(2016)年から法人経営体で牛を飼育し、荒廃農地や水田に放牧を行う取組を始めました。令和3(2021)年度では和牛繁殖牛7頭を4.5haで放牧しています。

水田での放牧の取組により同年度までに1.0haの荒廃農地が解消されており、放牧の取組の継続によって、新たな荒廃農地の発生を抑制するなどの効果が発現するとともに、周辺農地の鳥獣害の防止にも貢献しています。

* 用語の解説2(7)参照

水田放牧による荒廃農地の再生

(担い手への農地集積率は年々上昇)

　平成26(2014)年に発足した農地中間管理機構(以下「農地バンク」という。)においては、地域内に分散・錯綜する農地を借り受け、まとまった形で担い手[1]へ再配分し、農地の集積・集約化を実現する農地中間管理事業を行っています(**図表2-4-3**)。農地バンクの取扱面積(転貸面積)は、令和2(2020)年度末時点で前年度に比べて4万2千ha増加し、29万5千haとなりました。

図表2-4-3　農地バンクを活用して集約化を実現した事例

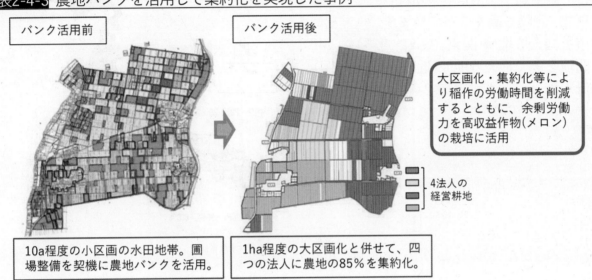

バンク活用前	バンク活用後

大区画化・集約化等により稲作の労働時間を削減するとともに、余剰労働力を高収益作物(メロン)の栽培に活用

4法人の経営耕地

10a程度の小区画の水田地帯。圃場整備を契機に農地バンクを活用。

1ha程度の大区画化と併せて、四つの法人に農地の85%を集約化。

資料：農林水産省作成
注：山形県鶴岡市西郷北部地区の事例(詳細は第2章第6節を参照)

　担い手への農地利用集積面積は、農地バンクを創設した平成26(2014)年度以降、年々増加しており、令和2(2020)年度末時点で254万haとなりました。借入地の面積が増加傾向にあり、同年度末時点で108万haと全体の4割を占めています。

　同年度末時点の農地集積率は、前年度から0.9ポイント上昇し、58.0%となりましたが、同年度の目標70.6%[2]を下回っています(**図表2-4-4**)。これは、分散している農地や、地形的条件の不利な中山間地域の農地等において担い手による農地の引受けが進んでいないためと考えられます。

図表2-4-4　担い手への農地集積率と農地利用集積面積の推移

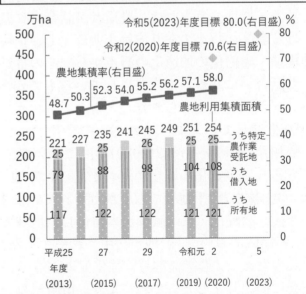

資料：農林水産省作成
注：1)　農地バンク以外によるものを含む。
　　2)　各年度末時点の数値
　　3)　「担い手」とは、認定農業者、認定新規就農者、基本構想水準到達者、集落営農経営を指す。

---

[1] 担い手への農地利用集積面積・農地集積率は、認定農業者、認定新規就農者、基本構想水準到達者、集落営農経営への集積面積を合計して算出
[2] 平成25(2013)年度の48.7%から令和5(2023)年度までに80%にする目標より、毎年約3%増加させることとして設定

　担い手への農地の集積率について、農林水産省は、平成25(2013)年度の48.7%から、令和5(2023)年度までに80%に引き上げる目標を設定[1]しており、生産基盤である農地が持続性を持って最大限利用されるよう、農地バンクによる農地の集積・集約化の取組を加速化していくこととしています。

　また、令和2(2020)年度の農地集積率を地域別に見ると、農業経営体[2]の多くが担い手である北海道で9割を超えるほか、水田が多く、基盤整備や集落営農[3]の取組が進んでいる東北、北陸も高くなっています。一方、大都市を抱える地域(関東、東海、近畿)や、中山間地を多く抱える地域(近畿、中国、四国)は低くなっています(**図表2-4-5**)。

図表2-4-5 地域別の担い手への農地集積率

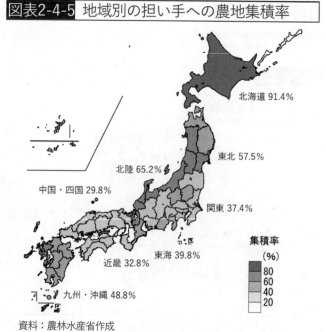

北海道 91.4%
東北 57.5%
北陸 65.2%
関東 37.4%
中国・四国 29.8%
東海 39.8%
近畿 32.8%
九州・沖縄 48.8%

集積率(%)
80
60
40
20

資料:農林水産省作成
注:1) 農地バンク以外によるものを含む。
　　2) 令和2(2020)年度末時点の数値
　　3) 「担い手」とは、認定農業者、認定新規就農者、基本構想水準到達者、集落営農経営を指す。
　　4) 「関東」は、山梨県、長野県、静岡県を含む。

(農地の集約化等を進める農業経営基盤強化促進法等改正案を国会に提出)

　「人・農地プラン」は、農業者が話合いに基づき、地域農業における中心経営体、地域における農業の将来の在り方等を明確化し、市町村により公表するものであり、担い手への農地集積・集約化の加速化の観点から、その推進を図ってきましたが、この中には地域の徹底した話合いに基づいて作成されているものがある一方、地域の話合いに基づくものとは言い難いプラン[がた]も見受けられたことから、令和元(2019)年度から、人・農地プランの実質化の取組[4]を推進しています。

　令和元(2019)～令和2(2020)年度において、新型コロナウイルス感染症の感染拡大の影響等もあり、実質化の取組に遅れが見られる地域もありましたが、令和2(2020)年度末時点では、全国約2万2千地域で取組が行われています。

　今後、高齢化・人口減少が本格化し、地域の農地が適切に利用されなくなるおそれがある中、各地域において、農地が利用されやすくなるよう集約化等を図っていくことが重要です。

　このため、「農業経営基盤強化促進法等の一部を改正する法律案」を令和4(2022)年3月に国会に提出しました。これにより、市町村は、農業者、農業委員会、農地バンク等の関係者

---

[1] 「日本再興戦略」(平成25(2013)年6月14日閣議決定)及び「農林水産業・地域の活力創造プラン」(平成25(2013)年12月10日農林水産業・地域の活力創造本部)において、「今後10年間で、担い手の農地利用が全農地の8割を占める農業構造の確立」を成果目標として設定

[2] 用語の解説2(1)を参照

[3] 用語の解説3(1)を参照

[4] (1)農業者の年齢と後継者の有無等についてのアンケート調査、(2)アンケート結果を地図化し、5～10年後に後継者がいない農地面積の現況把握、(3)今後、地域の中心となる経営体(中心経営体)への農地の集約化に関する将来方針の作成を行うことにより既に作成された「人・農地プラン」を実質化する取組

の話合いを踏まえて、将来の農業の在り方や農地利用の姿を明確化した地域計画を定め、その計画に基づき農地バンクを活用した農地の集約化等を進めていくこととしています。

(事例) モデル地区を設定して人・農地プランの取組を推進(長野県)

長野県松川町は平成25(2013)年3月に町全体で一つの「人・農地プラン」を策定した後、実情を十分に反映するため対象地区の分割を検討していたものの、思うように進まない状況でした。

平成30(2018)年に農業委員会の提起を受け、モデル地区として増野地区を選定し、成功事例を一つ作ることを始めました。同地区では、県、町、農業委員会等が協力して、アンケートの実施を始め、全6回の座談会を開催し、地図による現況把握や中心経営体への農地の集約化に関する将来方針の作成等により、平成31(2019)年3月に同地区のプランを策定しました。

また、この取組をきっかけとして、任意団体「楽しみまし農」が立ち上がり、集落営農活動も始まりました。

同地区の座談会では、企業が経営戦略の策定時に用いる分析手法を活用し、地区の課題・将来像について議論が行われたことや、参加した女性の比率が高いこと等が特徴として挙げられます。

同地区の取組は、町内の他地区に波及し、各地区において座談会を活用したプランの実質化に取り組んでいます。

地図を用いた現況把握

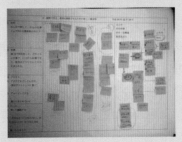
企業が行う分析手法による意見集約

(農山漁村の農用地の保全等を図る農山漁村活性化法改正案を国会に提出)

農林水産省は令和2(2020)年から「長期的な土地利用の在り方に関する検討会」を開催し、人口減少社会において、今後農地として維持困難となる可能性がある土地の利用方策について検討を行いました。令和3(2021)年6月、同検討会の中間取りまとめ[1]として、地域の関係者の話合いを通じて、有機農業や放牧等、持続可能な土地利用を担保できる仕組みを検討するなどの施策の方向性を整理しました。

これを踏まえ、人口の減少、高齢化の進展等により農用地の荒廃が進む農山漁村における農用地の保全等を図るため、「農山漁村の活性化のための定住等及び地域間交流の促進に関する法律の一部を改正する法律案」を令和4(2022)年3月に国会に提出しました。これにより、活性化計画[2]の対象事業に、放牧、鳥獣緩衝帯の整備、林地化等の農用地の保全等に関する事業を位置付けるとともに、同事業の実施に当たっての農地転用手続の迅速化等を図ることとしています。

---

1 第3章第3節を参照
2 現行では、農山漁村における定住及び農山漁村と都市との交流促進を図るため都道府県又は市町村が作成した計画で、農業振興施設の整備、生活環境施設の整備、交流施設の整備の事業を記載できる。当該計画が農林水産大臣に提出されることにより、国は農山漁村活性化交付金の交付等の支援措置を講ずることが可能

第5節　農業経営の安定化に向けた取組の推進

　自然災害や価格低下等の様々なリスクに対応し、農業経営の安定化を図るためには、収入の減少を補償する収入保険や、諸外国との生産条件の格差から生ずる不利を補正するための対策等の推進が重要となっています。本節では、これらの取組の推進状況について紹介します。

(1) 収入保険の普及促進・利用拡大

(収入保険への加入者は令和4(2022)年2月末時点で約7.6万経営体)

　収入保険は、農業者の自由な経営判断に基づき収益性の高い作物の導入や新たな販路の開拓にチャレンジする取組等に対する総合的なセーフティネットであり、品目の枠にとらわれず、自然災害だけでなく価格低下等の様々なリスクによる収入の減少を補償しています。

　収入保険制度が始まった令和元(2019)年は、様子見の農業者も多かったものの、農業者の声を踏まえた制度改善を行うなどの普及促進に取り組んだ結果、加入者は着実に増加しています。令和3(2021)年は、加入者数を5万5千経営体にする目標に対し、新型コロナウイルス感染症の影響で農業者の関心が高まったこと等を背景に、前年に比べ約2.3万経営体増加し、5万9,084経営体となりました。これは青色申告を行っている農業経営体[1](35.3万人)の16.7%に当たります。

農業経営の収入保険
URL:https://www.maff.go.jp/j/keiei/nogyohok
en/syunyuhoken/

　さらに、令和4(2022)年の加入実績は、7万1千経営体の目標に対して、同年2月末時点で7万5,663経営体となっています(**図表2-5-1**)。なお、自然災害による損害を補償する農業共済と合わせた農業保険全体で見た場合、令和2(2020)年産の水稲の作付面積の83%、麦の作付面積の97%、大豆の作付面積の80%が加入していることになります。

---

[1] 用語の解説1、2(1)を参照

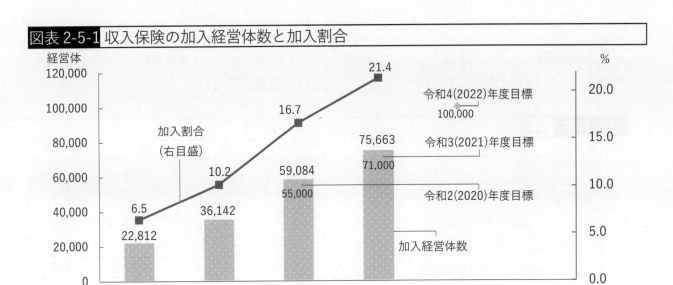

図表 2-5-1 収入保険の加入経営体数と加入割合

資料：農林水産省作成
注：1) 令和4(2022)年の加入経営体数は、令和4(2022)年2月末時点の件数
　　2) 加入割合は2020年農林業センサスにおける青色申告を行っている農業経営体(35.3万経営体(現金主義を除く。))に対する割合
　　3) 各年度の目標値は、翌年の1月から12月までに保険期間が始まる収入保険の加入経営体数に対応

　また、令和2(2020)年の収入保険の支払実績は、令和4(2022)年2月末時点で、1万3,512件、343億円となりました。無利子のつなぎ融資[1]については、同月末時点で、累計で6,160件、255億円の貸付けが行われており、このうち新型コロナウイルス感染症を要因とするものは、1,750件、87億円となっています。

　農林水産省は、同年の収入保険から、加入申請を農林水産省共通申請サービス(eMAFF[2])で行えるようにするとともに、継続加入者向けに自動継続特約を設けるなど、加入者の利便性の向上を図るための見直しを実施しました。今後も農業者の声を聴きながら、収入保険の利用拡大を図り、収入保険の加入経営体数を令和4(2022)年度に10万経営体とする目標に向けて取り組んでいきます。

(2) 経営所得安定対策の着実な実施

(担い手に対する経営所得安定対策を実施)

　経営所得安定対策は、農業経営の安定に資するよう、諸外国との生産条件の格差から生ずる不利を補正するための畑作物の直接支払交付金(以下「ゲタ対策」という。)や農業収入の減少が経営に及ぼす影響を緩和するための米・畑作物の収入減少影響緩和交付金(以下「ナラシ対策」という。)を交付するものです。

　令和3(2021)年度の加入申請状況を見ると、ゲタ対策は、加入申請件数が前年度に比べ593件減少の4万1,592件となった一方、作付計画面積は、前年度に比べ1万ha増加の51万haとなりました。また、ナラシ対策は、収入保険への移行のほか、継続加入者についても、主食用米の作付面積を減らし

経営所得安定対策
URL:https://www.maff.go.jp/j/seisaku_tokatu
/antei/keiei_antei.html

---

[1] 全国農業共済組合連合会が実施する、収入保険の保険期間中であっても補塡金の受取が見込まれる場合に受けることができる制度
[2] トピックス4、第2章第8節を参照

たこと等により、加入申請件数が前年度に比べ9,825件減少の6万8,213件、申請面積は前年度に比べ11万ha減少の71万8千haとなりました（**図表2-5-2**）。

図表 2-5-2 経営所得安定対策の加入申請状況

		平成29年度 (2017)	30 (2018)	令和元 (2019)	2 (2020)	3 (2021)
ゲタ対策	加入申請件数(件)	45,345	44,209	43,307	42,185	41,592
	作付計画面積(ha)	500,858	501,826	494,405	500,328	510,459
ナラシ対策	加入申請件数(件)	105,884	101,304	88,209	78,038	68,213
	申請面積(ha)	991,257	1,000,136	882,505	828,352	718,328

資料：農林水産省作成

(3) 農業金融

(農業向けの新規貸付けは近年増加傾向)

　農業向けの融資においては、農協、信用農業協同組合連合会、農林中央金庫(以下「農協系統金融機関」という。)と地方銀行等の一般金融機関が短期の運転資金や中期の設備資金を中心に、株式会社日本政策金融公庫(以下「公庫」という。)がこれらを補完する形で長期・大型の設備資金を中心に、農業者への資金供給の役割を担っています。直近5年間(平成27(2015)～令和2(2020)年度)の農業向けの新規貸付額の伸びを見ると、農協系統金融機関は1.6倍、公庫は2.0倍、一般金融機関は0.9倍で、全体として増加傾向にあります(**図表2-5-3**)。

　また、金融システムの安定に係る国際的な基準に対応するための「農水産業協同組合貯金保険法の一部を改正する法律」が令和3(2021)年6月に成立しました。

図表 2-5-3 農業向けの新規貸付額

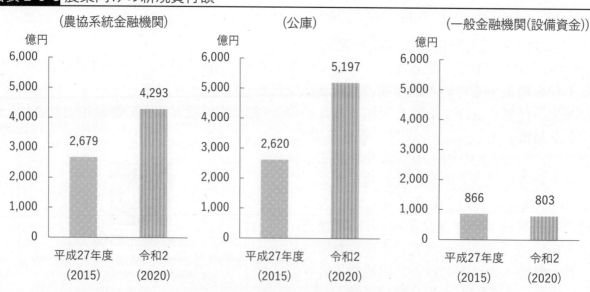

資料：日本銀行「貸出先別貸出金」、農林中央金庫調べ、株式会社日本政策金融公庫「業務統計年報」を基に農林水産省作成
注：1) 一般金融機関(設備資金)は国内銀行(3勘定合算)と信用金庫の農業・林業向けの新規設備資金の合計
　　2) 農協系統金融機関は、新規貸付額のうち長期の貸付けのみを計上したもの

第6節	農業の成長産業化や国土強靱化に資する農業生産基盤整備

　我が国の農業の競争力を強化し成長産業とするためには、令和3(2021)年3月に策定された土地改良長期計画を踏まえ、農地を大区画化するなど農業生産基盤を整備し、良好な営農条件を整えるとともに、大規模災害時にも機能不全に陥ることのないよう、国土強靱化の観点から農業水利施設[1]の長寿命化やため池の適正な管理・保全・かい廃を含む農村の防災・減災対策を効果的に行うことが重要です。

　本節では、水田の大区画化・汎用化[2]等の整備状況、農業水利施設の保全管理、流域治水の取組等による農業・農村の防災・減災対策の実施状況等について紹介します。

(1) 農業の成長産業化に向けた農業生産基盤整備

(大区画整備済みの水田は11%、畑地かんがい施設整備済みの畑は25%)

　我が国の農業の競争力・産地収益力を強化するため、農林水産省では、水田の大区画化や汎用化・畑地化、畑地かんがい施設の整備等の農業生産基盤整備を実施し、担い手への農地の集積・集約化[3]、高収益作物への転換、産地形成等に取り組んでいます。

　令和2(2020)年3月時点における水田の整備状況を見ると、水田面積全体(238万ha)に対して、30a程度以上の区画整備済み面積は67%(159万ha)、その中でも、担い手への農地の集積・集約化や生産コストの削減に資する50a以上の大区画整備済み面積は11%(27万ha)となりました。また、暗渠排水の設置等により汎用化が行われた水田面積は47%(111万ha)となりました(図表2-6-1、図表2-6-2)。汎用化した水田では野菜等の高収益作物への転換が可能となっています。

図表2-6-1	水田の整備状況

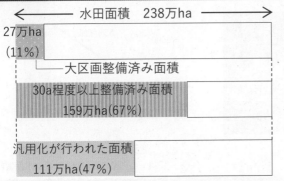

資料：農林水産省「耕地及び作付面積統計」、「農業基盤情報基礎調査」を基に作成

注：1)「大区画整備済み面積」とは、50a以上に区画整備された田の面積

　　2)「汎用化が行われた面積」とは、30a程度以上の区画整備済みの田のうち、暗渠排水の設置等が行われ、地下水位が70cm以深かつ湛水排除時間が4時間以下の田の面積

　　3)「水田面積」は令和2(2020)年7月15日時点の田の耕地面積の数値、それ以外の面積は令和元(2019)年度末時点の数値

図表2-6-2	水田の大区画化・汎用化の状況

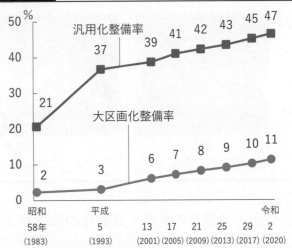

資料：農林水産省「耕地及び作付面積統計」、「農業基盤情報基礎調査」を基に作成

注：1)「大区画化整備率」とは、50a以上に区画整備された田の割合

　　2)「汎用化整備率」とは、暗渠排水の設置等が行われ、地下水位が70cm以深かつ湛水排除時間が4時間以下となる30a程度以上の区画整備済みの田の割合

---

[1] 用語の解説3(1)を参照
[2] 用語の解説3(1)を参照
[3] 用語の解説3(1)を参照

第2章

133

また、畑の整備状況については、畑面積全体(199万ha)に対して、畑地かんがい施設の整備済み面積は25%(49万ha)、区画整備済み面積は64%(129万ha)となりました(図表2-6-3)。

図表2-6-3　畑の整備状況

畑面積　199万ha		
49万ha (25%)		
畑地かんがい施設整備済み面積		
区画整備済み面積 129万ha(64%)		

資料：農林水産省「耕地及び作付面積統計」、「農業基盤情報基礎調査」を基に作成

注：「畑面積」は令和2(2020)年7月15日時点の畑の耕地面積の数値、それ以外の面積は令和元(2019)年度末時点の数値

(事例) 基盤整備を契機とした法人設立と高収益作物で所得向上(山形県)

山形県鶴岡市西郷北部地区では、水田の多くが10a程度の区画で、また、農道は狭く、暗渠排水も整備されていないことが効率的な農作業の支障となっていました。このため、平成21(2009)年度から令和元(2019)年度にかけて、圃場の大区画化、用排水路のパイプライン化等の基盤整備を実施し、1ha以上に大区画化された水田が9割を超え、大型農機の導入や直播栽培*が可能となりました。

基盤整備を契機に、農地中間管理機構を活用し四つの法人に9割の農地を集積・集約したことにより、労働時間の大幅削減を実現しました。同地区では、生み出された余剰時間を活用してメロン等の高収益作物の栽培に取り組んでおり、基盤整備が農業者の所得向上に寄与していることがうかがえます。

* 用語の解説3(1)を参照

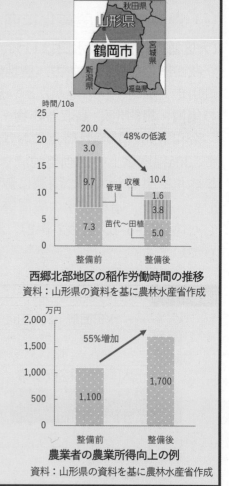

西郷北部地区の稲作労働時間の推移
資料：山形県の資料を基に農林水産省作成

農業者の農業所得向上の例
資料：山形県の資料を基に農林水産省作成

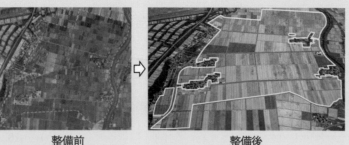

整備前　　　整備後
資料：山形県

(担い手への農地の集積・集約化の加速等を図るための改正土地改良法が成立)

平成30(2018)年度に創設した農地中間管理機構[1]関連農地整備事業では、同機構が借り入れている農地において、農業者の申請、同意、費用負担によらずに都道府県が行う区画整備等を支援しています。担い手への更なる農地の集積・集約化の加速等を図るため、「土地改良法の一部を改正する法律」が令和4(2022)年3月に成立しました。これにより、同事業の対象として農業用用排水施設、暗渠排水等の整備を追加しました。

---

[1] 第2章第4節を参照

（スマート農業の実装を促進するための農業生産基盤整備を推進）

　農作業の省力化・高度化を図るため、農林水産省は自動走行農機の効率的な作業に適した農地整備、ICT[1]水管理施設の整備、パイプライン化等、スマート農業を実装する上で必要な農業生産基盤整備を推進しています。

　令和7(2025)年度までに着手する基盤整備地区のうち、スマート農業の実装を可能とする基盤整備を行う地区の割合を約8割以上とすることを目標[2]としており、令和3(2021)年度は、自動走行農機を導入・利用するための農地の大区画化やターン農道[3]の整備、遠隔操作・自動制御により水管理を行うための自動給水栓、地下水位制御システムの整備等のスマート農業に資する基盤整備を行っています。

（事例）スマート農業導入に資する基盤整備により新規就農が増加（北海道）

　北海道鷹栖町は小区画で排水不良の水田地帯でしたが、基盤整備により水田を大区画化するとともに、地下水位制御システムを導入し、営農の大幅な省力化を実現しました。基盤整備を契機に、令和元(2019)年からは自動操舵田植機の導入やドローンによる生育管理が試験導入され、自動操舵による作業ロスの縮減や、新規就農者*であっても熟練者と同じ水準で農業機械の操作が可能になるなど、農作業の更なる省力化が実現しました。くわえて、削減された労働時間の活用により、きゅうりやトマト等の高収益作物の生産も拡大しました。

　基盤整備に伴い新規就農者も増加しており、事業開始から令和3(2021)年度までの間に延べ34人が就農しました。鷹栖町は基盤整備と並行して、将来の担い手を育成するため、農業交流センター「あったかファーム」を設立し、新規就農者の研修や、スマート農業の試験導入を行っています。

　同地区では、基盤整備がスマート農業の実装や新規就農者の増加に寄与していることがうかがえます。

自動操舵田植機による田植

* 用語の解説2(6)を参照

（農業生産基盤整備により「みどりの食料システム戦略」の推進を下支え）

　令和3(2021)年5月に策定された「みどりの食料システム戦略[4]」では有機農業の拡大、農林水産業のCO_2ゼロエミッション化等を目指しているところ、農地の大区画化、草刈り労力を軽減する畦畔整備等は、労働時間を短縮し、慣行農業に比べて労力を要する有機農業や、化学農薬、化学肥料を減らした環境保全型農業の取組に資するものとなっています。

　また、農林水産業のCO_2ゼロエミッション化に関しても、農業用水を活用した小水力発電等の再生可能エネルギーの導入[5]や、電力消費の大きなポンプ場等農業水利施設の省エネルギー化の取組は、同戦略の推進の下支えとなっています。

---

1 用語の解説3(2)を参照
2 新たな土地改良長期計画(令和3(2021)年3月閣議決定)のKPI
3 圃場外で農業機械が旋回できるように設けたスロープであり、適切に配置することにより自動走行農機での旋回も可能となることが実証
4 トピックス2、第1章第6節を参照
5 第3章第3節を参照

　令和3(2021)年9月には、農林水産省は再生可能エネルギーの導入に向けて、施設管理者や民間事業者が小水力発電施設を農業水利施設に導入する上で必要となる手続を取りまとめた「農業水利施設等を活用した小水力発電施設導入の手続き・事例集」を作成・公表しています。

小水力等再生可能エネルギー導入の推進(農業水利施設等を活用した小水力発電施設導入の手続き・事例集)
URL：https://www.maff.go.jp/j/nousin/mizu/shousuiryoku/rikatuyousokushinn_teikosuto.html

（農業・農村における情報通信環境の整備を推進）

　データを活用した農業[1]の推進、農業水利施設等の管理の省力化・高度化や地域の活性化を図るため、農業・農村における情報通信環境の整備を進めているところ、令和3(2021)年度は、農林水産省の事業を活用して、全国13地区において、光ファイバ、無線基地局等の情報通信環境の整備に向けた調査や計画策定が開始されました。

　また、令和4(2022)年3月には、「スマート農業実証プロジェクト」等の調査[2]の成果を踏まえ、地方公共団体や農協、土地改良区等の農業者団体等が農業・農村における情報通信環境整備に取り組む際の参考となるよう、農林水産省は調査計画、整備、管理等に当たっての基本的な考え方やポイント等を取りまとめたガイドラインを策定・公表しました。

農業農村における情報通信環境整備のガイドライン
URL：https://www.maff.go.jp/j/nousin/kouryu/jouhoutsuushin/jouhou_tsuushin.html#anka3

(2) 農業水利施設の戦略的な保全管理

（老朽化が進む農業水利施設を計画的、効率的に補修・更新）

　基幹的水路[3]や基幹的施設[4](ダム、取水堰_{しゅすいせき}等)等の基幹的農業水利施設の整備状況は、令和2(2020)年3月時点で、基幹的水路が5万1,472km、基幹的施設が7,656か所となっており、これらの施設は土地改良区等が管理しています。

　基幹的農業水利施設の相当数は、戦後から高度成長期にかけて整備されてきたことから、老朽化が進行しており、標準耐用年数を超過している施設は、再建設費ベースで5兆6千億円であり、全体の28%を占めています。さらに、今後10年のうちに標準耐用年数を超過する施設を加えると8兆4千億円であり、全体の42%を占めています(**図表2-6-4**)。

　また、令和2(2020)年度における、経年劣化やその他の原因による農業水利施設(基幹的農業水利施設以外も含む。)の漏水等の突発事故は、依然として高い水準となっています(**図表2-6-5**)。

---

[1] 第2章第8節を参照
[2] ローカル5G通信を活用したロボットトラクタやロボット茶摘採機の無人自動走行等の実証を、北海道岩見沢市、山梨県山梨市、鹿児島県志布志市で、ICTを活用したため池や農業用排水路の監視・遠隔操作等の実証を、静岡県袋井市、兵庫県神戸市で実施
[3] 農業用排水のための利用に供される末端支配面積が100ha以上の水路
[4] 農業用排水のための利用に供される水路以外の施設であって、受益面積が100ha以上のもの

図表2-6-4 基幹的農業水利施設の老朽化状況	図表2-6-5 農業水利施設の突発事故発生状況

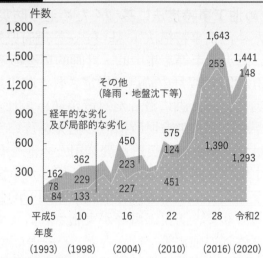

既に標準耐用年数を超過した施設 5.6兆円（28%）

さらに今後10年のうちに標準耐用年数を超過する施設を加えると 8.4兆円（42%）

資料：農林水産省「農業基盤情報基礎調査」を基に作成
注：1) 基幹的農業水利施設(受益面積100ha以上の農業水利施設)の資産価値(再建設費ベース)
　　2) 令和元(2019)年度末時点

資料：農林水産省作成

　このような状況の中、農林水産省は、農業水利施設の老朽化によるリスクを踏まえた点検、機能診断、監視等により、予防保全も含めた補修・更新等の様々な対策工法を比較検討した上で、適切な対策を計画的かつ効率的に実施するストックマネジメント[1]を推進することで、施設の長寿命化とライフサイクルコスト[2]の低減を図っています。これらの対策の結果、基幹的農業水利施設のうち施設機能が安定している施設の割合については、令和2(2020)年度の目標を50%としていたところ、同年度末時点で52%となりました。また、更新が早期に必要なことが判明している基幹的農業水利施設については、令和7(2025)年度までに全ての施設において補修・更新等の対策に着手することを新たな目標[3]としています。

農業水利施設のストックマネジメント
URL：https://www.maff.go.jp/j/nousin/mizu/sutomane/

(3) 農業・農村の強靱化に向けた防災・減災対策

(国土強靱化基本計画等を踏まえハード、ソフト面の対策を組み合わせて実施)

　頻発する豪雨、地震等の災害に対応し、安定した農業経営や農村の安全・安心な暮らしを実現するため、農林水産省は、平成26(2014)年に閣議決定された「国土強靱化基本計画」(平成30(2018)年改定)を踏まえ、農業水利施設の長寿命化、統廃合を含むため池の総合的な対策の推進等のハード面での対策と、ハザードマップの作成、地域住民への啓発活動等のソフト面での対策を組み合わせた防災・減災対策を推進しています。

　農業・農村分野では、令和2(2020)年12月に閣議決定された「防災・減災、国土強靱化のための5か年加速化対策」に基づき、「流域治水対策(農業水利施設の整備、水田の貯留機能向上、海岸の整備)」、「防災重点農業用ため池の防災・減災対策」、「農業水利施設等の老朽化、豪雨・地震対策」等に取り組んでいます。

---

[1] 施設の機能がどのように低下していくのか、どのタイミングで、どの対策を講じれば効率的に長寿命化できるのかを検討し、施設の機能保全を効率的に実施すること
[2] 施設の建設に要する経費、供用期間中の維持保全コストや、廃棄に係る経費に至るまでの全ての経費の総額
[3] 新たな土地改良長期計画(令和3(2021)年3月閣議決定)のKPI。事業量(計画期間内に、対策に着手する施設数)として、水路約1,200km、機場等約260か所を想定

（ため池工事特措法に基づくため池の防災・減災対策を実施）

　ため池工事特措法[1]に基づき、都道府県知事は「防災重点農業用ため池」を指定するとともに、防災工事等を集中的・計画的に進めるための防災工事等推進計画を策定しています。令和3(2021)年7月末時点で指定された防災重点農業用ため池は約5万5千か所となりました。

　国は、同計画に沿った対策が進められるよう、令和3(2021)年度に国庫補助事業の補助率のかさ上げや地方財政措置の拡充を行いました。また、防災工事等の的確かつ円滑な実施に向けて、多数の防災重点農業用ため池を有する都道府県において、ため池整備に知見を有する土地改良事業団体連合会を活用した「ため池サポートセンター」等の設立を支援しました。同センターについては、令和3(2021)年12月時点で32道府県において設立されています。

　あわせて、防災工事等が実施されるまでの間についても、ハザードマップの作成、監視・管理体制の強化等を行うなど、ハード面での対策とソフト面での対策を適切に組み合わせたため池の防災・減災対策を推進しています。ハザードマップを作成した防災重点農業用ため池は同年7月末時点で約2万5千か所となりました。

（事例）防災重点農業用ため池のハード・ソフト対策により被害を防止（島根県）

(1) ハード対策（奥原池）

　島根県出雲市の奥原池では、平成30(2018)年に閣議決定された「防災・減災、国土強靱化のための3か年緊急対策」も活用して、洪水吐き[*1]の流下能力の向上と堤体のかさ上げを実施しました。

　令和3(2021)年7月12日の大雨では、対策実施前の流下能力を超える雨量となりましたが、対策により余裕をもって流下させることができました。決壊等が生じた場合は、下流の農地や住宅に大きな被害が生じることが想定されていましたが、そうした被害は未然に防止されました。

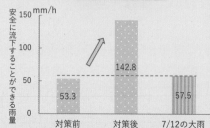

溢水のおそれのあった7月12日の大雨
資料：農林水産省作成

(2) ソフト対策（寺池）

　島根県出雲市の寺池地区では、行政と住民が協働してハザードマップを作成しました。令和3(2021)年7月5日からの大雨で堤体に損傷が発生していることが判明し、島根県、出雲市、消防団が応急対応を行いました。住民は、避難所に指定されていたコミュニティセンターに自主避難するなど、ハザードマップの作成が迅速な避難行動につながりました。

　底樋[*2]からの排水に加えて、出雲市及び農林水産省中国四国農政局が排水ポンプを設置して排水を行った結果、二次的な被害は防止されました。

*1 貯水池に流入する洪水等の流水を下流河道へ安全に流下させる放流設備
*2 ため池からの取水を堤外に導水するため、堤体の底部に設ける施設

寺池ハザードマップ
資料：出雲市の資料を基に農林水産省作成

---

[1] 正式名称は「防災重点農業用ため池に係る防災工事等の推進に関する特別措置法」（令和2(2020)年10月施行）

（農地・農業水利施設を活用した流域治水の取組を推進）

　農林水産省は、流域全体で治水対策を進めていく中で、農業用ダム、水田、ため池、排水機場といった洪水調節機能を持つ農地・農業水利施設の活用による流域治水の取組を関係省庁と連携して推進しています。

　具体的には、大雨により水害が予測されるなどの際、関係省庁や地方公共団体、農業関係者等と連携しながら、農業用ダムの「事前放流」や、水田を活用した「田んぼダム」、ため池・農業用用排水施設の活用を行っています（**図表2-6-6**）。

　農業用ダムについては、ダムの有効貯水容量を洪水調節に最大限活用するため、令和3（2021）年5月までに農業用ダムのある一級水系全63水系（265基）、二級水系全120水系（147基）で、事前放流の実施条件等を定めた治水協定を河川管理者、ダム管理者及び関係利水者との間で締結しました。

図表2-6-6 農地・農業水利施設を活用した「流域治水」の取組

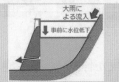
農業用ダムの活用
大雨が予想される際にあらかじめ水位を下げること等によって降雨をダムに貯留し、下流域の氾濫被害リスクを低減

水田の活用（田んぼダム）
水田の排水口への堰板の設置等による流出抑制（田んぼダム）によって下流域の湛水被害リスクを低減

ため池の活用
ため池の洪水吐きにスリット（切り欠き）を設けて貯水位を低下させ、洪水調節容量を確保

排水施設等の活用
農業用の用排水路や排水機場・樋門等は、市街地や集落の湛水も防止・軽減

資料：農林水産省作成

　これにより、令和3（2021）年度に出水が発生した際には、延べ76基の農業用ダムについて事前放流等により洪水調節容量を確保し、洪水被害を軽減することができました。また、水田を活用した田んぼダムについては、令和元（2019）年3月時点で約4万haの水田において取組が行われています。

（豪雨災害の頻発化・激甚化に対応した迅速な排水施設等の整備を推進）

　豪雨災害による農地、農業用施設等への湛水被害等を未然に防止又は軽減するため、農林水産省は、排水施設等の整備を計画的に進めています。これにより、平成27（2015）年度から令和2（2020）年度までに新たに湛水被害等が防止される農地及び周辺地域の面積の目標を約34万haとしていたところ、令和2（2020）年度末時点の面積は29万2千haとなりました。令和3（2021）年度から令和7（2025）年度までに新たに湛水被害等が防止される面積を約21万haとすることを新たな目標[1]としています。

　また、令和4（2022）年3月に成立した「土地改良法の一部を改正する法律」では、近年の豪雨災害の頻発化・激甚化により、湛水被害等を及ぼすおそれのある農業用用排水施設の緊急的な豪雨対策を迅速に実施する必要が生じていることを踏まえて、農業者の申請、同意、費用負担によらずに、国又は地方公共団体の判断で実施できる緊急的な防災事業の対象に、農業用用排水施設の豪雨対策を追加しました。

---

[1] 新たな土地改良長期計画（令和3（2021）年3月閣議決定）のKPI

第7節　需要構造等の変化に対応した生産基盤の強化と流通・加工構造の合理化

　我が国では、各地域の気候や土壌等の条件に応じて、様々な農畜産物が生産されています。消費者ニーズや海外市場、加工・業務用等の新たな需要に対応し、国内外の市場を獲得していくためには、各品目の生産基盤の強化とともに、労働安全性の向上や生産資材の低コスト化等も重要です。

　本節では、これらに係る取組等の動向について、新型コロナウイルス感染症の感染拡大の影響にも触れながら紹介します。

(1) 畜産・酪農の生産基盤強化等の競争力強化

ア　畜産物の市場価格の動向

(牛枝肉の価格は令和2(2020)年に一時低下も、令和3(2021)年は近年と同水準で推移)

　畜産物の価格は、令和2(2020)年以降の新型コロナウイルス感染症の感染拡大に伴い、家庭内需要は増加したものの、業務用需要が減少するなど、大きな影響が生じました。

　牛枝肉の卸売価格は、外食需要やインバウンド需要の減退により、令和2(2020)年2月から4月にかけて大幅に低下しましたが、同年5月以降は経済活動の再開や輸出の回復に伴い、回復傾向で推移し、令和3(2021)年以降は近年の平均価格とおおむね同水準で推移しています(図表2-7-1)。

　肥育牛の販売価格は、令和2(2020)年に枝肉価格が低下したことに伴い低下しました(図表2-7-2)。また、肉用子牛の取引価格は、枝肉価格や取引頭数の動向等に伴い、令和2(2020)年度から令和3(2021)年度にかけて変動しています(図表2-7-3)。

図表 2-7-1　牛枝肉の卸売価格

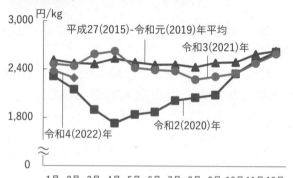

資料：農林水産省「畜産物流通統計」を基に作成
注：1) 中央卸売市場10市場の規格別枝肉取引総価額を規格別枝肉取引総重量で除して算出
　　2) 平成27(2015)−令和元(2019)年平均は、各年該当月の単純平均値
　　3) 和牛去勢「A4」規格

図表 2-7-2　肥育牛の販売価格

円/生体10kg

去勢肥育和牛若齢

資料：農林水産省「農業物価統計」
注：各年次の年平均価格(全国月平均価格に平成26(2014)年及び平成27(2015)年の全国の月別出荷量をウエイトとした加重平均値により算出)

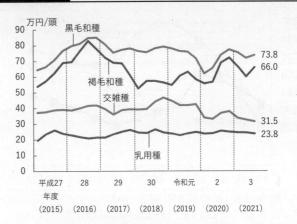

図表 2-7-3　肉用子牛の取引価格

万円/頭

資料：独立行政法人農畜産業振興機構「指定肉用子牛の平均売買価格」を基に農林水産省作成

(令和3(2021)年の豚肉・鶏肉の価格は例年並、鶏卵の価格はおおむね例年以上)

　豚肉や鶏肉の卸売価格は、家庭内需要の増加により、令和2(2020)年は近年の平均価格を上回って推移しました。一方、令和3(2021)年に入ってからは、近年の平均価格とおおむね同水準で推移しています(**図表2-7-4**、**図表2-7-5**)。

　鶏卵は、業務用需要が大幅に減少したため、令和2(2020)年の卸売価格は低水準で推移しました。令和3(2021)年は、同年3月以降、鳥インフルエンザの影響で供給量が減少したことにより、例年を上回る水準で推移しましたが、外食等の需要が十分に回復していないことから、同年11月以降は例年を下回る水準となっています(**図表2-7-6**)。

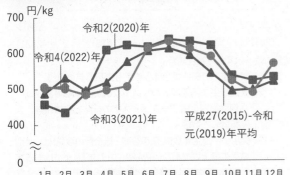

図表 2-7-4　豚肉の卸売価格

円/kg

資料：農林水産省「畜産物流通統計」を基に作成
注：1) 東京及び大阪の卸売市場における「極上・上」規格の加重平均値
　　2) 平成27(2015)-令和元(2019)年平均は、各年該当月の加重平均値

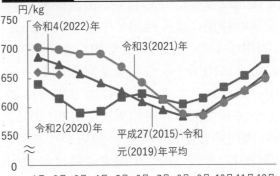

図表 2-7-5　鶏肉(もも肉)の卸売価格

円/kg

資料：農林水産省「食鳥市況情報(東京)」を基に作成
注：1) 各月の卸売価格は、日別調査結果の単純平均値
　　2) 平成27(2015)-令和元(2019)年平均は、各年該当月の単純平均値

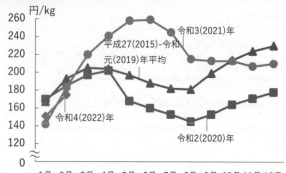

図表 2-7-6　鶏卵の卸売価格

資料：農林水産省「鶏卵市況情報」を基に作成
注：1) 各月の卸売価格は東京都全農系の鶏卵荷受事業所における
　　　M規格の中値の単純平均値
　　2) 平成27(2015)-令和元(2019)年平均は、各年該当月の単純平
　　　均値

イ　主要畜産物の生産動向等

（繁殖雌牛や肥育牛の飼養頭数、牛肉生産量は生産基盤強化対策等の実施により増加傾向）

　繁殖雌牛の飼養頭数は、経営体の規模拡大やキャトルブリーディングステーション（CBS）[1]、キャトルステーション（CS）[2]の活用等により、平成28(2016)年以降増加傾向となっており、令和3(2021)年は63万3千頭となりました（**図表2-7-7**）。このほか、酪農経営における受精卵移植による肉用子牛生産の増加もあり、肉用子牛の出生頭数も増加しています。

　このように肉用子牛の生産基盤強化が図られる中、畜産クラスター事業による肥育体制の強化が併せて図られた結果、平成29(2017)年以降、肉用種の肥育牛の飼養頭数が増加し、平成29(2017)年度以降、牛肉生産量は増加傾向となっています（**図表2-7-8、図表2-7-9**）。令和2(2020)年度は、和牛の生産量が増加したことから、前年度に比べ1.8%増加の33万6千tとなり、34万t（部分肉ベース）の目標をおおむね達成しました。

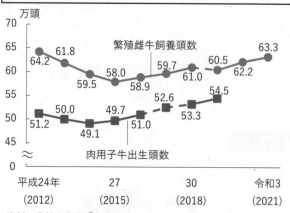

図表 2-7-7　繁殖雌牛飼養頭数、肉用子牛出生頭数

資料：農林水産省「畜産統計」
注：1) 繁殖雌牛の飼養頭数は各年2月1日時点の数値
　　2) 繁殖雌牛の飼養頭数の平成31(2019)年以降の数値は、
　　　牛個体識別全国データベース等の行政記録情報等により集計した数値
　　3) 肉用子牛出生頭数(肉用種の雌・雄合計の数値)は、月別
　　　結果の積上げであり、平成29(2017)年7月までは畜産統
　　　計調査、同年8月以降は牛個体識別全国データベース等
　　　の行政記録情報や関係統計により集計した加工統計
　　4) 繁殖雌牛飼養頭数の平成30(2018)年以前と平成
　　　31(2019)年以降、肉用子牛の出生頭数の平成28(2016)
　　　年以前、平成29(2017)年及び平成30(2018)年以降では、
　　　それぞれ算出方法が異なるため、点線でつなげている。

---

[1] 繁殖経営で多くの時間を費やす、繁殖雌牛の分べん・種付けや子牛の哺育を集約的に行う組織
[2] 繁殖経営で生産された子牛の哺育・育成を集約的に行う組織であり、繁殖雌牛の預託を行う場合がある。

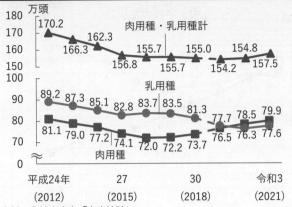

図表 2-7-8 肥育牛の飼養頭数

万頭

肉用種・乳用種計
170.2
166.3 162.3
156.8 155.7 155.7 155.0 154.2 154.8 157.5

乳用種
89.2 87.3 85.1 82.8 83.7 83.5 81.3
77.7 78.5 79.9

肉用種
81.1 79.0 77.2 74.1 72.0 72.2 73.7
76.5 76.3 77.6

平成24年　　　27　　　　30　　　令和3
(2012)　　(2015)　　(2018)　　(2021)

資料：農林水産省「畜産統計」
注：1) 各年2月1日時点
　　2) 平成31(2019)年以降の数値は、牛個体識別全国データベース
　　　　等の行政記録情報等により集計した数値
　　3) 平成30(2018)年以前と平成31(2019)年以降では、算出方法が
　　　　異なるため、平成30(2018)年と平成31(2019)年を点線でつな
　　　　げている。

図表 2-7-9 牛肉生産量

万t

令和12(2030)年度目標 ———◆ 40.0

35.8 35.4 36.0 35.4 35.2 33.2 32.4 33.0 33.3 33.0 33.6

34.0
令和2(2020)
年度目標

平成22　24　　26　　28　　30　令和2　12
年度
(2010) (2012) (2014) (2016) (2018) (2020) (2030)

資料：農林水産省「畜産物流通統計」を基に作成
注：部分肉ベースの数値

（牛肉の輸出額は新たな販路の開拓により増加）

　牛肉の輸出は和牛の海外での認知度向上等を背景に年々増加傾向にあり、令和3(2021)年の牛肉の輸出額は、輸出先国での外食需要の回復に加えて、米国等において、EC[1]販売等の新たな販路を開拓したことから、前年に比べ85.9%増加の537億円となりました（**図表2-7-10**）。令和12(2030)年までに輸出額を3,600億円とすることを目標としています。

図表 2-7-10 牛肉の輸出量と輸出額

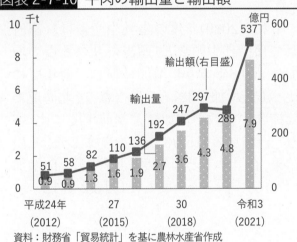

千t　　　　　　　　　　　　　　　億円
　　　　　　　　　　　　　　　537

輸出額(右目盛)

輸出量
　　　　　　　　192 247 297 289
51 58 82 110 136
　　　　　　　　　　　　　　　7.9
0.9 0.9 1.3 1.6 1.9 2.7 3.6 4.3 4.8

平成24年　　　27　　　　30　　　令和3
(2012)　　(2015)　　(2018)　　(2021)

資料：財務省「貿易統計」を基に農林水産省作成

（乳用牛の飼養頭数、生乳生産量は増加）

　乳用牛の飼養頭数は、性判別精液の活用等による乳用後継牛確保の取組が進み、乳用雌子牛の出生頭数が増加したこと等から、平成30(2018)年以降増加し、令和3(2021)年は135万6千頭となりました（**図表2-7-11**）。

---

[1] Electronic Commerce の略。電子商取引

図表 2-7-11　乳用牛の飼養頭数及び乳用子牛の出生頭数

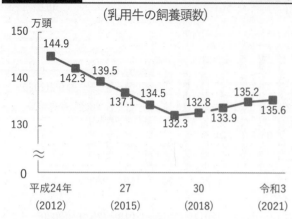

（乳用牛の飼養頭数）

資料：農林水産省「畜産統計」
注：1）各年2月1日時点
　　2）平成31(2019)年以降の数値は、牛個体識別全国データベース等の行政記録情報等により集計した数値
　　3）平成30(2018)年以前と平成31(2019)年以降では、算出方法が異なるため、平成30(2018)年と平成31(2019)年を点線でつなげている。

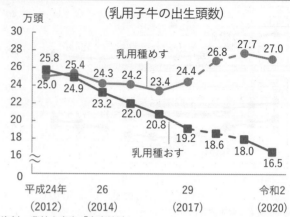

（乳用子牛の出生頭数）

資料：農林水産省「畜産統計」
注：1）月別結果の積上げであり、平成30(2018)年1月までは畜産統計調査、同年2月以降は牛個体識別全国データベース等の行政記録情報や関係統計により集計した加工統計
　　2）平成29(2017)年以前、平成30(2018)年及び令和元(2019)年以降では、それぞれ算出方法が異なるため、点線でつなげている。
　　3）乳用子牛には、乳用種のほかに乳用種のめす牛に和牛等のおす牛を交配し生産された交雑種がある。

令和2(2020)年度の生乳生産量は、都府県では搾乳牛頭数と1頭当たりの乳量の増加により8年ぶりに増加に転じ、前年度に比べ4千t増加の327万5千tとなり、北海道では搾乳牛頭数の増加により前年度に比べ6万7千t増加の415万8千tとなりました。その結果、合計すると前年度に比べ7万1千t増加の743万3千tとなりました（**図表2-7-12**）。

図表 2-7-12　生乳生産量

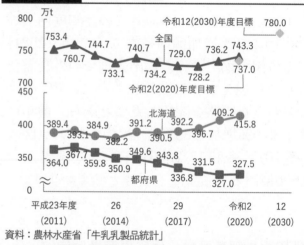

資料：農林水産省「牛乳乳製品統計」

（コラム）　搾乳牛1頭当たりの労働時間は減少傾向

　搾乳牛1頭当たりの労働時間は、肥育牛に比べ長い状況となっているものの、作業の機械化で省力化が図られていること等から減少傾向で推移しています。

　農林水産省では、労働負担の更なる軽減に向け、搾乳や給餌作業の負担軽減に資する機械装置の導入、預託先の確保や受入頭数の拡大を図るための育成の外部化、コントラクター等による飼料生産の外部化、酪農ヘルパーの取組を支援しています。

牛1頭当たりの労働時間

資料：農林水産省「畜産物生産費統計」
注：「畜産物生産費統計」は、令和元(2019)年調査から、調査期間を調査年4月〜翌年3月から調査年1月〜12月に変更

（豚肉、鶏肉の生産量は増加、鶏卵の生産量は減少）

　豚肉は、畜産クラスター事業の推進によって生産基盤の強化が図られたこと等により、鶏肉は、消費者の健康志向の高まりや国産志向を背景に価格が堅調に推移していること等から、近年、生産量が増加傾向で推移しています。令和2(2020)年度は、新型コロナウイルス感染症の感染拡大の影響による家庭内需要の増加に伴い、豚肉は、前年度に比べ1.5%増加の91万7千t、鶏肉は、前年度に比べ1.5%増加の165万6千tとなり、共に目標(豚肉：90万t(部分肉ベース)、鶏肉：162万t)を達成しました(**図表2-7-13**)。

　鶏卵は、近年は堅調な価格を背景に生産が拡大傾向で推移していましたが、令和2(2020)年度の生産量は、新型コロナウイルス感染症の感染拡大の影響により外食等での需要が減少し、価格が低水準で推移したことや、鳥インフルエンザの影響により多くの採卵鶏が殺処分されたことから、前年度に比べ2.0%減少の259万6千tとなりました(**図表2-7-14**)。

図表 2-7-13　豚肉・鶏肉の生産量

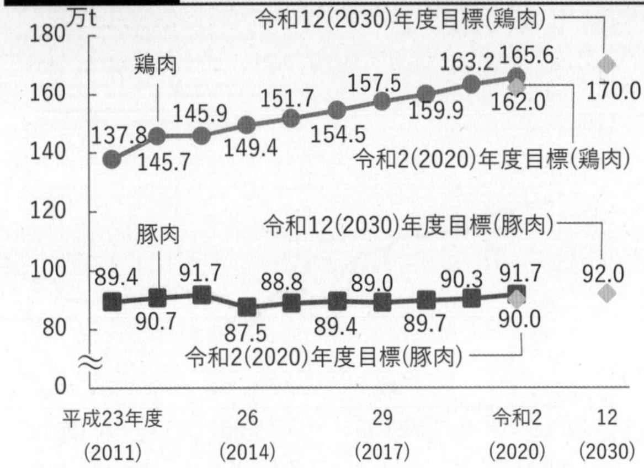

資料：農林水産省「畜産物流通統計」、「食料需給表」を基に作成
注：1) 豚肉生産量は部分肉ベース
　　2) 鶏肉生産量の令和2(2020)年度は概算値

図表 2-7-14　鶏卵の生産量

資料：農林水産省「食料需給表」
注：令和2(2020)年度は概算値

（畜産物の国内外の需要に応じた生産のため、生産基盤強化等を推進）

　農林水産省は、国内外の需要に応じた生産を進めるため、CBS、CSの活用による肉用繁殖牛の増頭のほか、ICT[1]等の新技術を活用した発情発見装置や分べん監視装置等の機械装置の導入等による生産基盤強化、衛生管理の改善、家畜改良や飼養管理技術の向上等を推進しています。これらの取組を通じ、令和12(2030)年度までに牛肉、豚肉、鶏肉、生乳の生産量をそれぞれ、40万t(部分肉ベース)、92万t(部分肉ベース)、170万t、780万tとすることを目標としています。

（飼料価格は令和3(2021)年に入り上昇傾向）

　畜産農家の経営費に占める飼料費の割合は、肥育牛で3割、肥育豚で6割となる中で、とうもろこし等の濃厚飼料については大部分を輸入に依存しており、穀物等の国際相場や為替レート等の影響を受けやすい状況にあります。このような中、飼料価格は令和3(2021)年以降、輸入される原料価格の高騰等により上昇傾向で推移しています(**図表2-7-15**)。

---

[1] 用語の解説3(2)を参照

第2章

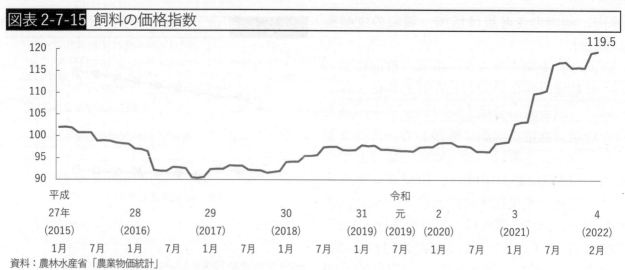

図表 2-7-15　飼料の価格指数

資料：農林水産省「農業物価統計」
注：1) 平成27(2015)年の年平均価格を100とした各年各月の数値
　　2) 令和3(2021)年及び令和4(2022)年は概数値

（国産飼料作物、エコフィードの生産・利用を推進）

　飼料作物の収穫量は、近年おおむね横ばいで推移しており、令和2(2020)年産のTDN[1]ベースの収穫量は、378万TDNtの目標に対し、牧草や青刈りとうもろこしの収穫量の減少等により、前年産に比べ2.4%減少の331万7千TDNtとなりました（**図表 2-7-16**）。令和3(2021)年産の飼料作物の作付面積については、飼料用米が増加したことから、前年産に比べ4万5,300ha(4.7%)増加の100万1千haとなりました。

　粗飼料については約8割を国産で供給していますが、これを全て国産にするため、農林水産省は、水田における青刈りとうもろこし等の生産拡大等を推進しており、飼料作物の生産量を令和12(2030)年度までに519万TDNtとすることを目標としています。

　また、エコフィード[2]（食品残さ等を利用した飼料）の製造数量は、一部原材料の使用の減少により減少傾向で推移しており、令和2(2020)年度は108万TDNtとなっています。これは濃厚飼料全体の約5%に当たります（**図表2-7-17**）。

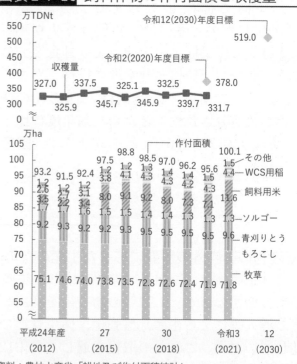

図表 2-7-16　飼料作物の作付面積と収穫量

資料：農林水産省「耕地及び作付面積統計」
注：1) 収穫量は農林水産省「作物統計」等を基に推計
　　2) 飼料用米及びWCS用稲の作付面積は、農林水産省「新規需要米の取組計画認定状況」
　　3) 収穫量には飼料用米を含まない。
　　4) 作付面積と収穫量は年産の数値であり、目標は年度の数値
　　5) 令和3(2021)年産は概数値

---

[1] Total Digestible Nutrients の略で、家畜が消化できる養分の総量
[2] 用語の解説 3(1)を参照

農林水産省では、このような過度な輸入依存から脱却し、国産飼料生産基盤に立脚した畜産物生産を推進するため、国産の飼料用米や飼料用とうもろこし等の国産飼料の生産と利用拡大や、コントラクター等の飼料生産外部支援組織の育成、牧草地の整備とともに、地域の未利用資源を新たに飼料として活用するためのエコフィードの生産と利用を推進しています。

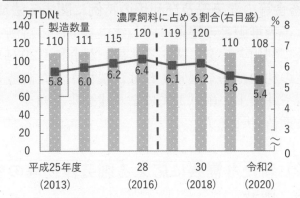

図表 2-7-17 エコフィードの製造数量と濃厚飼料に占める割合

資料：農林水産省作成
注：1) 平成29(2017)年度の集計から対象品目が減少したため、平成28(2016)年度以前とは連続しない。
2) 令和2(2020)年度は概算値

(「持続的な畜産物生産の在り方検討会の中間とりまとめ」を公表)

近年、世界的に農林水産分野における環境負荷軽減の取組が加速する中で、我が国の温室効果ガス[1]排出量の約1%を占める酪農・畜産でも排出削減の取組が求められていることを背景に、農林水産省は、令和3(2021)年1月から持続的な畜産物生産の在り方検討会を開催し、同年6月に中間取りまとめを公表しました。

家畜生産・畜産環境等
URL:https://www.maff.go.jp/j/chikusan/kikaku/lin/l_tiku_manage/

中間取りまとめでは、家畜生産に係る環境負荷軽減等の展開や、資源循環の拡大、国産飼料の生産・利用の拡大、有機畜産の振興、アニマルウェルフェアに配慮した飼養管理の普及、畜産GAP[2]認証の推進、消費者の理解醸成等に取り組んでいくこととしています。

(アニマルウェルフェアの取組を普及・推進)

農林水産省では、アニマルウェルフェアに配慮した家畜の飼養管理を広く普及・定着させるため、平成29(2017)年及び令和2(2020)年に「アニマルウェルフェアに配慮した家畜の飼養管理の基本的な考え方について」を発出するとともに、畜種ごとの飼養管理方法については、公益社団法人畜産技術協会による「アニマルウェルフェアの考え方に対応した家畜の飼養管理指針」の作成を支援するなどの取組を行っています。また、令和4(2022)年1月には、アニマルウェルフェアに関する最新の科学的知見や国際的動向を考慮した施策を推進するとともに、アニマルウェルフェアに対する相互理解を深めるため、生産、流通、食品加工、外食、動物福祉の関係者や学識経験者等を構成員とした意見交換会を開催しました。今後も、アニマルウェルフェアに配慮した生産体制の確立を加速させるため、現行の飼養管理指針を見直し、OIEコード[3]に基づき農林水産省が畜種ごとの飼養管理方法についての指針を新たに策定・発出するなど、更なる取組の普及・推進を図ることとして

---

[1] 用語の解説3(1)を参照
[2] 用語の解説3(2)を参照
[3] OIE(国際獣疫事務局)の陸生動物衛生規約

います。

（畜舎等の建築等及び利用の特例に関する法律が公布）

　畜舎堆肥舎の建築に関し建築基準法の特例を定めることを内容とする「畜舎等の建築等及び利用の特例に関する法律」が令和3(2021)年5月に公布されました。この法律により一定の利用基準を遵守すれば、緩和された構造等の技術基準で畜舎を建設できるため、農業者や建築士の創意工夫により建築費を抑え、規模拡大や省力化機械の導入が一層進むものと期待されます。

(2) 新たな需要に応える園芸作物等の生産体制の強化

ア　野菜

（野菜の国内生産量はおおむね横ばいで推移）

　野菜の国内生産量は、近年、天候の影響を受けて増減しているものの、おおむね横ばいで推移しており、令和2(2020)年度の国内生産量は、前年度に比べ1.0%減少の1,147万tとなりました（**図表2-7-18**）。

（加工・業務用野菜の生産体制の強化を推進）

　近年、野菜需要の6割は加工・業務用向けが占めています。加工・業務用野菜は、冷凍食品会社等の実需者から国産需要が高いものの、国産が出回らない時期がある品目等を中心に輸入が約3割を占めています。

　指定野菜(ばれいしょを除く。)の加工・業務用野菜の出荷量は、中食[1]市場の拡大とともに家庭内消費用のカット野菜等のニーズが拡大していることから、近年増加傾向となっています。令和2(2020)年産は107万tの目標としていたところ、天候不順や新型

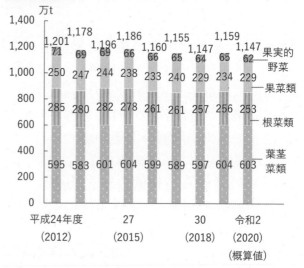

図表 2-7-18　野菜の国内生産量

資料：農林水産省「食料需給表」
注：1) 根菜類は、根部及び地下茎を食用に供するもので、だいこん、かぶ、にんじん、ごぼう、れんこん、さといも、やまのいも等
　　2) 葉茎菜類は、葉茎を食用に供するもので、はくさい、キャベツ、ほうれんそう、ねぎ、たまねぎ等
　　3) 果菜類は、果実を食用に供するもので、なす、トマト、きゅうり、かぼちゃ、ピーマン等
　　4) 果実的野菜は、果菜類のうち、市場等で果実として扱われている、いちご、すいか、メロン等

コロナウイルス感染症の感染拡大の影響に伴う外食産業等の需要減少等により、前年産に比べ4.0%減少の101万6千tとなっています（**図表2-7-19**）。

　農林水産省では、加工・業務用野菜等の生産体制を一層強化し、輸入野菜の国産切替えを進めるため、水田を活用した新たな園芸産地における機械化一貫体系の導入のほか、新たな生産・流通体系の構築や作柄安定技術の導入等を支援しており、令和12(2030)年度までに加工・業務用野菜の出荷量を平成30(2018)年度から約5割増の145万tとすることを目標としています。

---

[1] 用語の解説3(1)を参照

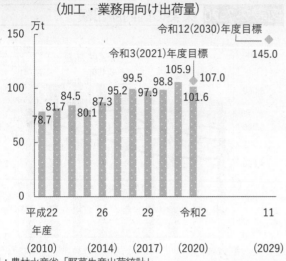

（加工・業務用向け出荷量）

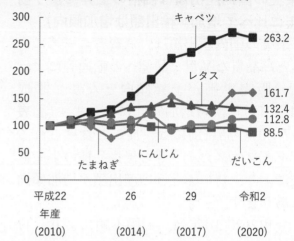

（平成 22(2010)年産を 100 とした指数）

資料：農林水産省「野菜生産出荷統計」

注：1) 出荷量は指定野菜14品目のうち、ばれいしょを除いたもの(だいこん、にんじん、さといも、はくさい、キャベツ、ほうれんそう、レタス、ねぎ、たまねぎ、きゅうり、なす、トマト、ピーマン)の合計値

2) 加工向けとは、加工場又は加工する目的の業者に出荷したもの及び加工されることが明らかなもの(長期保存に供する冷凍用を含む。)、業務用向けとは、学校給食、レストラン等の外・中食業者へ出荷したものをいう。

3) 令和3(2021)年度及び令和12(2030)年度の加工・業務用向け出荷量の目標は、それぞれ令和2(2020)年産及び令和11(2029)年産の実績に対する目標値

加工・業務用野菜対策

URL: https://www.maff.go.jp/j/seisan/kakou/yasai_kazitu/index.html

（コラム） カット野菜等の購入金額は増加

新型コロナウイルス感染症の感染拡大の影響による外出自粛に伴い、外食への支出が減少した一方、家庭内消費が増加したため、令和2(2020)年は、家庭におけるカット野菜、冷凍野菜、野菜惣菜の購入金額が増加しました。

独立行政法人農畜産業振興機構の調査によると、カット野菜の購入金額は同年1月以降、過去3か年の平均購入価格を上回って推移するとともに、同年3月以降は、冷凍野菜や野菜惣菜の購入金額も過去3か年平均額よりも増加しています。

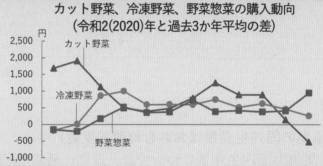

カット野菜、冷凍野菜、野菜惣菜の購入動向
（令和2(2020)年と過去3か年平均の差）

資料：独立行政法人農畜産業振興機構　POS調査

注：1) グラフの数値は令和2(2020)年の千人当たり販売金額から平成29(2017)年～令和元(2019)年の3か年平均の千人当たり販売金額を差し引いた値でプラスの場合は「増加」、マイナスの場合は「減少」となる。

2) カット野菜には、単に野菜をカット・パックしたものや、サラダ(惣菜サラダを含む。)、鍋セット等のキット野菜が含まれる。

3) 冷凍野菜には、野菜をカット・冷凍し、パックしたものや、野菜を主体とした冷凍調理食品が含まれる。

4) 野菜惣菜には、野菜を主体とした惣菜(和惣菜、煮豆、洋惣菜、中華惣菜等)が含まれる。

イ　果実

(果実の国内産出額は価格の上昇により前年に比べて増加、輸出額は増加傾向)

果実の国内産出額は、消費者ニーズに合った高品質な品目・品種への転換等によって、販売単価が上昇傾向となり、平成24(2012)年から増加傾向にあります(図表2-7-20)。品目別には、皮ごと食べられるシャインマスカット等の優良品種の生産拡大により、特にぶどうの産出額が増加傾向にあります。

令和2(2020)年は、天候不順により、日本なし、ぶどう、ももの生産量が減少し、価格が上昇したため、前年に比べ4.1%増加の8,741億円となりました。

また、我が国の高品質な果実がアジアを始めとする諸外国・地域で評価され、輸出額はぶどう、ももを中心に増加傾向にあります。令和3(2021)年は、台湾におけるりんごの贈答用や家庭内需要が増加したこと等から、前年から74億円増加の263億円となりました(図表2-7-21)。

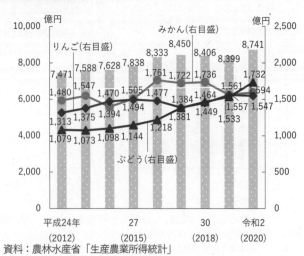

図表 2-7-20　果実の国内産出額

資料：農林水産省「生産農業所得統計」
注：品目別の産出額は都道府県別産出額の合計値

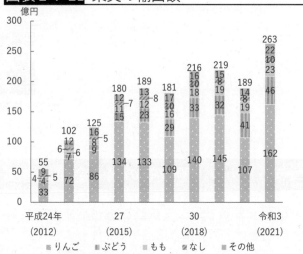

図表 2-7-21　果実の輸出額

資料：財務省「貿易統計」を基に農林水産省作成
注：「その他」には、うんしゅうみかん、かき等を含む。

(果実の国内生産量はおおむね前年度並)

果実の国内生産量については、近年、栽培面積が減少していることから減少傾向にあります。令和2(2020)年度は、りんごは生育が良好であったものの、日本なしが開花後の低温により着果数が減少したことや、夏季の天候不順等から、287万tの目標に対し、おおむね前年度並の268万5千tとなりました(図表2-7-22)。

農林水産省は、生産基盤を強化するため、省力樹形の導入や、消費者ニーズの多様化・高度化に対応した新技術・新品種の普及、輸出拡大に対応できる生産量の増大や環境整備等の取組を進めており、令和12(2030)年度の果実の国内生産量を平成30(2018)年度から約1割増の308万tとすることを目標としています。

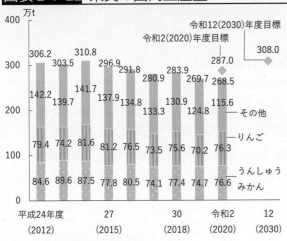

図表 2-7-22 果実の国内生産量

令和12(2030)年度目標
令和2(2020)年度目標

	平成24年度(2012)	27(2015)		30(2018)		令和2(2020)	12(2030)
合計	306.2	303.5	310.8	296.9	291.8	280.9	283.9	269.7	268.5	287.0	308.0

その他 142.2 / 139.7 / 141.7 / 137.9 / 134.8 / 133.3 / 130.9 / 124.8 / 115.6
りんご 79.4 / 74.2 / 81.6 / 81.2 / 76.5 / 73.5 / 75.6 / 70.2 / 76.3
うんしゅうみかん 84.6 / 89.6 / 87.5 / 77.8 / 80.5 / 74.1 / 77.4 / 74.7 / 76.6

資料：農林水産省「食料需給表」
注：令和2(2020)年度は概算値

果樹のページ
URL:https://www.maff.go.jp/j/seisan/ryutu/fruits/index.html

（コラム）省力樹形により作業を省力化

　果樹の省力樹形については、樹体の生長を抑制する台木の利用や整枝技術により樹体を小型化し、管理しやすい樹形とするため、作業動線が単純で効率的な樹列への定植により作業が大幅に省力化されることから、労働生産性の抜本的な向上につながります。また、均一的な日当たりとなり、品質がそろいやすく、密植することで改植・新植後短期間で高収益が可能となります。

　省力樹形の例として、側枝をV字に整枝して効率的な作業を可能とするV字ジョイント樹形があります。これにより、慣行栽培に比べ作業時間を整枝・剪定作業で約9割、総労働時間で約4割削減することが可能となります。

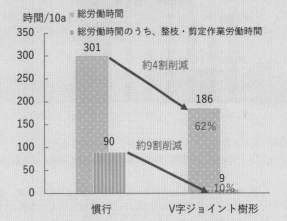

省力樹形による労働時間の削減効果(V字ジョイント樹形(日本なしの場合))

時間/10a
■ 総労働時間
■ 総労働時間のうち、整枝・剪定作業労働時間

慣行：301／90
V字ジョイント樹形：186（62%）／9（10%）
約4割削減／約9割削減

資料：農研機構「省力樹形樹種別栽培事例集」

ウ　花き

（花きの輸出拡大に向けた取組が進展）

　日本産の花きは、国際的にも高い評価を得ており、近年、アジアや欧州、米国向けを中心に輸出額が増加傾向にあります。令和3(2021)年の輸出額は85億円で、中国向けの植木の輸出が減少したことから前年より30億円減少しましたが、切り花については、これまでの現地でのプロモーション等の取組により、10年前と比べ約14倍に増加しています（**図表2-7-23**）。引き続き、輸出

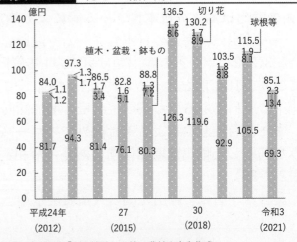

図表 2-7-23 花きの輸出額

億円　　　　　　　　　　　　　　　切り花　　球根等
植木・盆栽・鉢もの

	平成24年(2012)	27(2015)		30(2018)		令和3(2021)
合計	84.0	97.3	86.5	82.8	88.8	136.5	130.2	103.5	115.5	85.1

球根等 1.2 / 1.7 / 3.4 / 5.1 / 7.2 / 8.6 / 8.9 / 8.8 / 8.1 / 13.4
切り花 1.1 / 1.3 / 1.7 / 1.6 / 1.3 / 1.6 / 1.7 / 1.8 / 1.9 / 2.3
植木・盆栽・鉢もの 81.7 / 94.3 / 81.4 / 76.1 / 80.3 / 126.3 / 119.6 / 92.9 / 105.5 / 69.3

資料：財務省「貿易統計」を基に農林水産省作成

第2章

産地の育成、新品種や優良品種の普及、暑熱対策等による周年生産、国際園芸博覧会への政府出展等を活用した海外需要の創出等を推進していくこととしています。

（花きの安定供給や国内シェア回復に向け、生産性向上等の取組を推進）

　花きの産出額は作付面積の減少等により減少傾向で推移しており、令和元(2019)年産の産出額は、目標を3,745億円としていたところ、前年産から2.2%(79億円)減少の3,484億円となりました（**図表2-7-24**）。農林水産省は、国内需要への安定供給や国内シェアの回復に向けて、スマート農業技術の導入による生産性の向上、流通の合理化等の取組を進めており、令和12(2030)年（令和10(2028)年産）の産出額を平成29(2017)年から約2割増の4,500億円とすることを目標としています。

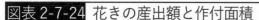

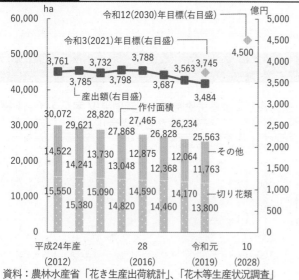

図表 2-7-24 　花きの産出額と作付面積

資料：農林水産省「花き生産出荷統計」、「花木等生産状況調査」
　注：1）その他は、球根類、鉢もの類、花壇用苗もの類、花木類、芝、
　　　　地被植物類の合計
　　　2）令和3(2021)年及び令和12(2030)年の産出額の目標は、それ
　　　　ぞれ令和元(2019)年産及び令和10(2028)年産の実績に対す
　　　　る目標値

花き振興コーナー
URL: https://www.maff.go.jp/j/seisan/kaki/flower/

エ　茶、甘味資源作物等の地域特産物
（ア）茶
（茶の輸出は海外の日本食ブーム等により増加、特に有機栽培茶が伸び）

　茶の輸出は、海外の日本食ブームや健康志向の高まりにより近年増加傾向にあります。令和3(2021)年の茶の輸出額は目標の195億円に対し、前年から25.9%増の204億円となっており、10年前と比べると約4倍に増加しています（**図表2-7-25**）。茶の輸出増加に伴い、抹茶の原料となるてん茶の生産量も増加傾向で推移しています。

　また、有機栽培による茶は海外でのニーズも高く、EUや米国等との有機同等性[1]の仕組みを利用した輸出は増加傾向にあり、令和2(2020)年は過去最高の1,023tとなりました（**図表2-7-26**）。

　農林水産省は、輸出先国の残留農薬基準への適合を進めるとともに、国内においては、

---

[1] 他国・地域の有機認証を自国・地域の有機認証と同等のものとして取り扱うこと

病害虫防除マニュアルの作成や各地での防除体系の確立を推進しており、令和7(2025)年の輸出額を平成30(2018)年から約2倍の312億円とすることを目標としています。

図表 2-7-25　緑茶の輸出量と輸出額及びてん茶の生産量

（緑茶の輸出量と輸出額）　　　　　　　　　　　　　（てん茶の生産量）

資料：財務省「貿易統計」を基に農林水産省作成

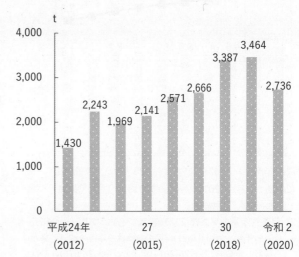

資料：全国茶生産団体連合会資料を基に農林水産省作成

図表 2-7-26　有機同等性の仕組みを利用した有機栽培茶の輸出量

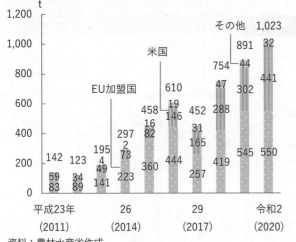

資料：農林水産省作成
注：1) 米国向けの輸出量は、平成25(2013)年までは、レコグニシ
　　　ョンアグリーメントに基づき、農林水産省から認定された
　　　認証機関が取りまとめた輸出実績のみを集計
　　2) その他は、カナダ、スイス、台湾の合計

お茶のページ
URL: https://www.maff.go.jp/j/seisan/tokusan/cha/ocha.html

（茶の栽培面積は前年産に比べ減少）

　令和3(2021)年産の茶の栽培面積は、高齢化による労働力不足に伴う廃園等があったことから、前年産に比べて1,100ha減少の3万8千haとなりました。また、生産量は主産県である静岡県において、天候に恵まれたことに加え、ドリンク原料用の生産が増加したこと等から、前年産に比べて11.9%増加し、7万8千tとなりました（**図表2-7-27**）。

　このような中、農林水産省は茶業界と一体となり、令和3(2021)年3月から「日本茶と暮らそうプロジェクト」を開始し、様々な暮らしの中で茶を楽しみながら、消費拡大につな

げることを目指しています。

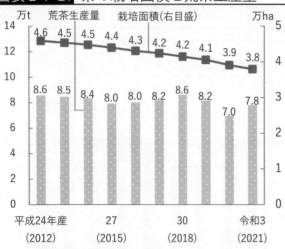

図表 2-7-27 茶の栽培面積と荒茶生産量

資料：農林水産省「作物統計」

注：1）荒茶生産量の平成25(2013)年産、平成27(2015)〜令和元(2019)年産、令和3(2021)年産の数値は主産県の調査結果から推計した数値。平成26(2014)年産及び令和2(2020)年産は全国調査結果

2）平成24(2012)年産の荒茶生産量は主産県の合計値

3）令和3(2021)年産の荒茶生産量は概数値

日本茶と暮らそうプロジェクト
URL: https://www.maff.go.jp/j/seisan/tokusan/cha/tea_life.html

（イ）薬用作物

（薬用作物の生産拡大を推進）

漢方製剤等の原料となる薬用作物については、国内需要の約8割を中国産が占めていますが、中国産の価格高騰等により、製薬会社において国内産地の育成のニーズが高まっています。しかしながら、薬用作物は栽培技術が未確立な品目が多いため、栽培面積は横ばいとなっており、令和元(2019)年は目標を573haとしていたところ、前年から8.2%減少の523haとなっています（図表2-7-28）。

農林水産省では薬用作物の国内ニーズ等を踏まえ、メーカーとの契約に向けた事前相談やマッチング機会の提供とともに、安定生産に資する栽培技術確立等のための実証や栽培マニュアルの作成等の支援に取り組んでいます。これらの取組を通じて令和6(2024)年の薬用作物の栽培面積を平成29(2017)年に比べ約1割増の630haとすることを目標としています。

図表 2-7-28 薬用作物の栽培面積と1戸当たり栽培面積

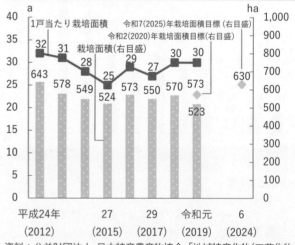

資料：公益財団法人 日本特産農産物協会「地域特産作物(工芸作物、薬用作物及び和紙原料等)に関する資料」を基に農林水産省作成

注：1）専ら医薬品(生薬)に用いられる薬用作物の数値

2）令和2(2020)年及び令和7(2025)年の栽培面積の目標は、それぞれ令和元(2019)年及び令和6(2024)年の実績に対する目標値

154

（ウ）甘味資源作物

（てんさい及びさとうきびの収穫量は増加）

　てんさいの令和3（2021）年産の作付面積は、前年産に比べ1.6%増加の5万8千haとなりました（**図表2-7-29**）。収穫量は、前年産に比べ3.8%増加の406万1千tとなりました。糖度は前年産に比べ0.2ポイント低下し16.2度となりました。

　さとうきびは、春作業が順調に進み、春植え、株出面積が増加したことから、令和2（2020）年産の収穫面積は前年産に比べ1.8%増加し2万3千haとなりました（**図表2-7-30**）。収穫量も前年産に比べ13.8%増加し133万6千tとなりました。糖度は前年産に比べ0.1ポイント低下し14.3度となりました。

　また、令和3（2021）年産の収穫面積は、新植面積、株出面積が共に増加したため、前年産に比べ4.7%増加の2万4千haを見込んでいます。さらに、台風被害等の大きな自然災害もなく、おおむね順調な生育となったため、収穫量は前年産に比べ0.9%増加の134万8千tを見込んでいます。

図表 2-7-29	てんさいの作付面積、収穫量、糖度

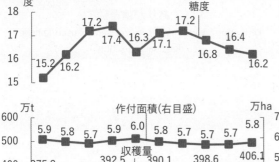
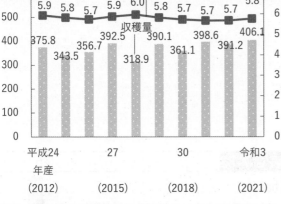

資料：農林水産省「作物統計」、北海道「てん菜生産実績」を基に農林水産省作成

図表 2-7-30	さとうきびの収穫面積、収穫量、糖度

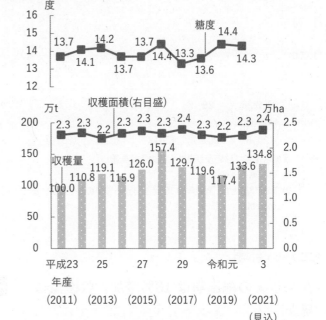

資料：農林水産省「作物統計」、「令和3砂糖年度における砂糖及び異性化糖の需給見通し（第3回）」、鹿児島県、沖縄県「さとうきび及び甘しゃ糖生産実績」を基に農林水産省作成

（てんさい、さとうきび栽培の省力化の推進）

　てんさいは、労働時間縮減に向け、直播栽培や作業の共同化の取組が進展しています。農林水産省では、省力機械の導入や基幹作業の外部化の推進とともに、盛土による風害軽減対策の普及を進めています。

　さとうきびは、規模拡大は進んでいますが、人手不足等により適期に適切な作業ができないことが多いため単収は低迷しています。農林水産省では、機械収穫や株出栽培[1]に適し

---

[1] さとうきび収穫後に萌芽する茎を肥培管理し、1年後のさとうきび収穫時期に再度収穫する栽培方法

た新品種「はるのおうぎ」の開発・普及や通年雇用による作業受託組織の強化等地域の生産体制を強化する取組を行っています。

(砂糖の需要拡大に向け「ありが糖運動」を展開)

　国内の砂糖消費量は、消費者の低甘味嗜好や、新型コロナウイルス感染症の感染拡大による外出自粛等に伴う外食及びインバウンド需要の減少の影響もあり、減少傾向で推移しています(**図表2-7-31**)。農林水産省では、輸入加糖調製品から国産の砂糖への切替えを促すための商品開発等への支援を行うとともに、砂糖関連業界等による取組と連携しながら、砂糖の需要、消費の拡大を図る「ありが糖運動」を展開しており、公式WebサイトやSNSも活用しながら、情報発信をしています。

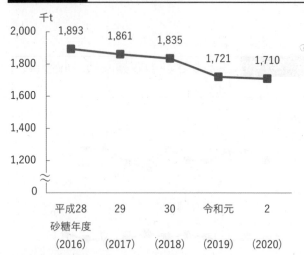

図表 2-7-31　砂糖の消費量

資料：農林水産省「砂糖及び異性化糖の需給見通し」
　注：1）分蜜糖の消費量
　　　2）砂糖年度とは、当該年の10月1日から翌年の9月30日までの期間

ありが糖運動
URL:https://www.maff.go.jp/j/seisan/tokusan/kansho/kakudai/index.html

(エ) いも類

(かんしょの輸出額は13%増加、収穫量は減少)

　かんしょの輸出については、甘みが強く粘質性がある特性や、焼き芋による食べ方が注目され、香港、タイ、シンガポール等のアジア諸国・地域向けを中心に好調で、令和3(2021)年の輸出量と輸出額はそれぞれ5,603t(対前年6.4%増)、23.3億円(対前年13.1%増)となりました(**図表2-7-32**)。

　かんしょについては、令和2(2020)年度以降、宮崎県、鹿児島県及び沖縄県のほか22都道県で、つるが枯れ、いもが腐る「サツマイモ基腐病」による被害が確認されました。このため、農林水産省は、関係都

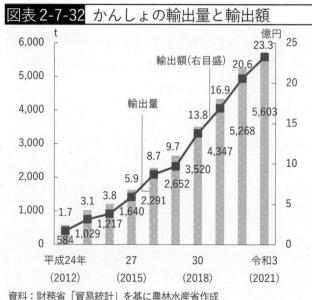

図表 2-7-32　かんしょの輸出量と輸出額

資料：財務省「貿易統計」を基に農林水産省作成

道県と連携し、健全種苗の生産・流通・使用の徹底や、圃場（ほじょう）における本病の早期発見・早期防除の徹底等のまん延防止に向けた取組を指導しています。

　令和3(2021)年産のかんしょは高齢化による労力不足に伴う作付中止等があったため、作付面積が前年産に比べ2.1%減少したことや、サツマイモ基腐病の影響により鹿児島県の単収が6.1%減少したこと等から、収穫量は前年産に比べ2.3%減少の67万2千tとなりました（**図表2-7-33**）。

基腐病に感染したかんしょ

資料：農研機構

図表 2-7-33　かんしょの作付面積と収穫量

作付面積（右目盛）
3.9　3.9　3.8　3.7　3.6　3.6　3.6　3.4　3.3　3.2
87.6　94.2　88.7　81.4　86.1　収穫量　80.7　79.7　74.9　68.8　67.2

平成24年産（2012）　27（2015）　30（2018）　令和3（2021）

資料：農林水産省「作物統計」
注：令和3(2021)年産は概数値

（ばれいしょの収穫量は減少）

　令和2(2020)年産のばれいしょの作付面積は、主に北海道において小豆やいんげんに転換した面積が多かったことから、前年産に比べ3.4%減少の7万2千haとなりました。収穫量は6月後半の低温、日照不足等の影響により、着いも数が少なく、単収が4.7%減少したことから、前年産に比べ8.1%減少の220万5千tとなりました（**図表2-7-34**）。

　令和3(2021)年産春植えばれいしょは生産者の高齢化や労力不足により規模縮小、作付中止があったため、前年産に比べ作付面積は1.6%減少し6万9千haとなり、収穫量は1.3%減少の213万9千tとなりました[1]。国産ばれいしょの生産量が減少傾向で推移する中で、ポテトチップやサラダ用等の加

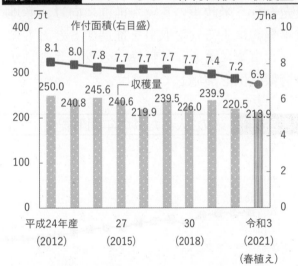

図表 2-7-34　ばれいしょの作付面積と収穫量

作付面積（右目盛）
8.1　8.0　7.8　7.7　7.7　7.7　7.7　7.4　7.2　6.9
250.0　240.8　245.6　240.6　219.9　239.5　226.0　239.9　220.5　213.9

収穫量

平成24年産（2012）　27（2015）　30（2018）　令和3（2021）（春植え）

資料：農林水産省「野菜生産出荷統計」、「令和3年産春植えばれいしょの作付面積、収穫量及び出荷量」（令和4(2022)年2月公表）
注：1) 春植えばれいしょの主たる収穫期間は、都府県（令和3(2021)年4月～8月）、北海道（令和3(2021)年9月～10月）
　　2) 令和3(2021)年産の春植えばれいしょは概数値

工用ばれいしょについては、メーカーからの国産原料の供給要望が強いことから、増産に向け、省力機械化体系導入の取組や、収穫時の機上選別を倉庫前集中選別に移行する取組を推進しています。

---

[1] 農林水産省「令和3年産春植えばれいしょの作付面積、収穫量及び出荷量」（令和4(2022)年2月公表（概数値）

(3) 米政策改革の着実な推進

(米の消費拡大に向けた取組と需要に応じた生産・販売を推進)

米[1]の1人当たりの年間消費量は、食生活の変化等により、昭和37(1962)年度の118.3kgをピークとして減少傾向が続いています。令和2(2020)年度は、52.5kgの維持を目標としていましたが、新型コロナウイルス感染症の感染拡大の影響により、令和2(2020)年2〜3月にかけて学校の休校要請や外出自粛等による精米の前倒し購入があった一方、年度をまたいだ4月以降、その反動減が起こったことに加え、中食・外食向けを中心に業務用の需要が大幅に減少したことから、全体としては前年度に比べ2.5kg減少の50.7kgとなりました（**図表2-7-35**）。

消費拡大のため、農林水産省では、学校給食等に使用する米の一部に対し政府備蓄米を無償で交付するとともに、Webサイト「やっぱりごはんでしょ！」において、企業等の消費拡大につながる取組や、「米と健康」に着目した情報の発信を行うなどの取組を行っています。令和3(2021)年4月には、特設ページ「ご炊こうチャレンジ！いただきMAFF！」を開設し、ごはんを炊く楽しさを伝える動画を配信し、米の消費を盛り上げる取組を行っています。主食用米の1人当たり消費量については、平成30(2018)年度から毎年一定程度減少することを見込みつつ、これらの取組を通じ、令和12(2030)年度には50.0kgを維持することを目標としています。

また、新型コロナウイルス感染症の感染拡大以前においても、主食用米の需要量が年間10万t程度減少している中、各産地においては消費者ニーズにきめ細かく対応した米生産を行うとともに、需要のある麦・大豆や野菜、果樹等を生産する産地を形成していくことが必要です。このため、農林水産省では、産地・生産者が中心となって需要に応じた生産・販売を行う米政策の着実な推進に向け、産地・生産者と実需者が結び付いた事前契約や複数年契約による安定取引を推進するとともに、水田活用の直接支払交付金や水田リノベーション事業による作付転換への支援等のほか、米の都道府県別の販売進捗、在庫・価格等の情報提供を実施しています。

図表2-7-35 米の1人当たりの年間消費量

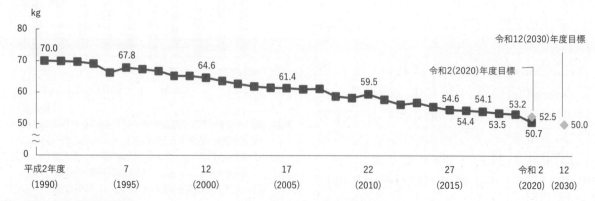

資料：農林水産省「食料需給表」
注：令和2(2020)年度は概算値

---

[1] 主食用米のほか、菓子用・米粉用の米

(令和3(2021)年産米において過去最大規模の6万3千haの作付転換が実現)

　令和3(2021)年産米については、令和2(2020)年産米において需要減少に見合った作付転換が十分行われず、かつ、新型コロナウイルス感染症の感染拡大の影響による業務用需要の減少等により、民間の在庫水準が高い状態となったことを受け、過去最大規模の作付転換が必要となりました。

　このため、農林水産省では、令和3(2021)年産米の作付転換に向けた支援として、水田リノベーション事業や麦・大豆収益性・生産性向上プロジェクトを措置するとともに、水田活用の直接支払交付金において、都道府県が転換拡大に取り組む農業者を独自に支援する場合に国が追加的に支援する措置の創設等を行いました。さらに、このような関連施策や需給の動向について、理解を促進するため、全国会議や各産地での説明会・意見交換会等を開催し、生産者、農業法人、地方公共団体、集出荷団体、流通・販売事業者等全ての関係者が一丸となって需要に応じた生産・販売を推進しました。

　この結果、米の需給の安定に必要な規模となる6万3千haの作付転換が実現され、作付面積は130万3千haとなりました(**図表2-7-36**)。他方、転換作物の内訳を見ると、飼料用米等の作付面積が大きく増加しており、令和4(2022)年産以降、麦・大豆や野菜、子実用とうもろこし等の定着性や収益性の高い作物への転換が必要となっています。

図表 2-7-36　主食用米等の作付面積

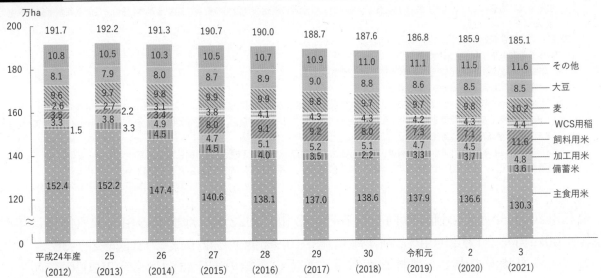

資料：農林水産省作成
注：1）主食用米の作付面積は、農林水産省「耕地及び作付面積統計」
　　2）その他は、米粉用米、新市場開拓用米、飼料作物、そば、なたねの面積
　　3）加工用米、飼料用米、WCS用稲、米粉用米、新市場開拓用米は取組計画の認定面積
　　4）麦、大豆、飼料作物、そば、なたねは、地方農政局等が都道府県再生協議会等に聞き取った面積（基幹作のみ）
　　5）備蓄米は、地域農業再生協議会が把握した面積

（需給緩和を踏まえた対応）

　令和3(2021)年産の主食用米の生産量は、日照不足等の影響が見られる地域がある一方、北海道及び東北においては全もみ数が平年以上に確保され、登熟も順調に推移したことから、全国で作況指数[1]が101となり、前年産に比べ3.0%減少の701万tとなりました（**図表2-7-37**）。

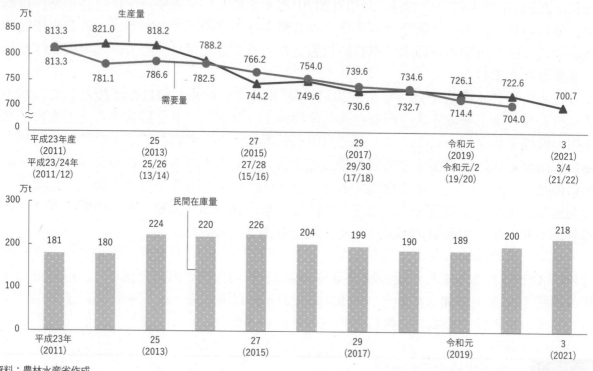

図表2-7-37　主食用米の生産量、需要量、民間流通における6月末在庫量

資料：農林水産省作成

注：1）生産量及び需要量は、それぞれ農林水産省「作物統計」、「米穀の需給及び価格の安定に関する基本指針」、民間在庫量は農林水産省調べ

　　2）各年の民間在庫量においては以下のとおり。
　　　ア　うるち玄米及びもち玄米の数量
　　　イ　年間玄米取扱数量500t以上の業者（販売・出荷段階）の数量
　　　ウ　生産段階、出荷段階、販売段階の合計
　　　エ　生産段階の在庫量は、平成30(2018)年までは農林水産省「生産者の米穀在庫等調査」を基に算出。令和元(2019)年は「生産者の米穀在庫等調査」の見直しに伴い、過去のデータを用いたトレンドで算出。令和2(2020)年以降は「生産者の米穀在庫等調査」の対前年増減率を基に算出
　　　オ　平成26(2014)年の出荷段階の在庫量は、公益財団法人米穀安定供給確保支援機構の購入数量35万tを含んでいない。

　　3）需要量の期間は、前年7月～当年6月の1年間の実績値であり、「平成23/24年(2011/12)」等と記載

　令和3(2021)年産米の価格動向を見ると、令和4(2022)年2月までの相対取引価格は年産平均で60kg当たり1万2,944円と前年産に比べ10.9%低下となりました（**図表2-7-38**）。

　このような状況の中で、農林水産省は、当面の需給の安定に向け令和2(2020)年産米のうち、新型コロナウイルス感染症の感染拡大の影響による需要減に相当する15万tについて特別枠を設けるなど、長期計画的な販売に伴う保管経費等への支援、中食・外食等への販売促進、子供食堂、子供宅食等への米の提供の支援措置を講じました。

---

[1] 用語の解説3(1)を参照

米の需給と価格の安定を図るためには、令和4(2022)年産の主食用米について、21万tの削減(平年単収ベースで3万9千ha)が必要となっています。中長期的にどのような産地を目指すのかを各産地の関係者間で共有し、麦・大豆や野菜、子実用とうもろこし等の定着性や収益性の高い作物への作付転換を図ることが重要です。このため、令和4(2022)年産に向けては、水田リノベーション事業や麦・大豆収益性・生産性向上プロジェクトを拡充して措置するとともに、全国会議や各産地での説明会、意見交換を通じて、需要に応じた生産・販売を推進しています。

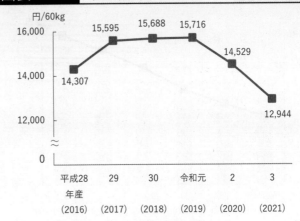

図表 2-7-38 米の相対取引価格

円/60kg

平成28年産 (2016)	29 (2017)	30 (2018)	令和元 (2019)	2 (2020)	3 (2021)
14,307	15,595	15,688	15,716	14,529	12,944

資料:農林水産省「米穀の取引に関する報告」
注:1) 相対取引価格とは、出荷団体(事業者)・卸売業者間で取引されている価格
2) 出回り~翌年10月(令和3(2021)年産は令和4(2022)年2月まで)の全銘柄の相対価格の加重平均値

(高収益作物の産地を256産地創設)

野菜や果樹等の高収益作物は、必要な労働時間は水稲よりも多くなるものの、面積当たりの農業所得[1]は高くなっており、高い収益が期待されます。このため、農林水産省は、水田における野菜や果樹等の高収益作物等への転換を積極的に推進し、令和7(2025)年度までに水田農業における高収益作物の産地を500創設することとしており、令和3(2021)年12月末時点では256産地となっています。

水田農業の高収益化の推進
URL:https://www.maff.go.jp/j/seisaku_tokatu/suiden_kosyueki.html

(コメ・コメ加工品の輸出を拡大)

国内の主食用米の需要が毎年減少していく一方、海外における食品市場は年々拡大しています。このような中、官民一体となって海外におけるプロモーション等の取組による新たな市場の開拓を通じ、コメ・コメ加工品の輸出拡大を図っていくこととしています。

政府は、コメ・パックご飯・米粉及び米粉製品の輸出額目標を、令和7(2025)年までに125億円とし、輸出ターゲット国・地域として香港、シンガポール、米国、中国を設定しています。

輸出ターゲット国・地域を中心として戦略的に輸出に取り組む事業者への支援や、今後輸出拡大の可能性が期待できる中東や欧州等の新興市場においてオールジャパンでのプロモーションを実施した結果、令和3(2021)年の商業用の米の輸出額は、12%増加の59億3千万円となりました(図表2-7-39)。また、国・地域別では、香港、シンガポール等への輸出が増えており、今後も輸出ターゲット国・地域を中心に、輸出拡大や大ロットでの輸出用米の生産に取り組む産地の育成を進めていきます。

---

1 用語の解説2(4)を参照

図表 2-7-39 商業用の米の輸出量と輸出額

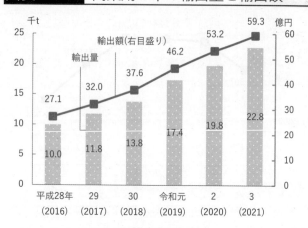

資料：財務省「貿易統計」を基に農林水産省作成
注：政府による食糧援助分を除く。

米の輸出について
URL:https://www.maff.go.jp/j/syouan/keikaku/soukatu/
kome_yusyutu/kome_yusyutu.html

（米粉用米の生産量は増加、更なる需要拡大に向けた取組を推進）

　米粉用米の需要量は、近年増加傾向で推移していますが、令和2(2020)年度は新型コロナウイルス感染症の感染拡大の影響により、家庭内需要が増加する一方、業務用需要が減少したことから前年度と同じ3万6千tとなりました（**図表2-7-40**）。

　令和2(2020)年度の米粉用米の生産量は、3万8千tを目標としていた中で、近年の需要量の増加傾向に対応し、前年度に比べ作付面積が20%増加し、生産量は5千t増加の3万3千tとなりました。

　農林水産省は、米粉用米の需要拡大を図るとともに、海外のノングルテン市場に向けて輸出を拡大するため、令和

図表 2-7-40 米粉用米の生産量と需要量

資料：農林水産省作成

2(2020)年10月に制定したノングルテン米粉の製造工程管理JASの認証を令和3(2021)年6月から開始しました。このような取組を通じ、令和12(2030)年度までに平成30(2018)年度の生産量から4倍以上に増加させ、13万tに拡大することを目標としています。

（飼料用米の安定的な供給への取組）

　令和2(2020)年産の飼料用米の作付面積は、一部産地で飼料用米から新市場開拓用米等へ作付転換されたことから、前年産に比べ1,600ha減少し7万1千haとなりました。また、生産量は、47万2千tを目標としていましたが、作付面積の減少により、前年産に比べ2.3%減少し38万1千tとなりました（**図表2-7-41**）。一方で、令和3(2021)年産の飼料用米の作付面積は、主食用米からの作付転換が実施された結果、前年産に比べ4万5千ha、63%増加し11万6千haとなりました。

　農林水産省は、国産飼料生産に立脚した安定的な畜産経営を行う環境を整備するため、飼料用米の生産・利用拡大や多収品種の導入等の取組を推進し、単収の大幅増加等、生産

の効率化を進めています。このような取組を通じて飼料用米の生産量を令和12(2030)年度までに平成30(2018)年度から64%増加させ、70万tに拡大することを目標としています。

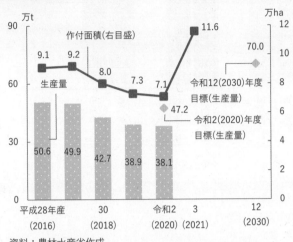

図表 2-7-41 飼料用米の作付面積と生産量

資料：農林水産省作成

飼料用米関連情報
URL:https://www.maff.go.jp/j/seisan/
kokumotu/siryouqa.html

(担い手の米の生産コスト削減に向けて、生産資材費等の低減を推進)

稲作経営の農業所得を向上させるためには、生産コストの削減も重要であることから、米の生産については、農地の集積・集約化[1]、多収品種の導入やスマート農業技術の普及に加え、生産資材費の低減等を推進しています。

令和2(2020)年産の農機具費、肥料費及び農業薬剤費の生産資材費と労働費の合計については、為替の影響を受け、肥料と農薬の海外からの原料調達コストが上昇したことに加え、労働費が上昇したため、個別経営(認定農業者[2]がいる経営体のうち作付面積15.0ha以上の経営体)で5,778円/60kg 、組織法人経営(稲作主体の組織法人経営体)で5,776円/60kgの目標に対し、それぞれ6,463円/60kg、6,672円/60kgとなりました(**図表2-7-42**)。

農林水産省では、農機具費等の生産資材費を下げるため、農業資材事業の事業再編・事業参入、農業資材の調達コストの低減、農業者における低価格な生産資材の選択に資する情報提供等の取組を推進しています。これらに加え、輸出等の新たな需要に対応するため、令和4(2022)年度からは、大幅なコスト低減を目指す産地に対して、生産コストの現状分析、課題抽出、低減対策の検討や実証、普及等の取組を総合的に支援することとしています。このような取組を通じて、農機具費、肥料費及び農業薬剤費の生産資材費と労働費の合計について、個別経営、組織法人経営で令和6(2024)年度までに5,470円/60kgとすることを目標[3]としています。

---

[1] 用語の解説3(1)を参照
[2] 用語の解説3(1)を参照
[3] 「日本再興戦略」(平成25(2013)年6月閣議決定)で、令和5(2023)年までに平成23(2011)年産の全国平均(16,001円/60kg)から4割削減する目標を掲げている。そのうち、生産資材費(農機具費、肥料費、農業薬剤費)と労働費の合計で設定した目標

図表 2-7-42 米の生産資材費と労働費

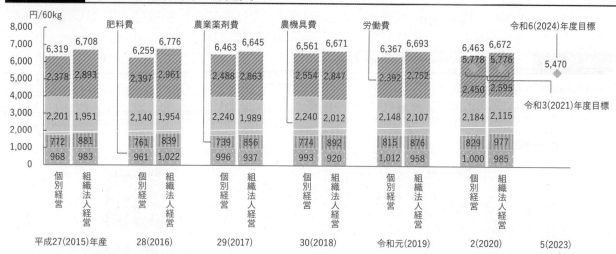

資料：農林水産省「農産物生産費統計(個別経営)」、「農産物生産費統計(組織法人経営)」、「組織法人経営体に関する経営分析調査」を基に作成

注：1) 個別経営は、認定農業者がいる経営体のうち作付面積15.0ha以上の経営体
　　2) 組織法人経営は、稲作主体の経営体
　　3) 令和3(2021)年度及び令和6(2024)年度の目標は、それぞれ令和2(2020)年産及び令和5(2023)年産の実績に対する目標値

(4) 麦・大豆の需要に応じた生産の更なる拡大

(小麦の生産量は前年産に比べ16%増加の110万t)

　令和3(2021)年産の小麦の作付面積は、前年産に比べ3%増加し、22万haとなりました。また、小麦の生産量は、天候に恵まれ生育が良好に推移したこと等から、前年産に比べ16%増加し、109万7千tとなり、令和12(2030)年度における生産努力目標[1]の108万tと同水準となりました(**図表2-7-43**)。大麦・はだか麦については、前年産に比べ、作付面積が微減し6万3千haとなった一方、生産量は6%増加し23万5千tとなり、令和12(2030)年度における生産努力目標の23万tを上回る水準に達しました。

図表 2-7-43 小麦の作付面積、収穫量、単収

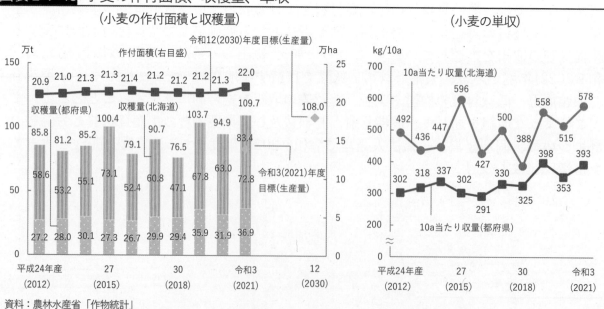

資料：農林水産省「作物統計」

---

[1] 農林水産省「食料・農業・農村基本計画」(令和2(2020)年3月閣議決定)における生産努力目標

(需要に応じた国産切替えの流れを一層推進)

近年、麦の消費量に占める国内生産量の割合は、小麦が11〜16％、大麦・はだか麦で8〜12％となっており、今後、国産麦の割合を伸ばす余地があります。また、耐病性や加工適性に優れた新品種の導入・普及が進み、実需者が求める品質に見合った麦の生産が実現しつつあります。この結果、パン・中華麺用小麦の作付比率が増加しており、直近10年間では、パン・中華麺用小麦の国産使用量が堅調に伸びています（図表2-7-44）。

需要を捉えた生産拡大により国産シェアを拡大するため、農林水産省は、生産性の高い産地の育成や単収・品質の向上に向けた栽培技術や機械の導入等による産地の生産体制の強化・生産の効率化を進めるとともに、国産の供給力を安定させるため、民間保管施設の整備や一時保管による安定供給体制の構築等を推進しています。

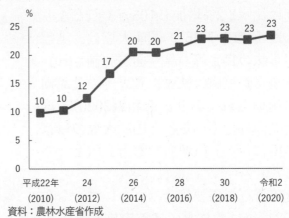

図表 2-7-44 小麦作付面積に占めるパン・中華麺用小麦の作付比率

資料：農林水産省作成

注：パン・中華麺用小麦の品種は、ゆめちから、春よ恋、ミナミノカオリ、ゆきちから、せときらら、はるきらり、ニシノカオリ、ゆめかおり

(大豆の生産量は前年産に比べ13％増加の25万t)

令和3(2021)年産の大豆の作付面積は、水稲や北海道で小豆等からの転換等があったことから前年産に比べ3％増加し、14万6千haとなりました。大豆の生産量は、一部地域を除き、生育期間がおおむね天候に恵まれ生育が良好に推移したこと等から、23万8千tの目標に対し、前年産に比べ13％増加の24万7千tとなりました（図表2-7-45）。

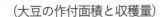

図表 2-7-45 大豆の作付面積、収穫量、単収

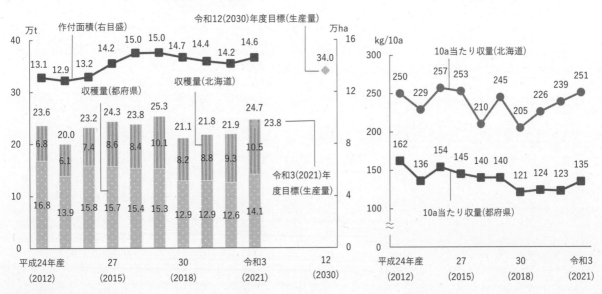

資料：農林水産省「作物統計」

（国産大豆の需要量は増加傾向）

　近年、健康志向の高まり等により、食用大豆の需要量は増加傾向で推移しています。令和2(2020)年度の需要量は、前年度に比べ2.2%増加し105万3千tとなりました（**図表2-7-46**）。国産大豆は、実需者から味の良さ等の品質面が評価され、ほぼ全量が豆腐、納豆、煮豆等の食品向けに用いられており、令和2(2020)年度の食品向けに用いられた国産大豆の量は、前年度に比べ1千t増加し21万1千tとなりました。

　食用大豆の需要見込みについて、令和3(2021)年に農林水産省が実施した実需者へのアンケート調査等では、豆腐・豆

図表 2-7-46　食用大豆の需要動向

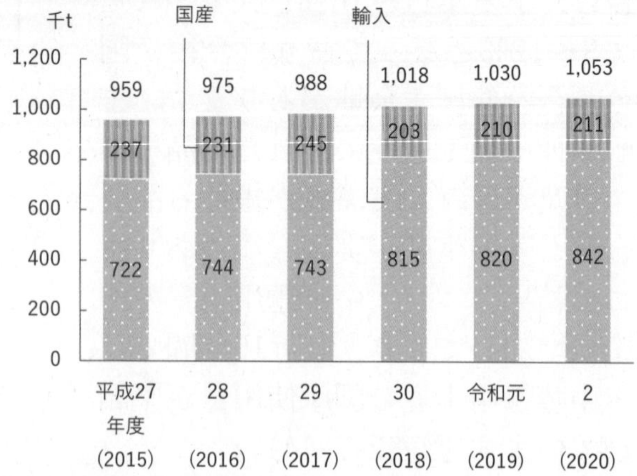

資料：農林水産省「食料需給表」を基に作成
注：令和2(2020)年度は概算値

乳、納豆等の各実需者が、令和8(2026)年度の大豆の使用量を令和2(2020)年度より14%増やす見込みであり、特に国産大豆の使用量は26%増やす見込みです（**図表2-7-47**）。国産大豆を増やす理由については、「付加価値を付与できる」、「消費者ニーズに応えられる」等と回答しており、今後、国産大豆の需要が一層高まることが期待されます[1]。

　農林水産省では、大豆の需要を捉えた生産拡大により国産シェアを拡大するため、作付けの団地化やスマート農業によるコスト低減、排水対策の更なる強化、耐病性・加工適性等に優れた新品種の導入等を通じ、生産量の向上を推進しています。

　これらの取組を通じ、大豆の生産量を令和12(2030)年度までに平成30(2018)年度から6割増加させ、34万tに拡大することを目標としています。

---

[1] トピックス6を参照

図表 2-7-47 食用大豆の需要見込み（令和 2（2020）年度の実績に対する見込み）と国産大豆使用の意向

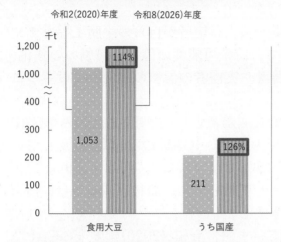

（令和 8（2026）年度需要見込み）

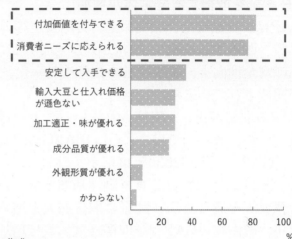

（国産大豆を増やす理由（複数回答））

付加価値を付与できる
消費者ニーズに応えられる
安定して入手できる
輸入大豆と仕入れ価格が遜色ない
加工適正・味が優れる
成分品質が優れる
外観形質が優れる
かわらない

資料：農林水産省「令和3年度国産大豆に関するアンケート」等を基に作成

注：1）令和2（2020）年度の実績数量は、農林水産省「食料需給表」を基に推計

2）令和8（2026）年度の需要見込みは各業界団体からのアンケート結果（豆腐・豆乳、納豆、煮豆、味噌、しょうゆ、きなこ：回答数は107）を基に農林水産省で推計。なお、需要見込みについては、令和2（2020）年度の実績を100とした比率を示す。

3）国産大豆を増やす理由の各項目は各大豆製品メーカー全回答者数の割合（全回答数は290）

（事例）麦・大豆収益性・生産性向上プロジェクトを活用した取組（宮城県）

　宮城県大崎市で平成28（2016）年から米、麦、大豆の生産を行っている農事組合法人なかしだファームでは、令和3（2021）年度に「麦・大豆収益性・生産性向上プロジェクト」を活用し、作付けの団地化や農業機械の導入等を推進することで、大豆の生産性向上に取り組みました。

　同法人は、団地化の取組を集落ごとから地域全体に発展させ、83haの圃場で水稲・小麦・大豆の2年3作を基本とするブロックローテーションを実施するとともに、汎用コンバインを導入し、大豆生産の効率化を進めてきました。

　また、安定した収量を確保するため、有機資材を積極的に活用した土づくりや湿害軽減のための弾丸暗渠の施工等を積極的に推進してきました。

　その結果、令和3（2021）年産大豆の作付面積・単収は、前年と比較して、共に3割程度増加し、27ha、262kg/10aとなりました。

　同法人では、多数の実需者との意見交換を定期的に実施することで、作付けする品種を決定するなど、需要に応じた生産を徹底しており、今後も堅調な国産大豆の需要に応えるべく、大豆の生産拡大に積極的に取り組んでいくこととしています。

汎用コンバイン
資料：農事組合法人なかしだファーム

関係者との意見交換
資料：農事組合法人なかしだファーム

(5) GAP(農業生産工程管理)の推進と効果的な農作業安全対策の展開

ア　GAP(農業生産工程管理)の推進

(GAP認証を取得する経営体が増加)

　GAPは、食品安全、環境保全、労働安全等の観点から、農業者が自らの生産工程をチェックし、改善する取組です。GAPを実践することで、持続可能性の確保、競争力の強化、食品の安全性向上、農業経営の改善や効率化、消費者や実需者の信頼の確保等に役立つことが期待されています。

　GAPの取組が正しく実施されていることを第三者機関が審査し、証明する仕組みをGAP認証といい、我が国では主にGLOBALG.A.P.[1]、ASIAGAP[2]、JGAP[3]の3種類が普及しています。GAP認証等が2020年東京オリンピック・パラリンピック競技大会[4](以下「東京2020大会」という。)における食材調達基準となったことを契機として、農林水産省では、指導者の育成等を通じ、GAP認証の取得拡大を進めてきました。

　近年、農産物のGAP認証取得経営体数は増加しています。令和2(2020)年度末のGAP認証取得経営体数は、前年度から686経営体増加し7,857経営体となり、平成29(2017)年度の約1.7倍となりました(**図表2-7-48**)。

　国際水準のGAP認証であるGLOBALG.A.P.、ASIAGAP、JGAPの認証取得経営体と、都道府県が設置するGAP指導員の指導を受けて国際水準GAPを実施する経営体を合わせると、国内で国際水準GAPを実施する経営体数は、令和2(2020)年度において目標値の2万2千経営体に対し、1万7,388経営体となっています。

　SDGs[5]に対する関心が国内外で高まる中、食品安全、環境保全、労働安全に加えて、国際的に求められる人権保護への配慮や農場経営管理の実践を含めた国際水準GAPの取組を生産現場に拡大していくことが重要であることから、農林水産省は、令和12(2030)年までにほぼ全ての産地で国際水準GAPが実施されることを目指し、同年度までに国際水準GAPを実施する経営体数を24万経営体とすることとしています。目標達成に向け、指導員による指導活動や農業教育機関における認証取得の支援に取り組むほか、令和4(2022)年3月に、我が国における国際水準GAPの推進方策を策定しました。

　また、消費者向けのGAP情報発信サイト「GAP-info」において、GAPの紹介動画の配信とともに、GAPの価値を共有し、GAP認証農産物を取り扱う意向を有している事業者である「GAPパートナー」の紹介等に取り組んでいます。

Good な農業！ GAP-info
URL: https://www.maff.go.jp/j/seisan/gizyutu/gap/gap-info.html

---

[1] 用語の解説3(2)を参照
[2] 用語の解説3(2)を参照
[3] 用語の解説3(2)を参照
[4] 大会は令和3(2021)年に開催
[5] 用語の解説3(2)を参照

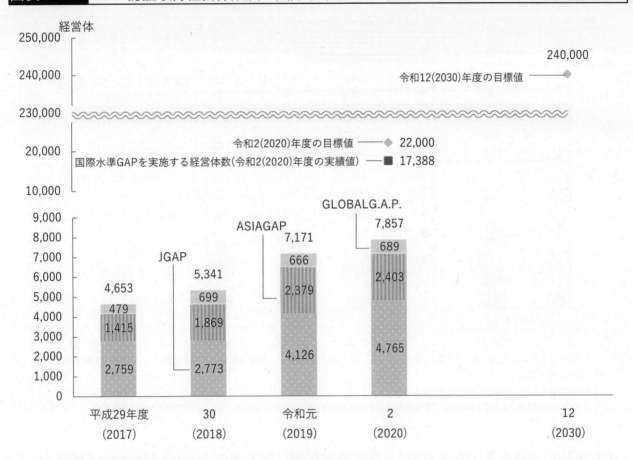

図表 2-7-48 GAP 認証取得経営体数及び国際水準 GAP を実施する経営体数（農産物）

資料：一般社団法人GAP普及推進機構、一般財団法人日本GAP協会公表資料を基に農林水産省作成

注：1）各年度末時点（ただし、GLOBALG.A.P.の平成29（2017）年度及び令和2（2020）年度の数値はそれぞれ平成29（2017）年12月末時点及び令和2（2020）年12月末時点の数値）

2）各年度の合計の数値は、JGAP、ASIAGAP、GLOBALG.A.P.を積み上げた数値

3）JGAP、ASIAGAP、GLOBALG.A.P.の数値はそれぞれのGAPの認証を取得した経営体数

イ 農作業安全対策の展開

（農業機械作業中の死亡事故が 7 割）

　農作業中の事故による死亡者数は、近年、減少傾向にあります。令和2（2020）年は前年に比べ11人減少し、当該年の目標の253人に対し、270人となりました（**図表2-7-49**）。また、就業者10万人当たりの死亡者数は10.8人と増加傾向となっており、全産業1.2人、建設業5.2人に比べて依然として高い状況となっています。

　年齢別に見ると、65歳以上が229人（84.8％）、80歳以上が95人（35.2％）と、高齢農業者の占める割合が高い状況となっています。

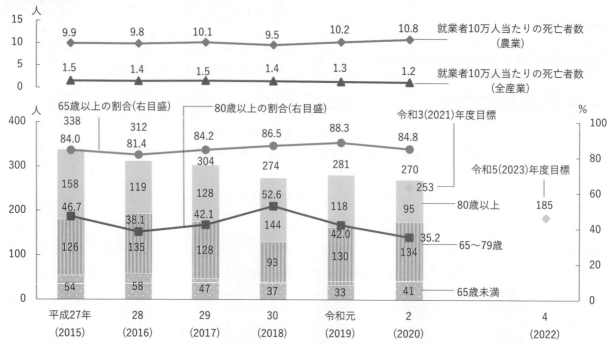

図表 2-7-49　農作業中の年齢階層別死亡者数と就業者10万人当たりの死亡者数

資料：農林水産省「農作業死亡事故調査」、「農林業センサス」、「農業構造動態調査」、厚生労働省「死亡災害報告」、総務省「労働力調査」を基に農林水産省作成

注：1) 平成29(2017)年は年齢不明の死亡者が1人
　　2) 令和3(2021)年度及び令和5(2023)年度の目標は、それぞれ令和2(2020)年及び令和4(2022)年の実績に対する目標値

　農作業死亡事故を要因別に見ると、農業機械作業に係る事故が186人(68.9%)と最も高い割合を占めています(**図表2-7-50**)。そのうち、乗用型トラクターに係るものが81人(30.0%)と最多で、その中でも機械の転落・転倒事故が53人(65.4%)と最大の死亡事故要因となっています。

図表 2-7-50　農作業の死亡事故発生状況

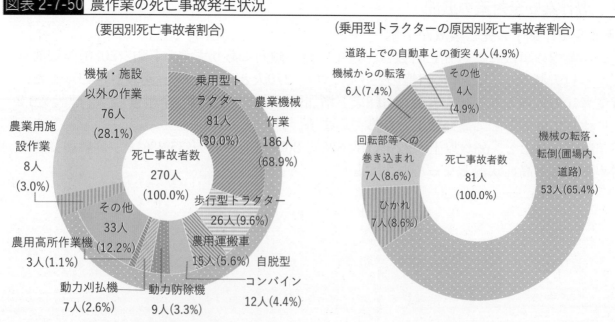

（要因別死亡事故者割合）

（乗用型トラクターの原因別死亡事故者割合）

資料：農林水産省「農作業死亡事故調査」を基に作成

注：令和2(2020)年の数値

(農作業安全対策の取組を強化)

　農林水産省が令和3(2021)年2月から開催した「農作業安全検討会[1]」は、農作業安全の実現に向けた取組の強化に向けて、幅広い観点から検討を進め、同年5月に農作業環境の安全対策の強化と農業者の安全意識の向上の二つの視点から中間取りまとめを公表しました。

　現在、中間取りまとめに沿った検討や対応を進めており、具体的には、農作業環境の安全対策の強化について、特に死亡事故の発生割合が高い乗用型トラクターの事故防止に向けて、運転手にシートベルトの着用を促す警報装置や座席を離れると稼働部が停止する安全装置の装備、農業機械の安全性に係る検査制度の見直し等に向けた検討を進めています。また、農業者の安全意識の向上について、農作業安全に関する研修を受けられる体制を整備することとし、令和3(2021)年度に、全国で約4千名の農作業安全を推進する指導者の育成に取り組みました。

　農作業中の熱中症による死亡事故者数は近年増加傾向にあるため、農林水産省は、令和3(2021)年5月から、環境省と気象庁が連携して運用する「熱中症警戒アラート」が発出された際に、MAFFアプリにも熱中症に注意するよう通知される機能の運用を開始しました。このほか、スマート農業実証プロジェクト[2]においても、農業者の熱中症等の異変を検知する安全見守りシステムの実証に取り組んでいます。

　これらの取組を通じ、農林水産省は、農作業事故の死亡事故を令和4(2022)年中に平成29(2017)年の水準(304人)から約4割減(185人)、最大要因である機械作業に係る死亡事故を令和4(2022)年中に平成29(2017)年の水準(211人)から半減(105人)することを目標に掲げています。

熱中症警戒アラートが発出された際のスマートフォンのホーム画面

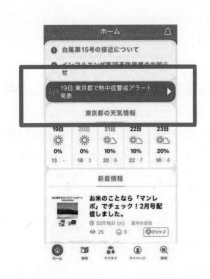

熱中症警戒アラートが発出された際のMAFFアプリのホーム画面

---

[1] 農作業安全検討会は、労働安全の専門家のほか、農業者・農業団体、農業機械関係団体等の関係者で構成
[2] トピックス4、第2章第8節を参照

(6) 良質かつ低廉な農業資材の供給や農産物の生産・流通・加工の合理化

(農業生産資材は原材料の大部分を輸入に依存)

　農業資材については、原材料やその原料の大部分を輸入に頼っていることから、偏在性がある鉱石や穀物等の国際相場や為替相場の変動等の国際情勢の影響を受けるという特徴があります。

　このうち、肥料原料は資源が世界的に偏在していることから、我が国は、化学肥料原料の大部分を限られた相手国からの輸入に依存しています。貿易統計及び肥料関係団体からの報告によると、りん酸アンモニウムや塩化加里はほぼ全量を、尿素は96%を輸入に依存していることから、輸入先国の多元化とともに、輸入原料から国内資源への代替を進める必要があります(**図表2-7-51**)。

図表 2-7-51 我が国の肥料原料の輸入相手国(図表 1-6-3 再掲)

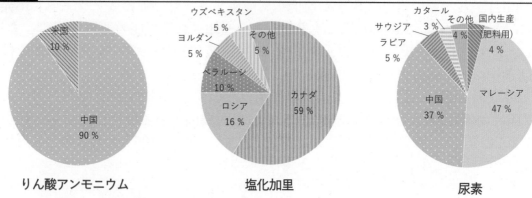

りん酸アンモニウム　　　　塩化加里　　　　尿素

資料：財務省「貿易統計」及び肥料関係団体からの報告を基に農林水産省作成
注：令和2(2020)肥料年度(令和2(2020)年7月～令和3(2021)年6月)の数値

(農業生産資材価格指数は令和3(2021)年に上昇傾向)

　近年の農業生産資材価格指数は、全体的には上昇基調で推移しています。特に飼料や燃油等の光熱動力等の価格指数は、令和3(2021)年4月以降、原料価格の上昇等を要因として上昇しており、令和4(2022)年2月には、基準年である平成27(2015)年の水準から飼料は20ポイント、光熱動力は24ポイント、肥料は9ポイント上昇しています(**図表2-7-52**)。さらに、令和4(2022)年2月以降も、ロシアによるウクライナ侵略を背景に、原油等の国際相場は高い水準で推移しつつ、不安定な動きを見せていることから、今後の動向を注視し、必要な資材の確保に万全を期する必要があります。

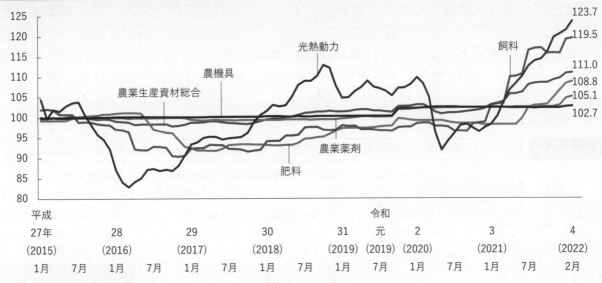

図表 2-7-52 農業生産資材類別価格指数

資料：農林水産省「農業物価統計」

注：1) 農業生産資材類別の平成27(2015)年の平均価格を100とした各年各月の数値

2) 令和3(2021)年及び令和4(2022)年は概数値

3) 光熱動力のうち、ガソリン、灯油は総務省「消費者物価指数」の結果を参照とした数値

（配合飼料価格も上昇）

　家畜の餌となる配合飼料は、その原料使用量のうち5割がとうもろこし、1割が大豆油かすとなっており、我が国はその大部分を輸入に頼っていることから、穀物等の国際相場の変動に価格が左右されます。令和2(2020)年9月以降、米国におけるとうもろこしの中国向け輸出成約が増加したことや、南米産とうもろこしの作況への懸念等からとうもろこしの国際価格は上昇しており、配合飼料の工場渡し価格は、令和4(2022)年1月には8万3,381円/tと、前年同月の7万902円/tより17.6%上昇しています（**図表2-7-53**）。引き続き、とうもろこしのバイオエタノール向け需

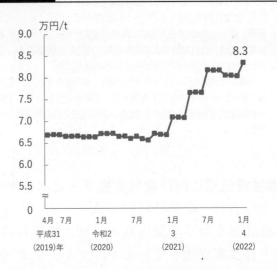

図表 2-7-53 配合飼料価格

資料：公益社団法人配合飼料供給安定機構「飼料月報」を基に農林水産省作成

注：配合飼料価格は、工場渡しの全畜種の加重平均価格

要の拡大やロシアによるウクライナ侵略等を背景に、国際相場は高い水準で推移しつつ、不安定な動きを見せていることから、今後の動向を注視する必要があります。

（農業者はより安価な資材を求める傾向）

　令和3(2021)年9月に農林水産省が公表した農業資材の販売価格等の調査では、資材販売店等における農薬や肥料の販売価格は、同一の銘柄であっても資材販売店等によって差があることが示されています。例えば、一般高度化成肥料(14-14-14)では、1,169円/20kgから3,000円/20kgまで、約2〜3倍の価格差が生じています（**図表2-7-54**）。

　また、令和2(2020)年度における資材販売店の販売価格帯別の割合は、前年度から大き

173

な変化はありませんが、令和2(2020)年度における農業者の購入価格は、前年度と比較して低価格帯の割合が増加しており、農業者がより安価な農業資材を求める傾向が高まったと考えられます。

農業経営費に占める農業生産資材費の割合は、例えば水田作経営、畑作経営で6割、肥育牛経営で8割と一定の割合を占めていることから、農業所得の向上に向けて、農業者が安価に農業資材を購入できる環境づくりを進めていくことも極めて重要です。

図表 2-7-54 肥料・農薬の販売価格の例、資材販売店の販売価格と農業者の購入価格の比較

(肥料、農薬の販売価格の例)

種別	銘柄	販売価格
肥料	一般高度化成肥料(14-14-14) 20kg	1,169～3,000円
	石灰窒素(粒) 20kg	2,480～4,930円
	尿素(粒) 20kg	1,201～3,000円
農薬	除草剤　グリホサートカリウム塩液剤48% 5～5.5L	8,863～16,390円
	殺虫剤　ホスチアゼート粒剤 1.5% 5kg	2,808～4,646円
	殺菌剤　マンゼブ水和剤80% 1kg	1,095～2,330円

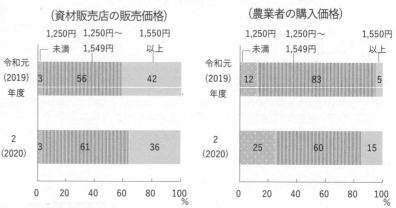

(資材販売店の販売価格と農業者の購入価格の比較
(一般高度化成肥料(14-14-14) 20kg))

資料：農林水産省「農業資材の供給の状況に関する調査結果」

注：1) 肥料、農薬の販売価格の例及び一般高度化成肥料(14-14-14) 20kgの資材販売店の販売価格は、「農業資材の販売価格などに関する調査」によるもの(調査実施前に農林水産省が実施した担い手農業者に対するアンケート調査において、担い手農業者が利用していると回答した資材販売店を調査対象とした郵送調査(肥料・農薬の販売価格の回答数は404店舗、一般高度化成肥料(14-14-14) 20kgの資材販売店の販売価格の回答数は286店舗))

　　2) 一般高度化成肥料(14-14-14) 20kgの農業者の購入価格は、農林水産省が実施した農業者を対象としたアンケート調査において一般高度化成肥料(14-14-14) を購入した農業者の価格について集計したもの(回答数 52農業者)

　　3) 一般高度化成肥料(14-14-14) 20kgの資材販売店の販売価格は令和3(2021)年2月時点の価格。農業者の購入価格は同年3月時点の価格

(農業機械費低減に向け農業支援サービス事業の育成・普及を支援)

農林水産省は、農業機械費の低減と高い生産性の実現に向け、農業機械のシェアリングや作業受託等を行う農業支援サービス事業者の新規参入や既存事業者によるサービス事業の育成・普及を支援しています。また、農業者等が各種支援サービスを比較・選択できる環境整備の一環として、令和3(2021)年3月に作成・公表した「農業支援サービス提供事業者が提供する情報の表示の共通化に関するガイドライン」に沿って情報表示を行う事業者を募集し、これらの事業者の情報をリスト化した上で、同年12月に農林水産省Webサイトにおいて公開しました(**図表2-7-55**)。

| 図表 2-7-55 | 農業支援サービス提供事業者が情報表示を行う項目の例 | | | | |

| 事業者名 | サービス提供事業者の概要 | | サービス分類の概要 | | |
	主な提供サービス名	サービス分類	サービス内容	サービス対象品目	サービス対象地域
	(例：農薬散布サービス)	(例：ドローンを使用した農薬散布サービス)	(例：自社パイロット及び自社ドローンを活用し農薬散布サービスを請け負うサービス)	(例：水稲、麦、大豆)	(例：〇〇県、〇〇県)

資料：農林水産省作成

(施設園芸・茶のセーフティネット対策により、燃油価格の高騰に対して支援)

重油等の燃油は、その価格が為替相場や国際的な市況等の影響で大きく変動することから、今後の価格の見通しを立てることが困難な生産資材です。重油の価格は令和3(2021)年3月以降、前年を上回って推移しており、施設園芸や茶は特に経営費に占める燃料費の割合が高いことから、農林水産省は、燃油価格高騰の影響を受けにくい経営への転換に向けての取組を支援しています(**図表2-7-56**)。

具体的には、計画的に省エネルギー化に取り組む産地に対して、燃油価格の上昇に応じて補填金を交付する施設園芸等燃油価格高騰対策を実施しています。施設園芸セーフティネット構築事業では、令和3(2021)事業年度に燃油価格の高騰を踏まえ、冬の加温期(かおんき)の到来に備えるため、通常の加入申請の公募のほか、追加で公募を実施するなどにより、農業者を支援しました。

また、農業者の省エネルギー化に向けた設備投資の取組を後押しするため、産地生産基盤パワーアップ事業に施設園芸エネルギー転換枠を設け、省エネ機器の導入やハウスの保温性の向上の取組等を支援しました。

さらに、令和4(2022)年3月4日、原油価格高騰等に関する関係閣僚会合において、「原油価格高騰に対する緊急対策」が決定され、農林水産省では、施設園芸等燃油価格高騰対策について、農業者が行う積立ての上限を引き上げるほか、省エネ機器の導入支援について支援枠の拡充等を行いました。

図表 2-7-56 重油の価格指数

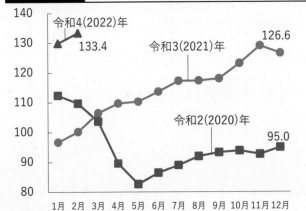

資料：農林水産省「農業物価統計」
注：1) 燃料用(A重油)の価格指数
　　2) 平成27(2015)年の平均価格を100とした各年各月の数値
　　3) 令和3(2021)年及び令和4(2022)年は概数値

施設園芸等燃油価格高騰対策関係
URL:https://www.maff.go.jp/j/seisan/ryutu/engei/nenyu/nenyu_taisaku1.html

(米の農産物検査規格を見直し)

　農林水産省では、農産物規格・検査が、農産物流通や消費者ニーズの変化に即した合理的なものとなるよう、令和2(2020)年9月から開催した「農産物検査規格・米穀の取引に関する検討会」で検討を進め、令和3(2021)年5月に米の農産物検査規格に関する見直しの内容を取りまとめました。

　また、これを踏まえ、同年7月以降、サンプリング方法の見直しや、皆掛重量[1]の証明の廃止、検査証明方法の見直しを行いました。

　水稲うるち玄米については、機械鑑定を前提とした検査規格を新たに策定することとし、実務家による機械鑑定に係る技術検討チームにおいて技術的事項を検討・整理した上で、令和4(2022)年産米の検査からの適用に向け、令和4(2022)年2月に機械鑑定用の検査規格を設定・公表するとともに、これに併せて銘柄の証明方法や包装規格の見直し等も行いました。

(米の生産から流通に係る情報を連携するスマート・オコメ・チェーンのコンソーシアムを設立)

　「農産物検査規格・米穀の取引に関する検討会」の取りまとめにおいては、米の生産から消費に至るまでの情報を関係者間で連携し、生産の高度化や流通の最適化、販売における付加価値の向上等を図る基盤(スマートフードチェーン)を米の分野で構築するとともに、それを活用したJAS規格を民間主導により制定することも盛り込まれました。これを受け、農林水産省では、米のスマートフードチェーン(「スマート・オコメ・チェーン」)を推進する「スマート・オコメ・チェーンコンソーシアム」を令和3(2021)年6月に設立しました。

　同コンソーシアムでは、有識者による講演会を定期的に開催するとともに、輸出ワーキング・グループ等を設置してスマート・オコメ・チェーンで活用する情報項目の整理やJAS規格素案等の具体的な検討を進めており、令和5(2023)年産米からの利用開始を目指しています。

スマート・オコメ・チェーンコンソーシアムについて
URL: https://www.maff.go.jp/j/syouan/keikaku/soukatu/okomechain.html

---

[1] 皆掛重量=正味重量+風袋重量+余マス。「余マス」とは、米を出荷する際に、正味重量を超えて多めに袋詰めされた米のこと

第8節	情報通信技術等の活用による農業生産・流通現場のイノベーションの促進

農業生産・流通現場でのイノベーションの進展、農業施策に関する各種手続や情報入手の利便性の向上は、高齢化や労働力不足等に直面している我が国の農業において、経営の最適化や効率化に向けた新たな動きとして期待されています。

本節では、ロボット、AI[1]、IoT[2]等先端技術を活用したスマート農業の導入状況、農業・食関連産業におけるデジタル変革に向けた取組、産学官連携による研究開発の動向等について紹介します。

(1) スマート農業の推進

(スマート農業導入の広がり)

農業の現場では、人手の確保とともに、農作業の省力化や負担の軽減が重要な課題となっています。このような中で、ロボット、AI、IoT等先端技術を活用したスマート農業による課題の解決や、農業経営の最適化・効率化に向けた取組が進んでいます。

スマート農業の導入状況については、株式会社日本政策金融公庫が令和3(2021)年7月に実施した調査によると、農業のデジタル化、スマート農業について「導入している」との回答が30.2%、「導入していないが、導入意向がある」との回答が32.8%となっており、農業現場での需要が高いことがうかがわれます(図表2-8-1)。

また、スマート農業の導入で期待する効果については、「農作業の省力化」が最も高く約8割、次いで「農作業の軽労化」、「品質・収量の向上」の順となっています(図表2-8-2)。

図表2-8-1	農業のデジタル化とスマート農業の導入状況

図表2-8-2	農業のデジタル化、スマート農業の導入で期待する効果(複数回答)

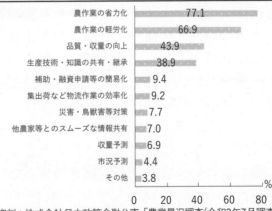

資料:株式会社日本政策金融公庫「農業景況調査(令和3年7月調査)」を基に農林水産省作成

注:スーパーL資金又は農業改良資金の融資先である担い手農業者を対象としたアンケート調査。有効回答数は6,336

資料:株式会社日本政策金融公庫「農業景況調査(令和3年7月調査)」を基に農林水産省作成

注:1) スーパーL資金又は農業改良資金の融資先である担い手農業者を対象としたアンケート調査。有効回答数は6,336

2) 回答は優先度が高い順に三つ回答し、第1希望から第3希望まで積み上げて集計

---

[1] 用語の解説3(2)を参照
[2] 用語の解説3(2)を参照

（令和元(2019)年度スマート農業実証プロジェクトの成果を公表）

　農林水産省は、スマート農業の技術体系を実際の生産現場に導入して、課題の解決や経営改善の効果を明らかにするため、令和元(2019)年度から全国182地区でスマート農業実証プロジェクトを展開しています（**図表2-8-3**）。

図表2-8-3　スマート農業実証プロジェクト採択数一覧

全国
品目	合計	令和元(2019)	令和2(2020)	令和2(2020)緊急	令和3(2021)
水田作	44	30	12	1	1
畑作	18	6	7	1	4
露地野菜	40	10	12	9	9
施設園芸	24	8	6	3	7
花き	5	1	2	ー	2
果樹	31	9	9	5	8
茶	5	2	2	ー	1
畜産	15	3	5	5	2
合計	182	69	55	24	34

北海道
品目	合計	令和元	令和2	令和2緊急	令和3
水田作	3	2	1	ー	ー
畑作	5	2	1	1	1
露地野菜	2	ー	2	ー	ー
果樹	1	ー	ー	ー	1
畜産	6	1	1	2	2
合計	17	5	5	3	4

東北［青森、岩手、宮城、秋田、山形、福島］
品目	合計	令和元	令和2	令和2緊急	令和3
水田作	8	5	2	ー	1
畑作	1	ー	1	ー	ー
露地野菜	5	3	ー	1	1
施設園芸	2	ー	ー	1	1
花き	2	1	1	ー	ー
果樹	4	1	1	1	1
合計	22	10	5	3	4

中国・四国［鳥取、島根、岡山、広島、山口、徳島、香川、愛媛、高知］
品目	合計	令和元	令和2	令和2緊急	令和3
水田作	6	5	1	ー	ー
畑作	1	1	ー	ー	ー
露地野菜	7	2	3	1	1
施設園芸	1	ー	ー	1	ー
果樹	6	2	2	1	1
畜産	1	ー	ー	1	ー
合計	22	10	6	4	2

北陸［新潟、富山、石川、福井］
品目	合計	令和元	令和2	令和2緊急	令和3
水田作	9	8	1	ー	ー
畑作	3	ー	2	ー	1
露地野菜	3	ー	3	ー	ー
施設園芸	2	ー	ー	ー	2
花き	1	ー	ー	ー	1
果樹	1	ー	1	ー	ー
畜産	2	ー	1	1	ー
合計	21	8	8	1	4

関東甲信・静岡［茨城、栃木、群馬、埼玉、千葉、東京、神奈川、山梨、長野、静岡］
品目	合計	令和元	令和2	令和2緊急	令和3
水田作	5	4	1	ー	ー
畑作	1	ー	1	ー	ー
露地野菜	13	2	2	4	5
施設園芸	6	2	2	ー	2
果樹	7	2	2	1	2
花き	1	ー	ー	ー	1
茶	2	1	ー	ー	1
畜産	2	1	1	ー	ー
合計	37	12	9	5	11

九州・沖縄［福岡、佐賀、長崎、熊本、大分、宮崎、鹿児島、沖縄］
品目	合計	令和元	令和2	令和2緊急	令和3
水田作	6	2	3	1	ー
畑作	5	3	2	ー	ー
露地野菜	6	3	2	ー	1
施設園芸	10	5	3	1	1
果樹	3	1	1	ー	1
茶	2	1	1	ー	ー
畜産	4	1	2	1	ー
合計	36	16	14	4	2

近畿［滋賀、京都、大阪、兵庫、奈良、和歌山］
品目	合計	令和元	令和2	令和2緊急	令和3
水田作	4	3	1	ー	ー
露地野菜	3	ー	ー	1	2
果樹	7	2	2	2	1
茶	1	ー	1	ー	ー
合計	15	5	4	3	3

東海［岐阜、愛知、三重］
品目	合計	令和元	令和2	令和2緊急	令和3
水田作	3	1	2	ー	ー
畑作	2	ー	ー	ー	2
露地野菜	1	ー	1	ー	ー
施設園芸	3	1	1	ー	1
花き	1	ー	ー	1	ー
果樹	2	1	ー	ー	1
合計	12	3	4	1	4

資料：農林水産省作成

注：各ブロックの品目ごとの（　）内の数値は、左から令和元(2019)年度、令和2(2020)年度、令和2(2020)年度(緊急経済対策)、令和3(2021)年度の採択地区数

　このうち、令和元(2019)年度実証地区について、実証期間中の技術導入効果を分析して成果を取りまとめ、公表しました。水田作では、ロボットトラクタや自動運転田植機の導入により総労働時間が短縮された地区が多く確認されました。また、最も効果が上がった地区では、収量コンバインで取得したデータを基に、圃場（ほじょう）ごとの品種・作型配置の最適化や、収量が少ない圃場に対し重点的に施肥を行うことで収量が向上し、スマート農業で省力化されたことによる人件費削減との相乗効果により、農機の導入コストを差し引いても経営収支が改善したといった成果が確認されました（**図表2-8-4、図表2-8-5**）。

　このほか、自動操舵（そうだ）機能により新規就農者[1]等の農業者においても、熟練者と同等の精度・速度で作業が可能となり、受託する農地を増やすことができた地区も見られました（**図表2-8-6**）。また、導入機械の共同利用を行うことで稼働率を向上し、機械費を低減できた地区も見られました（**図表2-8-7**）。

直進キープ田植機で作業する
経理担当の女性職員

ラジコン草刈機で作業する
学生アルバイト

[1] 用語の解説2(6)を参照

このように、スマート農業の導入は新規就農者等の参入を容易にするほか、生産性の向上に有効であることが確認される一方、先端技術の導入により利益を増大させるには、導入機械の稼働率を向上させ、機械費を低減する必要があることが明らかとなりました。さらに、手間の掛かる野菜・果樹の収穫作業においては機械化が不十分であること等の課題も明らかになりました。

　このため農林水産省は、令和3(2021)年2月に改訂した「スマート農業推進総合パッケージ」で示す、今後5年間で展開する施策の方向性に基づき、シェアリング等新たな農業支援サービスの育成と普及を行うほか、農業データの活用、農地インフラの整備等による実践環境の整備、農業大学校・農業高校等での学習機会の提供等、スマート農業の社会実装の加速化に取り組んでいます。

図表 2-8-4 最も効果が上がった実証事例　大規模水田作(雇用型法人)における月別作業時間

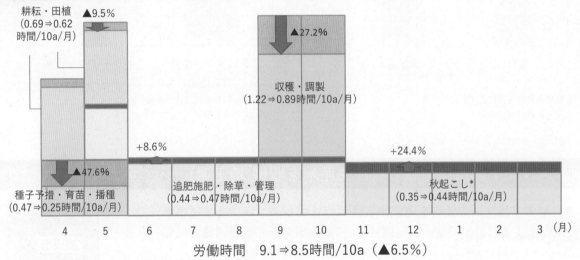

耕耘・田植
(0.69⇒0.62
時間/10a/月)　▲9.5%

種子予措・育苗・播種
(0.47⇒0.25時間/10a/月)　▲47.6%

追肥施肥・除草・管理
(0.44⇒0.47時間/10a/月)　+8.6%

収穫・調製
(1.22⇒0.89時間/10a/月)　▲27.2%

秋起こし*
(0.35⇒0.44時間/10a/月)　+24.4%

　　4　　5　　6　　7　　8　　9　　10　　11　　12　　1　　2　　3　(月)

労働時間　9.1⇒8.5時間/10a（▲6.5%）

＊ 秋起こし作業時間の増加は、合筆した圃場が多く地力むらが顕著であったため、耕耘作業を入念に行ったことによる。

資料：農林水産省作成

図表 2-8-5 最も効果が上がった実証事例　大規模水田作(雇用型法人)における収支比較

(単位：千円/10a)

区分	令和元(2019)年 慣行区 (41.2ha)	令和2(2020)年 実証区 (45.6ha)	増減率	備考
収入	128.2	142.0	10.7%	
販売収入	128.2	142.0	10.7%	販売単価はいずれも304円/kg
(単収(kg/10a))	(422kg)	(467kg)	(10.7%)	品種はいずれもコシヒカリ(特別栽培)
その他収入	0	0		
経費	80.9	77.1	-4.7%	
種苗費	2.2	2.5	14.3%	
肥料費	1.3	1.3	5.6%	
農薬費	2.1	2.1	2.4%	
機械・施設費	12.1	14.6	20.5%	実証区は収量コンバインを導入。 その他の機械・施設は慣行区、実証区で共通
労働費	13.7	12.8	-6.5%	労賃単価1,500円/時間で計算
(労働時間(時間/10a))	(9.1時間)	(8.5時間)	(-6.5%)	各作業の効率化により省力化を実現
その他費用	49.6	43.7	-11.8%	
利益	47.3	64.9	37.1%	

資料：農林水産省作成

図表 2-8-6	自動操舵補助トラクターによる経験の浅い職員の作業参画率の向上

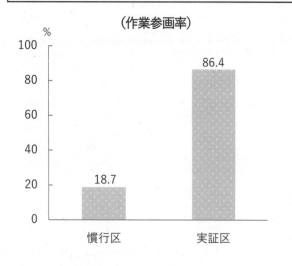

(作業参画率)

資料：実証成果資料を基に農林水産省作成
注：にんじんの植付け作業

図表 2-8-7	シェアリングによるスマート農機(田植機とコンバイン)に係る機械費の低減

(機械費)

資料：実証成果資料を基に農林水産省作成
注：作期の異なる3地域でシェアリング

(事例) スマート農業に挑戦し自社生産米を収穫(埼玉県)

　持ち帰り弁当店・定食店を運営する株式会社プレナスは、農業従事者*1の減少による日本の農業への危機感と、自社生産米を海外の消費者に届けたいという思いから、スマート農業による米づくりを始めました。

　令和3(2021)年2月、自社の精米工場に近い埼玉県加須市に2.5haの耕作放棄地を借り入れ、トラクターの免許を取得した自社の従業員が圃場の整備を行うとともに、ドローンの操縦に必要な講習も受講しました。

　同年5月には、ドローンを活用した湛水直播*2と高密度播種育苗*3の栽培方法を検証しました。湛水直播では、30aの圃場を15分で作業することができ、田植機による作業と比較して作業時間を半分以下に短縮できました。同年7月にはドローンによる空撮を行い、圃場内の稲の葉色診断により、必要な量の肥料を散布しました。

　水管理システムも活用し、スマートフォンからの遠隔操作で圃場に行かずに水量の調整を行うことで作業時間を低減しました。

　同年10月、9tの米を収穫することができました。収穫米は自社工場で精米後、令和4(2022)年7月頃に、豪州の自社店舗向けに輸出する予定です。令和4(2022)年度は、加須市での農地面積を約2倍に拡大するとともに、新たに山形県内でも米づくりに取り組んでいきます。

*1　用語の解説1、2(5)を参照
*2　用語の解説3(1)を参照
*3　高密度に播種した稚苗の移植により苗箱数を大幅に削減する技術

ドローン肥料散布の様子
資料：株式会社プレナス

ドローンによる空撮での
葉色の生育診断結果
資料：株式会社プレナス

（農業関連データの連携・活用を促進）

　様々なデータの連携・共有が可能となるデータプラットフォーム「農業データ連携基盤（WAGRI[1]）」を活用した農業者向けのICT[2]サービスが民間企業等により開発され、農業者への提供が始まっています。運営主体である農研機構ではデータの充実や利用しやすい環境の整備に取り組んでいます。

　また、農林水産省は、農業者が利用する農業用機械等から得られるデータについて、メーカーの垣根を越えてデータを利用できる仕組み（オープンAPI[3]）の整備を推進するため、令和3（2021）年度から、協調するデータ項目の特定やルールの整備等、農業データを連携・共有するための取組への支援を行っています。

　このほか、スマート農業の海外展開に向けて、農林水産省は、農研機構、民間企業と連携し、国際標準の形成に向けた調査・検討を行っています。

WAGRI
URL：https://wagri.naro.go.jp

（事例）農業データ連携基盤と農業者向けスマートフォン用アプリの連携

　農業者向けのスマートフォン用アプリ「FarmChat（ファームチャット）」を提供する株式会社ファーム・アライアンス・マネジメントは、令和3（2021）年5月から、農業データ連携基盤（WAGRI）とのAPI連携を開始し、農業データ連携基盤が提供する病虫害画像判定プログラムの利用や青果物市況データの閲覧がアプリ上で可能になりました。このうち、病虫害画像判定プログラムを活用した病害虫診断サービス*では、農業者がスマートフォンで撮影した葉の画像を送信すると、病害虫診断結果を受信でき、新規就農者など経験の浅い農業者でも病害虫を判別して適切な防除を行うことが可能になります。

＊令和3（2021）年12月時点で、トマト・きゅうり・いちご・なすに対応

農業データ連携基盤とFarmChatの連携

農業データ連携基盤

病虫害判定プログラム／市況データ

農業データ連携基盤の活用で・・・

Farm Chat

市況情報サービス

市場の入荷量の推移を時系列で表示し、産地リレーや端境期等の出荷状況がモニタリング可能。

生産計画や販売戦略の立案に活用できる！卸売業者の仕入れ業務の参考データにもなるね。

① 病害虫画像診断

病害虫診断サービス

診断したい葉の画像を送信すると、診断結果がチャットBotで配信。確率の高い病害虫から候補が表示。

② 市況情報

農業者

新規就農者など経験の浅い農業者でも、病害虫を判別して適切な防除が可能に！

病害虫診断キュウリAI 更新

病害虫診断キュウリAI 9分前

■診断結果■
・健全:99.915%

▲その他の候補▲
・べと病:0.079%
・うどんこ病:0.003%
・黄化えそ病:0.001%
・褐斑病:0.0%
・モザイク病:0.0%
・退緑黄化病:0.0%
・緑斑モザイク病:0.0%
・つる枯病:0.0%

メッセージ…

資料：農林水産省作成

---

[1] 農業データプラットフォームが、様々なデータやサービスを連環させる「輪」となり、様々なコミュニティの更なる調和を促す「和」となることで、農業分野にイノベーションを引き起こすことへの期待から生まれた言葉（WA+AGRI）
[2] 用語の解説3(2)を参照
[3] Application Programming Interface の略。複数のアプリ等を接続（連携）するために必要なプログラムを定めた規約のこと

(2) 農業施策の展開におけるデジタル化の推進

(データを活用した農業経営の動向)

　農業分野でも、デジタル技術の活用による変革、DX[1]に向けた取組が進みつつあります。

　2020年農林業センサスによると、農業経営体[2]全体ではデータを活用した農業を実施している割合は2割未満ですが、農業経営主の年齢階層別に見ると、15～39歳では5割以上がデータを活用した農業を実施しています(**図表2-8-8**)。

　また、法人経営体では、5割以上がデータを活用しており、特に、センサー、ドローン等を用いて、圃場環境情報や作物の生育状況等のデータを分析し、農業経営に活用している経営体も約1割あります。

図表 2-8-8　データを活用した農業経営(農業経営主年齢別と法人経営体)

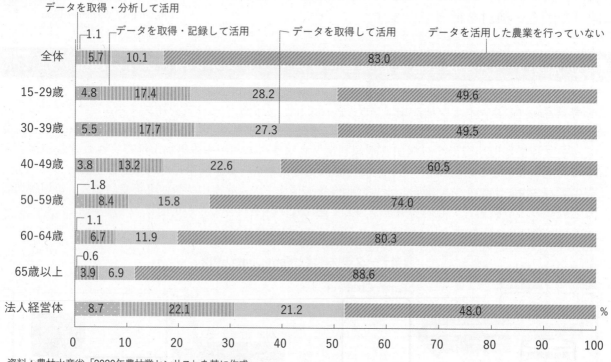

資料：農林水産省「2020年農林業センサス」を基に作成

注：1)　「データを取得して活用」とは、気象、市況、土壌状態、地図、栽培技術等の経営外部データを農業経営に活用することをいう。

　　2)　「データを取得・記録して活用」とは、経営外部データに加え、財務、生産履歴、土壌診断情報等の経営内部データをスマートフォン、PC等の機器に記録して農業経営に活用することをいう。

　　3)　「データを取得・分析して活用」とは、上記のデータに加え、センサー、ドローン、カメラ等を用いて、圃場環境情報や作物の生育状況といったデータを取得し、分析して農業経営に活用することをいう。

---

[1] 用語の解説3(2)を参照
[2] 用語の解説1、2(1)を参照

（農業DXの実現に向けた取組）

　農林水産省では、農業者の高齢化や労働力不足が進む中、デジタル技術を活用して効率の高い営農を実行しつつ、消費者ニーズをデータで捉え、消費者が価値を実感できる形で農産物・食品を提供していく農業を「FaaS（Farming as a Service）」と位置付け、令和3（2021）年3月に公表した「農業DX構想」に基づき、農業DXの実現に向けて多様なプロジェクトを進めることとしています。

　具体的には、農業・食関連産業の「現場」系、農林水産省の「行政実務」系、現場と農林水産省をつなぐ「基盤」の整備に向けたプロジェクトが挙げられ、三つの区分の下で39の多様なプロジェクトを掲げています。スマート農業の現場実装は「現場」系プロジェクト、農林水産省共通申請サービス（eMAFF）は「基盤」の整備に向けたプロジェクトです。

　このほかにも、「現場」系プロジェクトでは、農山漁村発イノベーション全国展開プロジェクト（INACOME）、デジタル技術を活用した飼養衛生管理高度化プロジェクト、農産物流通効率化プロジェクト等を、「行政実務」系プロジェクトでは、業務の抜本見直しプロジェクトやデータ活用人材育成推進プロジェクト等を推進しています。

（eMAFF地図の開発を開始）

　「基盤」の整備に向けたプロジェクトについては、eMAFFの利用を進めながら、現場の農地情報を統合し、農地の利用状況の現地確認等の抜本的な効率化・省力化を図るための「農林水産省地理情報共通管理システム（eMAFF地図）」プロジェクトを進めています。

　農地に関する情報については、現在は、農業委員会が整備する農地台帳や地域農業再生協議会が整備する水田台帳等、施策の実施機関ごとに個別に収集・管理されています。このため、農業者は、実施機関ごとに繰り返し同じ内容を申請する必要があるとともに、実施機関は、手書きの申請情報をそれぞれのシステムに手入力し、それぞれが作成した手書きの地図により現地調査を行っています。

　eMAFF地図は、こうした農地に関係する作業を抜本的に改善するために開発を進めているものです。eMAFF地図により複数の台帳が一元管理されることで、最新の農地情報が一目で分かり、申請手続において画面上の地図から農地を選択することで農地情報を入力する手間が省ける、手続に伴う農地等の現地確認もタブレットの活用で手書きの地図の作成や確認結果のデータ入力が不要となる等の効果が期待できます。

　令和3（2021）年度はeMAFF地図のシステム開発を進め、これに掲載するデータの「紐付け」手法の開発・実証を行いました。また、関係府省と合意し、不動産登記簿の「地番」情報と農地台帳等との紐付けに当たって、個人情報保護法令に基づく整理をした上で、必要な「地番」情報のデータ提供が可能となりました。

　引き続き、令和4（2022）年度中に一部地域で運用を開始できるように精力的に取り組んでいきます。

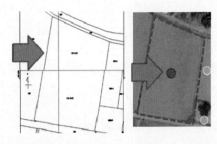

不動産登記簿と農地台帳（赤丸部分）との紐付け
資料：農林水産省作成

（3）イノベーションの創出・技術開発の推進

（「知」の集積と活用の場によるオープンイノベーションを創出）

　農林水産・食品分野のオープンイノベーションを担う「知」の集積と活用の場の産学官連携協議会[1]には、IT系、工学系、医学系など様々な分野から、4千以上の法人・個人が参加しており、新たな技術や商品を続々と創出しています。同協議会は、主催するセミナーのほか、アグリビジネス創出フェアや商談会等のイベントを通じて技術や商品の情報を発信するとともに、会員間での交流・意見交換を行っており、令和3(2021)年度から、「知」の集積と活用の場から生まれた商品・技術を海外展開することを目的として、新たに海外会員の募集を開始しました。

「知」の集積と活用の場　産学官連携協議会
URL：https://www.knowledge.maff.go.jp/

アグリビジネス創出フェアでの展示の様子

（ムーンショット型農林水産研究開発事業を推進）

　内閣府のCSTI[2]（総合科学技術・イノベーション会議）では、人々を魅了する野心的な目標を掲げて困難な社会課題の解決を目指し、挑戦的な研究開発を進めるため、「ムーンショット型研究開発」として九つの目標を掲げています。このうち、農林水産・食品分野における目標、「2050年までに、未利用の生物機能等のフル活用により、地球規模でムリ・ムダのない持続的な食料供給産業を創出」の達成に向け、農研機構生物系特定産業技術研究支援センターでは、令和2(2020)年度から、牛からのメタン削減と生産性向上の両立を始めとする10のプロジェクト研究に取り組んでいます。

（事例）牛の胃からメタンの発生抑制が期待される新たな細菌を発見

　農研機構は、平成29(2017)年からメタン産生の少ない牛の胃の中に存在する微生物の働きを利用した研究に取り組み、令和3(2021)年11月に、牛の第一胃からメタンの発生抑制が期待できる新たな細菌*を発見しました。

　新たに発見された細菌は、牛の第一胃の微生物の働きで飼料が分解・発酵される過程で、プロピオン酸の元となる物質をより多く作ります。プロピオン酸は、牛のエネルギー源として利用される物質で、生成される際にメタンの材料となる水素を消費するため、第一胃においてプロピオン酸が多く作られると、メタンは生成されにくくなり、牛のエネルギー効率が上がります。

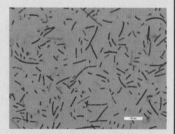

牛の第一胃から分離された
新種の細菌株
資料：農研機構

　新たに発見された細菌は、プロピオン酸の元となる物質を今までに知られていた細菌よりも多く作るため、プロピオン酸の増加とメタンの発生抑制を両立する技術につながる可能性があります。今後、研究が更に進むことで、牛を始めとした反すう動物のメタン排出量の削減や、生産性向上への貢献が期待されます。

＊ 細菌の名称は、*Prevotella lacticifex*（プレボテラ・ラクティシフェクス）

---

[1] 平成28(2016)年4月に設立
[2] Council for Science, Technology and Innovationの略

（新たな品種改良技術の進展と国民理解の向上に向けた取組を実施）

　農林水産省では平成30(2018)年から、農作物のゲノム情報や生育特性等の育種に関するビッグデータ[1]を整備し、これにAIや新たな育種技術等を組み合わせて活用する「スマート育種システム」の開発と、そのためのデータ基盤の構築に取り組んでいます。

　この取組を進めることにより、イネ、コムギ、オオムギ、ダイズ、リンゴ、タマネギ等について、気候変動等への適応力、収量、おいしさといった多数の遺伝子が関わる形質を改良する品種の開発を、従来よりも効率的かつ迅速に行うことができるようになります。

　また、近年では天然毒素を低減したジャガイモや無花粉スギの開発等、ゲノム編集[2]技術を活用した様々な研究が進んでいます。令和3(2021)年9月には、ゲノム編集技術によって開発された農作物として、我が国で初めて届出されたGABA[3]高蓄積トマトが、続いて同年12月には、肉厚のマダイと成長の早いトラフグがそれぞれインターネットで販売開始されました。

　一方で、ゲノム編集技術は新しい技術であるため、農林水産省は、平成28(2016)年度から大学や高校に専門家を派遣して出前授業等を行うとともに、消費者に研究内容を分かりやすい言葉で伝えるなどのアウトリーチ活動を実施しており、令和3(2021)年11月には、無花粉スギについての研究施設見学会を行いました。

　今後も、健康的な食生活に貢献できる農作物や、農薬の使用を抑え環境負荷を低減できる病害虫抵抗性農作物等、国民が利益を享受できるような農作物の開発を推進していきます。

無花粉スギの研究施設見学の様子

---

[1] 用語の解説3(1)を参照
[2] 用語の解説3(1)を参照
[3] γアミノ酪酸(Gamma Amino Butyric Acid)のことで、食品に含まれる健康機能性成分として、ストレス緩和や血圧降下作用等が注目されている。

第9節　気候変動への対応等の環境政策の推進

　気候変動対策において、我が国は、令和32(2050)年までにカーボンニュートラルの実現を目指しており、あらゆる分野ででき得る限りの取組を進めることとしています。また、生物多様性条約第15回締約国会議(CBD COP15)での議論等を背景に、生物多様性の保全等の環境政策も推進しています。本節では、食料・農業・農村分野における気候変動に対する緩和・適応策の取組や生物多様性の保全に向けた取組等を紹介します。

(1) 地球温暖化対策の推進

(2050年までのカーボンニュートラルの実現に向けて)

　我が国の温室効果ガス[1]の総排出量は令和2(2020)年度に11億5,000万t-CO_2となっているところ、政府は、令和32(2050)年までに温室効果ガスの総排出量を全体としてゼロにするカーボンニュートラルの実現に向け、令和3(2021)年4月の米国主催気候サミットで、令和12(2030)年度において温室効果ガス排出量を平成25(2013)年度比で46%削減することを目指し、更に50%の高みに向けて挑戦を続けることを宣言しました。

　さらに、令和3(2021)年10月、政府は、令和12(2030)年度の温室効果ガス削減目標等の実現に向け、内閣総理大臣を本部長とする地球温暖化対策推進本部において「日本のNDC[2](国が決定する貢献)」を決定するとともに、新たな令和12(2030)年度削減目標の裏付けとなる対策・施策を記載して新目標実現への道筋を描く「地球温暖化対策計画」、令和32(2050)年カーボンニュートラルに向けた基本的考え方等を示した「パリ協定に基づく成長戦略としての長期戦略」を閣議決定しました。あわせて、気候変動の適応策を示した「気候変動適応計画」を閣議決定しました。

　農林水産分野での気候変動に対する緩和・適応策の推進に向け、農林水産省は、「みどりの食料システム戦略[3]」(以下「みどり戦略」という。)を踏まえ、令和3(2021)年10月に「農林水産省地球温暖化対策計画」と「農林水産省気候変動適応計画」を改定しました。令和12(2030)年度の温室効果ガス削減目標として、平成25(2013)年度の我が国の総排出量に対し、農林水産分野における排出削減対策と吸収源対策により3.5%相当分を削減(排出削減量303万t-CO_2、吸収量4,650万t-CO_2)することを目指しています。

　我が国の農林水産分野における令和2(2020)年度の温室効果ガスの排出量は、前年度から42万t-CO_2増加し、5,084万t-CO_2と

図表 2-9-1　農林水産分野の温室効果ガス排出量

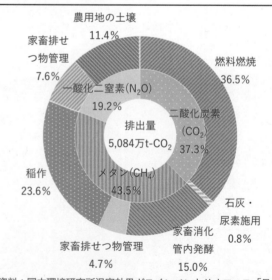

資料：国立環境研究所温室効果ガスインベントリオフィス「日本の温室効果ガス排出量データ」を基に農林水産省作成
注：1) 令和2(2020)年度の数値
　　2) 排出量は二酸化炭素換算

---

[1] 用語の解説3(1)を参照
[2] Nationally Determined Contributionの略
[3] トピックス2、第1章第6節を参照

なりました(**図表2-9-1**)。今後、地球温暖化対策計画や、みどり戦略に沿って、更なる温室効果ガスの排出削減に資する新技術の開発・普及を推進していきます。

(炭素貯留の取組を推進)

　温室効果ガスの吸収源対策の一つとして、農林水産省は、改定後の農林水産省地球温暖化対策計画に基づき、堆肥や緑肥等の有機物やバイオ炭[1]の施用を通じ、農地や草地における炭素貯留の取組を推進しています。具体的には、堆肥の高品質化、広域的な供給に必要なペレット堆肥製造施設等の環境整備、実証的な堆肥の施用による有効性の周知や、堆肥・緑肥等の有機物やバイオ炭について、産地に適した施用技術の検証の支援などを行っています。

(コラム) 果樹の剪定枝を利用したバイオ炭の取組を推進

　山梨県では、令和2(2020)年4月から、光合成の働きによって多くの炭素が蓄積した果樹園での剪定枝を炭化することで「バイオ炭」として活用し、長期間炭素を土壌中に貯留する取組を推進しています。

　簡易な炭化器を活用することで、簡単にバイオ炭づくりができることから、今後、消費者への浸透も図りながら、「環境に優しいくだもの」として山梨の新しいブランドを目指していきます。

簡易な炭化器で
炭になった剪定枝

資料：山梨県

(世界的な気候変動対策の推進に向け国際的な枠組みに参加)

　令和3(2021)年10月から11月にかけて英国のグラスゴーで開催された国連気候変動枠組条約第26回締約国会議(COP26)においては、パリ協定下の市場メカニズムの実施指針等が採択され、パリ協定の実施指針が完成しました。議長国英国の主導で実施された会合等においては、我が国からみどり戦略を世界に向けて発信しました。

　また、COP26においては、二酸化炭素よりも高い温室効果を有するメタンについて、令和12(2030)年までに世界全体の排出量を令和2(2020)年比で30%削減することを目標に、各国で協働するための国際的な枠組みである「グローバル・メタン・プレッジ」が発足し、我が国も参加しています。我が国は、メタン発生の少ないイネの品種開発や、水田の土壌内に存在するメタン生成菌の活動を抑制する中干し技術、牛のげっぷとして排出されるメタンガス削減の研究開発等に強みを持っています。今後も農業分野におけるメタン排出削減に向けた研究開発を推進していきます。

---

[1] 燃焼しない水準に管理された酸素濃度の下、350℃超の温度でバイオマスを加熱して作られる固形物

（コラム）農地土壌由来のメタン削減を可能とする水稲栽培技術の開発

　農研機構、JIRCAS等の研究グループは、農業分野における温室効果ガス排出削減技術の開発に向け、平成24(2012)年度から東南アジアの国々と連携し、水稲の総合的栽培管理技術の研究に取り組んでいます。

　湛水が続く水田では、土壌中の酸素が減少し、温室効果ガスであるメタンの発生が増えることが知られています。そこで研究グループでは、IRRI(国際稲研究所)が開発した節水のための間断かんがい技術AWD(Alternate Wetting and Drying)を応用し、湛水と落水を繰り返すことでメタンの発生を抑制できるのかについて、フィリピン、インドネシア、ベトナム、タイ等の圃場で検証を行ってきました。また、稲作農家にとっては生産の安定や、そのための土壌保全も重要であることから、AWDによる水管理のみではなく、肥料や有機物の効率的な利用法も研究してきました。

　この研究では、水田からのメタン等の温室効果ガスの排出量を30%以上削減し、地球温暖化の緩和に資するとともに、有機物管理等を組み合わせて土壌保全と生産の安定化を実現することを目標としており、令和4(2022)年度までに、そのような総合的栽培管理技術を開発する予定です。この技術は費用・労力が比較的に軽微で、生産性の維持とも両立することから、アジア諸国での普及が期待されています。

水田での温室効果ガスの観測
資料：インドネシア農業環境研究所

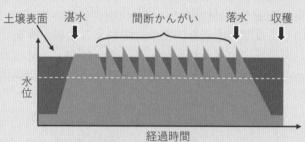

AWD(間断かんがい技術)のイメージ
資料：農研機構資料を基に農林水産省作成

（気候変動の影響に適応するための品種・技術の導入が進展）

　農業生産は気候変動の影響を受けやすい中で、近年では、気温の上昇による栽培地域の拡大を活用し、熊本県における、うんしゅうみかんよりも温暖な気候を好む中晩柑「しらぬひ」への転換や、青森県におけるももの生産、愛媛県におけるアボカドの生産等、新しい作物の導入が進展しています。

　また、水稲における白未熟粒[1]や、りんご、ぶどう、トマトの着色・着果不良等、各品目で生育障害や品質低下等の影響が現れていることから、この影響を回避・軽減するための品種や技術の開発、普及も進展しています。

(2) 生物多様性の保全と利用の推進

（次期生物多様性国家戦略等を策定し環境と経済の向上を両立）

　農林水産業は、人間の生存に必要な食料や生活資材を供給する活動であるとともに、その営みは、人々にとって身近な自然環境を形成し、多様な生物種の生育・生息に重要な役割を果たしています。また、農林水産業と生物多様性との関わりは、農山漁村の文化や景観を形づくり、農山漁村に活力を与え、地域経済の発展や健康的で豊かな生活基盤となっています。

---

[1] 胚乳の一部又は全部が白濁した玄米のことで、登熟期の高温によりデンプンの蓄積が阻害されて細胞内に空気の隙間が生じ、これが光を乱反射して白く見える。精米しても白濁はなくならず、米の検査等級の下落や食味の低下の原因となる。

令和3(2021)年10月、中国・昆明でCBD COP15第一部が開催され、ハイレベルセグメントにおいては、生物多様性の世界目標である「ポスト2020生物多様性枠組」の採択に向けて生物多様性の損失を食い止めること等の決意が記載された「昆明宣言」が採択されました。我が国からは日本の取組の説明や国際支援の表明を行いました。令和4(2022)年に中国・昆明で開催が予定されているCBD COP15第二部では、「ポスト2020生物多様性枠組」が採択される予定であり、今後この採択を受け、我が国でも令和4(2022)年度に次期生物多様性国家戦略を策定する予定です。

これに先立ち農林水産省は、「ポスト2020生物多様性枠組」についての議論や、みどり戦略を踏まえ、「農林水産省生物多様性戦略」を見直すため、有識者による検討を行いました。新たな農林水産省生物多様性戦略では、環境と経済の向上の両立を目指していく旨を記載することとしています。

生物多様性の保全・再生
URL：https://www.maff.go.jp/j/kanbo/kankyo/seisaku/c_bd/tayousei.html

(3) 廃プラスチック対策の推進

(農業分野における廃プラスチック対策を推進)

一般社団法人プラスチック循環利用協会の調査によると、令和2(2020)年の我が国全体のプラスチック廃棄量は822万tとなっています。このうち農林水産分野の廃プラスチック排出量は11万tで、我が国全体の総排出量の1.4%を占めています。

農業分野の廃プラスチックには農業用ハウスの被覆資材やマルチ[1]等が含まれます。被覆資材の耐久性向上や耕地面積の減少等により、その排出量は、平成5(1993)年度をピークに減少傾向にあります。農業分野の廃プラスチックの再生処理の割合は上昇傾向で推移しており、平成30(2018)年度では74.5%となっています（**図表2-9-2**）。今後も各地域においてブロック協議会や都道府県協議会を中心に、情報や地域課題の共有、法令の周知徹底を図り、この割合を令和8(2026)年度に80%とすることを目標としています。

また、徐々に肥料成分が溶け出す緩効性肥料の一つであるプラスチックを使用した被覆肥料については、使用後に被膜殻が圃場から流出することで海洋汚染等の要因となることが指摘されています。このため、肥料メーカー等は、令和4(2022)年1月に「緩効性肥料におけるプラスチック被膜殻の海洋流出防止に向けた取組方針」を公表しました。令和12(2030)年までにプラスチックを使用した被覆肥料に頼らない農業を掲げ、農業者に被膜殻の流出防止対策の徹底や代替となる施肥方法の提案等を進めることとしています。農林水産省においても、生産現場におけるプラスチック被膜殻流出防止等の取組を推進しています。

---

[1] マルチングの略で、畑の畝をビニールシートやポリエチレンフィルム、わら等で覆うこと。マルチの用途は、地温の調節、土の乾燥防止、雑草の抑制、雨による肥料の流出防止、病害虫の防止等

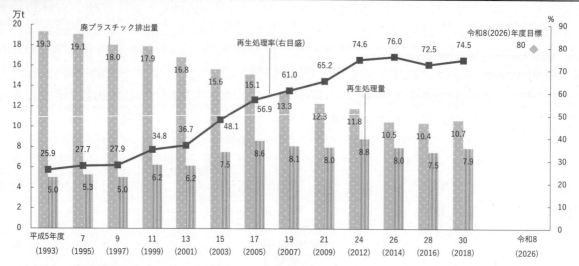

図表 2-9-2 農業分野の廃プラスチック排出量に対する再生処理の割合

資料：農林水産省「園芸用施設の設置等の状況」を基に作成
注：本調査は隔年の調査で、平成23(2011)年度は実施せず、平成24(2012)年度に実施

農業分野においては、農業者、農業者団体、地方公共団体による廃プラスチック対策の排出抑制と適正処理の推進を徹底しており、農業用ハウスでは、耐久性を強化したフィルムの使用を推進しています。また、マルチについては、廃プラスチックの排出量削減の取組として、農林水産省は、従来のポリマルチの利用から、使用後にすき込むことで土壌中の微生物により水や炭酸ガスに分解される生分解性マルチの利用への転換を推進しています。

農業用生分解性資材普及会の調査によると、生分解性マルチの年間利用量(樹脂の出荷量)は年々増加傾向で推移しており、令和2(2020)年度は3,600tの目標に対し、3,822tとなっています(**図表2-9-3**)。今後も生分解性マルチへの転換を推進し、令和5(2023)年度の年間利用量を4,600tとすることを目標としています。

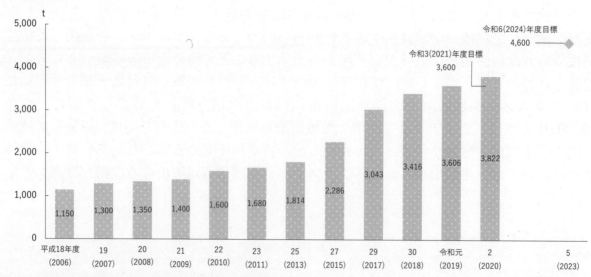

図表 2-9-3 生分解性マルチの年間利用量(樹脂の出荷量)

資料：農業用生分解性資材普及会の資料を基に農林水産省作成
注：1) 平成24(2012)年、26(2014)年、28(2016)年は調査を未実施
2) 年度ごとの目標値は、実績値を調査翌年度12月に把握するため、前年度の実績値に対するもの

第10節　農業を支える農業関連団体

　各種農業関連団体については、農業経営の安定、食料の安定供給、農業の多面的機能[1]の発揮等において重要な役割を果たしていくことが期待されています。

　本節では、そのような期待の下での各種農業関連団体の取組の動向について紹介します。

(1) 農業協同組合系統組織

(農業者の所得向上に向けた自己改革を実践)

　農協は協同組合の一つで、農業協同組合法(以下「農協法」という。)に基づいて設立されています。農業者等の組合員により自主的に設立される相互扶助組織であり、農産物の販売や生産資材の供給、資金の貸付けや貯金の受入れ、共済、医療等の事業を行っています。

　農業協同組合系統組織においては、平成28(2016)年に施行された改正農協法[2]に基づき、農業者の所得向上に向け、農産物の有利販売や生産資材の価格引下げ等に主体的に取り組む自己改革に取り組んできました。また、令和3(2021)年6月に閣議決定した規制改革実施計画においては、それぞれの農協が組合員との対話を通じて自己改革を実践していくサイクルを構築し、これを前提として農林水産省が指導・監督等を行う仕組みを構築する、との方向性が決定されました。

(事例) 品質と価格の維持により、継続的に黒字を実現(静岡県)

　静岡県浜松市の三ヶ日町農業協同組合では、生産販売額全体の約85%を占める「三ヶ日みかん」の生産、販売に力を入れています。冷風貯蔵設備を活用した端境期での出荷や、品種の絞込みによる栽培技術の維持、マッピングシステムの活用による個別園地の管理のほか、平成27(2015)年からは機能性表示食品としての販売を行うこと等により、「三ヶ日みかん」ブランドの品質と価格の維持につなげてきました。こうした取組が功を奏し、同農協では、平成15(2003)年度から10年以上農業関連事業の黒字を実現しています。

　令和3(2021)年11月には、AI*を搭載した新たなかんきつ選果場が稼働しました。AI画像選別システムによる高精度な選果と高速化により、従来以上に高品質な果実の出荷を実現するとともに、選果場等での労働時間の削減が可能となりました。

* 用語の解説3(2)を参照

選果場の様子
資料:三ヶ日町農業協同組合

---

[1] 用語の解説4を参照
[2] 正式名称は「農業協同組合法等の一部を改正する等の法律」

（コラム）厚生連病院が新型コロナウイルス感染症拡大に対応

ワクチン接種の様子
資料：全国厚生農業協同組合連合会

　　JAグループは、全国に33ある厚生農業協同組合連合会（以下「厚生連」という。）を通して、病院・診療所等の運営、高齢者福祉といった厚生事業も行っています。全国に105の厚生連病院、61の診療所（令和4(2022)年3月末時点）を運営し、令和2(2020)年以降は、猛威を振るう新型コロナウイルス感染症の感染拡大への対応として、感染者の受入れや、職域・地域におけるワクチン接種を行い、地域医療の基幹施設としての役割を果たしています。

　　厚生連病院において、新型コロナウイルス感染症の発生当初から令和3(2021)年11月末までに感染者の受入実績のある病院数は80、受入患者の累計は12,270人に上ります。感染者が更に急増した場合に備え、病床の増床、入院受入者数の増加も進めました。

　　また、感染が急拡大し、医療提供体制が逼迫した地域からの医療従事者の派遣要請にも、積極的に対応してきました。令和3(2021)年5〜6月には大阪府及び沖縄県に、同年9〜10月には東京都に看護師を派遣し、令和4(2022)年1月にも、オミクロン株による感染が広まった沖縄県に派遣するなど、計8厚生連が対応しました。

　総合農協[1]の組合数は減少傾向、組合員数は横ばいで推移しており、令和2(2020)年度の組合数は587組合、組合員数は1,042万人となっています（**図表2-10-1**）。組合員数の内訳を見ると、農業者である正組合員数は減少傾向ですが、非農業者である准組合員数は増加傾向です。

図表2-10-1　農協(総合農協)の組合数、組合員数

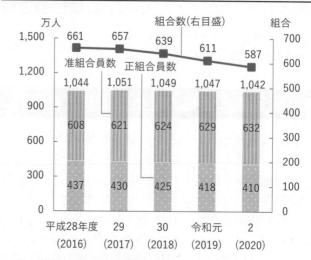

資料：農林水産省「総合農協統計表」
注：1）組合数は「総合農協統計表」における集計組合数
　　2）各組合事業年度末時点の数値

(2) 農業委員会系統組織

（農地利用の最適化に向けて活動の「見える化」等を推進）

　農業委員会は、農地法等の法令業務及び農地利用の最適化業務を行う行政委員会で、全国の市町村に設置されています。農業委員は農地の権利移動の許可等を審議し、農地利用最適化推進委員は現場で農地の利用集積や遊休農地[2]の解消、新規参入の促進等の農地利用の最適化活動を担当しています。

---

[1] 農協法に基づき設立された農協のうち、販売事業、購買事業、信用事業、共済事業等を総合的に行う農協
[2] 用語の解説3(1)を参照

農業委員会が実施する農地利用の最適化活動の内容と成果は、地域の農業者に対して「見える化」することが重要であり、農業委員会系統組織においては、地域内の農地の利用集積、遊休農地の解消等に係る具体的な目標を定め、その目標達成に向けて最適化活動を行う農業委員及び農地利用最適化推進委員が活動内容を記録し、それを基に活動実績と目標達成状況を点検・評価、公表することとしています。

令和3(2021)年における農業委員数は23,177人、推進委員数は17,696人で、合わせて40,873人となっています（**図表2-10-2**）。

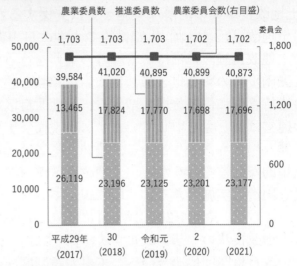

図表 2-10-2 農業委員会の委員会数、委員数

資料：農林水産省作成
注：1) 各年10月1日時点の数値
　　2) 推進委員は農地利用最適化推進委員の略

(3) 農業共済団体

(1県1組合化等による業務効率化の取組を推進)

農業共済制度は、農業保険法の下、農業共済組合及び農業共済事業を実施する市町村(以下「農業共済組合等」という。)、県単位の農業共済組合連合会、国の3段階で運営されてきました。

近年、農業共済団体においては、業務効率化のため、農業共済組合の合併により県単位の農業共済組合を設立するとともに、農業共済組合連合会の機能を県単位の農業共済組合が担うことにより、農業共済組合と国との2段階で運営できるよう、1県1組合化を推進しています。令和3(2021)年4月1日時点では、前年から4県で1県1組合化が進み、45都府県で1県1組合化が実現しています。残る2道県の農業共済組合等においては、引き続き1県1組合化等による業務の効率化を進めることとしています。

令和2(2020)年度における農業共済組合等数は64組織、農業共済組合員等数は223万人となっています（**図表2-10-3**）。

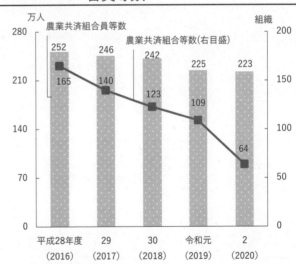

図表 2-10-3 農業共済組合等数及び農業共済組合員等数

資料：農林水産省作成
注：1) 農業共済組合等数は各年度末時点の数値。農業共済組合員等数は各年度（4月1日から3月31日まで）において組合員等であった者の数
　　2) 農業共済組合等数は、農業共済組合と農業共済事業を実施する市町村の合計
　　3) 農業共済組合員等数は、農業共済組合の組合員と市町村が行う農業共済事業への加入者の合計
　　4) 農業共済組合員等数には、制度共済のほかに任意共済への加入者も含む。

(4) 土地改良区

(土地改良事業の円滑な実施を更に支援するための改正土地改良法が成立)

　土地改良区は、圃場整備等の土地改良事業を実施するとともに、農業用用排水施設等の土地改良施設の維持・管理等の業務を行っています。

　豪雨災害の頻発化・激甚化、耐用年数を超過する土地改良施設の突発事故等による施設の維持管理に係る負担の増大や、土地改良区の技術者不足等の課題によって、土地改良区の運営は厳しさを増しています。小規模な土地改良区では、技術者の雇用や業務の実施が困難な場合もあることから、農林水産省は土地改良事業団体連合会等関係機関と連携して技術的な助言を行うなど、土地改良区が事業を円滑に実施できるよう取り組んでいます。さらに、令和4(2022)年3月に成立した「土地改良法の一部を改正する法律」では、土地改良事業団体連合会への工事委託制度が創設され、土地改良区はこれら制度を活用して事業を円滑に推進することが期待されます。

　令和2(2020)年度末時点で土地改良区は4,325地区となっており、近年減少傾向が続いています。土地改良区の組合員数も減少傾向にあり、令和2(2020)年度は前年度と比べて4万5千人減少し、346万人となりました(**図表2-10-4**)。

図表 2-10-4　土地改良区数と土地改良組合員数

資料：農林水産省作成
注：各年度末時点での数値

第3章
農村の振興

　中山間地域[1]を始めとする農村では、高齢化・人口減少が進行している一方で、近年、「田園回帰」による人の流れが全国的な広がりを持ちながら継続しており、農村の持つ価値や魅力が再評価されています。新型コロナウイルス感染症の感染拡大も、地方移住への関心の高まりを後押ししていると考えられます。

　本節では、このような中での農村の現状と田園回帰の動向について紹介します。

（農村では高齢化・人口減少が都市に先駆けて進行）

　国土の大宗を占める農村は、国民に不可欠な食料を安定供給する基盤であるとともに、農業・林業など様々な産業が営まれ、多様な地域住民が生活する場でもあり、さらには、国土の保全や水源の涵養など多面的機能[2]が発揮される場でもあることから、その振興を図ることが重要です。

　一方、農村において、高齢化・人口減少が都市に先駆けて進行しており、農村の高齢化率は令和2(2020)年時点で35.0％であり、都市部よりも20年程度先行しています（**図表3-1-1**）。農村の人口における65歳以上の割合を都道府県別に見ても、平成22(2010)年では全ての都道府県が35%未満でしたが、令和2(2020)年では35%以上が27都道府県となっており、高齢化が進行していることがうかがえます（**図表3-1-2**）。

図表 3-1-1　農村・都市部の人口と高齢化率

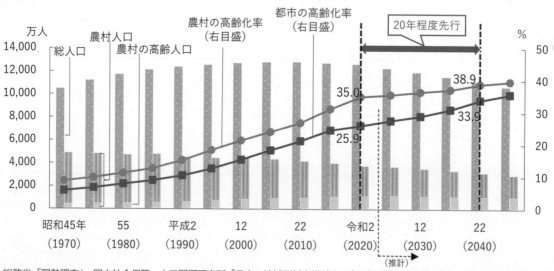

資料：総務省「国勢調査」、国立社会保障・人口問題研究所「日本の地域別将来推計人口(平成30(2018)年推計)」を基に農林水産省作成

注：1）国勢調査における人口集中地区を都市、それ以外を農村とした。
　　2）高齢化率とは、総人口に占める高齢人口(65歳以上の高齢者)の割合
　　3）昭和45(1970)～令和2(2020)年は「国勢調査」、令和7(2025)～令和27(2045)年は「日本の地域別将来推計人口(平成30(2018)年推計)」を基に作成
　　4）令和2(2020)年までの高齢化率は、分母から年齢不詳人口を除いて算出

---

[1] 用語の解説2(7)を参照
[2] 用語の解説4を参照

図表3-1-2 農村における65歳以上の人口の割合（都道府県別）

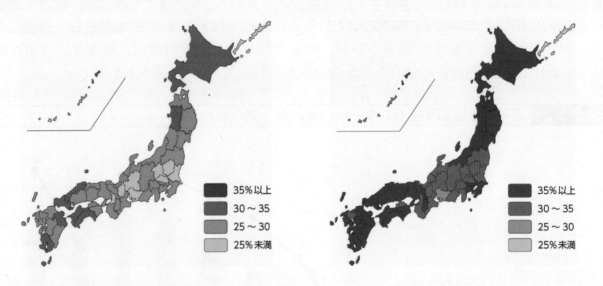

（平成22(2010)年）　　　　　　　　　　　　（令和2(2020)年）

```
■ 35%以上
■ 30～35
■ 25～30
□ 25%未満
```

資料： 総務省「国勢調査」を基に農林水産省作成
注：1) 国勢調査における人口集中地区以外を農村としている。
　　2) 分母から年齢不詳人口を除いて算出

　また、我が国の令和2(2020)年の農業地域類型別の人口は、都市的地域[1]で1億85万人、平地農業地域[2]で1,086万人、中間農業地域[3]で984万人、山間農業地域[4]で311万人と推計され、約8割が都市的地域に集中している状況です（**図表3-1-3**）。さらに、平成22(2010)年から令和2(2020)年までの10年間の人口の推移について、都市的地域では横ばいですが、平地農業地域では9％、中間農業地域では14％、山間農業地域では20％減少しており、中山間地域では都市的地域に先行して人口減少が進んでいることがうかがえます。

図表 3-1-3 農業地域類型別の人口の推移（推計）

（千人、%）

	2010年		2020年（推計）		増減数（率）
		構成比		構成比	
都市的地域	100,880	78.8	100,847	80.9	▲33(0.0)
平地農業地域	11,906	9.3	10,864	8.7	▲1,042(▲8.8)
中間農業地域	11,407	8.9	9,837	7.9	▲1,570(▲13.8)
山間農業地域	3,865	3.0	3,108	2.5	▲757(▲19.6)
計	128,057	100.0	124,656	100.0	▲3,401(▲2.7)

資料：農林水産政策研究所「農山村地域の人口動態と農業集落の変容-小地域別データを用いた統計分析から-」を基に
　　　農林水産省作成

第3章

---

[1] 用語の解説2(7)を参照
[2] 用語の解説2(7)を参照
[3] 用語の解説2(7)を参照
[4] 用語の解説2(7)を参照

（若い世代等を中心に田園回帰の動きも拡大傾向）

　地方暮らしやUIJターンを希望する人のための移住相談を行っているNPO法人¹ふるさと回帰支援センター(以下「ふるさと回帰支援センター」という。)への相談件数は、近年増加傾向で推移しています。令和3(2021)年の相談件数は前年から29%増加し、過去最高の4万9,514件となりました(**図表3-1-4**)。相談者について年齢階層別に見ると、近年は20代から30代までの問い合わせの割合が約半数で推移しています(**図表3-1-5**)。

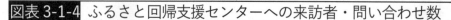

図表 3-1-4　ふるさと回帰支援センターへの来訪者・問い合わせ数

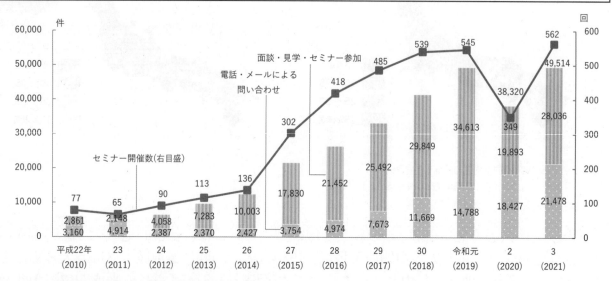

資料：ふるさと回帰支援センター資料を基に農林水産省作成

図表 3-1-5　年代別のふるさと回帰支援センター利用者割合

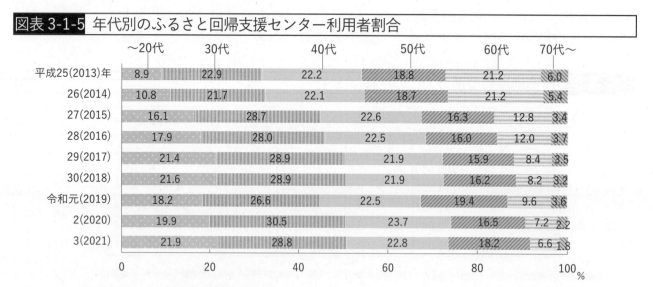

	～20代	30代	40代	50代	60代	70代～
平成25(2013)年	8.9	22.9	22.2	18.8	21.2	6.0
26(2014)	10.8	21.7	22.1	18.7	21.2	5.4
27(2015)	16.1	28.7	22.6	16.3	12.8	3.4
28(2016)	17.9	28.0	22.5	16.0	12.0	3.7
29(2017)	21.4	28.9	21.9	15.9	8.4	3.5
30(2018)	21.6	28.9	21.9	16.2	8.2	3.2
令和元(2019)	18.2	26.6	22.5	19.4	9.6	3.6
2(2020)	19.9	30.5	23.7	16.5	7.2	2.2
3(2021)	21.9	28.8	22.8	18.2	6.6	1.8

資料：ふるさと回帰支援センター資料を基に農林水産省作成

---

¹ 用語の解説3(2)を参照

また、総務省の「住民基本台帳人口移動報告」を見ると、東京圏からの年齢階層別の転出者数は、15〜29歳と50歳以上では増加傾向で推移しています（**図表3-1-6**）。さらに、令和3（2021）年6〜8月に内閣府が行った調査によると、都市住民の26.6%が農山漁村地域へ移住願望が「ある」、「どちらかというとある」と回答しています（**図表3-1-7**）。年齢階層別の割合を見ると、18〜29歳で37.3%、50〜59歳で34.5%と高くなっています。

これらのことから、若い世代や50代を中心に、気候、自然に恵まれたところや都会の喧噪^{けんそう}から離れた静かなところで暮らしたいという田園回帰の意識が高まっていることがうかがわれます。新型コロナウイルス感染症の感染拡大によりテレワークが普及していること等も、地方移住への関心の高まりを後押ししていると考えられます。

図表 3-1-6　東京圏の年齢階層別転出者数

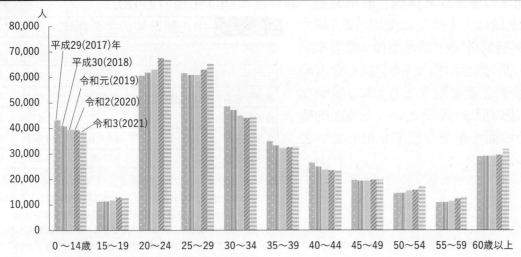

資料：総務省「住民基本台帳人口移動報告」を基に農林水産省作成
注：1）東京圏は埼玉県、千葉県、東京都、神奈川県の1都3県
　　2）日本人のみの算出結果

図表 3-1-7　都市住民の農山漁村地域への移住願望の有無

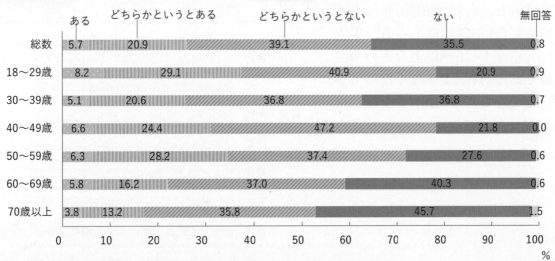

資料：内閣府「農山漁村に関する世論調査」（令和3（2021）年10月公表）を基に農林水産省作成
注：1）令和3（2021）年6〜8月に、全国18歳以上の日本国籍を有する者3千人を対象として実施した郵送とインターネットによるアンケート調査（有効回収数は1,655人）
　　2）居住地域の認識について「都市地域」、「どちらかというと都市地域」と回答した者に対する、「農山漁村地域に移住してみたいという願望があるか」の質問への回答結果（回答総数は1,036人）

第2節　地域の特性を活かした複合経営等の多様な農業経営等の推進

農村、特に中山間地域[1]では、米、野菜、果樹作等のほか、畜産、林業にも取り組む複合経営を進め、所得と雇用機会を確保する必要があります。一方で、都市農業は、農業体験等において重要な役割を担っています。本節では、中山間地域の農業や都市農業の特性とそれらを活かした多様な農業経営等の取組について紹介します。

(1) 中山間地域の農業の振興

(中山間地域の農業経営体数、農地面積、農業産出額は全国の約4割)

中山間地域は、人口では全国の約1割ですが、農業経営体[2]数、農地面積、農業産出額では約4割、国土面積でも6割以上を占めるなど、食料生産を担うとともに、豊かな自然や景観の形成・保全といった多面的機能[3]の発揮の面で重要な役割を担っています(**図表3-2-1**)。

図表3-2-1　中山間地域の主要指標

	全国	中山間地域	割合
人口(万人)[*1]	12,709	1,420	11.2%
農業経営体数(千経営体)[*2]	1,076	453	42.1%
農地面積(千ha)[*3]	4,372	1,617	37.0%
農業産出額(億円)[*4]	89,370	36,647	41.0%
総土地面積(千ha)[*5]	37,286	24,118	64.7%

資料：*1 総務省「平成27年国勢調査」、*2 *5 農林水産省「2020年農林業センサス」(組替集計)、*3「令和2年耕地及び作付面積統計」、*4「令和2年生産農業所得統計」を基に農林水産省作成

注：1) 農業地域類型区分は、平成29(2017)年12月改定のものによる。
　　2) *1 *3 *4の中山間地域の数値は農林水産省による推計
　　3) *5の中山間地域の数値は、市区町村別の総土地面積を用いて算出しており、北方四島や境界未定の面積を含まない。

(中山間地域は果実・畜産等の多様な生産において重要な役割)

農業産出額に占める中山間地域の割合を品目別に見ると、令和2(2020)年は米や穀物・麦類の割合が3割程度の一方、果実では4割以上、畜産では5割以上を占め全品目の平均値である約4割より高くなっています(**図表3-2-2**)。これは、果樹や畜産は地形上の制約が比較的小さいためと考えられます。

図表3-2-2　農業産出額に占める中山間地域の割合

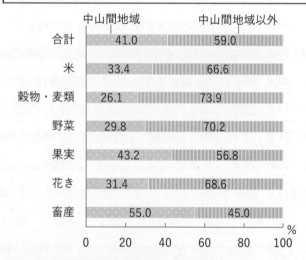

資料：農林水産省「生産農業所得統計」を基に作成
注：1) 中山間地域と全国の内訳については農林水産省による推計
　　2) 農業産出額は令和2(2020)年の数値

---

1 用語の解説2(7)を参照
2 用語の解説1、2(1)を参照
3 用語の解説4を参照

(中間農業地域、山間農業地域の農業所得はそれぞれ平地農業地域の約7割、約4割程度)

　農業経営体の農業所得[1]、農業生産関連事業所得[2]、農外事業所得[3]の合計のうち、農業所得の占める割合(農業依存度)を農業地域類型別に見ると、都市的地域[4]の農業依存度は45%と低い一方で、平地農業地域[5]と中山間地域の依存度は88〜96%と高くなっています(**図表3-2-3**)。

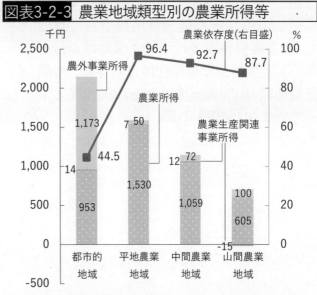

図表3-2-3　農業地域類型別の農業所得等

資料:農林水産省「農業経営統計調査 令和2年営農類型別経営統計」
(個人経営体)

　また、中間農業地域[6]、山間農業地域[7]の1農業経営体当たりの農業所得は令和2(2020)年で106万円、61万円であり、それぞれ平地農業地域の約7割、約4割となっています。中山間地域では、傾斜度の大きい農地が多いといった地形条件等から、土地生産性や労働生産性が平地農業地域と比べ低くなっており、農業粗収益が低く、農業経営費の占める割合がやや高いためと考えられます(**図表3-2-4、図表3-2-5**)。

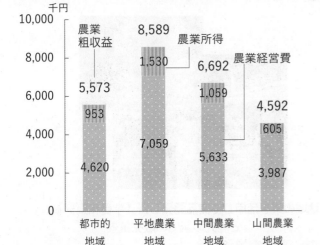

図表3-2-4　農業地域類型別の1農業経営体当たりの農業経営収支

資料:農林水産省「農業経営統計調査 令和2年営農類型別経営統計」
(個人経営体)

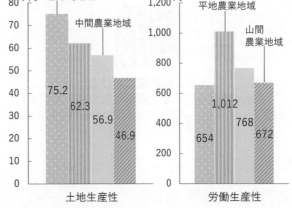

図表3-2-5　農業地域類型別の土地生産性・労働生産性

資料:農林水産省「農業経営統計調査 令和2年営農類型別経営統計」(個人経営体)を基に作成

注:土地生産性は経営耕地10a当たり付加価値額(千円)、労働生産性は自営農業労働1時間当たり付加価値額(円)

---

[1]　用語の解説2(4)を参照
[2]　用語の解説2(4)を参照
[3]　用語の解説2(4)を参照
[4]　用語の解説2(7)を参照
[5]　用語の解説2(7)を参照
[6]　用語の解説2(7)を参照
[7]　用語の解説2(7)を参照

第3章

（中山間地域の特性を活かした複合経営の実践に向けた取組を支援）

　加工・販売や農家民宿等の農業生産関連事業の実施状況を農業地域類型別に見ると、農業経営体数では中間農業地域が最も多く、実施割合では他地域と同様に、中間農業地域、山間農業地域とも10%程度となっています（**図表3-2-6**）。

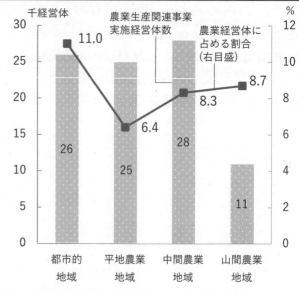

図表3-2-6　農業生産関連事業実施経営体数と農業経営体に占める割合

資料：農林水産省「2020年農林業センサス」を基に作成
注：農業地域類型区分は、平成29(2017)年12月改定のものによる。

　農林水産省は、小規模農家を始めとした多様な経営体がそれぞれにふさわしい農業経営を実現するため、令和3(2021)年6月に公表した「新しい農村政策の在り方に関する検討会[1]」の中間取りまとめを踏まえ、農業、畜産、林業も含めた多様な経営の組合せにより地域特性に応じた複合経営実践の取組を支援していくこととしています。

　また、山村の有する多面的機能の維持・発揮に向け、山村への移住・定住を進め、自立的発展を促すため、農林水産省は平成27(2015)年度から振興山村[2]の地域資源を活用した商品開発等に取り組む地区（令和3(2021)年度は70地区）を支援しています。

中山間地域における
「地域特性を活かした多様な複合経営モデル」
URL：https://www.maff.go.jp/j/nousin/tiiki/sesaku/hukugou.html

地域の栗を活用して商品開発した「宇目和栗ジャム」
と地元の駅での販売風景
資料：宇目地域活性化協議会
注：大分県佐伯市の事例

---

[1] 第3章第3節を参照
[2] 「山村振興法」に基づき指定された区域。令和3(2021)年4月時点で、全市町村数の約4割に当たる734市町村において指定

（コラム）中山間地域における稲作部門での複合経営と販売金額の関係

　中山間地域における稲作部門販売金額第1位の農業経営体数の販売金額別の割合を見ると、1,000万円以上の経営体の割合は、稲作単一経営で2.3％に対して、準単一複合経営（稲作主位部門）、複合経営（稲作主位部門）がそれぞれ10.1％、9.6％となっています。

　中山間地域においては、農地の集積・集約化*や農業生産基盤整備等による生産性の向上の取組と併せて、稲作部門においては、地域の特性を活かした多様な農業生産や農業生産関連事業等を組み合わせた複合経営の取組が販売金額の向上につながっていることがうかがえます。

* 用語の解説3（1）を参照

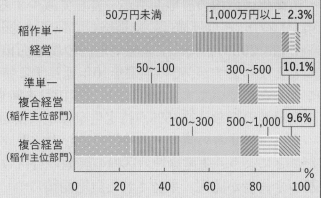

複合経営等の販売金額別農業経営体数の割合
（中山間地域、稲作部門販売金額第1位の経営体）

資料：農林水産省「2020年農林業センサス」を基に集計・作成
注：1）農業地域類型区分は、平成29（2017）年12月改定のものによる。
　　2）販売のある農業経営体のうち「単一経営」は販売金額1位部門が8割以上、「準単一複合経営」は同6～8割未満、「複合経営」は同6割未満の経営体

(2) 多様な機能を有する都市農業の推進

（都市農業・都市農地を残していくべきとの回答が7割）

　都市農業は、都市という消費地に近接する特徴から、新鮮な農産物の供給に加えて、農業体験・学習の場や災害時の避難場所の提供、住民生活への安らぎの提供等の多様な機能を有しています。

　都市農業が主に行われている市街化区域内の農地が我が国の農地全体に占める割合は1％と低いものの、農業経営体数と農業産出額ではそれぞれ全体の13％と7％を占めており、野菜を中心とした消費地の中での生産という条件を活かした農業が展開されています（**図表3-2-7**）。

図表3-2-7 都市農業の主要指標

	農業経営体*1 （万経営体）	農地面積*2 （万ha）	農業産出額*3 （億円）
全国	107.6	437.2	88,938
市街化区域 （割合）	14.0 （13.0%）	6.2（1.4%） うち生産緑地 1.2（0.3%）	6,229 （7.0%）

資料：*1 農林水産省「2020年農林業センサス」、*2「令和2年耕地及び作付面積統計」、*3「令和元年生産農業所得統計」、及び市街化区域は総務省「固定資産の価格等の概要調書（令和2年）」、国土交通省「都市計画現況調査（令和2年）」、東京都及び全国農業会議所調べ（令和元年）を基に農林水産省作成
注：市街化区域の数値は農林水産省による推計

　また、農林水産省が令和3（2021）年7月に実施した都市住民を対象とした調査では、都市農業の多様な役割が評価され、都市農業・都市農地を残していくべきとの回答が70.5％となりました。

第3章

203

（都市農地の貸借が進展）

　生産緑地制度は、良好な都市環境の形成を図るため、市街化区域内の農地の計画的な保全を図るものです。

　市街化区域内の農地面積が一貫して減少する中、生産緑地地区の農地面積は令和2(2020)年で1.2万haとほぼ横ばいで推移しています（**図表3-2-8**）。

　令和4(2022)年には生産緑地地区の農地面積の約8割が生産緑地の指定から30年経過することとなりますが、その期限を10年延長する特定生産緑地制度により農地保全を継続できることとなっています。令和3(2021)年12月末時点で、令和4(2022)年に指定から30年経過する生産緑地のうち、約86%が特定生産緑地に指定済み又は指定見込みとなっています。

　また、農業者の減少・高齢化が進む中、平成30(2018)年9月に都市農地貸借法[1]が施行されたことにより、生産緑地地区内の農地の貸付けが安心して行えるようになりました。同法に基づき貸借が認定・承認された農地面積については、令和2(2020)年度末時点で目標75万㎡に対して、前年度末から20万9千㎡増加し、51万5千㎡となりました（**図表3-2-9**）。内訳は、耕作の事業に関する計画の認定が221件、40万5千㎡、市民農園の開設の承認が71件、11万㎡となっています。

　同法に基づき貸借される農地面積については令和6(2024)年度末に255万㎡とする目標を設定しており、引き続き、同法の仕組みの現場での円滑かつ適切な活用を通じ、貸借による都市農地の有効活用を図ることとしています。

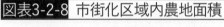

図表3-2-8　市街化区域内農地面積

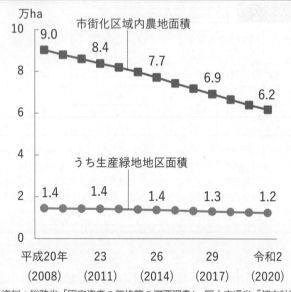

資料：総務省「固定資産の価格等の概要調書」、国土交通省「都市計画現況調査」を基に農林水産省作成

図表3-2-9　都市農地貸借法により貸借が認定・承認された農地面積(累計)

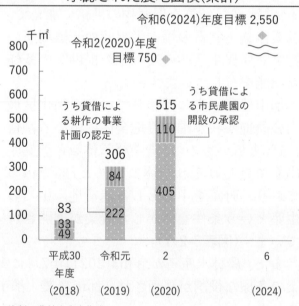

資料：農林水産省作成

---

[1] 正式名称は「都市農地の貸借の円滑化に関する法律」（平成30年法律第68号）

第3節 農山漁村発イノベーションの推進

　農山漁村を次の世代に継承していくためには、6次産業化[1]等の取組に加え、農泊、農福連携、再生可能エネルギーの活用等、他分野との組合せにより農山漁村の地域資源をフル活用する「農山漁村発イノベーション」の取組も重要です。本節ではそれらの取組の推進状況について、新型コロナウイルス感染症の感染拡大の影響にも触れつつ紹介します。

(1) 人口減少社会に対応した農村振興

(多様な地域資源を活用した農山漁村発イノベーションを推進)

　人口減少社会に対応した農村振興に関する施策や土地利用の方策等を検討するため、農林水産省は、令和2(2020)年5月から「新しい農村政策の在り方に関する検討会」及び「長期的な土地利用の在り方に関する検討会」を開催し、令和3(2021)年6月に中間取りまとめ[2]を行いました。

　中間取りまとめでは、農山漁村における所得向上や雇用機会の創出を図るため、従来の6次産業化の取組を発展させ、農林水産物や農林水産業に関わる多様な地域資源を活用し、観光・旅行や福祉等の他分野と組み合わせて新事業や付加価値を創出する農山漁村発イノベーションの取組を推進することとしています(**図表3-3-1**)。

　これを踏まえて、農林水産省は、多様な地域資源を新分野で活用した商品・サービスの開発等への支援を行うとともに、国及び都道府県段階に農山漁村発イノベーションサポートセンターを設けて、取組を行う農林漁業者等に対して、専門家派遣等の伴走支援や都市部の起業家とのマッチング等を行うこととしています。

新しい農村政策の在り方に関する検討会・
長期的な土地利用の在り方に関する検討会
URL：https://www.maff.go.jp/j/study/nouson_kentokai
/farm-village_meetting.html

図表3-3-1 農山漁村発イノベーションのイメージ

資料：農林水産省作成

　さらに、農山漁村発イノベーション等に必要な施設整備が円滑に実施できるよう、「農山漁村の活性化のための定住等及び地域間交流の促進に関する法律の一部を改正する法律案」を令和4(2022)年3月に国会に提出しました。これにより、それらの施設整備に当たっての農地転用等の手続を迅速化することを目指しています。

---

[1] 用語の解説3(1)を参照
[2] 「しごと」、「くらし」、「土地利用」、「活力」の四つの観点から、「農山漁村発イノベーションの推進」、「農村RMOの形成の推進(第3章第4節参照)」、「最適土地利用対策(第2章第4節参照)」、「農的関係人口の拡大・創出(第3章第6節参照)」等の農村政策に関する基本的な考え方や今後の施策の方向性を整理

（2）需要に応じた新たなバリューチェーンの創出

（6次産業化による農業生産関連事業の年間総販売金額は2兆329億円）

　6次産業化に取り組む農業者等による加工・直売等の農業生産関連事業の年間総販売金額は、近年横ばいで推移していましたが、令和2（2020）年度の年間総販売金額は、農産加工等の減少により前年度と比べ443億円減少し、2兆329億円となりました（図表3-3-2）。

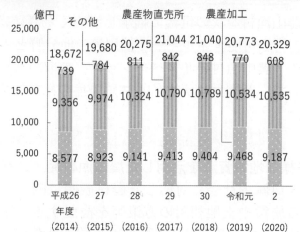

図表3-3-2　農業生産関連事業の年間総販売金額

資料：農林水産省「6次産業化総合調査」
注：「その他」は観光農園、農家民宿、農家レストランの合計

（6次産業化に取り組む事業者の売上高平均額は増加傾向）

　六次産業化・地産地消法[1]に基づく総合化事業計画[2]認定件数の累計は、令和3（2021）年度末時点で2,616件となりました。農林水産省が令和2（2020）年度に行った認定事業者を対象としたフォローアップ調査によると、総合化事業に5年間取り組んだ事業者の売上高の平均額は、5年間で約1.5倍に増加しています。

（3）農泊の推進

（新型コロナウイルス感染症の感染拡大が農泊の宿泊者数に大きく影響）

　農泊とは、農山漁村において農家民宿や古民家等に滞在し、我が国ならではの伝統的な生活体験や農村の人々との交流を通じて、その土地の魅力を味わってもらう農山漁村滞在型旅行のことです。

　令和2（2020）年度までに採択された554の農泊地域[3]では、新型コロナウイルス感染症の感染拡大の影響を受ける中で、令和2（2020）年度の延べ宿泊者数は前年度から約199万人減少して約391万人となりました。そのうち、訪日外国人旅行者の延べ宿泊者数は前年度から約36万人減少し、約2万人となりました（図表3-3-3）。

図表3-3-3　農泊の延べ宿泊者数

万人泊	平成29年度 (2017)	30 (2018)	令和元 (2019)	2 (2020)
訪日外国人旅行者	28.6	35.6	37.6	1.9
国内旅行者	474.8	496.5	551.5	388.6
合計	503.4	532.1	589.2	390.5

資料：農林水産省作成
注：平成29（2017）～令和元（2019）年度の数値は令和元（2019）年度までに採択した農泊地域515地域が対象、令和2（2020）年度の数値は同年度までに採択した農泊地域554地域が対象

---

[1] 正式名称は「地域資源を活用した農林漁業者等による新事業の創出等及び地域の農林水産物の利用促進に関する法律」
[2] 用語の解説3（1）を参照
[3] 農山漁村振興交付金（農泊推進対策）を活用した地域

(新たなニーズへの対応による宿泊者数回復の取組)

　農林水産省は、令和3(2021)年度末までに全国599の農泊地域を採択し、これらの地域において、宿泊、食事、体験に関するコンテンツ開発等、農泊をビジネスとして実施できる体制の構築等に取り組んでいます。

「農泊」の推進について
URL：https://www.maff.go.jp/j/nousin/kouryu/nouhakusuishin/nouhaku_top.html

　新型コロナウイルス感染症の感染拡大の影響を受ける中、ワーケーションや近隣地域への旅行（「マイクロツーリズム」）といった新たな生活様式に対応したニーズが顕在化しており、農泊地域では、そのような新たなニーズに対応した都道府県内での教育旅行や地元企業の研修の受入れといった取組が行われています。農林水産省では、新型コロナウイルス感染症の収束後を見据えたコンテンツの磨き上げの取組等を支援するなど、安全・安心な旅行先としての農泊の需要喚起に向けて取り組んでいます。

(事例) 新たなニーズへの対応により宿泊者数が回復(宮城県)

　宮城県蔵王町の蔵王農泊振興協議会は、株式会社ガイア、生産者組合等が構成員となって、別荘地「蔵王山水苑」を中心に農泊を推進している組織です。空き家を宿泊施設にするとともに、荒廃農地*を観光農園や就農する移住者に貸す農地として活用するなど、地域で山積していた問題を地域の資源として転化しながら、農泊の推進を通じた地域活性化とまちづくりを進めています。

　同町では、観光客の半数以上が訪日外国人旅行者であったこともあり、新型コロナウイルス感染症の感染拡大の影響により宿泊者数が一時大幅に減少しました。同協議会はワーケーションやマイクロツーリズムといった新たなニーズにターゲットを切り替えたことにより、令和2(2020)年にはワーケーションの宿泊者を350人泊取り込むとともに、マイクロツーリズムの旅行者(宿泊数)を前年より約7割増加させることができました。これにより、令和2(2020)年度は全体として95%以上の宿泊稼働率を確保することができました。

* 用語の解説3(1)参照

空き家となっていた別荘を整備して
農泊施設として活用

農泊施設の高速無線LAN、仕事用スペースを利用したワーケーション

第3章

207

（「SAVOR JAPAN」認定地域に6地域を追加）

　農林水産省は、平成28(2016)年度から、農泊を推進している地域の中から、特に食と食文化によりインバウンド誘致を図る重点地域を「農泊　食文化海外発信地域(SAVOR JAPAN)」に認定する取組を行っています。インバウンド需要の回復に備え、令和3(2021)年度は新たに6地域を認定し、認定地域は全国で37地域となりました（図表3-3-4）。

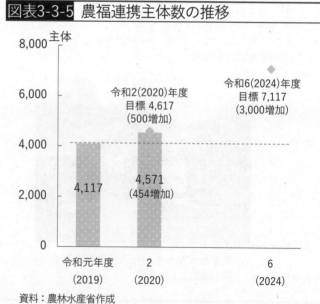

図表3-3-4　令和3(2021)年度SAVOR JAPAN認定地域の概要

地域	実行組織	地域の食
十和田市（青森県）	一般社団法人十和田奥入瀬観光機構	バラ焼き
石巻地域（宮城県）	一般社団法人石巻圏観光推進機構	ほや雑煮　石巻せり鍋
伊那市（長野県）	一般社団法人伊那市観光協会	高遠そば　昆虫食
佐久地域（長野県）	SAKU酒蔵アグリツーリズム推進協議会	日本酒　鯉料理
益田市（島根県）	益田の歴史文化を活かした観光拠点づくり実行委員会	饗応料理　鮎雑煮　うずめ飯
津山市（岡山県）	公益社団法人津山市観光協会	干し肉　そずり鍋

資料：農林水産省作成

（4）農福連携の推進

（農福連携に取り組む主体数は前年度に比べて約1割増加）

　障害者等の農業分野での雇用・就労を推進する農福連携は、農業、福祉両分野にとって利点があるものとして各地で取組が進んでいます。

　農福連携に取り組む主体数については、令和2(2020)年度は目標の500主体創出に対して、新たに454主体が農福連携に取り組み、前年度に比べて約1割増加の4,571主体となりました（図表3-3-5）。

　「農福連携等推進ビジョン」（令和元(2019)年6月）においては、令和元(2019)年度末からの5年間で3,000主体創出することを目標としており、引き続き、認知度の向上や人材の育成、施設整備への支援等に取り組むこととしています。

図表3-3-5　農福連携主体数の推移

（グラフ）
主体
令和2(2020)年度　目標 4,617（500増加）
令和6(2024)年度　目標 7,117（3,000増加）
令和元年度(2019)：4,117
2(2020)：4,571（454増加）
6(2024)

資料：農林水産省作成
注：各年度末時点の数字

(優良事例25団体をノウフク・アワード2021として表彰)

　令和2(2020)年3月に設立した農福連携等応援コンソーシアムでは、普及啓発のためのイベントの開催、連携・交流の促進、情報提供等を行っています。取組の一環として、令和4(2022)年3月、農福連携に取り組む団体、企業等の優良事例25団体を「ノウフク・アワード2021」として表彰しました。

　また、農福連携の更なる認知度向上に向けて、令和3(2021)年10月に、テレビ番組等で農福連携を紹介する活動を行っているTOKIOの城島 茂さんを「ノウフクアンバサダー」に任命しました。城島さんはノウフク・アワード表彰式への参加や各種メディアを活用した情報配信を行いました。

農福連携等応援コンソーシアム
（ノウフク・アワード2021受賞団体の取組概要）
URL：https://www.maff.go.jp/j/nousin/kouryu/kourei.html
#consortium

（事例）ノウフク・アワード2021 グランプリ受賞団体

○障害者や福祉がプラスとなるユニバーサルデザインによる農業経営を展開(静岡県)

　京丸園株式会社は静岡県浜松市で米等の作付けや芽ねぎ等の施設野菜の栽培を行っている法人です。平成8(1996)年から障害者の雇用と研修受入れを開始し、令和3(2021)年度時点で農業、出荷調製作業に携わる障害者22人を雇用しています。

　雇用に当たっては、職場に企業在籍型職場適応援助者等を配置するなど、障害者のスキルアップを支援するとともに、職務の内容に応じて給与を増加させる仕組みを導入しています。また、ユニバーサルデザインの機械開発を通じて作業の標準化を図ることにより、作業の精度・効率が上がり、工賃向上にも寄与しています。

ユニバーサルデザインの機械開発
資料：京丸園株式会社

○宇治茶や京都の伝統野菜を活かした農福連携の取組を世界に発信(京都府)

　さんさん山城は京都府京田辺市で宇治茶やえびいも、田辺ナス等の京都の伝統野菜の生産、加工、販売を行う就労継続支援B型事業所です。聴覚障害者やひきこもり状態にあった者等が野菜等の生産や加工作業に通年で従事するとともに、生産した野菜等を活用した料理を提供する併設のコミュニティカフェにおいても、メニューづくりから接客・調理までを障害者が中心となって行っています。農作物、加工品、カフェ等の売上げは平成26(2014)年の570万円から令和3(2021)年には1,670万円と増加しており、英語等4言語に対応したWebサイトを通じて取組を世界に発信しています。

宇治茶の手摘み作業
資料：さんさん山城

(現場で農福連携を支援できる専門人材を育成)

　現場で農福連携を支援できる専門人材を育成するため、農林水産省は、障害特性に対応した農作業支援技法を学ぶ農福連携技術支援者育成研修を実施しています。令和3(2021)年度は、令和4(2022)年3月時点で新たに118人の農福連携技術支援者を認定し、累計では177人となりました。

第3章

（5）再生可能エネルギーの推進

（再生可能エネルギーによる発電を活用して、地域の農林漁業の発展を図る取組を行っている地区の経済規模は増加）

　農林水産省は、みどりの食料システム戦略[1]で掲げる地産地消[2]型エネルギーマネジメントシステムの構築に向けて、農山漁村における再生可能エネルギーの取組を推進しています。

　再生可能エネルギーを活用して地域の農林漁業の発展を図る取組を行っている地区の再生可能エネルギー電気・熱に係る経済規模については、これまでの増加のベースを勘案して、令和5（2023）年度に600億円にすることを目標[3]としています。令和2（2020）年度末時点の経済規模は目標420億円に対し、前年度と比べて76億円増の448億円となりました（**図表3-3-6**）。

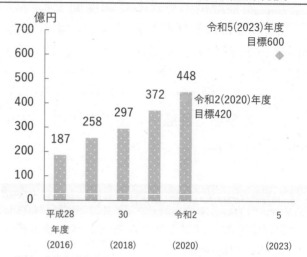

図表3-3-6　農山漁村再生可能エネルギー法に基づく取組を行っている地区の再生可能エネルギー電気・熱に係る経済規模

資料：農林水産省作成

（農山漁村再生可能エネルギー法に基づく基本計画を作成した市町村数は74に増加）

　農山漁村において再生可能エネルギー導入の取組を進めるに当たり、農山漁村が持つ食料供給機能や国土保全機能の発揮に支障を来さないよう、農林水産省では、農山漁村再生可能エネルギー法[4]に基づき、市町村、発電事業者、農業者等の地域の関係者から成る協議会を設立し、地域主導で農林漁業の健全な発展と調和のとれた再生可能エネルギー発電を行う取組を促進しています。

　令和2（2020）年度末時点で、農山漁村再生可能エネルギー法に基づく基本計画を作成し、再生可能エネルギーの導入に取り組む市町村は、前年度に比べ6市町村増加の74市町村となりました。また、同法を活用した再生可能エネルギー発電施設の設置数も年々増加しており、その設置主体も同一都道府県内の企業が過半数を占めています（**図表3-3-7**）。

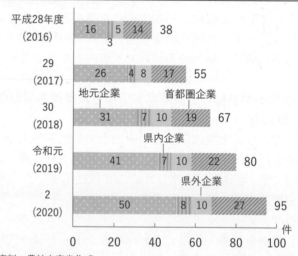

図表3-3-7　農山漁村再生可能エネルギー法を活用した発電施設数と設置主体

資料：農林水産省作成

注：設置主体の本社所在地が設置市町村と同一のものを地元企業、設置都道府県と同一のものを県内企業（地元企業除く。）、設置都道府県と異なるものを県外企業（首都圏企業除く。）、首都圏のものを首都圏企業（地元企業、県内企業除く。）とする。

---

[1] トピックス2、第1章第6節を参照
[2] 用語の解説3（1）を参照
[3] 農林漁業の健全な発展と調和のとれた再生可能エネルギー電気の発電の促進による農山漁村の活性化に関する基本的な方針（平成26（2014）年農林水産省・経済産業省・環境省制定）
[4] 正式名称は「農林漁業の健全な発展と調和のとれた再生可能エネルギー電気の発電の促進に関する法律」

（荒廃農地を活用した再生可能エネルギーの導入を促進）

　荒廃農地[1]については、その解消が急務であり、再生利用及び発生防止の取組を進めることが基本ですが、一方で、これらの取組によってもなお農業的な利用が見込まれないものも存在します。

　農林水産省は、2050年カーボンニュートラル社会の実現に向け、農業的利用が見込まれない荒廃農地について、農山漁村再生可能エネルギー法も活用するなど、優良農地の確保に配慮しつつ再生可能エネルギーの導入を促進しています。

（営農型太陽光発電の導入が進展）

　農地に支柱を立て、上部空間に太陽光発電設備を設置し、営農を継続しながら発電を行う営農型太陽光発電の取組は年々増加し、令和元（2019）年度の営農型太陽光発電の取組面積は前年度と比べて182ha増の742haとなりました（**図表3-3-8**）。

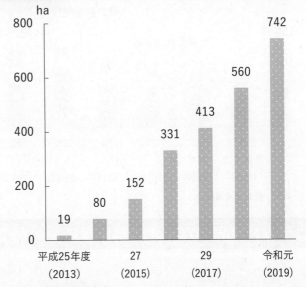

図表3-3-8　営農型太陽光発電の取組面積（累計）

資料：農林水産省作成
注：取組面積は、営農型太陽光発電設備の下部の農地面積

（バイオマス産業都市を新たに3市町村選定）

　地域のバイオマス[2]を活用したグリーン産業の創出と地域循環型エネルギーシステムの構築を図ることを目的として、経済性が確保された一貫システムを構築し、地域の特色を活かし、バイオマス産業を軸とした環境にやさしく災害に強いまち・むらづくりを目指す地域を、関係府省が共同で「バイオマス産業都市」として選定しています。令和3（2021）年度には、北海道雄武町、長野県長野市、宮崎県川南町の3市町を選定し、これまでに97市町村が選定されました。農林水産省は、これらの地域に対して、地域の構想の実現に向けて各種施策の活用、制度・規制面での相談・助言等を含めた支援を行っています。

（農業水利施設を活用した小水力発電等により農業者の負担軽減を推進）

　農業水利施設[3]等を活用した再生可能エネルギー発電施設については、令和2（2020）年度末までに、農業用ダムや水路を活用した小水力発電施設は159施設、農業水利施設の敷地等を活用した太陽光発電施設、風力発電施設はそれぞれ124施設、4施設の計287施設を農業農村整備事業等により整備してきました（**図表3-3-9**）。発電した電気を農業水利施設等で利用することにより、施設の運転に要する電気代が節約でき、農業者の負担軽減にもつながっています。

---

[1] 用語の解説3(1)及び第2章第4節を参照
[2] 用語の解説3(1)を参照
[3] 用語の解説3(1)を参照

　また、土地改良施設の使用電力量に対する農業水利施設を活用した小水力等再生可能エネルギーによる発電電力量の割合については、令和2(2020)年度の約3割から、令和7(2025)年度までに約4割以上に引き上げることを目標[1]としています。令和3(2021)年度は36の小水力発電施設の整備を行っており、引き続き、小水力等発電施設の整備を進めています。

図表3-3-9　農業水利施設等を活用した再生可能エネルギー発電施設整備数(累計)

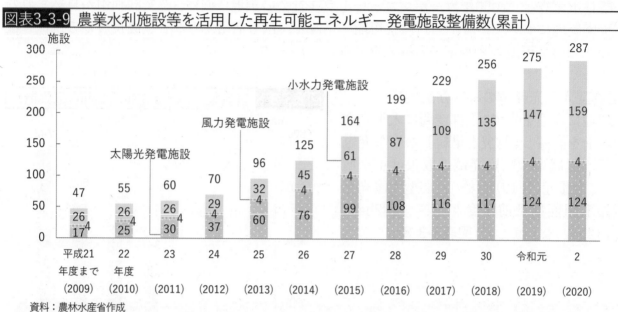

資料：農林水産省作成

(コラム) 世界のバイオ燃料用農産物の需要は増加の見通し

　近年、米国、EU等の国・地域において、化石燃料への依存の改善や二酸化炭素排出量の削減、農業・農村開発等の目的から、バイオ燃料の導入・普及が進展しており、とうもろこしやさとうきび、小麦、なたね等のバイオ燃料用農産物の需要が増大しています。

　令和3(2021)年7月にOECD(経済協力開発機構)とFAO(国際連合食糧農業機関)が公表した予測によれば、令和2(2020)年から令和12(2030)年までに、バイオエタノールの消費量は約1億1,800万kLから約1億3,200万kLへ、バイオディーゼルの消費量は約4,800万kLから約5,100万kLへとそれぞれ増加し、原料の生産も更に増加する見通しとなっています。

世界のバイオ燃料の消費量と見通し

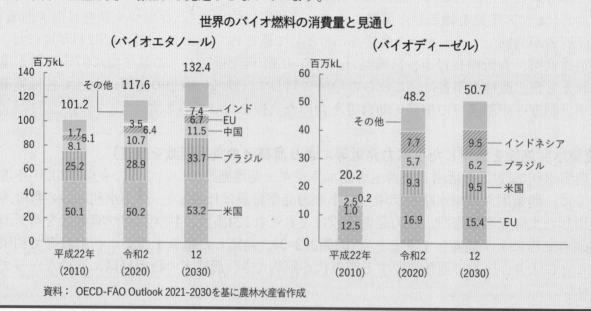

資料：OECD-FAO Outlook 2021-2030を基に農林水産省作成

---

[1] 新たな土地改良長期計画(令和3(2021)年3月閣議決定)のKPI

第4節	**中山間地域をはじめとする農村に人が住み続けるための条件整備**

　中山間地域[1]を始めとする農村は、多様な地域住民が生活する場ですが、人口減少や少子高齢化が都市に先駆けて進行しています。このような中で農村を維持し、次の世代に継承していくためには、集落の現状を踏まえた地域コミュニティの維持を目的とする活動を支援するとともに、多面的機能[2]の発揮を促進するための日本型直接支払制度[3]の活用等により、農村に人が安心して住み続けるための条件が整備されることが必要です。本節では、これらの取組に係る動向について紹介します。

(1) 地域コミュニティ機能の維持や強化

ア　地域コミュニティ機能の形成のための場と世代を超えた人々による地域のビジョンづくり

(集落の現状を踏まえ地域コミュニティを維持)

　農村は、地域住民の生活や就業の場になっています。そして農村を支える農業集落[4]は、地域に密着した水路・農道・ため池等の農業生産基盤や収穫期の共同作業・共同出荷等の農業生産面のほか、集落の寄り合い(地域の諸課題への対応を随時検討する集会、会合等)といった協働の取組や伝統・文化の継承等、生活面にまで密接に結び付いた地域コミュニティとして機能しています。

　2020年農林業センサスによると、寄り合いの開催回数が年間5回以下と少ない集落の割合を地域別に見ると、北海道や中国、四国地方で大きい傾向にあります(**図表3-4-1**)。これらの地域での集落活動が弱体化し、地域コミュニティの維持が難しくなりつつあると考えられます。

　また、令和3(2021)年6～8月に内閣府が行った世論調査によると、農山漁村で生活する上で困っていることとして、「都市地域への移動や地域内の移動などの交通手段が不便」や、「買い物、娯楽などの生活施設が少ない」との回答がそれぞれ4割を超えています(**図表3-4-2**)。このことからも、今後、一層農村の地域コミュニティの維持が難しくなることが考えられます。

　こうした中、同年6月に公表した「新しい農村政策の在り方に関する検討会」及び「長期的な土地利用の在り方に関する検討会」の中間取りまとめ[5](以下「両検討会中間取りまとめ」という。)においては、中山間地域を中心に、集落そのものは当面維持されるとしつつも、農地の保全や、買物・子育て等の集落の維持に必要不可欠な機能が弱体化する地域が増加していくことが懸念されるとしています。また、こうした集落の機能を補完するためには、地域の有志の協力の下、地域コミュニティの維持に資する取組を支援することが重要だとしています。

---

[1] 用語の解説2(7)を参照
[2] 用語の解説4を参照
[3] 多面的機能支払制度、中山間地域等直接支払制度、環境保全型農業直接支払制度の三つの制度から構成
[4] 用語の解説3(1)を参照
[5] 第3章第3節を参照

　農林水産省は、地域住民がいきいきと暮らしていける環境の創出を行うため、地域住民団体等からなる地域協議会に対して、買物支援等の農山漁村で暮らす人々が引き続き住み続けるための取組等の活動計画の策定やそれを実施するための体制構築等を支援しています。令和3(2021)年度は、全国で58地区の活動計画の策定や体制構築等を支援しました。

図表3-4-1　寄り合いの開催回数が年間5回以下と少ない集落の割合

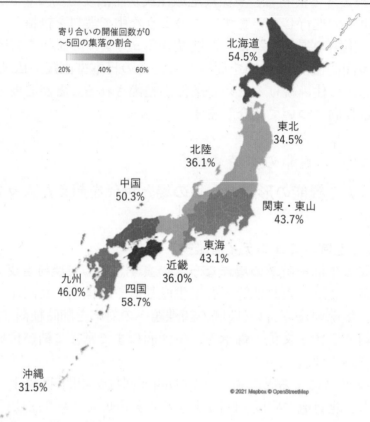

資料：農林水産省「2020年農林業センサス」を基に作成
　注：過去1年間で「寄り合い」が開催された回数について「寄り合いがない」、「1～2回」、「3～5回」と回答した集落の合計の割合

図表3-4-2　農山漁村で生活する上で困っていること

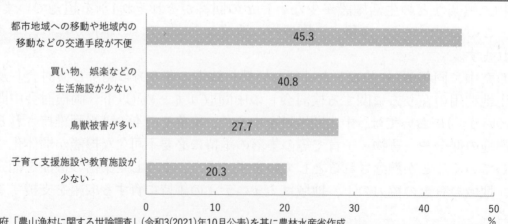

資料：内閣府「農山漁村に関する世論調査」（令和3(2021)年10月公表)を基に農林水産省作成
　注：1) 令和3(2021)年6～8月に、全国18歳以上の日本国籍を有する者3千人を対象として実施した郵送とインターネットによるアンケート調査(有効回収数は1,655人)
　　　2) 居住地域は「どちらかというと農山漁村地域」、「農山漁村地域」と回答した者に対する「農山漁村で生活する上で困っていること」の質問への回答結果(回答総数は611人、複数回答)

イ 「小さな拠点」の形成の推進
（「小さな拠点」の形成数が増加）

地域住民が地方公共団体や事業者、各種団体と協力・役割分担をしながら、行政施設や学校、郵便局等の各種生活支援機能を集約・確保するほか、地域の資源を活用し、仕事・収入を確保する取組等により地域のコミュニティを維持する「小さな拠点」については、令和3(2021)年5月末時点で、全国で前年より約1割増加となる1,408か所[1]で形成されています。

このうち85%の1,199か所においては住民主体の地域運営組織[2](RMO)が設立され、地域の祭りや公的施設の運営、広報誌の作成のほか、高齢者交流サービス、体験交流、特産品の加工・販売、買物支援等、様々な取組が行われています(**図表3-4-3**)。

関係府省庁が連携し、遊休施設の再編・集約に係る改修や、廃校施設の活用等に取り組む中、農林水産省は、農産物加工・販売施設や地域間交流拠点等、インフラの整備を行っています。

「小さな拠点」の形成について
URL: https://www.chisou.go.jp/sousei/about/chiisanakyoten/index.html

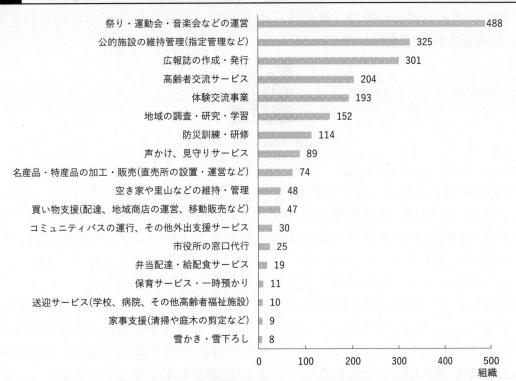

図表 3-4-3 小さな拠点における地域運営組織の活動内容

活動内容	組織数
祭り・運動会・音楽会などの運営	488
公的施設の維持管理(指定管理など)	325
広報誌の作成・発行	301
高齢者交流サービス	204
体験交流事業	193
地域の調査・研究・学習	152
防災訓練・研修	114
声かけ、見守りサービス	89
名産品・特産品の加工・販売(直売所の設置・運営など)	74
空き家や里山などの維持・管理	48
買い物支援(配達、地域商店の運営、移動販売など)	47
コミュニティバスの運行、その他外出支援サービス	30
市役所の窓口代行	25
弁当配達・給配食サービス	19
保育サービス・一時預かり	11
送迎サービス(学校、病院、その他高齢者福祉施設)	10
家事支援(清掃や庭木の剪定など)	9
雪かき・雪下ろし	8

資料：内閣府「令和3年度小さな拠点の形成に関する実態調査」(令和3(2021)年12月公表)を基に農林水産省作成
注：1) 市町村版総合戦略に位置付けられた形成済みの小さな拠点(1,408か所)のうち、市町村から「公表可」と回答があった箇所(1,146か所)における「主な地域運営組織の活動内容」を集計
　　2) 回答は、図表中に記載の活動内容及び「その他」の選択肢から、組織で主に行っている活動内容について最大三つまでを選択
　　3) 「その他」の回答は327組織からあり、その内容は、防犯活動、地域の清掃、カフェやガソリンスタンドの運営等

---

[1] 市町村版総合戦略に位置付けのある小さな拠点の数
[2] 地域の暮らしを守るため、地域で暮らす人々が中心となって形成され、地域内の様々な関係主体が参加する協議組織が定めた地域経営の指針に基づき、地域課題の解決に向けた取組を持続的に実践する組織のこと(総務省「暮らしを支える地域運営組織に関する調査研究事業報告書」)

(集落の機能を補完する「農村RMO」の形成を支援)

　中山間地域を中心に、集落の維持に必要不可欠な機能が弱体化する地域が増加していくことが懸念されている中で、両検討会中間取りまとめにおいては、複数の集落の機能を補完して、農用地保全活動や農業を核とした経済活動と併せて、生活支援等の地域コミュニティの維持に資する取組を行う「農村型地域運営組織[1]」(以下「農村RMO」という。)を形成していくことの重要性が示されました。この農村RMOは、中山間地域等直接支払の農用地の保全活動を行う組織等を中心に、地域の多様な主体を巻き込みながら、農山漁村の生活支援に至る取組を手掛ける組織へと発展していくものです。

　これを受け、農林水産省は、複数の農村集落の機能を補完する農村RMOの形成を推進するため、農村RMOを目指すむらづくり協議会等が策定する将来のビジョンに基づく農用地保全、地域資源の活用、生活支援に係る計画の作成、実証事業等の取組に対して支援します。また、関係する部局や機関(都道府県、市町村の関連部局や農協、NPO法人[2]等)から構成される都道府県単位の支援チームや、全国プラットフォームの構築を支援し、農村RMOの形成を促進することとしています。

(2) 多面的機能の発揮の促進

(中山間地域等直接支払制度の交付面積が減少、集落の将来像の話合いを促進)

　農業・農村の多面的機能の維持・発揮を目的として、平成26(2014)年度から日本型直接支払制度[3]が実施されています。

日本型直接支払制度について
URL: https://www.maff.go.jp/j/nousin/index.html#5-5

　令和2(2020)年度から始まった中山間地域等直接支払制度の第5期対策では、人口減少や高齢化による担い手不足、集落機能の弱体化等に対応するため、制度の見直しを行いました。人材確保や営農以外の組織との連携体制を構築する活動のほか、農地の集積・集約化[4]や農作業の省力化技術導入等の活動、棚田地域振興法の認定棚田地域振興活動計画に基づく活動を行う場合に、これらの活動を支援する加算措置を新設しました。

　同年度の協定数は、交付面積が10ha未満の小規模な協定等において、「高齢化等で5年間続ける自信がない」、「集落のリーダーを確保できない」等を主な理由として協定が廃止されるケースがあったことから、前年度から2千協定減の2万4千協定となり、交付面積は前年度から2万6千ha減の63万9千haとなっています(**図表3-4-4**)。

　令和2(2020)年度の協定数のうち、農業生産活動等を継続するための活動に加え、集落の話合いにより、集落の将来像を明確化する集落戦略の作成を要件としている「体制整備単価」の協定については、前年度から443協定増加し、1万8千協定となりました。中山間地域において農業や集落の維持を図っていくためには、協定参加者が地域の将来や地域の

---

[1] 集落の機能を補完して、農地・水路等の地域資源の保全・活用や農業振興と併せて、買物・子育て支援等の地域コミュニティの維持に資する取組を行う事業体を指す。
[2] 用語の解説3(2)を参照
[3] 日本型直接支払制度のうち、環境保全型農業直接支払制度については、第1章第6節を参照
[4] 用語の解説3(1)を参照

農地をどのように引き継いでいくか話合いを行うことが重要であるため、集落戦略の作成を推進しています。

中山間地域等直接支払制度の概要について
URL: https://www.maff.go.jp/j/nousin/tyusan/siharai_seido/s_about/index.html

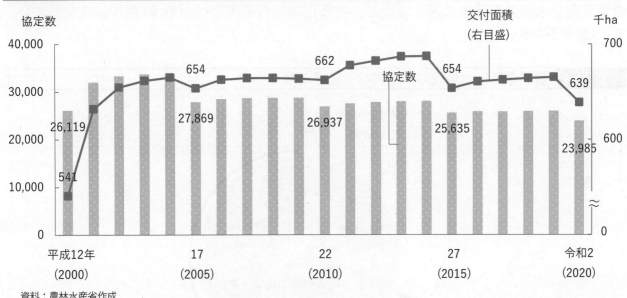

図表3-4-4 中山間地域等直接支払制度の協定数及び交付面積

資料：農林水産省作成

(多面的機能支払制度を着実に推進)

多面的機能支払制度は、農地維持支払と資源向上支払の二つから構成されています。

地域共同で行う農地法面_{のりめん}の草刈り、水路の泥上げ等の地域資源の基礎的な保全活動等を対象とする農地維持支払は、令和2(2020)年度の認定農用地面積が、前年度から1万7千ha増加し、農用地面積[1]の55％に当たる229万haとなっています。活動組織2万6,233のうち991の組織が広域活動組織として活動しており、前年度から44組織増加しています。

また、資源向上支払のうち、水路、農道等の軽微な補修を始めとする地域資源の質的向上を図る共同活動については、令和2(2020)年度の認定農用地面積が前年度から2万8千ha増加し、農用地面積の49％に当たる204万haとなっています。

資源向上支払のうち施設の長寿命化のための活動は、令和2(2020)年度の対象農用地面積が前年度から1万6千ha増加し、農用地面積の18％に当たる76万haとなっています。

このほか、令和3(2021)年度からは、水田の雨水貯留機能の強化(田んぼダム)の取組を行い、一定の取組面積等の要件を満たす場合に、資源向上支払のうち地域資源の質的向上を図る共同活動の単価を加算する措置を新たに講じました。さらに、多面的機能の増進を図る活動として、従来の農地周りの環境改善活動に加えて、鳥獣緩衝帯の整備・保全管理も対象としました。

---

[1] 農用地区域内の農地面積に農用地区域内の採草放牧地面積(共に令和元(2019)年時点、農林水産省調べ)を加えた面積

多面的機能支払交付金の概要について
URL: https://www.maff.go.jp/j/nousin/kanri/tamen_siharai.html

(3) 生活インフラ等の確保

　農村の生活インフラ等については、供用開始後20年(機械類の標準耐用年数)を経過する農業集落排水施設が70%に達するなど、老朽化の進行や災害への 脆弱 性が顕在化しています(**図表3-4-5**)。

図表 3-4-5 農業集落排水施設の供用開始後経過年数

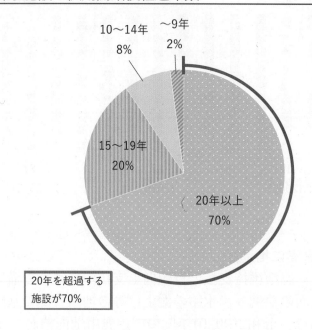

10～14年　8%
～9年　2%
15～19年　20%
20年以上　70%
20年を超過する施設が70%

資料：農林水産省作成
注：令和3(2021)年度末時点

　このような状況を踏まえ、農林水産省は、老朽化の進行や災害への脆弱性が顕在化している農村のインフラの持続性を確保するとともに、地方移住への関心が高まっている機を捉えて農村の活性化を図るため、農業集落排水施設や農道といった生活インフラ等の再編・強靱化、高度化等、農村に人が安心して住み続けられる条件整備を計画的・集中的に推進しています。

第5節　鳥獣被害対策とジビエ利活用の推進

　野生鳥獣による農作物被害は、営農意欲の減退をもたらし耕作放棄や離農の要因になることから、農山村に深刻な影響を及ぼしています。このため、地域に応じた鳥獣被害対策を全国で進めるとともに、マイナスの存在であった有害鳥獣をプラスの存在に変えていくジビエ利活用の取組を拡大していくことが重要です。

　本節では、鳥獣被害の状況とジビエ利活用等の動向について紹介します。

(1) 鳥獣被害対策等の推進

(野生鳥獣による農作物被害の減少に向けた取組を推進)

　野生鳥獣による農作物被害額は、平成22(2010)年度の239億円をピークに減少傾向で推移し、令和元(2019)年度には158億円となりましたが、令和2(2020)年度では一部の地域におけるシカやイノシシの生息域の拡大等により、やや増加し161億円となっています(**図表3-5-1**)。

図表 3-5-1　野生鳥獣による農作物被害額

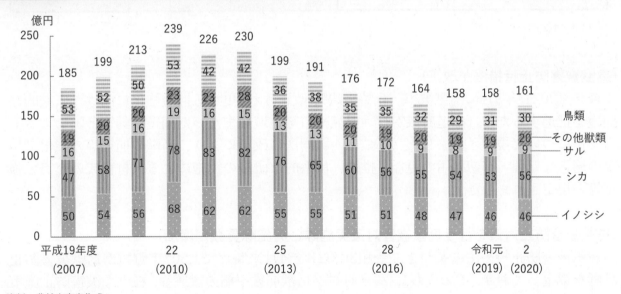

資料：農林水産省作成

　また、鳥獣被害の6割以上を占めるシカとイノシシの捕獲頭数と被害額について、令和元(2019)年度と令和2(2020)年度を比べると、地域別に、「捕獲、被害とも減少」、「捕獲、被害とも増加」、「捕獲が増加し被害は減少」の三つの傾向に分類されます(**図表3-5-2**)。このうち、「捕獲、被害とも増加」の地域においては、捕獲活動、侵入防止柵の設置、放任果樹の伐採や藪の刈り払いによる生息環境管理等の対策により、これまで一定の効果が出ていたものの、今後は被害額の減少に向けて、地域ごとに生息域、被害のあった場所等の状況を可能な限り精緻に把握し、より一層効果的な対策を講ずることが必要となっているものと考えられます。

　このような中、令和3(2021)年度の集中捕獲キャンペーンにおいては、地域別の傾向を踏まえ、被害が減少しなかった地域を中心に捕獲頭数目標の見直しを行うとともに、それ

それの地域においてわなの増設、ICT[1]の活用、多様な人材の参加促進等により、捕獲の取組を強化することとしています。

図表 3-5-2　地域別の捕獲頭数と被害額の傾向

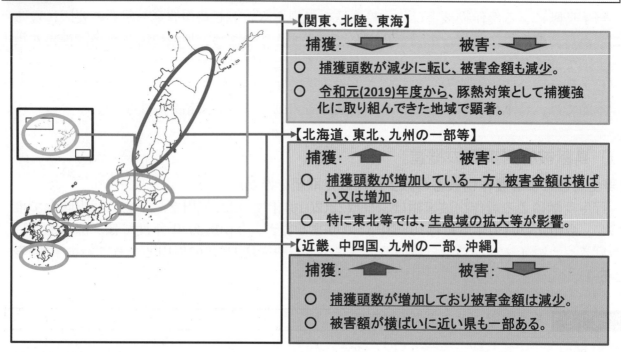

【関東、北陸、東海】

捕獲：⬇　　　　被害：⬇

○　捕獲頭数が減少に転じ、被害金額も減少。

○　令和元(2019)年度から、豚熱対策として捕獲強化に取り組んできた地域で顕著。

【北海道、東北、九州の一部等】

捕獲：⬆　　　　被害：⬆

○　捕獲頭数が増加している一方、被害金額は横ばい又は増加。

○　特に東北等では、生息域の拡大等が影響。

【近畿、中四国、九州の一部、沖縄】

捕獲：⬆　　　　被害：⬇

○　捕獲頭数が増加しており被害金額は減少。

○　被害額が横ばいに近い県も一部ある。

資料：農林水産省作成

（鳥獣被害防止特措法が改正）

　令和3(2021)年9月に鳥獣被害防止特措法[2]が改正され、更なる捕獲強化に向けた広域的な捕獲を推進するため、都道府県が行う県域や市町村域をまたいだ捕獲活動等と国によるその支援について規定されました。このほか、同法の改正により、鳥獣の捕獲等の強化や鳥獣の適正な処理・有効利用の更なる推進、体系的な研修の実施による人材育成の充実・強化等が規定されました。

（鳥獣被害防止対策を行う鳥獣被害対策実施隊と実施隊員数が増加）

　鳥獣被害防止特措法に基づき、令和3(2021)年4月末時点で1,507市町村が鳥獣被害防止計画を策定しており、そのうち1,229市町村が鳥獣捕獲や柵の設置等、様々な被害防止施策を実施する鳥獣被害対策実施隊を設置しています。また、鳥獣被害対策実施隊の隊員数は、同年度の目標数4万人に対して、前年から1,453人増加して4万1,396人となっています。

　農林水産省は、鳥獣被害対策実施隊に対して、活動経費に対する支援を行っており、実施隊員は銃刀法[3]の技能講習の免除や狩猟税の軽減措置等の対象となっています。こうした支援等により、鳥獣被害対策実施隊の隊員数を平成30(2018)年度の水準(3万7,279人)から年間950人程度、継続的に増加させ、令和7(2025)年度までに4万3,800人とすることを目標としています。

---

[1] 用語の解説3(2)を参照
[2] 正式名称は「鳥獣による農林水産業等に係る被害の防止のための特別措置に関する法律」
[3] 正式名称は「銃砲刀剣類所持等取締法」

(2) ジビエ利活用の拡大

(ジビエ利用量は新型コロナウイルス感染症の感染拡大の影響による外食需要等の低迷により減少、消費者への直接販売は増加)

捕獲した野生鳥獣のジビエ利用は、外食、小売用のほか、学校給食、ペットフード等、様々な分野において拡大しています。

ジビエ利用量は令和元(2019)年度までは増加傾向でしたが、新型コロナウイルス感染症の感染拡大による外食需要等の減少により、特に外食での利用が多いシカの利用量が前年度の973tに比べ23.6%減少して743tとなったことから、令和2(2020)年度の目標量2,340tに対して、全体では9.9%減の1,810tとなりました(**図表3-5-3**)。

また、食肉処理施設から卸・小売業者や消費者等の販売先別のジビエ販売数量の推移を見ると、消費者への直接販売が増加傾向にあります。特に令和2(2020)年度は、新型コロナウイルス感染症の感染拡大による家庭用需要の増加の影響により、前年度の215tに比べ36.3%増加し293tとなっています(**図表3-5-4**)。農林水産省は、捕獲個体の食肉処理施設への搬入促進や需要喚起のためのプロモーションの実施等に取り組んでいます。こうした取組により、食肉処理施設において処理された野生鳥獣のジビエ利用量を令和元(2019)年度の水準から倍増させ、令和7(2025)年度までに4千tにすることを目標としています。

図表 3-5-3 ジビエ利用量

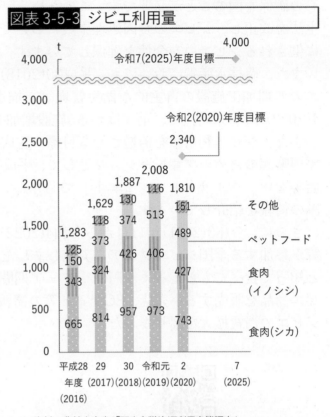

資料：農林水産省「野生鳥獣資源利用実態調査」
注：「その他」は、シカ・イノシシ以外の野生鳥獣の食肉、自家消費向け等

図表 3-5-4 食肉処理施設から卸・小売業者や消費者等の販売先別のジビエ販売数量

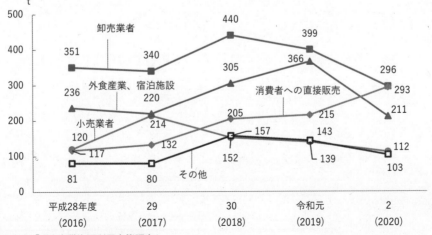

資料：農林水産省「野生鳥獣資源利用実態調査」
注：「その他」は、「加工品製造業者」、「学校給食」等

第3章

221

（更なるジビエ利用の拡大に向けた取組の推進）

　ジビエの利用拡大に当たっては、より安全なジビエの提供と消費者のジビエに対する安心の確保を図ることが必要です。このため、厚生労働省では、令和2(2020)年6月に食品衛生法を改正し、ジビエの食肉処理施設においてHACCP[1]による衛生管理を義務付け、食用に供されるジビエの安全性を確保しています。

　また、農林水産省においても、平成30(2018)年から国産ジビエ認証制度を実施し、ジビエの処理加工施設の自主的な衛生管理等を推進しており、認証を取得した施設は、令和4(2022)年3月末時点で、前年度から6施設増加し、29施設となっています。

　また、ジビエ利用量を倍増させる目標の達成に向け、農林水産省ではジビエの全国的な需要喚起のためのプロモーションとして、平成30(2018)年からジビエを提供している飲食店等をポータルサイト「ジビエト」で紹介しています。令和4(2022)年3月時点で約400店舗の情報を紹介しています。

　さらに、令和3(2021)年11月から令和4(2022)年2月において、全国で約1,700店の飲食店等が参加する全国ジビエフェアを実施しました。このフェアでは、消費者にジビエをもっと知って食べてもらえるようPRし、フェア期間中にジビエメニューを提供する飲食店、ジビエ商品を販売する小売店、ECサイト等の情報を取りまとめ、提供することで、全国的なジビエの消費拡大を図りました。

ポータルサイト「ジビエト」について
URL: https://gibierto.jp/

国産ジビエ認証制度について
URL: https://www.maff.go.jp/j/nousin/gibier/ninsyou.html

---

[1] 用語の解説3(2)を参照

「田園回帰」による人の流れが全国的に広がりつつある中で、本節では、地域づくりに向けた人材育成や、棚田地域の振興、多面的機能[1]に関する理解の促進等の様々な取組について紹介します。

(1) 地域を支える人材づくり

ア 地域づくりに向けた人材育成等の取組

(地域に寄り添ってサポートする人材「農村プロデューサー」を養成)

近年、地方公共団体職員、特に農林水産部門の職員が減少しており、平成17(2005)年を100としたときに比べて令和2(2020)年では20ポイント以上低下しています(**図表3-6-1**)。このような中、各般の地域振興施策を使いこなし、新しい動きを生み出すことができる地域とそうでない地域との差が広がり、いわゆる「むら・むら格差」につながることが懸念されます。

こうしたことから、地域への愛着と共感を持ち、地域住民の思いをくみ取りながら、地域の将来像やそこで暮らす人々の希望の実現に向けてサポートする人材(農村プロデューサー)を育成するため、農林水産省は、令和3(2021)年度から「農村プロデューサー養成講座」の取組を開始しました。地方公共団体職員や地域おこし協力隊員等が受講しています。

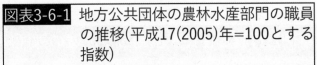

図表3-6-1 地方公共団体の農林水産部門の職員の推移(平成17(2005)年=100とする指数)

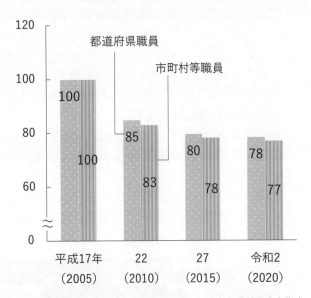

資料:総務省「地方公共団体定員管理調査結果」を基に農林水産省作成
注:各年4月1日時点の数値

農村プロデューサーの講義風景

---

[1] 用語の解説4を参照

（農山漁村地域づくりホットラインの活用）

　農林水産省は、令和2(2020)年12月から、農山漁村の現場で地域づくりに取り組む団体や市町村等を対象に相談を受け付け、取組を後押しするための窓口「農山漁村地域づくりホットライン」を開設しています。開設以来、市町村を始め、地域協議会、社会福祉法人等からの相談が寄せられています。

　これらのうち、活用可能な事業や事業制度に関する相談が全体の約7割を占めており、次いで交付金事業の公募や予算に関する相談が多くなっています。このほか、農山漁村で活用可能な様々な府省の施策を紹介する「地域づくり支援施策集」についても情報を随時更新し、窓口のWebサイト内で紹介しています。

農山漁村地域づくりホットラインについて
URL: https://www.maff.go.jp/j/nousin/hotline/

（事例）行政と住民が協働した地域の課題解決への取組（高知県）

　高知県梼原町は、町の面積の91%を森林が占める山深い町です。住民の多くが「梼原で一生過ごしたい。」と思う一方、「飲み水や生活用水の質や量が不十分」、「交通の手段が不十分」、「野生動物による農業被害」、「雇用の不足」等の課題が浮き彫りとなっていました。

　これらの課題を解決するために行政と住民が協働して平成22(2010)年に梼原町の振興計画を策定し、住民自身が解決していく仕組みである「集落活動センター」を、平成25(2013)年から順次、町内全域に6か所設置しました。

　「できることから始めよう」を合い言葉に、課題に取り組んでおり、お金も物も地域内で循環する仕組みの構築による雇用創出や生産者の所得増につながり、更に住民の意識と行動が変わり始めています。

　集落活動センターの仕組みは公共的な役割も担っており、その経営は、収益を得る活動だけではなく、その地域で生きる住民や地域の役に立ち、地域社会を支えることを目指して、引き続き取り組んでいくこととしています。

集落活動センター四万川
資料：高知県梼原町

イ　関係人口の創出・拡大や関係の深化を通じた地域の支えとなる人材の裾野の拡大

（農的関係人口の創出・拡大等を推進）

　都市住民も含め、農村の支えとなる人材の裾野を拡大していくためには、都市農業、農泊等を通じ、多様な人材が農業・農村に関わることで、農村の関係人口である「農的関係人口」の創出・拡大や関係深化を図ることが効果的です。農的関係人口については、都市部に居住しながらの農産物の購入や、農山漁村での様々な活動への参画等により農村を支える場合、都市部の住民が短期間の農作業を手助けするなど農業に携わる場合、農村の地

域づくりに関わる場合等、多様な関わり方があります(**図表3-6-2**)。

　農林水産省は、これらの様々な形で農村への関わりを深め、農村の新たな担い手へと発展していくような取組に対して、発展段階に応じて支援を行っています。具体的には、都市部での農業体験や交流、農山漁村でのくらしを体験する取組等に対する支援を行っています。

図表 3-6-2　農村への関与・関心の深化のイメージ図

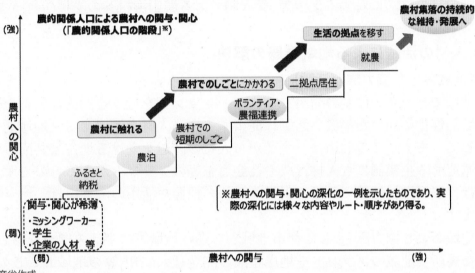

資料：農林水産省作成

(事例) 農業体験から移住へつながる活動(千葉県)

　NPO法人 *SOSA Projectは、平成23(2011)年から千葉県匝瑳市で都市部に住む人に向けた農業体験や希望者に対する移住のあっせん等を行う活動をしています。

　参加者やその家族が食べるお米を田植から収穫、持ち帰りまで一貫して行う取組や、里山維持のための草刈り、小屋づくりや古民家のリノベーション、田舎暮らしのノウハウを伝授する取組等を継続して行っています。

　こうした米・大豆づくりなどに加えて、DIYや伝統的土木、電気自給などのワークショップに参加するために、令和3(2021)年度は都市部から同市に100組、約300人が通っています。移住希望者には、空き家のあっせんも行い、同市を含め近隣市町村への移住者はこれまでに50組以上となっています。また、この取組への地域住民の参加者も増え、都市住民・移住者と地元住民の交流等が盛んになっています。

農作業をしている風景
資料：NPO法人 SOSA Project

　同法人理事の髙坂 勝さんは、「取組の規模を大きくし過ぎると運営側の負担が過大となり無理が生じるので、現状の取組規模を維持しつつ、田舎暮らしに必要なスキルや知恵、経験を得てもらい、関係人口にとどまらず、地方移住への流れを大きくしたい。」と話しています。

　*用語の解説3(2)を参照

（子供の農山漁村体験の推進）

　農林水産省を含む関係府省は、平成20(2008)年度から、子供が農山漁村に宿泊し、農林漁業の体験や自然体験活動等を行うことで、子供たちの学ぶ意欲や自立心、思いやりの心等を育む「子ども農山漁村交流プロジェクト」を推進し

子ども農山漁村交流プロジェクトについて
URL: https://www.maff.go.jp/j/nousin/kouryu/kodomo/

ています。この取組の中で、農林水産省は、都市と農山漁村の交流を促進するための取組や交流促進施設等の整備に対する支援等、受入側である農山漁村への支援を行っています。

ウ　多様な人材の活躍による地域課題の解決

（企業人材や地域おこし協力隊が活躍）

　農山漁村地域でビジネス体制の構築やプロモーション等を行う専門的な人材を補うため、総務省は地域活性化に向けた幅広い活動に従事する企業人材を派遣する「地域活性化起業人」を実施しています。この取組は、企業から人材の派遣を受ける地方公共団体だけでなく、人材を派遣する企業側にも人材育成や社会貢献等のメリットがあるものです。農林水産省としては、農山漁村地域における人材ニーズの把握や活用の働き掛け、マッチング等を行っています。

　さらに、「地域おこし協力隊」として都市地域から過疎地域等に生活の拠点を移した者が、全国の様々な場所で地域のブランドや地場産品の開発・販売・PR等の地域おこしの支援や、農林水産業への従事、住民の生活支援等の「地域協力活動」を行いながら、その地域への定住・定着を図る取組を行っています。

（半農半Xを始めとした農業への関わり方の多様化が進展）

　新型コロナウイルス感染症の感染拡大の影響もあり、テレワーク等場所を問わない働き方が急速に進んだことで、地方への移住や二地域居住のような動きが注目されています。

　半農半Xの「X」に当たる部分は多種多様で、半分農業をしながら、半会社員、半農泊運営、半レストラン経営等様々です。この場合、Uターンのような形で、本人又は配偶者の実家等で農地やノウハウを継承して半農に取り組む事例も見られます。また、季節ごとに繁忙期を迎える農業、食品加工業等、様々な仕事を組み合わせて通年勤務するような事例も見られるようになってきています。

　令和3(2021)年6〜8月に内閣府が行った世論調査で、農山漁村に移住願望があると回答した者に「農山漁村地域に移住したら

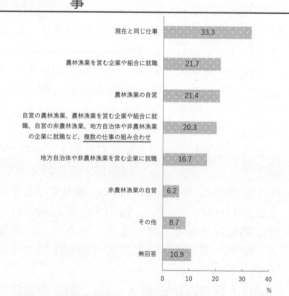

図表 3-6-3　農山漁村地域に移住する場合の仕事

資料：内閣府「農山漁村に関する世論調査」（令和3(2021)年10月公表）を基に農林水産省作成

注：1) 令和3(2021)年6〜8月に、全国18歳以上の日本国籍を有する者3千人を対象として実施した郵送とインターネットによるアンケート調査（有効回収数は1,655人）

2) 農山漁村地域に移住してみたいという願望が「ある」、「どちらかというとある」と回答した者に対する、「農山漁村地域に移住したらどのような仕事がしたいか」の質問への回答結果（回答総数は276人、複数回答）

どのような仕事がしたいか」と尋ねたところ、「現在と同じ仕事」と回答した者が33.3%と最も多いものの、「複数の仕事の組み合わせ」が2割程度となっており、生業についての考え方が多様化していることがうかがわれます（**図表3-6-3**）。また、「移住しようとする農山漁村地域の生活にどのようなことを期待するか」について尋ねたところ、「自然を感じられること」(76.8%)に続き、「農林漁業に関わること」が32.6%と多くなっています（**図表3-6-4**）。

一方、現在の住まいの地域が農山漁村地域と回答した者に「都市住民が農山漁村地域に移住する際の問題点は何か」と尋ねたところ、「都市住民が移住するための仕事がない」と回答した者が56.6%と最も多くなっており、就業の場の確保が重要な課題となっていることがうかがわれます（**図表3-6-5**）。

図表 3-6-4 移住する農山漁村地域の生活への期待

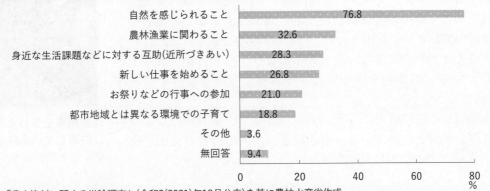

資料：内閣府「農山漁村に関する世論調査」（令和3(2021)年10月公表）を基に農林水産省作成
注：1) 令和3(2021)年6〜8月に、全国18歳以上の日本国籍を有する者3千人を対象として実施した郵送とインターネットによるアンケート調査（有効回収数は1,655人）
2) 農山漁村地域に移住してみたいという願望が「ある」、「どちらかというとある」と回答した者に対する、「移住しようとする農山漁村地域の生活にどのようなことを期待するか」の質問への回答結果（回答総数は276人、複数回答）

図表 3-6-5 都市住民が農山漁村地域に移住する際の問題点

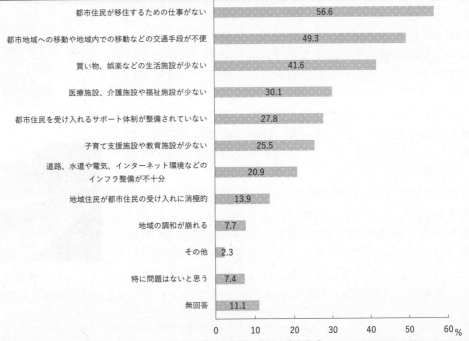

資料：内閣府「農山漁村に関する世論調査」（令和3(2021)年10月公表）を基に農林水産省作成
注：1) 令和3(2021)年6〜8月に、全国18歳以上の日本国籍を有する者3千人を対象として実施した郵送とインターネットによるアンケート調査（有効回収数は1,655人）
2) 居住地域の認識について「どちらかというと農山漁村地域」、「農山漁村地域」と回答した者に対する、「都市住民が農山漁村地域に移住する際の問題点は何か」の質問への回答結果（回答総数は611人、複数回答）

第3章

(事例) 人手不足の解消と良質な雇用環境を確保(長崎県)

　五島市地域づくり事業協同組合は、人口急減地域特定地域づくり推進法*に基づき、令和3(2021)年に長崎県五島市で設立しました。組合で職員を雇用し、組合員である農業者等の事業者に派遣することにより、地域の担い手の確保に取り組んでいます。

　同組合では、同年4月から2人の職員を採用し、季節によって繁忙期が異なる職場に職員を派遣しており、派遣された職員は通年で安定した収入を得られています。組合員の要望に応え、同年12月時点で8人の職員を雇用し、農業や食品加工業等の事業者に派遣しています。

　職員の一人である、尾田遼斗さんは同年5月から農業生産法人「株式会社アグリ・コーポレーション」で畑作業をし、7月からは水産加工、冬からはだいこん等の収穫作業や切り干し加工をするなどの食品加工の仕事に就いています。尾田さんは、「様々な職場で働くことは、いろいろな人たちと触れ合えるし、良い経験になり、自分自身が成長するのを感じている。農作物を作る楽しみもあって今後も続けていきたい。」と話しています。

作業指導を受けながら農作業
に従事している様子
資料：五島市地域づくり事業協同組合

　組合事務局長の野口敏明さんは、「当初予定より、職員のなり手が多く、有り難い状況となっている。引き続き、島内の若者の流出を食い止め、UIターン者の増加にもつなげたい。」と話しています。

＊正式名称は「地域人口の急減に対処するための特定地域づくり事業の推進に関する法律」

(事例) 半農半Xを実践する企業(静岡県)

　静岡県伊豆の国市の土屋建設株式会社は、農村の高齢化・人口減少等による基盤整備需要の減少を受け、自ら農村の活性化と地域産業の振興を行うため、平成23(2011)年から農業に参入しています。

　営農開始当初に借り入れた農地のうち、70aは耕作放棄地でしたが、自社の重機やそのオペレーター等、建設業の技術を活用して農地を耕し、栽培技術については、農協や地元農家等からの支援を得て、耕作を開始しました。

　令和3(2021)年時点での経営面積は2.5ha、農業従事者7人、うち臨時雇用者4人となっています。地域の特産であるだいこんやすいかの栽培を始め、60種程度の露地野菜等、多種多様な品種を栽培し、自社ブランド「ろっぽう野菜」として販売をしています。

農作業の様子
資料：土屋建設株式会社

　同社は、今後も近隣の農家の販売を請け負う体制を構築することにより、地域の活性化に取り組んでいきたいとしています。

(2) 農村の魅力の発信

(棚田地域の振興を推進)

棚田を保全し、棚田地域の有する多面的機能の維持増進を図ることを目的とした棚田地域振興法が令和元(2019)年に施行され、市町村や都道府県、農業者、地域住民等の多様な主体が参画する指定棚田地域振興協議会による棚田を核とした地域振興の取組を、関係府省横断で総合的に支援する枠組みが構築されています。農林水産大臣等の主務大臣[1]は、令和3(2021)年度までに、同法に基づき累計698地域を指定棚田地域に指定しました。また、指定棚田地域において指定棚田地域振興協議会が策定した認定棚田地域振興活動計画を累計166計画認定しました。

また、棚田の保全と地域振興を図る観点から、同年度には、「つなぐ棚田遺産～ふるさとの誇りを未来へ～」として、優良な棚田271か所を農林水産大臣が認定しました。

このほか、農林水産省は、都道府県に対して、棚田カードを作成し、都市住民に棚田の魅力を発信することを呼び掛けています。同年度末時点で累計108の棚田地域が参加する取組となっており、棚田地域を盛り上げ、棚田保全の取組の一助となることが期待されます。

(3) 多面的機能に関する国民の理解の促進等

(新たに2施設が世界かんがい施設遺産に登録)

世界かんがい施設遺産は、歴史的・社会的・技術的価値を有し、かんがい農業の画期的な発展や食料増産に貢献してきたかんがい施設をICID(国際かんがい排水委員会)が認定・登録する制度で、令和3(2021)年には我が国で新たに寺ケ池・寺ケ池水路と宇佐のかんがい用水群の2施設が登録され、これまでの国内登録施設数は計44施設となりました。

寺ケ池・寺ケ池水路(大阪府河内長野市)

宇佐のかんがい用水群(大分県宇佐市)

(世界農業遺産国際会議2021を開催)

FAO(国際連合食糧農業機関)が認定する日本国内の世界農業遺産は、令和3(2021)年度末時点で、11地域となっています。令和3(2021)年は国内で初めて世界農業遺産が認定されてから10周年となることから、同年11月に石川県において世界農業遺産国際会議2021を開催し、各認定地域の取組や情報を共有するとともに世界農業遺産の更なる活用・保全について議論を行いました。

このほか、農林水産大臣が認定する日本農業遺産は令和3(2021)年度末時点で、22地域となっています。

---

[1] 主務大臣は、農林水産大臣のほか、総務大臣、文部科学大臣、国土交通大臣及び環境大臣

（「ディスカバー農山漁村の宝」に34地区と4人を選定）

農林水産省と内閣官房は、平成26(2014)年度から、農山漁村の有するポテンシャルを引き出すことで地域の活性化や所得向上に取り組んでいる優良な事例を「ディスカバー農山漁村の宝」として選定し、農村への国民の理解の促進や優良事例の横展開等に取り組んでいます。令和2(2020)年度までに211件選定しており、第8回目となる令和3(2021)年度は全国の34地区と4人を選定しました。選定を機に更なる地域の活性化や所得向上が期待されます。

ディスカバー農山漁村の宝について
URL: https://www.discovermuranotakara.com/

(コラム)　パンフレットやジュニア農林水産白書で多面的機能等の理解を促進

(1) パンフレット「農業・農村の多面的機能」

農林水産省では、農業が有する国土保全・水源涵養・景観保全等の多面的機能について国民の理解を促進するため、これらの機能を分かりやすく解説したパンフレット約2万8千部を道の駅やイベント等を通じて、国民の幅広い層に配布し、普及・啓発を行っています。

農業・農村の多面的機能
URL:https://www.maff.go.jp/j/nousin/noukan/nougyo_kinou/index.html#06

(2) ジュニア農林水産白書

農林水産省は、小学校高学年向けに、我が国の農林水産業、農山漁村、それらが有する多面的機能への理解を深めてもらうようジュニア農林水産白書を作成しています。令和3(2021)年9月に公表した2021年版ジュニア農林水産白書については、農林水産省のSNSで配信したことに加え、文部科学省の協力により同年10月に同省のメールマガジンとSNSで、全国の子供の保護者、教育関係者等に対し周知しています。

ジュニア農林水産白書
URL: https://www.maff.go.jp/j/wpaper/w_junior/index.html

第4章

災害からの復旧・復興や
防災・減災、国土強靱化等

第1節　東日本大震災からの復旧・復興

　平成23(2011)年3月11日に発生した東日本大震災では、岩手県、宮城県、福島県の3県を中心とした東日本の広い地域に東京電力福島第一原子力発電所(以下「東電福島第一原発」という。)の事故の影響を含む甚大な被害が生じました。

　政府は同年7月から令和2(2020)年までの10年間の復興期間に引き続き、令和3(2021)年度から令和7(2025)年度までの5年間を「第2期復興・創生期間」と位置付け、被災地の復興に向けて取り組んでいます。

　本節では、東日本大震災の地震・津波や原子力災害からの農業分野の復旧・復興の状況について紹介します。

(1) 地震・津波災害からの復旧・復興の状況

(営農再開が可能な農地は95%に)

　東日本大震災による農業関係の被害額は、平成24(2012)年7月5日時点(農地・農業用施設等は令和4(2022)年1月31日時点)で9,640億円、農林水産関係の合計では2兆4,432億円となっています(**図表4-1-1**)。津波により被災した農地2万1,480haから公共用地等への転用が見込まれるものを除いた復旧対象農地1万9,660haのうち、令和3(2021)年度時点の目標面積1万8,650haに対して、令和4(2022)年3月末時点で1万8,630ha(95%[1])の農地で営農が可能となりました(**図表4-1-2**)。

　農林水産省は、除塩、畦畔の修復等の復旧に取り組んでおり、市町村からの聞き取り結果を踏まえ、令和6(2024)年度までに1万9,020haの農地面積、復旧対象農地の97%の水準まで復旧することを目標としています。

図表 4-1-1　農林水産関係の被害の状況

区分		被害額 (億円)	主な被害
農業関係		9,640	
	農地・農業用施設等	9,005	農地、水路、揚水機、集落排水施設等
	農作物等	635	農作物、家畜、農業倉庫、ハウス、畜舎、堆肥舎等
林野関係		2,155	林地、治山施設、林道施設等
水産関係		12,637	漁船、漁港施設、共同利用施設等
合計		24,432	

資料：農林水産省作成

注：平成24(2012)年7月5日時点の数値(農地・農業用施設等は令和4(2022)年1月31日時点)

図表 4-1-2　農地・農業用施設等の復旧状況

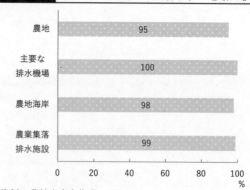

資料：農林水産省作成

注：1) 令和4(2022)年3月末時点の数値

　　2) 主要な排水機場は、復旧が必要な96か所に対するもの

　　3) 農地海岸は、復旧が必要な122地区に対するもの(福島県の3地区を除き完了)

　　4) 農業集落排水施設は、被災した401地区に対するもの(復旧事業実施中の施設を含む。)

---

[1] 公共用地等への転用が行われたもの(見込みを含む。)を除いた津波被災農地1万9,660haに対するもの(福島県の1,030haを除き完了)

(地震・津波からの農地の復旧に併せた圃場の大区画化の取組が拡大)

　岩手県、宮城県、福島県の3県では、地域の意向を踏まえ、地震・津波からの復旧に併せた農地の大区画化に取り組んでいます。整備計画面積が前年度から280ha増加し、令和3(2021)年度末時点で8,510haとなる中、大区画化への完了見込面積は、同時点で8,240ha、96.8%となっており、地域農業の復興基盤の整備が進展しています。

　宮城県と福島県では、高台への集団移転と併せて、移転跡地を含めた農地整備を10市町、合計17地区で進め、同年度末時点で14地区の整備が完了しました。

(先端的農業技術の現地実証研究と研究成果の情報発信等を実施)

　農林水産省は被災地域を新たな食料生産基地として再生するため、産学官連携の下、農業・農村分野に関わる先端的で大規模な実証研究を行っています。

　令和3(2021)年度からは、福島県において、農業用水利施設管理省力化ロボットの開発や土壌肥沃度のばらつき改善技術の開発など新たに6課題の農業分野に関わる研究開発・現地実証研究を行っています。また、栽培中断園地における果樹の早期復旧に向けた実証研究で得られた成果を活用して、ぶどうの根圏制御栽培やジョイントV字樹形の導入による果樹の早期成園化と省力化に取り組むなど、これまでの実証研究で得られた成果を現場に定着させるため、令和3(2021)年4月、実装拠点を県内5か所に設置しました(**図表4-1-3**)。各拠点では、県内の農業者や普及指導員等に対して、実証圃での成果等を機関誌や報道機関を通じて情報提供・周知するとともに、技術導入を希望する農業者へ向けた実証圃での研修や技術移転セミナーの開催による技術指導等を行うなど、得られた研究成果の普及に取り組んでいます。

図表4-1-3　研究成果を農業現場に定着させるための福島県内の実装拠点

実装拠点（＊）	実装拠点における取組課題 (福島県内社会実装対象地域)	普及目標
①福島拠点 ②伊達拠点 ④南相馬拠点 ⑤双葉拠点	①②⑤ ぶどうの根圏制御栽培等による早期成園化と省力化(県北・相双地域)	ぶどうの根圏制御栽培導入面積 令和2(2020)年度：0.62ha(6戸) →令和5(2023)年度：1.35ha(13戸)
	②④ ジョイントV字樹形の導入による果樹の早期成園化と省力化(県北・相双地域)	果樹のジョイントV字樹形の導入面積 令和2(2020)年度：8.7ha(67戸) →令和7(2025)年度：12.0ha(100戸)
⑤双葉拠点	⑤ プラウ耕・グレーンドリル播種体系による乾田直播栽培(相双・いわき地域)	乾田直播栽培導入面積 令和2(2020)年度：108ha(8戸) →令和7(2025)年度：160ha(12戸)
⑤双葉拠点	⑤ たまねぎの直播栽培による省力化(相双地域)	たまねぎ直播栽培導入面積 令和2(2020)年度：0.2ha(2戸) →令和7(2025)年度：6.5ha(15戸)
③田村拠点 ⑤双葉拠点	③ きく類の計画的安定出荷技術の実証(県北・田村地域、相双地域)	LED等によるきくの計画的安定生産技術導入面積 令和2(2020)年度：0.7ha(18戸) →令和7(2025)年度：1.5ha(30戸)
	⑤ トルコギキョウを核とした花きの周年生産(相双地域)	作型適応苗等の導入面積 令和2(2020)年度：0a(0戸) →令和7(2025)年度：50a(25戸)
④南相馬拠点	④ 肉用牛のAI超音波肉質診断(相双地域)	肉用牛肥育成績(上物率) 令和2(2020)年度：83% →令和7(2025)年度：87%

実装拠点（＊）

□ 避難12市町村

▨ 作付制限のあった市町村

＊実装拠点を設置する担当機関
①福島拠点
　県北農林事務所農業振興普及部
②伊達拠点
　県北農林事務所伊達農業普及所
③田村拠点
　県中農林事務所田村農業普及所
④南相馬拠点
　相双農林事務所農業振興普及部
⑤双葉拠点
　相双農林事務所双葉農業普及所

なしのジョイント
V字栽培

水稲乾田直播栽培

たまねぎの直播栽培

肉用牛のAI超音波肉質診断

資料：福島県の資料を基に農林水産省作成

(2) 原子力災害からの復旧・復興

ア　農畜産物の安全確保の取組

（安全性確保のための取組が進展）

　生産現場では、市場に放射性物質の基準値を上回る農畜産物が流通することのないように、放射性物質の吸収抑制対策、暫定許容値以下の飼料の使用等、それぞれの品目に合わせた取組が行われています。このような生産現場における努力の結果、基準値超過が検出された割合は、全ての品目で平成23(2011)年以降低下し、平成30(2018)年度以降は、全ての農畜産物において基準値超過はありません。

イ　原子力被災12市町村の復興

（原子力被災12市町村の営農再開農地面積が増加）

　原子力被災12市町村[1]における営農再開農地面積は、令和2(2020)年度末時点で、前年度から1,009ha増加しているものの、特に帰還困難区域がある町村の営農再開が遅れており、6,577haとなっています。これは、令和7(2025)年度までに営農再開農地面積を1万264haとする目標の64.1%に当たります（**図表4-1-4**）。農林水産省は、除染後の農地の保全管理から作付実証、農業用機械・施設の導入支援等に取り組んでおり、12市町村における農業者の営農再開に向けた支援事業の進捗や避難指示解除の時期、帰還状況を踏まえ、平成23(2011)年12月末時点で営農が休止されていた農地1万7,298haの約6割を営農再開することを目標としています。

図表 4-1-4　原子力被災 12 市町村の営農再開状況

	令和2(2020)年度末時点	令和7(2025)年度末目標	進捗割合
原子力被災12市町村の営農再開農地面積	6,577ha	10,264ha	64.1%

資料：農林水産省「福島県営農再開支援事業　令和2年度事業実績報告書」
注：進捗割合は営農再開農地面積(令和2(2020)年度末時点)÷令和7(2025)年度末目標面積

（原子力被災12市町村の農地整備の実施済面積は約1,610ha）

　原子力被災12市町村の農地については、営農休止面積1万7,298haのうち、営農再開のための農地整備の実施・検討がされている面積は約4,720haとなっています。このうち、令和2(2020)年度末時点で、約1,610haの農地整備が完了しました（**図表4-1-5**）。

図表4-1-5　原子力被災12市町村の農地の整備の実施・検討状況

（原子力被災12市町村の農地整備予定面積 約4,720ha）

約1,610ha (34%)	約3,110ha (66%)
令和2(2020)年度までに完了	令和3(2021)年度以降、完了予定

資料：農林水産省作成

---

[1] 福島県の田村市、南相馬市、川俣町、広野町、楢葉町、富岡町、川内村、大熊町、双葉町、浪江町、葛尾村、飯舘村

（農地の大区画化、利用集積の加速化に向けた取組を強化）

　農地の大区画化や利用集積を加速化するため、改正福島復興再生特別措置法[1]が令和3(2021)年4月に施行されました。これにより、市町村に代わって福島県が農地集積の計画を作成・公告できるようにするとともに、農地中間管理機構を活用して、農地の共有者の過半が判明していない農地も含め、担い手への権利設定等を行うことができるようになりました。同年11月時点で、3市町村で11件の計画が作成・公告され、約229haの農地が集積されています。あわせて、原子力被災12市町村に農地中間管理機構の現地コーディネーターを計12人配置し、農地の集積・集約化[2]の取組強化を図りました。

（営農再開支援のため原子力被災12市町村へ農林水産省職員を派遣）

　営農再開を加速するため、農林水産省は、令和2(2020)年4月から原子力被災12市町村に対し、職員を1人ずつ派遣し、営農再開のビジョンづくりから具体化までを支援しています。このほか、地域の実情を踏まえ、福島県の双葉町と飯舘村に農業土木職員を出向させ、基盤整備に係る支援をしています。

　また、福島県のいわき市と富岡町に設置していた技術系職員を含むサポートチームを、令和3(2021)年4月に富岡町に集約し、一元的に支援する体制を整備しました。

（生産と加工等が一体となった高付加価値生産を展開する産地の創出）

　農林水産省は、令和3(2021)年から、国産需要の高い加工・業務用野菜等を、市町村を越えて広域的に生産・加工等が一体となって付加価値を高めていく産地の創出に向けて、産地の拠点となる施設整備等の支援を行っています。

　また、当該支援の実施に当たり、農業者団体、原子力被災12市町村等で構成する「福島県高付加価値産地協議会」を同年8月に設立し、関係機関が連携して産地の創出を推進することにより、営農再開や新規参入を後押しすることとしています。

（事例）浪江町で休耕地を使った長ねぎの生産を開始(福島県)

　有限会社青高ファームと株式会社群馬電機工業の2社は、群馬県で長ねぎの生産に取り組んでいます。

　2社は、長ねぎの新たな生産拠点を求めていたところ、JAグループから福島県浪江町の紹介を受け、1年間の実証栽培を行った結果、圃場条件も良く、気候も長ねぎの栽培に適していたことから進出を決めました。

　公益社団法人福島相双復興推進機構の支援により同町内の農地の仲介を受け、令和3(2021)年4月から5.3haで長ねぎの生産を開始しました。

　2社は「将来的に規模を拡大して町内で100haまで広げ、地元住民の新規雇用にもつなげたい。」と話しています。

定植後の病害虫防除作業の様子

---

[1] 正式名称は、「福島復興再生特別措置法の一部を改正する法律」
[2] 用語の解説3(1)を参照

（「特定復興再生拠点区域」の復興・再生への取組を実施）

　福島復興再生特別措置法においては、5年をめどに避難指示を解除し、住民の帰還を目指す「特定復興再生拠点区域」の復興・再生を推進しており、帰還困難区域が存在する全6町村[1]が同法に基づき復興再生計画を策定し、農業の再生を目指した区域を設定しています。

　福島県の双葉町、葛尾村（かつらおむら）の特定復興再生拠点区域においては、将来的な営農再開に向け、令和3(2021)年産から町村の管理の下で水稲の試験栽培が開始されました。令和7(2025)年度をめどに本格的な営農再開を目指すこととしています。

ウ　風評払拭に向けた取組等

（「風評払拭・リスクコミュニケーション強化戦略」に基づく取組のフォローアップを実施）

　消費者庁が令和4(2022)年3月に公表した消費者の意識調査[2]によると、放射性物質を理由に福島県産品の購入をためらう人の割合は6.5％となり、調査開始以来最低の水準となりました（**図表4-1-6**）。

図表 4-1-6　放射性物質を理由に福島県産品の購入をためらう人の割合

資料：消費者庁「風評被害に関する消費者意識の実態調査」を基に農林水産省作成
注：各年3月時点（令和3(2021)年は2月時点）の数値

　風評等が今なお残っていることを踏まえ、復興庁やその他関係府省は、平成29(2017)年12月に策定した「風評払拭・リスクコミュニケーション強化戦略」に基づく取組のフォローアップとして、「知ってもらう」、「食べてもらう」、「来てもらう」の三つを柱とする情報発信を実施し、風評の払拭に取り組んでいます。

　また、福島県の農林水産業再生に向けた取組の一つとして、令和3(2021)年度は、福島県産の新ブランド米「福、笑い」のイベント等の実施により認知度を高めつつ消費者や販売店への販売を展開しました。福島牛については、展示会等での小売業者等への売り込み、消費者向けの農場見学等を実施することでブランド力の再生を図るなど、積極的なマーケティング展開を行いました。

　さらに、「食べて応援しよう！」のキャッチフレーズの下、消費者、生産者等の団体や食品事業者等、多様な関係者の協力を得て被災地産食品の販売フェアや社内食堂等での積極的利用の取組を進めることで、被災地産食品の利用・販売を引き続き進めています。

　このほか、被災地産の農林水産物の風評払拭に向けた取組として、国内外のメディア向けに被災地の姿や魅力の発信を

（海外向け動画）
Just how delicious is Fukushima Food? Yeah, you'll see
URL: https://www.youtube.com/watch?v=fs8U2cj3aMs
資料：福島県

---

[1] 福島県の双葉町、大熊町、浪江町、富岡町、飯舘村、葛尾村
[2] 消費者庁「風評被害に関する消費者意識の実態調査（第15回）」（令和4(2022)年3月公表）

動画や東京2020大会[1]のメインプレスセンター復興ブースで行うとともに、この復興ブースを活用して、ビクトリーブーケの紹介や、GAP[2]による安全・安心な農産物生産、日本産食品の放射性物質に関する安全性について、オンラインでブリーフィングを実施しました。

（コラム）復興への願いが込められたビクトリーブーケの花

東京2020大会では、メダリストに副賞としてビクトリーブーケが授与されました。ブーケに使われた花には、主に東日本大震災で被災した地域で栽培されたトルコギキョウ、ヒマワリ、リンドウなどが選ばれました。

選ばれた花にはそれぞれエピソードがあります。トルコギキョウは福島県が県ぐるみで生産に取り組んでおり、震災による影響で農作物の出荷が減った際に、特定非営利活動法人（NPO*）が花を栽培することで復興への希望を見いだしたものです。ヒマワリは、宮城県の震災で子供を亡くした親たちが、子供たちが避難するために目指した丘にヒマワリを植え、その丘にはヒマワリが毎年咲くようになったそうです。リンドウは岩手県を代表する花で、東京2020大会のエンブレムと同色の藍色の美しい花を咲かせることから選ばれました。

三つの花にはこうした意味合いが込められており、世界最大のスポーツイベントである東京2020大会を通じて、復興の進展のシンボルとして、世界にアピールするものとなりました。

*用語の解説3(2)を参照

福島県産トルコギキョウ

宮城県産ヒマワリ

岩手県産リンドウ

資料：福島県、宮城県、岩手県

（東京電力による農林水産関係者への損害賠償支払）

原子力損害の賠償に関する法律の規定により、東電福島第一原発の事故の損害賠償責任は東京電力ホールディングス株式会社（以下「東京電力」という。）が負っています。

東京電力によるこれまでの農林漁業者等への損害賠償支払累計額は、令和4(2022)年3月末時点で9,749億円[3]となっています。

---

[1] 大会は令和3(2021)年に開催
[2] 用語の解説3(2)を参照
[3] 農林漁業者等の請求・支払状況について、関係団体等からの聞き取りから把握できたもの

第2節　大規模自然災害からの復旧・復興

　近年、異常気象に伴う豪雨等の大規模な自然災害の発生頻度が増加傾向にあります。自然災害により被災した農業者の早期の営農再開を支援するとともに、被災を機として災害への対応強化と一体的に、作物転換や規模拡大等、生産性の向上等を図る産地の取組を支援しています。本節では、近年の大規模自然災害による被害の発生状況や災害からの復旧に向けた取組について紹介します。

(1) 近年の自然災害と農林水産業への被害

　平成28(2016)年には熊本地震、平成30(2018)年には北海道胆振東部地震が発生し、令和元(2019)年には台風が立て続けに本州に上陸するなど、近年は毎年のように日本各地で大規模な自然災害が発生しました。これにより、我が国の農林水産業では農作物や農地・農業用施設等に甚大な被害が発生しています。このため、平成28(2016)年と平成30(2018)年、令和元(2019)年の自然災害による農林水産関係の被害額は、過去10年で最大級となりました。なお、令和3(2021)年は、7月や8月の大雨等の被害により1,955億円の被害が発生しています(**図表4-2-1**)。

図表4-2-1　過去10年の農林水産関係の自然災害による被害額

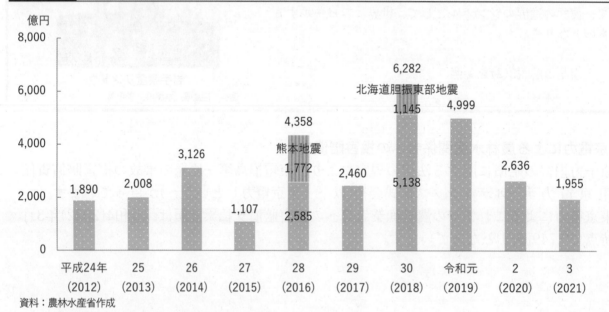

資料：農林水産省作成
　注：令和3(2021)年の被害額は令和4(2022)年3月31日時点

(2) 近年の大規模自然災害からの復旧・復興の状況

(熊本地震、北海道胆振東部地震からの復興)

　平成28(2016)年4月に発生した熊本地震については、農地及び農業用施設の復旧等を着実に進めた結果、目標に掲げた「被災農家の営農再開100%」を達成しました。

　また、熊本県西原村の大切畑ため池(通称、大切畑ダム)については、令和3(2021)年度にダム本体の工事に着手しており、令和7(2025)年度の工事完了を目指しています。

平成30(2018)年9月に発生した北海道胆振東部地震については、復旧・復興に向けた取組を進めた結果、令和3(2021)年5月末までに、被災した農地のうち災害復旧事業の対象面積137.6haが全て復旧しました。

　また、被災した国営のダム、用水路等(受益面積約2,800ha)については、令和5(2023)年度の完了を目指し、復旧を進めています。

(令和元年東日本台風等からの復興)

　令和元年東日本台風等で被災した農地・農業用施設については、順次復旧工事が進み、令和4(2022)年2月末時点で、災害復旧事業の対象となる8,392件のうち6,904件、約8割で復旧が完了しました。農林水産省は、引き続き、被災した県と連携し、被災した農地・農業用施設の復旧が遅れている市町村に対し、計画変更、工事の発注方法等について、技術的支援、助言等を行っており、早期復旧を目指しています。

　また、果樹の浸水被害については、長野県や福島県の一部で枯死や樹勢低下が見られたため、もも約25.3ha、りんご約5haで改植を実施しました。

(令和2年7月豪雨からの復旧)

　令和2年7月豪雨により被災した東北・東海・九州地方などの農地・農業用施設については、順次復旧工事が進み、令和4(2022)年2月時点で、災害復旧事業の対象となる9,130件のうち5,051件、約6割で復旧が完了しました。被災した農業用機械や農業用ハウスについては、同年3月時点で約9割が復旧しました。

　また、土砂流入や浸水被害を受けた山形県や熊本県の果樹園地については、樹体に付着した泥の除去や病害の発生・まん延防止に向けた取組を実施しました。

農地の被災状況

復旧完了

(令和2年7月豪雨により被災した農地・農業用施設の復旧状況(佐賀県))

(3) 令和3(2021)年度の自然災害からの復旧

(令和3(2021)年の農林水産関係の被害額は1,955億円)

　令和3(2021)年度においては、同年7月に発生した「令和3年7月1日からの大雨」や同年8月に発生した「令和3年8月の大雨」により、広範囲で河川の氾濫による被害が発生し、農林水産関係の被害額は1,296億円となりました(図表4-2-2、図表4-2-3)。

　このほか、台風や地震による被害が発生したことから、令和3(2021)年に発生した主な自然災害による農林水産関係の被害額は、1,955億円となりました。

図表4-2-2　令和3(2021)年度の主な自然災害による農林水産関係の被害額

（単位：億円）

	農業関係	農作物等	農地・農業用施設関係	林野関係	水産関係	合計
令和3年7月1日からの大雨	291.7	13.5	278.2	147.1	1.0	439.8
令和3年8月の大雨	529.5	88.0	441.5	322.9	3.7	856.1

資料：農林水産省作成
注：令和4(2022)年3月31日時点の数値

図表4-2-3　令和3(2021)年度の主な自然災害による農林水産関係の被害状況

	時期	地域	主な特徴と被害
令和3年7月1日からの大雨	7月1日～18日	中国地方を始めとした全国各地	梅雨前線が、6月末から7月上旬にかけて西日本から東日本に停滞し、暖かく湿った空気が次々と流れ込み、大気の状態が不安定となったため、西日本から東北地方の広い範囲で大雨 農地・農業用施設における土砂流入や法面崩れ、林地や林道施設における山腹崩壊や法面崩れ等が発生
令和3年8月の大雨	8月7日～23日	九州地方を始めとした全国各地	日本付近に停滞している前線に向かって暖かく湿った空気が流れ込み、前線の活動が活発となった影響で、西日本から東日本の広い範囲で大雨となり、総降水量が多いところで1,400mmを超える記録的な大雨 農地・農業用施設における法面崩れ、林地や林道施設における山腹崩壊や法面崩れ、農作物の冠水等が発生

資料：農林水産省作成

農地で土砂流入(島根県)
（令和3年7月1日からの大雨）

林道施設で路体の崩壊(島根県)
（令和3年7月1日からの大雨）

冠水した樹園地(りんご)(長野県)
（令和3年8月の大雨）

茶園の崩落(佐賀県)
（令和3年8月の大雨）

（早期に激甚災害に指定）

令和3（2021）年度は、「令和3年5月7日から7月14日までの間の豪雨」、「令和3年8月7日から同月23日までの間の暴風雨及び豪雨」が激甚災害に指定されました（**図表4-2-4**）。これにより、被災地方公共団体等は財政面での不安なく、迅速に復旧・復興に取り組むことが可能になるとともに、農業関係では、農地・農業用施設の災害復旧事業について、地方公共団体、被災農業者等の負担軽減を図りました。

図表4-2-4　令和3（2021）年度発生災害における激甚災害指定

災害名	発生日	激甚指定		事前公表	閣議決定	公布・施行
		区分*	対象	（発災からの日数）		
令和3年5月7日から7月14日までの間の豪雨	R3.5.7〜7.14	本激	農地・農業用施設、林道	R3.7.30（16日間）	R3.8.31（48日間）	R3.9.3（51日間）
		早局	公共土木施設（2市3町1村）			
令和3年8月7日から同月23日までの間の暴風雨及び豪雨	R3.8.7〜8.23	本激	農地・農業用施設、林道、湛水排除事業	R3.8.31（8日間）	R3.9.28（36日間）	R3.10.1（39日間）
		早局	公共土木施設（2町2村）			

資料：農林水産省作成

注：＊本激は、対象区域を全国として指定するもの。早期局地激甚災害（早局）は、対象区域を市町村単位で指定する局地激甚災害（局激）のうち、査定見込額が明らかに指定基準を超えるもの。局激は通常年度末にまとめて指定される。本激と早局は災害発生後早期に指定される。

第3節　防災・減災、国土強靱化と大規模自然災害への備え

　自然災害が頻発化・激甚化する中、今後も発生し得る災害に備えるため、農林水産省では、「国土強靱化基本計画」に基づき、国土強靱化対策を推進するとともに、農業保険への加入等農業者自身が行うべき災害への備え等の推進に取り組んでいます。本節では、これらの取組状況について紹介します。

(1) 防災・減災、国土強靱化対策の推進

(「防災・減災、国土強靱化のための5か年加速化対策」等を推進)

　国土強靱化対策を推進するため、「防災・減災、国土強靱化のための5か年加速化対策」（令和2(2020)年12月閣議決定）に基づき、令和3(2021)年度から令和7(2025)年度までの5か年を対象に、農業水利施設[1]等の耐震化、排水機場の整備・改修等のハード対策とともに、ハザードマップ作成等のソフト対策を適切に組み合わせ、防災・減災対策を推進しています。

　流域全体で行う治水対策である「流域治水[2]」の取組を推進していくことが、新たな土地改良長期計画に位置付けられました。

　また、令和3(2021)年3月に公表された「流域治水プロジェクト」には、農業用ダムやため池の洪水調節機能の強化、水田の雨水の一時貯留能力を高める取組である田んぼダム、農地の湛水被害のみならず、市街地や集落の湛水被害も防止・軽減させる排水機場等の適切な機能発揮等が位置付けられました。さらに、同年11月には、気候変動の影響による降雨量の増加等に対応するため、流域治水の実現を図る「特定都市河川浸水被害対策法等の一部を改正する法律」が全面施行されました。

　このほか、盛土等による災害から国民の生命・身体を守るため、盛土等を行う土地の用途やその目的にかかわらず、危険な盛土等を全国一律の基準で包括的に規制する措置を講ずる「宅地造成等規制法の一部を改正する法律案」を令和4(2022)年3月に国会に提出しました。

(2) 災害への備え

(農業者自身が行う自然災害への備えとして農業保険等の加入を推進)

　自然災害等の農業経営のリスクに備えるためには、農業者自身が農業用ハウスの保守管理、農業保険等の利用等に取り組んでいくことも重要です。

　農林水産省では、近年、台風、大雪等により園芸施設の倒壊等の被害が多発している状況に鑑み、農業用ハウスが自然災害等によって受ける損失を現在の資産価値に応じて補償する園芸施設共済に加え、収量減少や価格低下等農業者の経営努力で避けられない収入減少を幅広く補償する収入保険への加入促進を重点的に行うなど、農業者自身が災害への備えを行うよう取り組んでいます。

---

[1] 用語の解説3(1)を参照
[2] 第2章第6節を参照

園芸施設共済については、新築時の資産価値まで補償できる特約や少額の損害から補償できる特約といった補償の充実等、ニーズを踏まえたメニューの見直しを行い、農業者の加入を推進した結果、令和2(2020)年度の加入率は目標値70%に対し、平成30(2018)年度の55.2%から10.4ポイント増加して65.6%となりました（**図表4-3-1**）。農林水産省は、更に農業者の加入促進に取り組むことにより、令和3(2021)年度末までに加入率を80%にすることを目標としています。

図表 4-3-1　園芸施設共済の加入率

（棒グラフ）
- 平成30年度(2018)：55.2
- 令和元(2019)：59.5
- 2(2020)：65.6
- 令和2(2020)年度目標：70.0
- 令和3(2021)年度目標：80.0
- 3(2021)：80.0

資料：農林水産省作成

（農業版BCP(事業継続計画書)の普及に向けた取組）

農業者自身が行う自然災害等への備えとして取り組みやすいものとなるよう、令和3(2021)年1月に「自然災害等のリスクに備えるためのチェックリスト」と「農業版BCP[1]（事業継続計画書)」のフォーマットを策定しています。

チェックリストは、平時からのリスクに対する備えや台風等の自然災害への直前の備えに関する事項をチェックするリスクマネジメント編と、被災後の早期復旧・事業再開の観点から対策すべき事項(ヒト、モノ、カネ/セーフティネット、情報等)をチェックする事業継続編から構成されています。

農業版BCPは、インフラや経営資源等について、被害を事前に想定し、被災後の早期復旧・事業再開に向けた計画を定めるものであり、農業者自身に経験として既に備わっていることも含め、「見える化」することで、自然災害に備えるためのものです。作成は、フォーマットを活用し、事業継続編のチェック項目ごとに具体的内容を当てはめていくことで可能となっています。

農業版BCPの普及に向け、農林水産省では、関係機関と連携し、パンフレットの配布や、MAFFアプリ、SNS等、各種媒体による周知とともに、各種制度・事業等の実施と併せて取り組んでいます。

農業版 BCP の概要について
URL: https://www.maff.go.jp/j/keiei/maff_bcp.html

（家庭で行う災害への備え）

家庭では、大規模な自然災害等の発生に備え、自身の身を守る上で当面必要となる食料や飲料水を用意しておくことが重要です。家庭における備蓄量は、最低3日分から1週間分の食品を人数分備蓄しておくことが望ましいと言われています。

厚生労働省が実施した「国民健康・栄養調査」によれば、災害時に備えて非常用食料を用意している世帯の割合は、全国では53.8%です。地域別では、東京都など関東Ⅰブロックで72.3%と最も割合が高い一方、北陸ブロックでは34.0%、南九州ブロックでは33.1%と地域によって差が生じています(**図表4-3-2**)。

---

[1] 用語の解説3(2)を参照

　このため、農林水産省では、家庭備蓄の普及に向け、「災害時に備えた食品ストックガイド」及び「要配慮者向けの食品ストックガイド」を作成し、学校関係者や自治会の防災担当者等への配布や農林水産省Webサイト「家庭備蓄ポータル」への掲載等により周知を行っています。

　日頃から食料や飲料水等を備蓄して国民一人一人が今後起こり得る大災害に備えることが重要です。

図表 4-3-2 　災害時に備えて非常食を用意している世帯の割合

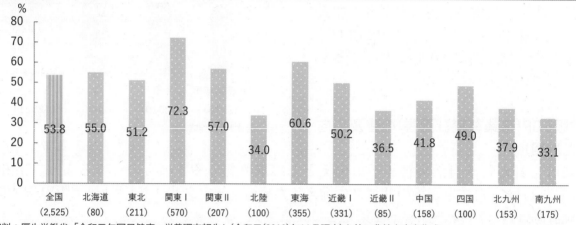

資料：厚生労働省「令和元年国民健康・栄養調査報告」（令和元(2019)年11月調査）を基に農林水産省作成

注：1）令和元年国民生活基礎調査において設定された単位区から層化無作為抽出した300単位区のうち、令和元年東日本台風の影響により4単位区を除いた全ての世帯及び世帯員で、4,465世帯を対象として実施し、本問で有効回答が得られた2,525世帯について集計（世帯の代表者(非常食の用意を担当している者)が回答）。（　）は世帯数

　　2）関東Ⅰは埼玉県、千葉県、東京都、神奈川県。関東Ⅱは茨城県、栃木県、群馬県、山梨県、長野県。近畿Ⅰは京都府、大阪府、兵庫県。近畿Ⅱは奈良県、和歌山県、滋賀県。北九州は福岡県、佐賀県、長崎県、大分県。南九州は熊本県、宮崎県、鹿児島県、沖縄県

（コラム）　災害時に活躍する災害支援型自動販売機

　日本全国には令和2(2020)年12月末時点で、約202万台の自動販売機(清涼飲料)があります。その一部は、飲料製造事業者と地方公共団体の協定に基づき、災害支援型自動販売機として、地震等の災害発生時に、自動販売機内の飲料を無償提供するもの、自動販売機に搭載された電光掲示板で避難情報を伝達するものがあります。

　災害支援型自動販売機は、主に公共施設(役所、図書館、体育館、公民館)、病院、学校、パーキングエリア等に設置されています。

　いざという時のために、身の回りのどういったところに設置されているか、「災害救援ベンダー」*のマークを目印に日頃から確認しておくことも重要です。

＊「災害救援ベンダー」のマークはメーカーごとに異なります。

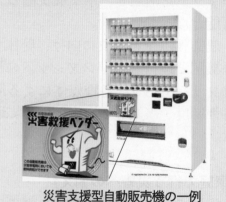

災害支援型自動販売機の一例
資料：一般社団法人 全国清涼飲料連合会

災害支援型自動販売機(電光掲示板付)の一例
資料：日本コカ・コーラ株式会社

農業・農村の活性化を目指して
－令和3(2021)年度農林水産祭天皇杯等受賞者事例紹介－

農林水産業者の技術改善・経営発展の意欲の高揚を図るため、効率的な農業経営や地域住民によるむらづくり等を行っている事例のうち、その内容が優れており、広く社会の称賛に値するものについては、毎年度、秋に開催される農林水産祭式典において天皇杯等が授与されています[1]。ここでは、令和3(2021)年度の天皇杯等の受賞者を紹介します。

農林水産祭天皇杯受賞者

令和3(2021)年度農林水産祭天皇杯受賞者

消費者ニーズに応える水稲多品種栽培と6次産業化の取組

○農産・蚕糸部門　○経営(水稲、大豆、飼料米ほか)　○宮城県仙台市
○農事組合法人仙台イーストカントリー　（代表 佐々木 均さん）

　農事組合法人仙台イーストカントリーは、東日本大震災により経営面積の3分の2が浸水し、農業機械や施設等の大部分を失いましたが、そのわずか2か月半後には浸水を免れた水田で経営を再開させました。

　消費者のニーズに応えるため、10種類以上の米の品種を作付けし、計画的な収穫作業と適期の刈取りで品質向上につなげています。加工・販売部門として農家レストランと農産加工処理施設を設立し、米の多品種栽培の特長を活かしたメニューの提供等、6次産業化に取り組んでいます。

　また、震災で職を失った女性の雇用を創出したいとの思いから女性を積極的に雇用し、地域の復興を加速させています。

最高品質の追求に「創意」と「努力」を紡ぎ続けた100年、そして未来へ

○園芸部門　○経営(玉ねぎ)　○北海道北見市
○きたみらい玉葱振興会　（代表 加藤 英樹さん）

　きたみらい玉葱振興会は、生産管理の徹底、品質の高位平準化を図ることで全国最大の玉ねぎ産地を形成し、単位当たり収量、農業者の所得ともに全国平均に比べて高水準を確保しています。

　令和2(2020)年に設立された「きたみらいスマート農業推進協議会」に多数の会員が参加し、自動操舵トラクターを中心としたスマート農業機械の導入にも取り組んでいます。

　また、過去に玉ねぎの価格が乱高下した際は、加工業務用への出荷を強化し、生食の市場出回り量をコントロールすることで、需要に応じた出荷体制を構築し、安定的な市場の形成と経営の安定化を実現しています。

---

[1] 過去1年間(令和2(2020)年7月～令和3(2021)年6月)の農林水産祭参加表彰行事において、農林水産大臣賞を受賞した345点の中から決定。選賞部門は、掲載5部門のほか、林産部門、水産部門を加えた7部門

長命連産の優れた繁殖性の長期継続で高収益和牛経営を実現

〇畜産部門　〇経営(肉用牛繁殖)　〇鹿児島県曽於市
〇森岡　良輔さん・森岡　恵理香さん

　介護福祉士だった森岡良輔さんは、平成19(2007)年に両親から経営を受け継ぎ、自家産牛による繁殖牛の更新と増頭で、借入金の少ない健全な経営と、長命連産の優れた繁殖成績による子牛生産費用の低減化と所得率の高い経営を行っています。

　繁殖牛と子牛の管理をきめ細やかに行うことで、更なる繁殖成績の向上と子牛の生産性向上を図っています。また、自給飼料の増産に努め、繁殖牛への粗飼料自給率100%を達成しています。

　森岡恵理香さんは、子牛育成を担当するとともに、繁殖データや各種帳簿管理など経営の中核を担い、母の森岡ゆき子さんも指導農業士として活躍しています。

6次産業化で地域の課題解決と活性化を実現

〇多角化経営部門　〇経営(6次産業化)　〇長崎県大村市
〇有限会社シュシュ　(代表　山口　成美さん)

　有限会社シュシュは、農産物直売所、農産物加工・販売、レストラン・カフェ、食育・農業体験、農業塾、婚活事業、農家民泊、観光農園等、多角的な事業展開により年間約49万人を集客し、地域の活性化に貢献しています。

　直売所では売上情報をタイムリーに出荷者にメール配信して品切れを防止し、農産物加工センターでは農産物を相場より高く買い取るなど、地域の農業者の所得向上に貢献しています。また、定年帰農者やI・Uターンの就農希望者に農産物の生産から加工品の開発までの実習を実施しており、大村市の新規就農者数は目標を大きく上回っています。

　さらに、女性従業員の発想を活かした商品がコンテストで多数の賞を受賞するなど、女性の活躍推進に貢献しています。

「棚田」も「心」も潤して　～167年守り続けた通潤魂、未来へ～

〇むらづくり部門　〇熊本県山都町
〇白糸第一自治振興会　(代表　山村　伸吾さん)

　白糸第一自治振興会は、棚田管理と収益向上を目的とした米の高付加価値化(特別栽培米)に取り組み、厳格な統一出荷基準を設け、講習会による栽培技術の向上と品質の均質化を図っています。

　「通潤橋水ものがたりの会」を設立し、特別栽培米のブランディングを進め、関西の卸売販売業者や百貨店での評価を得るまでに至っています。また、ふるさと納税の返礼品としても取り扱われるなど、棚田米のブランド化と販路拡大は、地域の農業者の所得向上につながり、地域農業の振興に大きく寄与しています。

　白糸第一自治振興会は、全国棚田サミットを地元で開催した際に、現地視察も受け入れ、棚田や用水路の案内、田舎料理や弁当のもてなしなどにより、棚田サミットを成功に導きました。

令和3(2021)年度農林水産祭内閣総理大臣賞受賞者

部門	出品財	住所	氏名等
農産・蚕糸	経営(麦類)	北海道網走市	オホーツク網走　第23営農集団利用組合 (代表　安藤　俊浩さん)
園芸	経営(鉢花アジサイ)	島根県出雲市	島根県アジサイ研究会 (代表　多久和　敏男さん)
畜産	経営(稲WCS、飼料用米、稲WCS収穫受託)	愛知県東浦町	有限会社あぐりサービス (代表　小島　誉久さん)
多角化経営	経営(水稲、すいか、しいたけ　ほか)	新潟県南魚沼市	有限会社小澤農場 (代表　小澤　実さん)
むらづくり	むらづくり活動	福島県二本松市	企業組合さくらの郷 (代表　齋藤　寛一さん)

令和3(2021)年度農林水産祭日本農林漁業振興会会長賞受賞者

部門	出品財	住所	氏名等
農産・蚕糸	経営(繭)	栃木県小山市	五十畑　茂さん、五十畑　啓子さん
園芸	経営(ぶどう)	山梨県笛吹市	笛吹農業協同組合 青果物生産団体連絡協議会ハウスぶどう専門部会 (代表　矢野　幸人さん)
畜産	経営(養豚)	青森県横浜町	有限会社飯田養豚場 (代表　飯田　一志さん)
多角化経営	経営(イチゴ、イチジク、柑橘)	山口県周防大島町	株式会社瀬戸内ジャムズガーデン (代表　松嶋　匡史さん)
むらづくり	むらづくり活動	福井県福井市	伊自良の里・食と農推進協議会 (代表　多野　太右エ門さん)

令和3(2021)年度農林水産祭内閣総理大臣賞受賞者(女性の活躍)

部門	出品財	住所	氏名等
農産・蚕糸	女性の活躍	鹿児島県出水市	澤田　たみ子さん

令和3(2021)年度農林水産祭日本農林漁業振興会会長賞受賞者(女性の活躍)

部門	出品財	住所	氏名等
多角化経営	女性の活躍	千葉県館山市	須藤　陽子さん

用語の解説

目次

用語の解説

1．紛らわしい用語について

紛らわしい用語について

生産額・所得

目的	用語	統計値＜出典＞
国内で生産された農産物の売上げ相当額の総額を知りたいとき	農業総産出額	8.9兆円(令和2年) <生産農業所得統計>
国内で生産された農産物の売上げ相当額の総額から物的経費を引いた付加価値額を知りたいとき	生産農業所得	3.3兆円(令和2年) <生産農業所得統計>
GDP(国内総生産)のうち、農業が生み出した付加価値額を、他産業や外国と比較するとき	農業総生産	4.7兆円(令和2年) <国民経済計算>

・農業総産出額　8.9兆円

最終生産物の生産量×価格

・生産農業所得　3.3兆円

経常補助金 ／ 間接税 ／ 減価償却費 ／ 資材費等（肥料、農薬、光熱費等）

物的経費

・農業総生産　　4.7兆円

資材費等（肥料、農薬、光熱費等）

農業総産出額＋中間生産物(種子、飼料作物等)＋農業サービス(選果場等)

農業経営体

目的	用語	統計値＜出典＞
農業生産や農作業受託の事業を営む者の数を知りたいとき	農業経営体*1	103万経営体（令和3年）＜農業構造動態調査＞
農業を営む個人（世帯）数を知りたいとき	個人経営体*1	99万経営体（令和3年）＜農業構造動態調査＞
農業による所得が主である65歳未満の世帯員がいる世帯を知りたいとき	主業経営体*1	22万経営体（令和3年）＜農業構造動態調査＞
農業を営む法人経営体や集落営農等の数を知りたいとき	団体経営体*1	4万経営体（令和3年）＜農業構造動態調査＞

個人経営体の世帯員

目的	用語	統計値＜出典＞
年間1日以上自営農業に従事した世帯員数を知りたいとき	農業従事者*2	229万人（令和3年）＜農業構造動態調査＞
ふだん仕事として、主に自営農業に従事した世帯員数を知りたいとき（家事や育児が主体の主婦や学生等は含まない）	基幹的農業従事者*2	130万人（令和3年）＜農業構造動態調査＞

農業における被雇用者

目的	用語	統計値＜出典＞
長期（7か月以上）で雇われた人数を知りたいとき	常雇い*2	15万人（令和3年）＜農業構造動態調査＞
短期（臨時）で雇われた人数を知りたいとき	臨時雇い*2	142万人（令和3年）＜農業構造動態調査＞

*1：用語の解説2(1)を参照
*2：農業生産関連事業のために雇った人を含む。用語の解説2(5)を参照

用語の解説

2．基本統計用語の定義
(1) 農業経営体分類関係(2020 年農林業センサス)

用　　語	定　　　　義
農業経営体	農産物の生産を行うか、又は委託を受けて農作業を行い、(1)経営耕地面積が30a以上、(2)農作物の作付面積又は栽培面積、家畜の飼養頭羽数又は出荷羽数等、一定の外形基準以上の規模(露地野菜15a、施設野菜350㎡、搾乳牛1頭等)、(3)農作業の受託を実施、のいずれかに該当するもの(1990年、1995年、2000年農林業センサスでは、販売農家、農家以外の農業事業体及び農業サービス事業体を合わせたものに相当する。)
個人経営体	個人(世帯)で事業を行う経営体をいう。なお、法人化して事業を行う経営体は含まない。
主業経営体	農業所得が主(世帯所得の50%以上が農業所得)で、1年間に自営農業に60日以上従事している65歳未満の世帯員がいる個人経営体
準主業経営体	農外所得が主(世帯所得の50%未満が農業所得)で、1年間に自営農業に60日以上従事している65歳未満の世帯員がいる個人経営体
副業的経営体	1年間に自営農業に60日以上従事している65歳未満の世帯員がいない個人経営体
団体経営体	農業経営体のうち個人経営体に該当しない者
単一経営経営体	農産物販売金額のうち、主位部門の販売金額が8割以上の経営体
準単一複合経営経営体	単一経営経営体以外で、農産物販売金額のうち、主位部門の販売金額が6割以上8割未満の経営体
複合経営経営体	単一経営経営体以外で、農産物販売金額のうち、主位部門の販売金額が6割未満(販売のなかった経営体を除く。)の経営体

(2) 農業経営体分類関係(2005 年農林業センサスから 2015 年農林業センサスの定義)

用　　語	定　　　　義
農業経営体	(1)に準ずる。
家族経営体	農業経営体のうち個人経営体及び1戸1法人
組織経営体	農業経営体のうち家族経営体に該当しない者

(3) 農家等分類関係

用　語	定　　義
農家	経営耕地面積が10a以上の農業を営む世帯又は農産物販売金額が年間15万円以上ある世帯
販売農家	経営耕地面積30a以上又は農産物販売金額が年間50万円以上の農家
主業農家	農業所得が主(農家所得の50%以上が農業所得)で、1年間に60日以上自営農業に従事している65歳未満の世帯員がいる農家
準主業農家	農外所得が主(農家所得の50%未満が農業所得)で、1年間に60日以上自営農業に従事している65歳未満の世帯員がいる農家
副業的農家	1年間に60日以上自営農業に従事している65歳未満の世帯員がいない農家(主業農家及び準主業農家以外の農家)
専業農家	世帯員の中に兼業従事者が1人もいない農家
兼業農家	世帯員の中に兼業従事者が1人以上いる農家
第1種兼業農家	農業所得の方が兼業所得よりも多い兼業農家
第2種兼業農家	兼業所得の方が農業所得よりも多い兼業農家
自給的農家	経営耕地面積が30a未満かつ農産物販売金額が年間50万円未満の農家
農家以外の農業事業体	経営耕地面積が10a以上又は農産物販売金額が年間15万円以上の農業を営む世帯(農家)以外の事業体
農業サービス事業体	委託を受けて農作業を行う事業所(農業事業体を除き、専ら苗の生産及び販売を行う事業所を含む。)
土地持ち非農家	農家以外で耕地及び耕作放棄地を5a以上所有している世帯

注：1990年世界農林業センサスから2000年世界農林業センサスの調査体系に即した定義

(4) 農家経済関係

用　語	定　　義
農業所得	農業粗収益(農業経営によって得られた総収益額)－農業経営費(農業経営に要した一切の経費)
農業生産関連事業所得	農業生産関連事業収入(農業経営体が経営する農産加工、農家民宿、農家レストラン、観光農園等の農業に関連する事業の収入)－農業生産関連事業支出(同事業に要した雇用労賃、物財費等の支出)
農外事業所得	農業又は農業生産関連事業以外の事業収入(農業のほかに自営する兼業としての林業、漁業、商工業等の収入)－農外事業支出(同事業に要した雇用労賃、物財費等の支出)

用語の解説

253

(5) 農業労働力関係

		農業との関わり			個人経営体の世帯員
		農業に従事		農業には従事していない	原則として住居と生計を共にする者
		農業が主	その他が主		(1) 基幹的農業従事者 　　15歳以上の世帯員のうち、ふだん仕事として主に自営農業に従事している者 (2) 農業従事者 　　15歳以上の世帯員で年間1日以上自営農業に従事した者
ふだんの主な状態	主に仕事	基幹的農業従事者　(1)		(2)	
	その他*	農業従事者			＊ 家事、通学等

用　語	定　　　　　義
常雇い	あらかじめ、年間7か月以上の契約（口頭での契約も含む。）で主に農業経営のために雇った人（期間を定めずに雇った人を含む。）をいう。 　年間7か月以上の契約で雇っている外国人技能実習生を含める。 　農業又は農業生産関連事業のいずれか、又は両方のために雇った人をいう。
臨時雇い	「常雇い」に該当しない日雇い、季節雇いなど農業経営のために一時的に雇った人のことをいい、手間替え・ゆい（労働交換）、手伝い（金品の授受を伴わない無償の受け入れ労働）を含む。 　なお、農作業を委託した場合の労働は含まない。 　また、主に農業以外の事業のために雇った人が一時的に農業経営に従事した場合及び「常雇い」として7か月以上の契約で雇った人がそれ未満で辞めた場合を含む。 　農業又は農業生産関連事業のいずれか、又は両方のために雇った人をいう。

(6) 新規就農者関係(新規就農者調査の定義)

		就農の形態			新規就農者
		自営農業への従事が主	法人等に常雇いとして雇用	新たに農業経営を開始	次のいずれかに該当する者 (1) 新規自営農業就農者 　個人経営体の世帯員で、調査期日前1年間の生活の主な状態が、「学生」又は「他に雇われて勤務が主」から「自営農業への従事が主」になった者 (2) 新規雇用就農者 　調査期日前1年間に新たに法人等に常雇い(年間7か月以上)として雇用され、農業に従事した者 (3) 新規参入者 　土地や資金を独自に調達し、調査期日前1年間に新たに農業経営を開始した経営の責任者及び共同経営者 ○新規学卒就農者 　新規自営農業就農者で「学生」から「自営農業への従事が主」になった者及び新規雇用就農者で雇用される直前に学生であった者
就農前の主な状態	学生	新規学卒就農者 新規自営農業就農者 (1)	新規雇用就農者 (2)	新規参入者 (3)	
	他に雇われて勤務が主				
	家事・育児・その他				

用語の解説

(7) 農業地域類型区分

用　　語	定　　　　　　　　義
農業地域類型区分	地域農業の構造を規定する基盤的な条件(耕地や林野面積の割合、農地の傾斜度等)に基づき市区町村及び旧市区町村を区分したもの
区　　分	基準指標(下記のいずれかに該当するもの)
都市的地域	○可住地に占めるDID面積が5%以上で、人口密度500人/km²以上又はDID人口2万人以上の市区町村及び旧市区町村 ○可住地に占める宅地等率が60%以上で、人口密度500人/km²以上の市区町村及び旧市区町村。ただし、林野率80%以上のものは除く。
平地農業地域	○耕地率20%以上かつ林野率50%未満の市区町村及び旧市区町村。ただし、傾斜20分の1以上の田と傾斜8度以上の畑との合計面積の割合が90%以上のものを除く。 ○耕地率20%以上かつ林野率50%以上で、傾斜20分の1以上の田と傾斜8度以上の畑の合計面積の割合が10%未満の市区町村及び旧市区町村
中間農業地域	○耕地率が20%未満で、都市的地域及び山間農業地域以外の市区町村及び旧市区町村 ○耕地率が20%以上で、都市的地域及び平地農業地域以外の市区町村及び旧市区町村
山間農業地域	○林野率80%以上かつ耕地率10%未満の市区町村及び旧市区町村

注：1) 決定順位：都市的地域→山間農業地域→平地農業地域・中間農業地域
　　2) DIDとはDensely Inhabited Districtの略で人口集中地区のこと。原則として人口密度が4千人/km²以上の国勢調査基本単位区等が市区町村内で互いに隣接して、それらの隣接した地域の人口が5千人以上を有する地区をいう。
　　3) 傾斜は1筆ごとの耕作面の傾斜ではなく、団地としての地形上の主傾斜をいう。
　　4) 農業地域類型区分の中間農業地域と山間農業地域を合わせた地域を中山間地域という。
　　5) 旧市区町村とは、昭和25(1950)年2月1日時点での市区町村をいう。

(8) 全国農業地域区分

全国農業地域名	所属都道府県名	全国農業地域名	所属都道府県名
北海道	北海道	近畿	滋賀、京都、大阪、兵庫、奈良、和歌山
東北	青森、岩手、宮城、秋田、山形、福島	中国 　山陰 　山陽	 鳥取、島根 岡山、広島、山口
北陸	新潟、富山、石川、福井	四国	徳島、香川、愛媛、高知
関東・東山 　北関東 　南関東 　東山	 茨城、栃木、群馬 埼玉、千葉、東京、神奈川 山梨、長野	九州 　北九州 　南九州	 福岡、佐賀、長崎、熊本、大分 宮崎、鹿児島
東海	岐阜、静岡、愛知、三重	沖縄	沖縄

3．五十音順・アルファベット順

(1) 五十音順

あ	
アフリカ豚熱	ASFウイルスによって引き起こされる豚やイノシシの伝染病であり、発熱や全身の出血性病変を特徴とする致死率の高い伝染病。有効なワクチン及び治療法はない。本病はアフリカでは常在しており、ロシア及びその周辺諸国でも発生が確認されている。平成30(2018)年8月には、中国においてアジアでは初となる発生が確認されて以降、アジアで発生が拡大した。我が国では、これまで本病の発生は確認されていない。なお、豚、イノシシの病気であり、ヒトに感染することはない。
遺伝資源	遺伝の機能的な単位を有する植物・動物・微生物等に由来し、顕在的又は潜在的に利用価値のある素材。例えば、植物では登録品種・在来品種・野生種の種子・芋・苗木を含む。
エコフィード (ecofeed)	食品残さ等を有効活用した飼料のこと。環境に優しい(ecological)や節約する(economical)等を意味するエコ(eco)と飼料を意味するフィード(feed)を併せた造語
温室効果ガス	地面から放射された赤外線の一部を吸収・放射することにより地表を暖める働きがあるとされるもの。京都議定書では、二酸化炭素(CO_2)、メタン(CH_4、水田や廃棄物最終処分場等から発生)、一酸化二窒素(N_2O、一部の化学製品原料製造の過程や家畜排せつ物等から発生)、ハイドロフルオロカーボン類(HFCs、空調機器の冷媒等に使用)、パーフルオロカーボン類(PFCs、半導体の製造工程等で使用)、六フッ化硫黄(SF_6、半導体の製造工程等で使用)、三フッ化窒素(NF_3、半導体の製造工程等で使用。第二約束期間から追加)を温室効果ガスとして削減の対象としている。
か	
家族経営協定	家族で営農を行っている農業経営において、家族間の話合いを基に経営計画、各世帯員の役割、就業条件等を文書にして取り決めたものをいう。この協定により、女性や後継者等の農業に従事する世帯員の役割が明確化され、農業者年金の保険料の優遇措置の対象となるほか、認定農業者制度の共同申請等が可能となる。
供給熱量 (摂取熱量)	食料における供給熱量とは、国民に対して供給される総熱量をいい、摂取熱量とは、国民に実際に摂取された総熱量をいう。一般には、前者は農林水産省「食料需給表」、後者は厚生労働省「国民健康・栄養調査」の数値が用いられる。両者の算出方法は全く異なり、供給熱量には、食品産業において加工工程でやむを得ず発生する食品残さや家庭での食べ残し等が含まれていることに留意が必要
ゲノム編集	酵素等を用い、ある生物がもともと持っている遺伝子を効率的に変化させる技術
荒廃農地	現に耕作に供されておらず、耕作の放棄により荒廃し、通常の農作業では作物の栽培が客観的に不可能となっている農地
高病原性鳥インフルエンザ	鳥インフルエンザのうち、家きんを高い確率で致死させるもの。家きんがこのウイルスに感染すると、神経症状、呼吸器症状、消化器症状等全身症状を起こし、大量に死ぬ。なお、我が国ではこれまで、鶏卵、鶏肉を食べることによりヒトが感染した例は報告されていない。
コーデックス委員会	消費者の健康の保護、食品の公正な貿易の確保等を目的として、昭和38(1963)年にFAO(国連食糧農業機関)及びWHO(世界保健機関)により設置された国際的な政府間機関。国際食品規格の策定等を行っている。我が国は昭和41(1966)年から同委員会に加盟

用語の解説

さ	
作況指数	米の作柄の良否を表す指標で、その年の10a当たり平年収量に対する10a当たり（予想）収量の比率で表す。10a当たり平年収量は、作物の栽培を開始する以前に、その年の気象の推移や被害の発生状況等を平年並とみなし、最近の栽培技術の進歩の度合いや作付変動等を考慮し、実収量のすう勢を基に作成したその年に予想される10a当たり収量をいう。
集落営農	集落等地縁的にまとまりのある一定の地域内の農家が農業生産を共同して行う営農活動をいう。転作田の団地化、共同購入した機械の共同利用、担い手が中心となって取り組む生産から販売までの共同化等、地域の実情に応じてその形態や取組内容は多様である。
食の外部化	共働き世帯や単身世帯の増加、高齢化の進行、生活スタイルの多様化等を背景に、家庭内で行われていた調理や食事を家庭外に依存する状況が見られる。これに伴い、食品産業においても、食料消費形態の変化に対応した調理食品、総菜、弁当といった「中食」の提供や市場開拓等に進展が見られている。こういった動向を総称して「食の外部化」という。→「中食」を参照
食料安全保障	我が国における食料安全保障については、食料・農業・農村基本法において、「国民が最低限度必要とする食料は、凶作、輸入の途絶等の不測の要因により国内における需給が相当の期間著しく逼迫し、又は逼迫するおそれがある場合においても、国民生活の安定及び国民経済の円滑な運営に著しい支障を生じないよう、供給の確保が図られなければならない。」とされている。他方、世界における食料安全保障（Food Security）については、FAO（国連食糧農業機関）で、全ての人が、いかなる時にも、活動的で健康的な生活に必要な食生活上のニーズと嗜好を満たすために、十分で安全かつ栄養ある食料を、物理的にも社会的にも経済的にも入手可能であるときに達成されるとされている。また、食料安全保障には四つの要素があり、適切な品質の食料が十分に供給されているか（供給面）、栄養ある食料を入手するための合法的、政治的、経済的、社会的な権利を持ち得るか（アクセス面）、安全で栄養価の高い食料を摂取できるか（利用面）、いつ何時でも適切な食料を入手できる安定性があるか（安定面）とされている。
食料国産率	国内に供給される食料に対する国内生産の割合であり、飼料が国産か輸入かにかかわらず、畜産業の活動を反映し、国内生産の状況を評価する指標。輸入した飼料を使って国内で生産した分も国産に算入して計算

食料自給率	我が国の食料全体の供給に対する国内生産の割合を示す指標 ○ 品目別自給率：以下の算定式により、各品目における自給率を重量ベースで算出 食料自給率の算定式 $$品目別自給率 = \frac{国内生産量}{国内消費仕向量} = \frac{国内生産量}{国内生産量 + 輸入量 - 輸出量 \pm 在庫増減}$$ ○ 総合食料自給率：食料全体における自給率を示す指標として、供給熱量(カロリー)ベース、生産額ベースの2通りの方法で算出。畜産物については、輸入した飼料を使って国内で生産した分は、国産には算入していない。 なお、平成30(2018)年度以降の食料自給率は、イン(アウト)バウンドによる食料消費増減分を補正した数値としている。 ・供給熱量(カロリー)ベースの総合食料自給率：分子を1人・1日当たり国産供給熱量、分母を1人・1日当たり供給熱量として計算。供給熱量の算出に当たっては、「日本食品標準成分表2020年版(八訂)」に基づき、品目ごとに重量を供給熱量に換算した上で、各品目の供給熱量を合計 ・生産額ベースの総合食料自給率：分子を食料の国内生産額、分母を食料の国内消費仕向額として計算。金額の算出に当たっては、生産農業所得統計の農家庭先価格等に基づき、重量を金額に換算した上で、各品目の金額を合計 ○ 飼料自給率：畜産物を生産する際に家畜に給与される飼料のうち、国産(輸入原料を利用して生産された分は除く。)でどの程度賄われているかを示す指標。「日本標準飼料成分表(2009年版)」等に基づき、TDN(可消化養分総量)に換算し算出
食料自給力	国内農林水産業生産による食料の潜在生産能力を示す概念。その構成要素は、農産物は農地・農業用水等の農業資源、農業技術、農業就業者、水産物は潜在的生産量と漁業就業者 ○ 食料自給力指標 我が国の農地等の農業資源、農業者、農業技術といった潜在生産能力をフル活用することにより得られる食料の供給熱量を示す指標 生産を以下の2パターンに分け、それぞれの熱量効率が最大化された場合の国内農林水産業生産による1人・1日当たり供給可能熱量により示す。くわえて、各パターンの生産に必要な労働時間に対する現有労働力の延べ労働時間の充足率(労働充足率)を反映した供給可能熱量も示す。 ①栄養バランスを考慮しつつ、米・小麦を中心に熱量効率を最大化して作付け ②栄養バランスを考慮しつつ、いも類を中心に熱量効率を最大化して作付け
水田の汎用化	暗渠排水等の排水対策を行うことにより、田畑の輪換方式による営農を可能とすること
総合化事業計画	「地域資源を活用した農林漁業者等による新事業の創出等及び地域の農林水産物の利用促進に関する法律」(六次産業化・地産地消法)に基づき、農林漁業経営の改善を図るため、農林漁業者等が農林水産物や副産物(バイオマス等)の生産とその加工又は販売を一体的に行う事業活動に関する計画
た	
地産地消	国内の地域で生産された農林水産物(食用に供されるものに限る。)を、その生産された地域内において消費する取組。食料自給率の向上に加え、直売所や加工の取組等を通じて、6次産業化にもつながるもの

259

直播栽培(水稲) （ちょくはん）	稲の種もみを直接田に播種する栽培方法で、慣行栽培(移植栽培)で必要な育苗や移植の作業を省略できる。播種の仕方等により様々な方法があるが、大別すると、耕起・代かき後の水を張った水田に播種する湛水直播栽培と、水を張っていない状態の田に播種する乾田直播栽培がある。
な	
中食	レストラン等へ出掛けて食事をする「外食」と、家庭内で手づくり料理を食べる「内食」の中間にあって、市販の弁当や総菜、家庭外で調理・加工された食品を家庭や職場・学校等で、そのまま(調理加熱することなく)食べること。これら食品(日持ちしない食品)の総称としても用いられる。
認定農業者 (制度)	農業経営基盤強化促進法に基づき、市町村が地域の実情に即して効率的・安定的な農業経営の目標等を内容とする基本構想を策定し、この目標を目指して農業者が作成した農業経営改善計画を認定する制度。認定農業者に対しては、スーパーL資金等の低利融資制度、農地流動化対策、担い手を支援するための基盤整備事業等の各種施策を実施
農業集落	市町村の区域の一部において、農作業や農業用水の利用を中心に、家と家とが地縁的、血縁的に結び付いた社会生活の基礎的な地域単位のこと。農業水利施設の維持管理、農機具等の利用、農産物の共同出荷等の農業生産面ばかりでなく、集落共同施設の利用、冠婚葬祭、その他生活面に及ぶ密接な結び付きの下、様々な慣習が形成されており、自治及び行政の単位としても機能している。
農業水利施設	農地へのかんがい用水の供給を目的とするかんがい施設と、農地における過剰な地表水及び土壌水の排除を目的とする排水施設に大別される。かんがい施設には、ダム等の貯水施設や、取水堰等の取水施設、用水路、揚水機場、分水工、ファームポンド等の送水・配水施設があり、排水施設には、排水路、排水機場等がある。このほか、かんがい施設や排水施設の監視や制御・操作を行う水管理施設がある。
農地の集積・ 集約化	農地の集積とは、農地を所有し、又は借り入れること等により、利用する農地面積を拡大することをいう。農地の集約化とは、農地の利用権を交換すること等により、農地の分散を解消することで農作業を連続的に支障なく行えるようにすることをいう。
は	
バイオマス	動植物に由来する有機性資源で、化石資源を除いたものをいう。バイオマスは、地球に降り注ぐ太陽のエネルギーを使って、無機物である水と二酸化炭素から、生物が光合成によって生成した有機物であり、ライフサイクルの中で、生命と太陽エネルギーがある限り持続的に再生可能な資源である。
バリューチェーン	生産から加工、流通、販売に至るまで、各事業が有機的につながり、それぞれの工程で付加価値を生み出していくプロセスのこと
ビッグデータ	ボリュームが膨大でかつ構造が複雑であるが、そのデータ間の関係性等を分析することで新たな価値を生み出す可能性のあるデータ群のこと
フードバンク	食品関連事業者その他の者から未利用食品等まだ食べることができる食品の寄附を受けて貧困、災害等により必要な食べ物を十分に入手することができない者にこれを無償で提供するための活動を行う団体

豚熱	CSFウイルスによって引き起こされる豚やイノシシの伝染病であり、発熱、食欲不振、元気消失等の症状を示し、強い伝播力と高い致死率が特徴。アジアを含め世界では本病の発生が依然として認められる。我が国は、平成19(2007)年に清浄化を達成したが、平成30(2018)年9月に26年ぶりに発生した。なお、豚、イノシシの病気であり、ヒトに感染することはない。

や	
遊休農地	以下の①、②のいずれかに該当する農地をいう。 ① 現に耕作の目的に供されておらず、かつ、引き続き耕作の目的に供されないと見込まれる農地 ② その農業上の利用の程度がその周辺の地域における農地の利用の程度に比し著しく劣っていると認められる農地（①に掲げる農地を除く。）

ら	
6次産業化	農林漁業者等が必要に応じて農林漁業者等以外の者の協力を得て主体的に行う、1次産業としての農林漁業と、2次産業としての製造業、3次産業としての小売業等の事業との総合的かつ一体的な推進を図り、地域資源を活用した新たな付加価値を生み出す取組

わ	
「和食；日本人の伝統的な食文化」	平成25(2013)年12月に、「和食；日本人の伝統的な食文化」がユネスコ無形文化遺産に登録された。この「和食」は、「自然を尊重する」というこころに基づいた日本人の食慣習であり、①多様で新鮮な食材とその持ち味の尊重、②健康的な食生活を支える栄養バランス、③自然の美しさや季節のうつろいの表現、④正月等の年中行事との密接な関わり、という特徴を持つ。

(2) アルファベット順

A	
AI	Artificial Intelligenceの略で、人工知能のこと。学習・推論・判断といった人間の知能の持つ機能を備えたコンピュータシステム
ASEAN （アセアン）	Association of South-East Asian Nationsの略で、東南アジア諸国連合のこと。昭和42(1967)年、東南アジアにおける経済成長や社会・文化的発展の促進、政治・経済的安定の確保、その他諸問題に関する協力を目的として、タイのバンコクにおいて設立された。設立当初は、インドネシア、マレーシア、フィリピン、シンガポール、タイの5か国が加盟、その後、ブルネイ(昭和59(1984)年加盟)、ベトナム(平成7(1995)年加盟)、ラオス、ミャンマー(平成9(1997)年加盟)、カンボジア(平成11(1999)年加盟)が加わり、10か国となっている。また、平成9(1997)年のアジア通貨危機を契機に、我が国、中国、韓国の3か国が加わり、東アジアで地域協力をする「ASEAN＋3」の枠組みも進められている。
ASIAGAP （アジアギャップ）	JGAP/ASIAGAPを参照

B	
BCP	Business Continuity Planの略で、災害等のリスクが発生したときに重要業務が中断しないための計画のこと。また、万一、事業活動が中断した場合でも、目標復旧時間内に重要な機能を再開させ、業務中断に伴うリスクを最低限にするために、平時から事業継続について戦略的に準備しておく計画

D	
DX（デジタルトランスフォーメーション）	Digital Transformationの略で、データやデジタル技術を駆使して、顧客や社会のニーズを基に、経営や事業・業務、政策の在り方、生活や働き方、さらには、組織風土や発想の仕方を変革すること。DXのXは、Transformation（変革）のTrans(X)に当たり、"超えて"等を意味する。
E	
EPA/FTA	EPAはEconomic Partnership Agreementの略で、経済連携協定、FTAはFree Trade Agreementの略で、自由貿易協定のこと。物品の関税やサービス貿易の障壁等を削減・撤廃することを目的として特定国・地域の間で締結される協定をFTAという。FTAの内容に加え、投資ルールや知的財産の保護等も盛り込み、より幅広い経済関係の強化を目指す協定をEPAという。「関税及び貿易に関する一般協定」（GATT）等においては、最恵国待遇の例外として、一定の要件（(1)「実質上の全ての貿易」について「関税その他の制限的通商規則を廃止」すること、(2)廃止は、妥当な期間内（原則10年以内）に行うこと、(3)域外国に対して関税その他の通商障壁を高めないこと等）の下、特定の国々の間でのみ貿易の自由化を行うことも認められている（「関税及び貿易に関する一般協定」（GATT）第24条ほか）。
G	
ギャップ GAP	Good Agricultural Practices の略で、農業において、食品安全、環境保全、労働安全等の持続可能性を確保するための生産工程管理の取組のこと
GFSI	Global Food Safety Initiativeの略で、世界食品安全イニシアティブのこと。グローバルに展開する食品事業者が集まり、食品安全の向上と消費者の信頼強化に向け様々な取組を行う機関。平成12(2000)年5月に、The Consumer Goods Forum（CGF：世界70か国、約400社のメーカー、小売事業者、サービス・プロバイダーによる国際的な組織）の下部組織として発足
グローバルギャップ GLOBALG.A.P.	ドイツの Food PLUS GmbH が策定した第三者認証の GAP。青果物及び水産養殖に関して GFSI 承認を受けており、主に欧州で普及
H	
ハサップ HACCP	Hazard Analysis and Critical Control Point の略で、危害要因分析及び重要管理点のこと。原料受入れから最終製品までの各工程で、微生物による汚染、金属の混入等の危害の要因を予測（危害要因分析：Hazard Analysis）した上で、危害の防止につながる特に重要な工程（重要管理点：Critical Control Point、例えば加熱・殺菌、金属探知機による異物の検出等の工程）を継続的に監視・記録する工程管理のシステム
I	
ICT	Information and Communication Technology の略。情報や通信に関する技術の総称
IoT	Internet of Thingsの略で、モノのインターネットのこと。世の中に存在する様々なモノがインターネットに接続され、相互に情報をやり取りして、自動認識や自動制御、遠隔操作等を行うこと
J	
JFS	一般財団法人食品安全マネジメント協会が策定した第三者認証の食品安全管理規格。なお、JFSは、平成30(2018)年10月に、GFSIの承認を取得
ジェイギャップ JGAP/ アジアギャップ ASIAGAP	一般財団法人日本GAP協会が策定した第三者認証のGAP。JGAPの対象は青果物、穀物、茶、家畜・畜産物。ASIAGAPの対象は青果物、穀物、茶。なお、ASIAGAPは、平成30(2018)年10月に、GFSIの承認を取得

N	
NPO/NPO 法人	Non Profit Organizationの略で、非営利団体のこと。様々な社会貢献活動を行い、団体構成員に対し収益を分配することを目的としない団体の総称である。様々な分野(福祉、教育・文化、まちづくり、環境、国際協力等)で、社会の多様化したニーズに応える重要な役割を果たすことが期待されている。NPOのうち、特定非営利活動促進法に基づき法人格を取得したものを特定非営利活動法人といい、銀行口座の開設や事務所の賃借等を法人名で行うことができる。
O	
OIE	国際獣疫事務局の発足当時の名称である Office International des Epizooties(フランス語)の略。現在の名称は World Organisation for Animal Health。大正13(1924)年に発足した動物衛生の向上を目的とした政府間機関で、182の国と地域が加盟(令和元(2019)年5月末時点)。我が国は昭和5(1930)年に加盟。主に、アフリカ豚熱等の動物疾病防疫や薬剤耐性対策等への技術的支援、動物・畜産物貿易、アニマルウェルフェア等に関する国際基準の策定等の活動を行っている。
S	
SDGs(持続可能な開発目標)	SDGsはSustainable Development Goalsの略。平成27(2015)年9月の国連サミットにおいて全会一致で採択された、令和12(2030)年を期限とする国際社会全体の開発目標。飢餓や貧困の撲滅、経済成長と雇用、気候変動対策等包括的な17の目標を設定。法的な拘束力はなく、各国の状況に応じた自主的な対応が求められる。我が国では、平成28(2016)年5月に、SDGsの実施のために閣議決定で「持続可能な開発目標(SDGs)推進本部」を設置。同年12月にSDGs実施のための我が国のビジョンや優先課題等を掲げた「持続可能な開発目標(SDGs)実施指針」を、平成29(2017)年12月には我が国のSDGsモデルの発信に向けた方向性や主要な取組を盛り込んだ「SDGsアクションプラン2018」を同本部で決定
W	
WCS用稲	WCSはWhole Crop Silageの略で、実と茎葉を一体的に収穫し、乳酸発酵させた飼料のこと。WCS用稲は、WCSとして家畜に給与する目的で栽培する稲のことで、水田の有効活用と飼料自給率の向上に資する。
WTO	World Trade Organizationの略で、世界貿易機関のこと。ウルグアイ・ラウンド合意を受け、「関税及び貿易に関する一般協定」(GATT)の枠組みを発展させるものとして、平成7(1995)年1月に発足した国際機関。本部はスイスのジュネーブにあり、令和4(2022)年3月時点、164の国と地域が加盟。貿易障壁の除去による自由貿易推進を目的とし、多角的貿易交渉の場を提供するとともに、国際貿易紛争を処理する。

４．農業・森林・水産業の多面的機能

(1) 農業

雨水の保水・貯留による洪水防止機能	畦畔（けいはん）に囲まれている水田や、耕された畑の土壌に雨水を一時的に貯留することで洪水を防止・軽減する機能
土砂崩壊防止機能	傾斜地農地において、農業の生産活動を通じて農地の崩壊を初期段階で発見し補修することにより、斜面の崩壊を未然に防ぐ機能。また、田畑を耕作することで、雨水を地下にゆっくりと浸透させ、地下水位が急上昇することを抑え、地すべりを防止する機能
土壌侵食防止機能	水田に水が張られたり、田畑の作物の葉や茎により雨水や風による土壌の侵食を防いだりする機能
水源涵養（かんよう）機能	水田で利用される農業用水や雨水が地下に浸透し、時間をかけて河川に還元されるとともに、より深く地下に浸透した水が流域の地下水を涵養する機能
水質浄化機能	水田や畑の水中や土中の微生物が水中の有機物を分解し、作物が窒素を吸収するほか、微生物の働きにより窒素分を取り除き、水質を浄化する機能
有機性廃棄物分解機能	水田や畑の土の中で、バクテリア等の微生物が家畜排せつ物や生ごみ等から作った堆肥を更に分解し、再び農作物が養分として吸収する機能
気候緩和機能	農地で栽培される作物の蒸発散によって熱を吸収し気温を下げることや水田の水面からの蒸発により気温が低下する機能
生物多様性保全機能	水田・畑等が適切かつ持続的に管理されることによって、植物や昆虫、動物等の豊かな生態系を持つ二次的な自然が形成・維持され、生物の多様性が確保される機能
良好な景観の形成機能	農業の営みを通じ、農地と農家の家屋、その周辺の水辺や里山等が一体となった良好な農村の景観を形成する機能
文化の伝承機能	我が国の年中行事や祭事の多くは、豊作を祈る祭事等に由来しており、このような行事や地域独自の祭り等の文化を、農業活動を通じて伝承する機能

(2) 森林

生物多様性保全機能	多くの野生動植物が生息・生育するなど、遺伝子や生物種、生態系の多様性を保全する機能
地球環境保全機能	温暖化の原因である二酸化炭素の吸収や蒸発散作用により、地球規模で自然環境を調節する機能
土砂災害防止機能／土壌保全機能	森林の下層植生や落枝落葉が地表の侵食を抑制するとともに、森林の樹木が根を張りめぐらすことによって土砂の崩壊を防止する機能
水源涵養機能	森林の土壌が雨水を貯留し、河川へ流れ込む水の量を平準化して洪水を緩和するとともに、川の流量を安定させる機能
快適環境形成機能	蒸発散作用等による気候緩和や、防風や防音、樹木の樹冠による塵埃（じんあい）の吸着、ヒートアイランド現象の緩和等により、快適な環境を形成する機能

保健・レクリエーション機能	フィトンチッドに代表される樹木からの揮発性物質による直接的な健康増進効果や、行楽やスポーツの場を提供する機能
文化機能	森林景観が、伝統文化伝承の基盤として日本人の自然観の形成に大きく関わるとともに、森林環境教育や体験学習の場を提供する機能
物質生産機能	木材のほか、各種の抽出成分、きのこ等を生産する機能

(3) 水産業

漁獲によるチッソ・リン循環の補完機能	適度な漁獲によって、食物連鎖によって海の生物に取り込まれたチッソ・リンを陸上へと回収し、チッソ・リンの循環を補完する機能
海域環境の保全機能	カキやアサリ等の二枚貝類が、海水をろ過し、プランクトンや有機懸濁物を餌とすることで海水を浄化するなど、海域環境を保全する機能
水質浄化機能	干潟、藻場及びそこに生育・生息する動植物が、水中の有機物を分解し、栄養塩類や炭酸ガスを吸収し、酸素を供給するなど海水を浄化する機能
生態系保全機能	適切な水産業の営みにより多くの水生生物に生息・生育の場を提供する干潟や藻場等の生態系が保全される機能
伝統漁法等の伝統的文化を継承する機能	漁村の人々の営みを通じて、伝統漁法等の伝統的文化を継承する機能
海難救助機能	沈没・転覆・座礁・漂流・衝突・火災等船が航海中に起こる海難事故の発生時に、漁業者が行う救助活動
災害救援機能	震災やタンカー事故等災害時の、漁業者が行う物資輸送や流出油の回収等の救援機能
海域環境モニタリング機能	赤潮・青潮やクラゲの大量発生等の漁業者による早期発見等、海域環境の異変の監視機能
国境監視機能	貴重な水産資源の密漁監視活動を通じて、密輸や密入国の防止等国益を守る機能
交流等の場を提供する機能	海洋性レクリエーション等のリフレッシュの場、自然の大切さを学べる交流の場を提供する機能

第2部

令和3年度
食料・農業・農村施策

1 施策の重点

新たな「食料・農業・農村基本計画」（令和2（2020）年3月閣議決定）を指針として、食料自給率・食料自給力の維持向上に向けた施策、食料の安定供給の確保に関する施策、農業の持続的な発展に関する施策、農村の振興に関する施策及び食料・農業・農村に横断的に関係する施策等を総合的かつ計画的に展開しました。

また、「農林水産業・地域の活力創造プラン」（令和2（2020）年12月改訂）に基づき、これまでの農政全般にわたる改革に加えて、ポストコロナに向けた農林水産政策の強化の検討も進め、強い農業・農村を構築し、農業者の所得向上を実現するための施策を展開しました。

さらに、TPP11、日EU・EPA、日米貿易協定、日英EPA及びRCEP（地域的な包括的経済連携）協定の効果を最大限に活用するため、「総合的なTPP等関連政策大綱」（令和2（2020）年12月改訂）に基づき、強い農林水産業の構築、経営安定・安定供給の備えに資する施策等を推進しました。また、東日本大震災及び東京電力福島第一原子力発電所（以下「東電福島第一原発」という。）事故からの復旧・復興に関係省庁が連携しながら取り組みました。

2 財政措置

（1）令和3（2021）年度農林水産関係予算額は、2兆3,050億円を計上しました。本予算においては、①生産基盤の強化と経営所得安定対策の着実な実施、②スマート農業・DX・技術開発の推進、食と農に対する理解の醸成、農林水産物の需要喚起、③5兆円目標の実現に向けた農林水産物・食品の輸出力強化と高付加価値化、④農業農村整備、農地集積・集約化、担い手確保・経営継承の推進、⑤食の安全と消費者の信頼確保、⑥農山漁村の活性化、⑦森林資源の適切な管理と林業の成長産業化の実現、⑧水産資源の適切な管理と水産業の成長産業化の実現、⑨防災・減災、国土強靱化と災害復旧の推進に取り組みました。

また、令和3（2021）年度の農林水産関係補正予算額は、8,795億円を計上しました。

（2）令和3（2021）年度の農林水産関連の財政投融資計画額は、7,061億円を計上しました。このうち主要なものは、株式会社日本政策金融公庫による借入れ7,000億円となりました。

3 立法措置

第204回国会及び第208回国会において、以下の法律が成立しました。

・「農業法人に対する投資の円滑化に関する特別措置法の一部を改正する法律」（令和3年法律第26号）
・「畜舎等の建築等及び利用の特例に関する法律」（令和3年法律第34号）
・「農水産業協同組合貯金保険法の一部を改正する法律」（令和3年法律第55号）
・「土地改良法の一部を改正する法律」（令和4年法律第9号）

また、令和3（2021）年度において、以下の法律が施行されました。

・「種苗法の一部を改正する法律」（令和3年4月施行）
・「農業法人に対する投資の円滑化に関する特別措置法の一部を改正する法律」（令和3年8月施行）

4 税制上の措置

以下を始めとする税制措置を講じました。

（1）農業経営基盤強化準備金制度について、対象者の要件として人・農地プランの中心経営体であることを加えた上、2年延長しました（所得税・法人税）。
（2）「農業競争力強化支援法」（平成29年法律第35号）に基づく事業再編計画の認定を

受けた場合の事業再編促進機械等の割増償却等を2年延長しました（所得税・法人税、登録免許税）。

（3）軽油引取税の課税免除の特例措置について、木材加工業のうち、木材注薬業を営む者を適用対象から除外した上、3年延長しました（軽油引取税）。

（4）利用権設定等促進事業により農用地等を取得した場合の所有権の移転登記の税率の軽減措置等を2年延長しました（登録免許税、不動産取得税）。

（5）「福島復興再生特別措置法」（平成24年法律第25号）による被災12市町村における農地の集積等の促進のための税制上の所要の措置を講じました（複数税目）。

5　金融措置

政策と一体となった長期・低利資金等の融通による担い手の育成・確保等の観点から、農業制度金融の充実を図りました。

（1）株式会社日本政策金融公庫の融資

ア　農業の成長産業化に向けて、民間金融機関と連携を強化し、農業者等への円滑な資金供給に取り組みました。

イ　農業経営基盤強化資金（スーパーL資金）については、実質化された「人・農地プラン」の中心経営体として位置付けられたなどの認定農業者を対象に貸付当初5年間実質無利子化する措置を講じました。

（2）民間金融機関の融資

ア　民間金融機関の更なる農業融資拡大に向けて株式会社日本政策金融公庫との業務連携・協調融資等の取組を強化しました。

イ　認定農業者が借り入れる農業近代化資金については、貸付利率をスーパーL資金の水準と同一にする金利負担軽減措置を実施しました。また、TPP協定等による経営環境変化に対応して、新たに規模拡大等に取り組む農業者が借り入れる農業近代化資金については、実質化された「人・農地プラン」の中心経営体として位置付けられたなどの認定農業者を対象に貸付当初

5年間実質無利子化するなどの措置を講じました。

ウ　農業経営改善促進資金（スーパーS資金）を低利で融通できるよう、都道府県農業信用基金協会が民間金融機関に貸付原資を低利預託するために借り入れた借入金に対し利子補給金を交付しました。

（3）農業法人への出資

「農林漁業法人等に対する投資の円滑化に関する特別措置法」（平成14年法律第52号）に基づき、農業法人に対する投資育成事業を行う株式会社又は投資事業有限責任組合の出資原資を株式会社日本政策金融公庫から出資しました。

（4）農業信用保証保険

農業信用保証保険制度に基づき、都道府県農業信用基金協会による債務保証及び当該保証に対し独立行政法人農林漁業信用基金が行う保証保険により補完等を行いました。

（5）被災農業者等支援対策

ア　甚大な自然災害等により被害を受けた農業者等が借り入れる災害関連資金について、貸付当初5年間実質無利子化する措置を講じました。

イ　甚大な自然災害等により被害を受けた農業者等の経営の再建に必要となる農業近代化資金の借入れについて、都道府県農業信用基金協会の債務保証に係る保証料を保証当初5年間免除するために必要な補助金を交付しました。

I 食料自給率・食料自給力の維持向上に向けた施策

1　食料自給率・食料自給力の維持向上に向けた取組

食料自給率・食料自給力の維持向上に向けて、以下の取組を重点的に推進しました。

（1）食料消費

ア　消費者と食と農とのつながりの深化

食育や国産農産物の消費拡大、地産地消、

和食文化の保護・継承、食品ロスの削減を始めとする環境問題への対応等の施策を個々の国民が日常生活で取り組みやすいよう配慮しながら推進しました。また、農業体験、農泊等の取組を通じ、国民が農業・農村を知り、触れる機会を拡大しました。

イ　食品産業との連携

食の外部化・簡便化の進展に合わせ、中食・外食における国産農産物の需要拡大を図りました。

平成25（2013）年にユネスコ無形文化遺産に登録された和食文化については、和食の健康有用性に関する科学的エビデンスの蓄積等を進めるとともに、その国内外への情報発信を強化しました。

食の生産・加工・流通・消費に関わる幅広い関係者が一堂に会し、経営責任者などハイレベルでの対話を通じて、情報や認識を共有するとともに、具体的行動にコミットするための場として、「持続可能な食料生産・消費のための官民円卓会議」を設置しました。

（2）農業生産

ア　国内外の需要の変化に対応した生産・供給

（ア）優良品種の開発等による高付加価値化や生産コストの削減を進めるほか、更なる輸出拡大を図るため、諸外国の規制やニーズにも対応できるグローバル産地づくりを進めました。

（イ）国や地方公共団体、農業団体等の後押しを通じて、生産者と消費者や事業者との交流、連携、協働等の機会を創出しました。

イ　国内農業の生産基盤の強化

（ア）持続可能な農業構造の実現に向けた担い手の育成・確保と農地の集積・集約化の加速化、経営発展の後押しや円滑な経営継承を進めました。

（イ）農業生産基盤の整備、スマート農業の社会実装の加速化による生産性の向上、各品目ごとの課題の克服、生産・流通体制の改革等を進めました。

（ウ）中山間地域等で耕作放棄も危惧される農地も含め、地域で徹底した話合いを行った上で、放牧等少子高齢化・人口減少に対応した多様な農地利用方策も含め農地の有効活用や適切な維持管理を進めました。

2　主要品目ごとの生産努力目標の実現に向けた施策

（1）米

ア　需要に応じた米の生産・販売の推進

（ア）産地・生産者と実需者が結び付いた事前契約や複数年契約による安定取引の推進、水田活用の直接支払交付金や水田リノベーション事業による支援、都道府県産別、品種別等のきめ細かな需給・価格情報、販売進捗情報、在庫情報の提供、都道府県別・地域別の作付動向（中間的な取組状況）の公表等により需要に応じた生産・販売を推進しました。

（イ）国が策定する需給見通し等を踏まえつつ生産者や集荷業者・団体が主体的に需要に応じた生産・販売を行うため、行政、生産者団体、現場が一体となって取り組みました。

（ウ）米の生産については、農地の集積・集約化による分散錯圃の解消や作付けの団地化、直播等の省力栽培技術やスマート農業技術等の導入・シェアリングの促進等による生産コストの低減等を推進しました。

イ　コメ・コメ加工品の輸出拡大

「農林水産物・食品の輸出拡大実行戦略」（令和2（2020）年12月策定。以下「輸出拡大実行戦略」という。）で掲げた輸出額目標の達成に向けて、輸出ターゲット国・地域である香港、アメリカ、中国、シンガポールを中心とする輸出拡大が見込まれる国・地域での海外需要開拓・プロモーションや海外規制に対応する取組に対して支援するとともに、大ロットで輸出用米の生産・

供給に取り組む産地の育成等の取組を推進しました。

（2）麦

ア　経営所得安定対策や強い農業・担い手づくり総合支援交付金等による支援を行うとともに、作付けの団地化の推進や営農技術の導入を通じた産地の生産体制の強化・生産の効率化等を推進しました。

イ　実需者ニーズに対応した新品種や栽培技術の導入により、実需者の求める量・品質・価格の安定を支援し、国産麦の需要拡大を推進しました。

（3）大豆

ア　経営所得安定対策や強い農業・担い手づくり総合支援交付金等による支援を行うとともに、作付けの団地化の推進や営農技術の導入を通じた産地の生産体制の強化・生産の効率化等を推進しました。

イ　実需者ニーズに対応した新品種や栽培技術の導入により、実需者の求める量・品質・価格の安定を支援、国産大豆の需要拡大を推進しました。

ウ　「播種前入札取引」の適切な運用等により、国産大豆の安定取引を推進しました。

（4）そば

ア　需要に応じた生産拡大を図るとともに、国産そばの需要拡大に向けて、排水対策等の基本技術の徹底、湿害軽減技術の普及等を推進しました。

イ　国産そばを取り扱う製粉業者と農業者の連携を推進しました。

（5）かんしょ・ばれいしょ

ア　かんしょについては、共同利用施設の整備や省力化のための機械化一貫体系の確立等への取組を支援しました。特に、でん粉原料用かんしょについては、多収新品種への転換や生分解性マルチの導入等の取組を支援しました。また、「サツマイモ基腐病」については、土壌消毒、健全な苗の調達や安定供給体制の構築等を支援するとともに、研究事業で得られた成果を踏まえつつ、防除技術の確立に向けた取組を

推進しました。さらに、安定的な出荷に向けた集出荷貯蔵施設の整備を支援することにより輸出の拡大を目指しました。

イ　ばれいしょについては、収穫作業の省力化のための倉庫前集中選別への移行、コントラクター等の育成による作業の外部化への取組やジャガイモシストセンチュウ抵抗性を有する新品種への転換を支援しました。

ウ　種子用ばれいしょ生産については、罹病率の低減や小粒化への取組を支援するとともに、原原種生産・配布において、計画生産の強化や配布品種数の削減により効率的な生産を目指すとともに原原種の品質向上を図りました。

エ　いもでん粉の高品質化に向けた品質管理の高度化等を支援しました。

オ　糖価調整制度に基づく交付金により、国内産いもでん粉の安定供給を推進しました。

（6）なたね

ア　播種前契約の実施による国産なたねを取り扱う搾油事業者と農業者の連携を推進しました。

イ　なたねのダブルロー品種（食用に適さない脂肪酸であるエルシン酸と家畜等に甲状腺障害をもたらすグルコシノレートの含有量が共に低い品種）の普及を推進しました。

（7）野菜

ア　既存ハウスのリノベーションや、環境制御・作業管理等の技術習得に必要なデータ収集・分析機器の導入等、データを活用して生産性・収益向上につなげる体制づくり等を支援するとともに、より高度な生産が可能となる低コスト耐候性ハウスや高度環境制御栽培施設等の導入を支援しました。

イ　水田地帯における園芸作物の導入に向けた合意形成や試験栽培、園芸作物の本格生産に向けた機械・施設のリース導入等を支援しました。

ウ　複数の産地と協業して、加工・業務用等の新市場が求めるロット・品質での供給を担う拠点事業者による貯蔵・加工等の拠点インフラの整備や生育予測等を活用した安定生産の取組等を支援しました。

エ　農業者と協業しつつ、①生産安定・効率化機能、②供給調整機能、③実需者ニーズ対応機能の三つの全ての機能を具備又は強化するモデル性の高い生産事業体の育成を支援しました。

（8）果樹

ア　優良品目・品種への改植・新植及びそれに伴う未収益期間における幼木の管理経費を支援しました。

イ　平坦で作業性の良い水田等への新植や、労働生産性向上が見込まれる省力樹形の導入を推進するとともに、まとまった面積での省力樹形及び機械作業体系の導入等による労働生産性を抜本的に高めたモデル産地の育成を支援しました。

ウ　省力樹形用苗木の安定生産に向けたモデル的な取組を支援しました。

（9）甘味資源作物

ア　てんさいについては、省力化や作業の共同化、労働力の外部化や直播栽培体系の確立・普及等を支援しました。

イ　さとうきびについては、自然災害からの回復に向けた取組を支援するとともに、地域ごとの「さとうきび増産計画」に定めた、地力の増進や新品種の導入、機械化一貫体系を前提とした担い手・作業受託組織の育成・強化等特に重要な取組を推進しました。また、分みつ糖工場における「働き方改革」への対応に向けて、工場診断や人員配置の改善の検討、施設整備等労働効率を高める取組を支援しました。

ウ　糖価調整制度に基づく交付金により、国内産糖の安定供給を推進しました。

（10）茶

　　改植等による優良品種等への転換や茶園の若返り、輸出向け栽培体系や有機栽培への転換、てん茶（抹茶の原料）等の栽培に適した棚施設を利用した栽培法への転換や直接被覆栽培への転換、担い手への集積等に伴う茶園整理（茶樹の抜根、酸度矯正）、荒茶加工施設の整備を推進しました。また、海外ニーズに応じた茶の生産・加工技術や低コスト生産・加工技術の導入、スマート農業技術の実証や、茶生産において使用される主要な農薬について輸出相手国・地域に対し我が国と同等の基準を新たに設定申請する取組を支援しました。

（11）畜産物

　　肉用牛については、優良な繁殖雌牛の増頭、繁殖性の向上による分娩間隔の短縮等の取組等を推進しました。酪農については、都府県における牛舎の空きスペースも活用した増頭・増産に加え、性判別技術の活用による乳用後継牛の確保、高品質な生乳の生産による多様な消費者ニーズに対応した牛乳乳製品の供給等を推進しました。

　　また、飼料給与等に係る環境負荷軽減の取組、労働力負担軽減・省力化に資するロボット、AI、IoT等の先端技術の普及・定着、外部支援組織等の役割分担・連携強化等を図りました。

　　さらに、子牛や国産畜産物の生産・流通の円滑化に向けた家畜市場や食肉処理施設及び生乳の処理・貯蔵施設の再編等の取組を推進しました。

（12）飼料作物等

　　草地の基盤整備や不安定な気象に対応したリスク分散の取組等による生産性の高い草地への改良、国産濃厚飼料（子実用とうもろこし等）の増産、飼料生産組織の作業効率化・運営強化、放牧を活用した肉用牛・酪農基盤強化、飼料用米等の利活用の取組等を推進しました。

Ⅱ　食料の安定供給の確保に関する施策

1　新たな価値の創出による需要の開拓

（1）新たな市場創出に向けた取組
ア　地場産農林水産物等を活用した介護食品の開発を支援しました。また、パンフレットや映像等の教育ツールを用いてスマイルケア食の普及を図りました。さらに、スマートミール（病気の予防や健康寿命を延ばすことを目的とした、栄養バランスのとれた食事）の普及等を支援しました。

イ　健康に資する食生活のビッグデータ収集・活用のための基盤整備を推進しました。また、農産物等の免疫機能等への効果に関する科学的エビデンス取得や食生活の適正化に資する研究開発を推進しました。

ウ　実需者や産地が参画したコンソーシアムを構築し、ニーズに対応した新品種の開発等の取組を推進しました。また、従来の育種では困難だった収量性や品質等の形質の改良等を短期間で実現するスマート育種システムの開発を推進しました。

エ　国立研究開発法人、公設試験場、大学等が連携し、輸出先国の規制等にも対応し得る防除等の栽培技術等の開発・実証を推進するとともに、輸出促進に資する品種開発を推進しました。

オ　令和3（2021）年4月に施行された新たな日本版SBIR制度を活用し、フードテック等の新たな技術・サービスの事業化を目指すスタートアップが行う研究開発等を切れ目なく支援しました。

カ　フードテック官民協議会での議論等を通じて、課題解決や新市場創出に向けた取組を推進しました。

（2）需要に応じた新たなバリューチェーンの創出
　　都道府県及び市町村段階に、行政、農林漁業、商工、金融機関等の関係機関で構成される6次産業化・地産地消推進協議会を設置し、6次産業化等戦略を策定する取組を支援しました。

　　また、6次産業化等に取り組む農林漁業者等に対するサポート体制を整備するとともに、業務用需要に対応したBtoB（事業者向けビジネス）の取組、農泊と連携した観光消費の促進等に資する新商品開発・販路開拓の取組や加工・販売施設等の整備を支援しました。

（3）食品産業の競争力の強化
ア　食品流通の合理化等
（ア）「食品等の流通の合理化及び取引の適正化に関する法律」（平成3年法律第59号）に基づき、食品等流通合理化計画の認定を行うことにより、食品等の流通の合理化を図る取組を支援しました。特に、トラックドライバーを始めとする食品流通に係る人手不足等の問題に対応するため、サプライチェーン全体での合理化を推進しました。

　　また、「卸売市場法」（昭和46年法律第35号）に基づき、中央卸売市場の認定を行うとともに、施設整備に対する助成や卸売市場に対する指導監督を行いました。さらに、食品等の取引の適正化のため、取引状況に関する調査を行い、その結果に応じて関係事業者に対する指導・助言を実施しました。

（イ）令和3（2021）年12月に関係省庁等において取りまとめられた「パートナーシップによる価値創造のための転嫁円滑化施策パッケージ」の取組の一環として、「食品製造業者・小売業者間における適正取引推進ガイドライン」を策定し、関係事業者への普及・啓発を実施しました。

（ウ）「商品先物取引法」（昭和25年法律第239号）に基づき、商品先物市場の監視及び監督を行うとともに、同法を迅速かつ適正に執行しました。

イ　労働力不足への対応
　　食品製造等の現場におけるロボット、AI、IoT等の先端技術のモデル実証や、その成果の情報発信により、食品産業におけるイノベーションの創出や、業界全体の生産性向上に向けた取組を支援しました。

　　また、「農林水産業・食品産業の作業安全のための規範」の普及等により、食品産業

の現場における作業安全対策を推進しました。さらに、食品産業の現場で特定技能制度による外国人材を円滑に受け入れるため、試験の実施や外国人が働きやすい環境の整備に取り組むなど、食品産業特定技能協議会等を活用し、地域の労働力不足克服に向けた有用な情報等を発信しました。

ウ　規格・認証の活用

　産品の品質や特色、事業者の技術や取組について、訴求力の高いJASの制定・活用等を進めるとともに、JASの国内外への普及、JASと調和のとれた国際規格の制定等を推進しました。

　また、輸出促進に資するよう、GFSI（世界食品安全イニシアティブ）の承認を受けたJFS規格（日本発の食品安全管理規格）の国内外での普及を推進しました。

（4）食品ロス等をはじめとする環境問題への対応

ア　食品ロスの削減

　「食品ロスの削減の推進に関する法律」（令和元年法律第19号）に基づく「食品ロスの削減の推進に関する基本的な方針」（令和2（2020）年3月31日閣議決定）に則して、事業系食品ロスを平成12（2000）年度比で令和12（2030）年度までに半減させる目標の達成に向けて、事業者、消費者、地方公共団体等と連携した取組を進めました。

　また、個別企業等では解決が困難な商慣習の見直しに向けたフードチェーン全体の取組、食品産業から発生する未利用食品をフードバンクが適切に管理・提供するためのマッチングシステムを実証・構築する取組や寄附金付未利用食品の販売により利益の一部をフードバンク活動の支援等に活用する新たな仕組み構築のための検討等を推進しました。

　さらに、飲食店及び消費者の双方での食べきりや食べきれずに残した料理の自己責任の範囲での持ち帰りの取組など、食品関連事業者と連携した消費者への働き掛

けを推進しました。

　くわえて、下水汚泥との混合利用の取組を支援するとともに、メタン発酵消化液等の肥料利用に関する調査・実証等の取組を通じて、メタン発酵消化液等の地域での有効利用を行うための取組を支援しました。

イ　食品産業分野におけるプラスチックごみ問題への対応

　「容器包装に係る分別収集及び再商品化の促進等に関する法律」（平成7年法律第112号）に基づく、義務履行の促進、容器包装廃棄物の排出抑制のための取組として、食品関連事業者への点検指導、食品小売事業者からの定期報告の提出の促進を実施しました。

　また、「プラスチック資源循環戦略」（令和元（2019）年5月策定）及び「今後のプラスチック資源循環施策のあり方について」等に基づき、食品産業におけるプラスチック資源循環等の取組や、PETボトルの新たな回収・リサイクルモデルを構築する取組を推進しました。

ウ　気候変動リスクへの対応

（ア）TCFD提言（気候変動リスク・機会に関する情報開示のフレームワークを取りまとめた最終報告書）のガイダンス、取組事例等を踏まえた食品関連事業者による気候関連の情報開示の取組を推進しました。

（イ）食品産業の持続可能な発展に寄与する地球温暖化防止・省エネルギー等の優れた取組を表彰するとともに、低炭素社会実行計画の進捗状況の点検等を実施しました。

2　グローバルマーケットの戦略的な開拓

（1）農林水産物・食品の輸出促進

　農林水産物・食品の輸出額を令和7（2025）年に2兆円、令和12（2030）年に5兆円とする目標の達成に向けて、輸出拡大実行戦略に基づき、マーケットインの体制整備を行いました。重点品目について、

輸出産地の育成・展開や、大ロットの輸出物流の構築などを支援しました。さらに、以下の取組を行いました。

ア　輸出阻害要因の解消等による輸出環境の整備

（ア）「農林水産物及び食品の輸出の促進に関する法律」（令和元年法律第57号）に基づき、令和2（2020）年4月に農林水産省に創設した「農林水産物・食品輸出本部」の下で、輸出阻害要因に対応して輸出拡大を図る体制を強化し、同本部で作成した実行計画に従い、放射性物質に関する輸入規制の緩和・撤廃や動植物検疫協議を始めとした食品安全等の規制等に対する輸出先国との協議の加速化、国際基準や輸出先国の基準の策定プロセスへの戦略的な対応、輸出向けの施設整備と登録認定機関制度を活用した施設認定の迅速化、輸出手続の迅速化、意欲ある輸出事業者の支援、輸出証明書の申請・発行の一元化、輸出相談窓口の利便性向上、輸出先国の衛生基準や残留基準への対応強化等、貿易交渉による関税撤廃・削減を速やかに輸出拡大につなげるための環境整備を進めました。

（イ）東電福島第一原発事故を受けて、諸外国・地域において日本産食品に対する輸入規制が行われていることから、関係省庁が協力し、あらゆる機会を捉えて輸入規制の早期撤廃に向けた働き掛けを実施しました。

（ウ）日本産食品等の安全性や魅力に関する情報を諸外国・地域に発信するほか、海外におけるプロモーション活動の実施により、日本産食品等の輸出回復に取り組みました。

（エ）我が国の実情に沿った国際基準の速やかな策定及び策定された国際基準の輸出先国での適切な実施を促進するため、国際機関の活動支援やアジア・太平洋地域の専門家の人材育成等を行いました。

（オ）輸出先となる事業者等から求められるHACCPを含む食品安全マネジメント規格、GAP（農業生産工程管理）等の認証取得を促進しました。また、国際的な取引にも通用する、コーデックス委員会が定めるHACCPをベースとしたJFS規格の国際標準化に向けた取組を支援しました。さらに、JFS規格及びASIAGAPの国内外への普及に向けた取組を推進しました。

（カ）産地が抱える課題に応じた専門家を産地に派遣し、輸出先国・地域の植物防疫条件や残留農薬基準を満たす栽培方法、選果等の技術的指導を行うなど、輸出に取り組もうとする産地を支援しました。

（キ）輸出先の規制やニーズに対応したHACCP等の基準を満たすため、食品製造事業者等の施設の改修及び新設、機器の整備に対して支援しました。

（ク）加工食品については、食品製造業における輸出拡大に必要な施設・設備の整備、海外のニーズに応える新商品の開発等により、輸出拡大を図りました。

（ケ）輸出植物解禁協議を迅速化するため、園地管理等の産地が取り組みやすい検疫措置の調査・実証を進めるとともに、国際基準の策定に向けて、害虫の殺虫効果に関するデータを蓄積して検疫処理技術を確立する取組を推進しました。

（コ）輸出先国の検疫条件に則した防除体系、栽培方法、選果等の技術を確立するためのサポート体制を整備するとともに、卸売市場や集荷地等での輸出検査を行うことにより、産地等の輸出への取組を支援しました。

（サ）輸出に取り組む事業者等への資金供給を後押しするため、令和3（2021）年8月に改正された「農林漁業法人等に対する投資の円滑化に関する特別措置法」（平成14年法律第52号）に基づき、投資主体1者を承認しました。

イ　海外への商流構築、プロモーションの促

進

（ア）GFP等を通じた輸出促進

a　農林水産物・食品輸出プロジェクト（GFP）のコミュニティを通じ、農林水産省が中心となり輸出の可能性を診断する輸出診断、そのフォローアップや、輸出に向けた情報の提供、登録者同士の交流イベントの開催等を行いました。また、輸出事業計画の策定、生産・加工体制の構築、事業効果の検証・改善等の取組を支援しました。

b　日本食品海外プロモーションセンター（JFOODO）による、海外市場分析に基づく戦略的プロモーション、新たなマーケット開拓の取組を支援しました。

c　独立行政法人日本貿易振興機構（JETRO）による、国内外の商談会の開催、海外見本市への出展、セミナー開催、専門家による相談対応、日本産食材サポーター店等と連携した日本産食材キャンペーンの実施をオンラインを含め支援しました。

d　輸出拡大が期待される具体的な分野・テーマについて、数値目標を定めて取り組む団体・民間事業者等による海外販路の開拓・拡大を支援しました。

（イ）日本食・食文化の魅力の発信

a　海外に活動拠点を置く日本料理関係者等を「日本食普及の親善大使」へ任命するとともに、海外における日本料理の調理技能認定を推進するための取組等への支援や、外国人料理人等に対する日本料理講習会・日本料理コンテストの開催を通じ、日本食・食文化の普及活動を担う人材の育成を推進しました。また、海外の日本食・食文化の発信拠点である「日本産食材サポーター店」の認定を推進するための取組への支援や、ポータルサイトを活用した海外への日本食・食文化の魅力発信を行いました。

b　日本人の日本食料理人等が海外展開するために必要な研修の実施や、日本食レストランが海外進出するための取組を支援しました。

c　農泊と連携しながら、地域の「食」や農林水産業、景観等の観光資源を活用して訪日外国人旅行者をもてなす取組を「SAVOR JAPAN」として認定し、一体的に海外に発信しました。

d　訪日外国人旅行者の主な観光目的である「食」と滞在中の多様な経験を組み合わせ、「食」の多様な価値を創出するとともに、帰国後もレストランや越境ECサイトでの購入等を通じて我が国の食を再体験できるような機会を提供することで、輸出拡大につなげていくため、「食かけるプロジェクト」の取組を推進しました。

ウ　食産業の海外展開の促進

（ア）海外展開による事業基盤の強化

a　海外展開における阻害要因の解決を図るとともに、グローバル人材の確保、我が国の規格・認証の普及・浸透に向け、食関連企業及びASEAN各国の大学と連携し、食品加工・流通、分析等に関する教育を行う取組等を推進しました。

b　JETROにおいて、商品トレンドや消費者動向等を踏まえた現場目線の情報提供やその活用ノウハウを通じたサポートを行うとともに、輸出先国バイヤーの発掘・関心喚起等輸出環境整備に取り組みました。

（イ）生産者等の所得向上につながる海外需要の獲得

食産業の戦略的な海外展開を通じて広く海外需要を獲得し、国内生産者の販路や稼ぎの機会を増やしていくため、輸出拡大実行戦略に基づき、ノウハウの流出防止等に留意しつつ、我が国の農林水産業・食品産業の利益となる海外展開の方策について検討しました。

（ウ）食品産業における国際標準への戦略的対応

JFS規格の充実とその国際的普及に向けた取組を官民が連携して推進しました。

あわせて、JFS規格の海外発信を行うとともに、主に食品企業において活躍する人材の育成を目的として、「食品安全マネジメント基礎講座に係る標準的なカリキュラム」（令和3（2021）年3月9日作成）に基づき、二つの大学においてモデル実証を行いました。

（2）知的財産等の保護・活用

ア　品質等の特性が産地と結び付いている我が国の伝統的な農林水産物・食品等を登録・保護する地理的表示（GI）保護制度の円滑な運用を図るとともに、登録申請に係る支援や制度の周知と理解の促進に取り組みました。また、全国のGI産地・GI産品を流通関係者や消費者等に広く紹介し、販路拡大や輸出促進につなげるため、各種展示会等への参加を支援しました。さらに、登録生産者団体等に対する定期検査を行いました。

イ　農林水産省と特許庁が協力しながら、セミナー等において、出願者に有益な情報や各制度の普及・啓発を行うとともに、独立行政法人工業所有権情報・研修館（INPIT）が各都道府県に設置する知財総合支援窓口において、特許、商標、営業秘密のほか、地方農政局等と連携してGI及び植物品種の育成者権等の相談に対応しました。

ウ　「種苗法の一部を改正する法律」（令和2年法律第74号）に基づき、令和3（2021）年4月から登録品種である旨の表示義務化や育成者権者が海外への種苗の持ち出しを制限できる措置等を講じ、我が国の優良な植物品種の流出防止など育成者権の保護・活用を図りました。また、海外における品種登録（育成者権取得）や侵害対策を支援するとともに、品種保護に必要となる検査手法・DNA品種識別法の開発等の技術課題の解決や、東アジアにおける品種保護制度の整備を促進するための協力活動等を推進しました。

エ　「家畜改良増殖法」（昭和25年法律第209号）及び「家畜遺伝資源に係る不正競争の防止に関する法律」（令和2年法律第22号）に基づき、家畜遺伝資源の適正な流通管理の徹底や知的財産としての価値の保護を推進するため、その仕組みについて徹底を図るほか、全国の家畜人工授精所への立入検査を実施するとともに、家畜遺伝資源の利用者の範囲等について制限を付す売買契約の普及や家畜人工授精用精液等の流通を全国的に管理するシステムの構築・運用等を推進しました。

オ　国際協定による諸外国とのGIの相互保護を推進するとともに、相互保護を受けた海外での執行の確保を図りました。また、海外における我が国のGIの不正使用状況調査の実施、生産者団体によるGIに対する侵害対策等の支援により、海外における知的財産侵害対策の強化を図りました。

カ　令和3（2021）年4月に「農林水産省知的財産戦略2025」を策定しました。

3　消費者と食・農とのつながりの深化

（1）食育や地産地消の推進と国産農産物の消費拡大

ア　国民運動としての食育

（ア）「第4次食育推進基本計画」（令和3（2021）年3月食育推進会議決定）等に基づき、関係府省庁が連携しつつ、様々な分野において国民運動として食育を推進しました。

（イ）子供の基本的な生活習慣を育成するための「早寝早起き朝ごはん」国民運動を推進しました。

（ウ）食育活動表彰を実施し受賞者を決定するとともに、新たな取組の募集を行いました。

イ　地域における食育の推進

郷土料理等地域の食文化の継承や農林漁業体験機会の提供、和食給食の普及、共食機会の提供、地域で食育を推進するリーダーの育成等、地域で取り組む食育活動を支援しました。

ウ　学校における食育の推進
　家庭や地域との連携を図るとともに、学校給食を活用しつつ、学校における食育の推進を図りました。
エ　国産農産物の消費拡大の促進
（ア）食品関連事業者と生産者団体、国が一体となって、食品関連事業者等における国産農産物の利用促進の取組等を後押しするなど、国産農産物の消費拡大に向けた取組を実施しました。
（イ）消費者と生産者の結び付きを強化し、我が国の「食」と「農林漁業」についてのすばらしい価値を国内外にアピールする取組を支援しました。
（ウ）地域の生産者等と協働し、日本産食材の利用拡大や日本食文化の海外への普及等に貢献した料理人を顕彰する制度である「料理マスターズ」を実施しました。
（エ）生産者と実需者のマッチング支援を通じて、中食・外食向けの米の安定取引の推進を図りました。また、米飯学校給食の推進に加え、業界による主体的取組を応援する運動「やっぱりごはんでしょ！」の実施や米消費拡大の機運を盛り上げる動画を投稿する「ご炊こうチャレンジ」への参加、「米と健康」に着目した情報発信など、米消費拡大の取組の充実を図りました。
（オ）砂糖に関する正しい知識の普及・啓発に加え、砂糖の需要拡大に資する業界による主体的取組を応援する運動「ありが糖運動」の充実を図りました。
（カ）地産地消の中核的施設である農産物直売所の運営体制強化のための検討会の開催及び観光需要向けの商品開発や農林水産物の加工・販売のための機械・施設等の整備を支援するとともに、学校給食等の食材として地場産農林水産物を安定的に生産・供給する体制の構築に向けた取組やメニュー開発等の取組を支援しました。

（2）和食文化の保護・継承
　地域固有の多様な食文化を地域で保護・継承していくため、各地域が選定した郷土料理の調査・データベース化及び普及等を行いました。また、子供たちや子育て世代に対して和食文化の普及活動を行う中核的な人材を育成するとともに、子供たちを対象とした和食文化普及のための取組を通じて和食文化の次世代への継承を図りました。さらに、官民協働の「Let's！和ごはんプロジェクト」の取組を推進するとともに、文化庁における食の文化的価値の可視化の取組と連携し、和食が持つ文化的価値の発信を進めました。くわえて、中食・外食事業者におけるスマートミールの導入を推進するともに、ブランド野菜・畜産物等の地場産食材の活用促進を図りました。
（3）消費者と生産者の関係強化
　消費者・食品関連事業者・生産者団体を含めた官民協働による、食と農とのつながりの深化に着目した新たな国民運動「食から日本を考える。ニッポンフードシフト」として、地域の農業・農村の価値や生み出される農林水産物の魅力を伝える交流イベント等、消費者と生産者の関係強化に資する取組を実施しました。

4　国際的な動向等に対応した食品の安全確保と消費者の信頼の確保
（1）科学の進展等を踏まえた食品の安全確保の取組の強化
　科学的知見に基づき、国際的な枠組みによるリスク評価、リスク管理及びリスクコミュニケーションを実施しました。
（ア）食品安全に関するリスク管理を一貫した考え方で行うための標準手順書に基づき、農畜水産物や加工食品、飼料中の有害化学物質・有害微生物の調査や安全性向上対策の策定に向けた試験研究を実施しました。
（イ）試験研究や調査結果の科学的解析に基

づき、施策・措置に関する企画や立案を行い、生産者・食品事業者に普及するとともに、その効果を検証し、必要に応じて見直しました。

（ウ）情報の受け手を意識して、食品安全に関する施策の情報を発信しました。

（エ）食品中に残留する農薬等に関するポジティブリスト制度導入時に残留基準を設定した農薬等や新たに登録等の申請があった農薬等について、食品健康影響評価結果を踏まえた残留基準の設定、見直しを推進しました。

（オ）食品の安全性等に関する国際基準の策定作業への積極的な参画や、国内における情報提供や意見交換を実施しました。

（カ）関係府省庁の消費者安全情報総括官等による情報の集約及び共有を図るとともに、食品安全に関する緊急事態等における対応体制を点検・強化しました。
2020年東京オリンピック競技大会・東京パラリンピック競技大会において飲食提供を行う事業者に対して、食品防御対策について助言を行いました。

（キ）食品関係事業者の自主的な企業行動規範等の策定を促すなど食品関係事業者のコンプライアンス（法令の遵守及び倫理の保持等）確立のための各種取組を促進しました。

ア　生産段階における取組
生産資材（肥料、飼料・飼料添加物、農薬、動物用医薬品）の適正使用を推進するとともに、科学的データに基づく生産資材の使用基準、有害物質等の基準値の設定・見直し、薬剤耐性菌のモニタリングに基づくリスク低減措置等を行い、安全な農畜水産物の安定供給を確保しました。

（ア）肥料については、「肥料の品質の確保等に関する法律」（昭和25年法律第127号）に基づき、原料規格を定め、原料帳簿の備付けを義務化するとともに、原料等の虚偽宣伝等を禁止しました。

（イ）農薬については、「農薬取締法」（昭和23年法律第82号）に基づき、農薬の使用者や蜜蜂への影響等の安全性に関する審査を行うとともに、全ての農薬について順次、最新の科学的知見に基づく再評価を開始しました。

（ウ）飼料・飼料添加物については、家畜の健康影響や畜産物を摂取した人の健康影響のリスクが高い有害化学物質等の汚染実態データ等を優先的に収集し、有害化学物質等の基準値の設定・見直し等を行い、飼料の安全を確保しました。飼料のGMP（適正製造規範）については、技術的支援等を実施し、飼料関係事業者におけるGMP導入推進、定着を図りました。

（エ）動物用医薬品については、動物用抗菌剤の農場単位での使用実態を把握できる仕組みの開発を検討するとともに、動物用抗菌剤の予防的な投与を限定的にするよう、獣医師に指導を行いました。また、薬剤耐性菌の全ゲノム解析結果を活用し、伝播経路の解明に取り組みました。

イ　製造段階における取組

（ア）HACCPに沿った衛生管理を行う事業者が輸出に取り組むことができるよう、HACCPの導入に必要な一般衛生管理の徹底や、輸出先国ごとに求められる食品安全管理に係る個別条件への理解促進及びHACCPに係る民間認証の取得等のための研修会の開催、「食品の製造過程の管理の高度化に関する臨時措置法」（平成10年法律第59号）による施設整備に対する金融措置等の支援を実施しました。

（イ）食品等事業者に対する監視指導や事業者による自主的な衛生管理を推進しました。

（ウ）食品衛生監視員の資質向上や検査施設の充実等を推進しました。

（エ）長い食経験を考慮し使用が認められている既存添加物については、毒性試験等

を実施し、安全性の検討を推進しました。
（オ）国際的に安全性が確認され、かつ、汎用されている食品添加物については、国が主体的に指定に向けて検討しました。
（カ）保健機能食品（特定保健用食品、栄養機能食品及び機能性表示食品）を始めとしたいわゆる「健康食品」について、事業者の安全性の確保の取組を推進するとともに、保健機能食品制度の普及・啓発に取り組みました。
（キ）SRM（特定危険部位）の除去・焼却、BSE（牛海綿状脳症）検査の実施等により、食肉の安全を確保しました。

ウ　輸入に関する取組
　　輸出国政府との二国間協議や在外公館を通じた現地調査等の実施、情報等を入手するための関係府省の連携の推進、監視体制の強化等により、輸入食品の安全性の確保を図りました。

（2）食品表示情報の充実や適切な表示等を通じた食品に対する消費者の信頼の確保

ア　食品表示の適正化等
（ア）「食品表示法」（平成25年法律第70号）及び「不当景品類及び不当表示防止法」（昭和37年法律第134号）に基づき、関係府省が連携した監視体制の下、適切な表示を推進しました。また、中食・外食における原料原産地表示については、「外食・中食における原料原産地情報提供ガイドライン」（平成31（2019）年3月策定）に基づく表示の普及を図りました。
（イ）輸入品以外の全ての加工食品に対して、原料原産地表示を行うことが義務付けられた新たな原料原産地表示制度については、消費者、事業者等への普及・啓発を行い、理解促進を図りました。
（ウ）米穀等については、「米穀等の取引等に係る情報の記録及び産地情報の伝達に関する法律」（平成21年法律第26号。以下「米トレーサビリティ法」という。）により産地情報伝達の徹底を図りました。

（エ）栄養成分表示についての普及啓発を進め、健康づくりに役立つ情報源としての理解促進を図りました。

イ　食品トレーサビリティの普及啓発
（ア）食品のトレーサビリティに関し、事業者が自主的に取り組む際のポイントを解説する実践的食品表示モデルを策定しました。あわせて、分かりやすい動画により解説し、普及・啓発に取り組みました。
（イ）米穀等については、米トレーサビリティ法に基づき、制度の適正な運用に努めました。
（ウ）国産牛肉については、「牛の個体識別のための情報の管理及び伝達に関する特別措置法」（平成15年法律第72号）による制度の適正な実施が確保されるようDNA分析技術を活用した監視等を実施しました。

ウ　消費者への情報提供等
（ア）フードチェーンの各段階で事業者間のコミュニケーションを円滑に行い、食品関係事業者の取組を消費者まで伝えていくためのツールの普及等を進めました。
（イ）「消費者の部屋」等において、消費者からの相談を受け付けるとともに、展示等を開催し、農林水産行政や食生活に関する情報を幅広く提供しました。

5　食料供給のリスクを見据えた総合的な食料安全保障の確立

（1）不測時に備えた平素からの取組
　　新型コロナウイルス感染症の世界的な感染拡大等、食料供給を脅かす新たなリスクに適切に対応するため、食料安全保障アドバイザリーボードを開催し、外部の有識者を交えて、今後講ずるべき食料安全保障施策について検討しました。これを受け、令和3（2021）年7月に「緊急事態食料安全保障指針」について、早期注意段階を新設するなどの改正を行いました。さらに、

関連業界との意見交換等により、情報収集・分析等を強化しました。

くわえて、不測の事態が生じた場合に実際の食料供給の確保を図るため、同指針に基づく方策についてのシミュレーション演習を通じた、対応手順の実効性の検証と課題の抽出・整理等を行いました。

また、大規模災害等に備えた家庭備蓄の普及のため、家庭での実践方法をまとめたガイドブックやWebサイト等での情報発信を行いました。

（2）国際的な食料需給の把握、分析

省内外において収集した国際的な食料需給に係る情報を一元的に集約するとともに、我が国独自の短期的な需給変動要因の分析や、中長期の需給見通しを策定し、これらを国民に分かりやすく発信しました。

また、衛星データを活用し、食料輸出国や発展途上国等における気象や主要農作物の作柄の把握・モニタリングに向けた研究を行いました。

さらに、海外の食料の需要や生産の状況、新型コロナウイルス感染症による食料供給への影響の実態も踏まえた新たなリスクについて調査・分析を行い、我が国の食料安全保障の観点から中長期的な課題や取り組むべき方向性を議論し、関係者で共有しました。

くわえて、新型コロナウイルス感染症の世界的な感染拡大等、食料供給を脅かす新たなリスクへの対応として、令和3（2021）年6月に「食料安全保障対策の強化について」を取りまとめました。

（3）輸入穀物等の安定的な確保

ア　輸入穀物の安定供給の確保

（ア）麦の輸入先国との緊密な情報交換等を通じ、安定的な輸入を確保しました。

（イ）政府が輸入する米麦について、残留農薬等の検査を実施しました。

（ウ）輸入依存度の高い小麦について、港湾スト等により輸入が途絶した場合に備え、外国産食糧用小麦需要量の2.3か月分を備蓄し、そのうち政府が1.8か月分の保管料を助成しました。

（エ）輸入依存度の高い飼料穀物について、不測の事態における海外からの供給遅滞・途絶、国内の配合飼料工場の被災に伴う配合飼料の急激な逼迫（ひっぱく）等に備え、配合飼料メーカー等が事業継続計画（BCP）に基づいて実施する飼料穀物の備蓄、不測の事態により配合飼料の供給が困難となった地域への配合飼料の緊急運搬、災害に強い配合飼料輸送等の検討の取組に対して支援しました。

イ　港湾の機能強化

（ア）ばら積み貨物の安定的かつ安価な輸入を実現するため、大型船に対応した港湾機能の拠点的確保や企業間連携の促進等による効率的な海上輸送網の形成に向けた取組を推進しました。

（イ）国際海上コンテナターミナル、国際物流ターミナルの整備等、港湾の機能強化を推進しました。

ウ　遺伝資源の収集・保存・提供機能の強化

国内外の遺伝資源を収集・保存するとともに、有用特性等のデータベース化に加え、幅広い遺伝変異をカバーした代表的品種群（コアコレクション）の整備を進めることで、植物・微生物・動物遺伝資源の更なる充実と利用者への提供を促進しました。

特に、海外植物遺伝資源については、二国間共同研究等を実施する中で、ITPGR（食料及び農業のための植物遺伝資源に関する国際条約）を活用した相互利用を推進することで、アクセス環境を整備しました。また、国内植物遺伝資源については、公的研究機関等が管理する国内在来品種を含む我が国の遺伝資源をワンストップで検索できる統合データベースの整備を進めるなど、オールジャパンで多様な遺伝資源を収集・保存・提供する体制の強化を推進しました。

（4）国際協力の推進

ア　世界の食料安全保障に係る国際会議への参画等

　　国連食料システムサミット、G7サミット、G20サミット及びその関連会合、APEC（アジア太平洋経済協力）関連会合、ASEAN＋3（日中韓）農林大臣会合、FAO（国際連合食糧農業機関）総会、OECD（経済協力開発機構）農業委員会等の世界の食料安全保障に係る国際会議に積極的に参画し、持続可能な農業生産の増大、生産性の向上及び多様な農業の共存に向けて国際的な議論に貢献しました。

　　また、フードバリューチェーンの構築が農産物の付加価値を高め、農家・農村の所得向上と食品ロス削減に寄与し、食料安全保障を向上させる上で重要であることを発信しました。

イ　飢餓、貧困、栄養不良への対策

（ア）研究開発、栄養改善のためのセミナーの開催や情報発信等を支援しました。また、令和3（2021）年12月に、東京栄養サミット2021を開催しました。

（イ）飢餓・貧困の削減に向け、米等の生産性向上及び高付加価値化のための研究を支援しました。

ウ　アフリカへの農業協力

　　TICAD7（第7回アフリカ開発会議）で発表された「横浜行動計画2019」等の着実な推進に向け、アフリカの農業の発展に対して人的貢献を継続していくほか、ICT技術を活用した農業者の組織化及び共同購入・共同販売等のための農業デジタル化基盤の構築等、対象国のニーズに対応した企業の海外展開を引き続き推進しました。

エ　気候変動や越境性動物疾病等の地球規模の課題への対策

（ア）パリ協定を踏まえた森林減少・劣化抑制、農地土壌における炭素貯留等に関する途上国の能力向上、GHG（温室効果ガス）排出削減につながる栽培技術の開発等の気候変動対策を推進しました。また、気候変動緩和策に資する研究及び越境性病害の我が国への侵入防止に資する研究並びにアジアにおける口蹄疫、高病原性鳥インフルエンザ、アフリカ豚熱等の越境性動物疾病及び薬剤耐性対策等を推進しました。

（イ）東アジア地域（ASEAN10か国、日本、中国及び韓国）における食料安全保障の強化と貧困の撲滅を目的とし、大型台風、洪水、干ばつ等の大規模災害等による緊急時に備えるため、ASEAN＋3緊急米備蓄（APTERR）の取組を推進しました。

（5）動植物防疫措置の強化

ア　世界各国における口蹄疫、高病原性鳥インフルエンザ、アフリカ豚熱等の発生状況、新たな植物の病害虫の発生等を踏まえ、国内における家畜の伝染性疾病や植物の病害虫の発生予防及びまん延防止対策、発生時の危機管理体制の整備等を実施しました。また、国際的な連携を強化し、アジア地域における防除能力の向上を支援しました。

　　豚熱や高病原性鳥インフルエンザ等の家畜の伝染性疾病については、早期通報や野生動物の侵入防止等、生産者による飼養衛生管理の徹底がなされるよう、都道府県と連携して指導を行いました。特に、豚熱については、円滑なワクチン接種を進めるとともに、野生イノシシの対策として、捕獲強化や経口ワクチンの散布を実施しました。

イ　家畜防疫官・植物防疫官や検疫探知犬の適切な配置等による検査体制の整備・強化により、水際対策を適切に講ずるとともに、家畜の伝染性疾病及び植物の病害虫の侵入・まん延防止のための取組を推進しました。

ウ　地域の産業動物獣医師への就業を志す獣医大学の地域枠入学者・獣医学生に対する修学資金の給付、獣医学生を対象とした産業動物獣医師の業務について理解を深めるための臨床実習、産業動物獣医師を対

象とした技術向上のための臨床研修を支援しました。また、産業動物分野における獣医師の中途採用者を確保するための就業支援、女性獣医師等を対象とした職場復帰・再就職に向けたスキルアップのための研修や中高生等を対象とした産業動物獣医師の業務について理解を深めるセミナー等の実施による産業動物獣医師の育成、情報通信機器を活用した産業動物診療の効率化等を支援しました。

6　TPP等新たな国際環境への対応、今後の国際交渉への戦略的な対応

「成長戦略フォローアップ」（令和2（2020）年7月策定）等に基づき、グローバルな経済活動のベースとなる経済連携を進めました。

また、日トルコEPA等の経済連携交渉やWTO農業交渉等の農産物貿易交渉において、我が国農産品のセンシティビティに十分配慮しつつ、我が国の農林水産業が、今後とも国の基として重要な役割を果たしていけるよう、交渉を行うとともに、我が国農産品の輸出拡大につながる交渉結果の獲得を目指しました。

さらに、TPP11、日EU・EPA、日米貿易協定、日英EPA及びRCEP協定の効果を最大限に活かすために改訂された「総合的なTPP等関連政策大綱」に基づき、体質強化対策や経営安定対策を着実に実施しました。

Ⅲ　農業の持続的な発展に関する施策

1　力強く持続可能な農業構造の実現に向けた担い手の育成・確保
（1）認定農業者制度や法人化等を通じた経営発展の後押し
ア　担い手への重点的な支援の実施
（ア）認定農業者等の担い手が主体性と創意工夫を発揮して経営発展できるよう、担い手に対する農地の集積・集約化の促進や経営所得安定対策、出資や融資、税制等、経営発展の段階や経営の態様に応じ

た支援を行いました。
（イ）その際、既存経営基盤では現状の農地引受けが困難な担い手も現れていることから、地域の農業生産の維持への貢献という観点から、こうした担い手への支援の在り方について検討しました。
イ　農業経営の法人化の加速と経営基盤の強化
（ア）経営意欲のある農業者が創意工夫を活かした農業経営を展開できるよう、都道府県段階に設置した農業経営相談所を通じた経営相談・経営診断や専門家派遣等の支援等により、農業経営の法人化を促進しました。
（イ）担い手が少ない地域においては、地域における農業経営の受皿として、集落営農の組織化を推進するとともに、これを法人化に向けての準備・調整期間と位置付け、法人化を推進しました。また、地域外の経営体や販売面での異業種との連携等を促進しました。さらに、農業法人等が法人幹部や経営者となる人材を育成するために実施する実践研修への支援等を行いました。
（ウ）集落営農について、法人化に向けた取組の加速化や地域外からの人材確保、地域外の経営体との連携や統合・再編等を推進しました。
ウ　青色申告の推進
農業経営の着実な発展を図るためには、自らの経営を客観的に把握し経営管理を行うことが重要であることから、農業者年金の政策支援、農業経営基盤強化準備金制度、収入保険への加入推進等を通じ、農業者による青色申告を推進しました。
（2）経営継承や新規就農、人材の育成・確保等
ア　次世代の担い手への円滑な経営継承
（ア）農業経営相談所の専門家による相談対応、継承計画の策定支援等を推進するとともに地域の中心となる担い手の後継者による経営継承後の経営発展に向け

た取組を支援しました。

（イ）園芸施設、樹園地等の経営資源について、第三者機関・組織も活用しつつ、再整備・改修等のための支援により、円滑な継承を促進しました。

イ　農業を支える人材の育成のための農業教育の充実

（ア）農業高校や農業大学校等の農業教育機関において、先進的な農業経営者等による出前授業や現場研修等、就農意欲を喚起するための取組を推進しました。また、スマート農業に関する教育の推進を図るとともに、農業教育の高度化に必要な農業機械・設備等の整備を推進しました。

（イ）農業高校や農業大学校等における教育カリキュラムの強化や教員の指導力向上等、農業教育の高度化を推進しました。

（ウ）国内の農業高校と海外の農業高校の交流を推進するとともに、海外農業研修の実施を支援しました。

（エ）幅広い世代の新規就農希望者に対し、農業教育機関における実践的なリカレント教育の実施を支援しました。

ウ　青年層の新規就農と定着促進

（ア）次世代を担う農業者となることを志向する者に対し、就農前の研修（2年以内）の後押しと就農直後（5年以内）の経営確立に資する資金の交付を行いました。

（イ）初期投資の負担を軽減するため、農業機械等の取得に対する補助や無利子資金の貸付けを行いました。

（ウ）就農準備段階から経営開始後まで、地方公共団体や農業協同組合、農業者、農地中間管理機構、民間企業等の関係機関が連携し一貫して支援する地域の就農受入体制を充実しました。

（エ）農業法人等における実践研修への支援に当たり、労働時間の管理、休日・休憩の確保、男女別トイレの整備、キャリアパスの提示やコミュニケーションの充実等、誰もがやりがいを持って働きやすい職場環境整備を行う農業法人等を支

援することで、農業の「働き方改革」を推進しました。

（オ）ライフスタイルも含めた様々な魅力的な農業の姿や就農に関する情報について、民間企業等とも連携して、WebサイトやSNS、就農イベント等を通じた情報発信を強化しました。

（カ）自営や法人就農、短期雇用等様々な就農相談等にワンストップで対応できるよう新規就農相談センターの相談員の研修を行い、相談体制を強化しました。

（キ）農業者の生涯所得の充実の観点から、農業者年金への加入を推進しました。

エ　女性が能力を発揮できる環境整備

（ア）経営体向け補助事業について女性農業者等による積極的な活用を促進しました。

（イ）託児・農作業代替活動を地域で一体的にサポートする体制づくりを支援しました。

（ウ）農業委員、農業協同組合役員等に必要な知識やスキル習得を支援しました。

（エ）「農業委員会等に関する法律」（昭和26年法律第88号）及び「農業協同組合法」（昭和22年法律第132号）において、農業委員や農業協同組合役員について、年齢及び性別に著しい偏りが生じないように配慮しなければならない旨が規定されたことを踏まえ、委員・役員の任命・選出に当たり、女性の参画拡大に向けた取組を促進しました。

（オ）女性グループに対し、組織力・経営力向上のための研修会を支援しました。

（カ）女性農業者の知恵と民間企業の技術、ノウハウ、アイデア等を結び付け、新たな商品やサービス開発等を行う「農業女子プロジェクト」における企業や教育機関との連携強化、地域活動の推進により女性農業者が活動しやすい環境を作るとともに、これらの活動を発信し、若い女性新規就農者の増加に取り組みました。

オ　企業の農業参入

農地中間管理機構を中心としてリース方式による企業の参入を促進しました。

2　農業現場を支える多様な人材や主体の活躍

（1）中小・家族経営など多様な経営体による地域の下支え

農業現場においては、中小・家族経営等多様な経営体が農業生産を支えている現状と、地域において重要な役割を果たしていることに鑑み、現状の規模にかかわらず、生産基盤の強化に取り組むとともに、品目別対策や多面的機能支払制度、中山間地域等直接支払制度等により、産業政策と地域政策の両面から支援しました。

（2）次世代型の農業支援サービスの定着

生産現場における人手不足や生産性向上等の課題に対応し、農業者が営農活動の外部委託等様々な農業支援サービスを活用することで経営の継続や効率化を図ることができるよう、ドローンや自動走行農機等の先端技術を活用した作業代行やシェアリング・リース、食品事業者と連携した収穫作業の代行等の次世代型の農業支援サービスの育成・普及を推進しました。

（3）多様な人材が活躍できる農業の「働き方改革」の推進

ア　農業法人等が労働環境を改善しつつ行う実践研修を支援することにより、農業経営者が、労働時間の管理、休日・休憩の確保、男女別トイレの整備、キャリアパスの提示やコミュニケーションの充実等、誰もがやりがいがあり、働きやすい環境づくりに向けて計画を作成し、従業員と共有することを推進しました。

イ　農繁期等における産地の短期労働力を確保するため、他産業、大学、他地域との連携等による多様な人材とのマッチングを行う産地の取組や、農業法人等における労働環境の改善を推進する取組を支援し、労働環境整備等の農業の「働き方改革」の

先進的な取組事例の発信・普及を図りました。

ウ　特定技能制度による農業現場での外国人材の円滑な受入れに向けて、技能試験を実施するとともに、就労する外国人材が働きやすい環境の整備等を支援しました。

エ　地域人口の急減に直面している地域において、「地域人口の急減に対処するための特定地域づくり事業の推進に関する法律」（令和元年法律第64号）の仕組みを活用し、地域内の様々な事業者をマルチワーク（一つの仕事のみに従事するのではなく、複数の仕事に携わる働き方）により支える人材の確保及びその活躍を推進することにより、地域社会の維持及び地域経済の活性化を図るために、モデルを示しつつ、本制度の周知を図りました。

3　担い手等への農地集積・集約化と農地の確保

（1）担い手への農地集積・集約化の加速化

ア　「人・農地プラン」の実質化の推進

地域の徹底した話合いにより「人・農地プラン」の実質化の取組を推進し、実質化されたプランの実行を通じて、担い手への農地の集積・集約化を加速化しました。

また、新型コロナウイルス感染症の影響により、実質化の取組が遅れている地域については実質化を推進しました。

イ　農地中間管理機構のフル稼働

「農地中間管理事業の推進に関する法律等の一部を改正する法律」（令和元年法律第12号）に基づき、地域の徹底した話合いによる「人・農地プラン」の実質化などを進め、農地中間管理機構の活用を促進することで、当該プランに位置付けられた担い手への農地の集積・集約化を進めました。

ウ　所有者不明農地への対応の強化

「農業経営基盤強化促進法等の一部を改正する法律」（平成30年法律第23号）に基づき創設した制度の利用を促すほか、令和5（2023）年4月以降施行される新たな民

事基本法制の仕組みを踏まえ、関係省庁と連携して所有者不明農地の有効利用を図りました。

（2）荒廃農地の発生防止・解消、農地転用許可制度等の適切な運用

ア　多面的機能支払制度及び中山間地域等直接支払制度による地域・集落の共同活動、農地中間管理事業による集積・集約化の促進、基盤整備の活用等による荒廃農地の発生防止・解消に努め、令和3（2021）年度からは、最適土地利用対策による地域の話合いを通じた荒廃農地の有効活用や低コストな肥培管理による農地利用（粗放的な利用）の取組を支援しました。また、有機農業、放牧・飼料生産等多様な農地利用方策とそれを実施する仕組みについて、有識者から成る検討会において総合的に検討しました。

イ　農地の転用規制及び農業振興地域制度の適正な運用を通じ、優良農地の確保に努めました。

4　農業経営の安定化に向けた取組の推進

（1）収入保険制度や経営所得安定対策等の着実な推進

ア　収入保険の普及促進・利用拡大

自然災害や価格下落等の様々なリスクに対応し、農業経営の安定化を図るため、収入保険の普及促進・利用拡大を図りました。具体的には、現場ニーズ等を踏まえた改善等を行うとともに、地域において、農業共済組合や農業協同組合等の関係団体等が連携して推進体制を構築し、加入促進の取組を引き続き進めました。

イ　経営所得安定対策等の着実な実施

「農業の担い手に対する経営安定のための交付金の交付に関する法律」（平成18年法律第88号）に基づく畑作物の直接支払交付金及び米・畑作物の収入減少影響緩和交付金、「畜産経営の安定に関する法律」（昭和36年法律第183号）に基づく肉用牛肥育・肉豚経営安定交付金（牛・豚マルキ

ン）及び加工原料乳生産者補給金、「肉用子牛生産安定等特別措置法」（昭和63年法律第98号）に基づく肉用子牛生産者補給金、「野菜生産出荷安定法」（昭和41年法律第103号）に基づく野菜価格安定対策等の措置を安定的に実施しました。

（2）総合的かつ効果的なセーフティネット対策の在り方の検討等

ア　総合的かつ効果的なセーフティネット対策の在り方の検討

収入保険については、農業保険以外の制度も含め、収入減少を補塡する関連施策全体の検証を行い、農業者のニーズ等を踏まえ、総合的かつ効果的なセーフティネット対策の在り方について検討しました。

イ　手続の電子化、申請データの簡素化等の推進

農業保険や経営所得安定対策等の類似制度について、申請内容やフローの見直し等の業務改革を実施しつつ、手続の電子化の推進、申請データの簡素化等を進めるとともに、利便性向上等を図るため、総合的なセーフティネットの窓口体制の改善・集約化を引き続き検討しました。

5　農業の成長産業化や国土強靱化に資する農業生産基盤整備

（1）農業の成長産業化に向けた農業生産基盤整備

ア　農地中間管理機構等との連携を図りつつ、農地の大区画化等を推進しました。

イ　高収益作物に転換するための水田の汎用化・畑地化及び畑地・樹園地の高機能化を推進しました。

ウ　ICT水管理等の営農の省力化に資する技術の活用を可能にする農業生産基盤の整備を展開するとともに、農業農村インフラの管理の省力化・高度化、地域活性化及びスマート農業の実装促進のための情報通信環境の整備を推進しました。

（2）農業水利施設の戦略的な保全管理

ア　点検、機能診断及び監視を通じた適切な

リスク管理の下での計画的かつ効率的な補修、更新等により、徹底した施設の長寿命化とライフサイクルコストの低減を図りました。

イ　農業者の減少・高齢化が進む中、農業水利施設の機能が安定的に発揮されるよう、施設の更新に合わせ、集約、再編、統廃合等によるストックの適正化を推進しました。

ウ　ロボット、AI等の利用に関する研究開発・実証調査を推進しました。

（3）農業・農村の強靱化に向けた防災・減災対策

ア　基幹的な農業水利施設の改修等のハード対策と機能診断等のソフト対策を組み合わせた防災・減災対策を実施しました。

イ　「農業用ため池の管理及び保全に関する法律」（平成31年法律第17号）に基づき、ため池の決壊による周辺地域への被害の防止に必要な措置を進めました。

ウ　「防災重点農業用ため池に係る防災工事等の推進に関する特別措置法」（令和2年法律第56号）の規定により都道府県が策定した推進計画に基づき、優先度の高いものから防災工事等に取り組むとともに、防災工事等が実施されるまでの間についても、ハザードマップの作成、監視・管理体制の強化等を行うなど、これらの対策を適切に組み合わせて、ため池の防災・減災対策を推進しました。

エ　大雨により水害が予測されるなどの際、①事前に農業用ダムの水位を下げて雨水を貯留する「事前放流」、②水田に雨水を一時的に貯留する「田んぼダム」、③ため池への雨水の一時的な貯留、④農作物への被害のみならず、市街地や集落の湛水被害も防止・軽減させる排水施設の整備等、流域治水の取組を通じた防災・減災対策の強化に取り組みました。

オ　排水の計画基準に基づき、農業水利施設等の排水対策を推進しました。

カ　津波、高潮、波浪その他海水又は地盤の変動による被害等から農地等を防護するため、海岸保全施設の整備等を実施しました。

（4）農業・農村の構造の変化等を踏まえた土地改良区の体制強化

准組合員制度の導入、土地改良区連合の設立、貸借対照表を活用した施設更新に必要な資金の計画的な積立の促進等、「土地改良法の一部を改正する法律」（平成30年法律第43号）の改正事項の定着を図り、土地改良区の運営基盤の強化を推進しました。また、多様な人材の参画を図る取組を加速的に推進しました。

6　需要構造等の変化に対応した生産基盤の強化と流通・加工構造の合理化

（1）肉用牛・酪農の生産拡大など畜産の競争力強化

ア　生産基盤の強化

（ア）牛肉・牛乳乳製品等畜産物の国内需要への対応と輸出拡大に向けて、肉用牛については、優良な繁殖雌牛の増頭、繁殖性の向上による分娩間隔の短縮等の取組等を推進しました。酪農については、都府県における牛舎の空きスペースも活用した増頭・増産に加え、性判別技術の活用による乳用後継牛の確保、高品質な生乳の生産による多様な消費者ニーズに対応した牛乳乳製品の供給を推進しました。

（イ）労働力負担軽減・省力化に資するロボット、AI、IoT等の先端技術の普及・定着、生産関連情報等のデータに基づく家畜改良や飼養管理技術の高度化、農業者と外部支援組織等の役割分担・連携の強化、GAP、アニマルウェルフェアの普及・定着を図りました。

（ウ）子牛や国産畜産物の生産・流通の円滑化に向けた家畜市場や食肉処理施設及び生乳の処理・貯蔵施設の再編等の取組を推進し、肉用牛・酪農等の生産基盤を強化しました。あわせて、米国・EU等の

輸出先国の衛生水準を満たす輸出認定施設の増加及び輸出認定施設を中心として関係事業者が連携したコンソーシアムによる輸出促進の取組を推進しました。

（エ）以下の施策等を実施しました。

a　畜種ごとの経営安定対策

（a）酪農関係では、①加工原料乳に対する加工原料乳生産者補給金及び集送乳調整金の交付、②加工原料乳の取引価格が低落した場合の補塡金の交付等の対策

（b）肉用牛関係では、①肉用子牛対策として、子牛価格が保証基準価格を下回った場合に補給金を交付する肉用子牛生産者補給金制度、②肉用牛肥育対策として、標準的販売価格が標準的生産費を下回った場合に交付金を交付する肉用牛肥育経営安定交付金（牛マルキン）

（c）養豚関係では、標準的販売価格が標準的生産費を下回った場合に交付金を交付する肉豚経営安定交付金（豚マルキン）

（d）養鶏関係では、鶏卵の取引価格が補塡基準価格を下回った場合に補塡金を交付するなどの鶏卵生産者経営安定対策事業

を安定的に実施しました。

b　飼料価格安定対策

配合飼料価格安定制度を適切に運用するとともに、国産濃厚飼料の増産や地域の飼料化可能な未利用資源を飼料として利用する取組等を推進しました。

イ　生産基盤強化を支える環境整備

（ア）家畜排せつ物の土づくりへの活用を促進するため、家畜排せつ物処理施設の機能強化・堆肥のペレット化等を推進しました。飼料生産については、草地整備・草地改良、放牧、公共牧場の利用、水田を活用した飼料生産、子実用とうもろこし等の国産濃厚飼料の増産や安定確保に向けた指導・研修、飼料用種子の備蓄、エコフィード等の利活用及び高品質化等により、国産飼料の生産・利用を推進しました。

（イ）和牛は、我が国固有の財産であり、家畜遺伝資源の不適正な流通は、我が国の畜産振興に重大な影響を及ぼすおそれがあることから、家畜遺伝資源の流通管理の徹底、知的財産としての価値の保護を推進するため、その仕組みについて徹底を図るほか、全国の家畜人工授精所への立入検査を実施するとともに、家畜遺伝資源の利用者の範囲等について制限を付す売買契約の普及を図りました。また、家畜人工授精用精液等の流通を全国的に管理するシステムの構築・運用等を推進するとともに、和牛の血統の信頼を確保するため、遺伝子型の検査によるモニタリング調査を推進する取組を支援しました。

（ウ）令和3（2021）年5月に公布された「畜舎等の建築等及び利用の特例に関する法律」（令和3年法律第34号）の施行に向けて、都道府県等と連携し、畜舎建築利用計画を認定する体制を整備しました。

（2）新たな需要に応える園芸作物等の生産体制の強化

ア　野菜

（ア）既存ハウスのリノベーションや、環境制御・作業管理等の技術習得に必要なデータ収集・分析機器の導入等、データを活用して生産性・収益向上につなげる体制づくり等を支援するとともに、より高度な生産が可能となる低コスト耐候性ハウスや高度環境制御栽培施設等の導入を支援しました。

（イ）水田地帯における園芸作物の導入に向けた合意形成や試験栽培、園芸作物の本格生産に向けた機械・施設のリース導入等を支援しました。

（ウ）複数の産地と協業して、加工・業務用

289

等の新市場が求めるロット・品質での供給を担う拠点事業者による貯蔵・加工等の拠点インフラの整備や生育予測等を活用した安定生産の取組等を支援しました。

（エ）農業者と協業しつつ、①生産安定・効率化機能、②供給調整機能、③実需者ニーズ対応機能の三つの全ての機能を具備又は強化するモデル性の高い生産事業体の育成を支援しました。

イ　果樹

（ア）優良品目・品種への改植・新植及びそれに伴う未収益期間における幼木の管理経費を支援しました。

（イ）平坦で作業性の良い水田等への新植や、労働生産性向上が見込まれる省力樹形の導入を推進するとともに、まとまった面積での省力樹形及び機械作業体系の導入等による労働生産性を抜本的に高めたモデル産地の育成を支援しました。

（ウ）省力樹形用苗木の安定生産に向けたモデル的な取組を支援しました。

ウ　花き

（ア）地域ごとに設定した戦略品目について、ニーズの高い品種への転換や省力生産の実証、新たな需要の創出・拡大に向けたプロモーション活動等を支援するとともに、生産性の飛躍的向上が期待される新技術の実証を支援しました。

（イ）コールドチェーン整備、川上と川下が連携した情報伝達のデジタル化の実証等を支援しました。

エ　茶、甘味資源作物等の地域特産物

（ア）茶

「茶業及びお茶の文化の振興に関する基本方針」（令和2（2020）年4月策定）に基づき、消費者ニーズへの対応や輸出の促進等に向け、新たな茶商品の生産・加工技術の実証や機能性成分等の特色を持つ品種の導入、有機栽培への転換、てん茶等の栽培に適した棚施設を利用した栽培法への転換や直接被覆栽培への転換、

スマート農業技術の実証、残留農薬分析等を支援しました。

（イ）砂糖及びでん粉

「砂糖及びでん粉の価格調整に関する法律」（昭和40年法律第109号）に基づき、さとうきび・でん粉原料用かんしょ生産者及び国内産糖・国内産いもでん粉の製造事業者に対して、経営安定のための支援を行いました。

（ウ）薬用作物

地域の取組として、産地と実需者（漢方薬メーカー等）とが連携した栽培技術の確立のための実証圃の設置、省力化のための農業機械の改良等を支援しました。また、全国的な取組として、事前相談窓口の設置や技術アドバイザーの派遣等の栽培技術の指導体制の確立に向けた取組を支援しました。

（エ）こんにゃくいも等

こんにゃくいも等の特産農産物については、付加価値の創出、新規用途開拓、機械化・省力作業体系の導入等を推進するとともに、安定的な生産に向けた体制の整備等を支援しました。

（オ）繭・生糸

養蚕・製糸業と絹織物業者等が提携して取り組む、輸入品と差別化された高品質な純国産絹製品づくり・ブランド化を推進するとともに、新たな需要の創出・拡大を図るため、生産者、実需者等が一体となって取り組む、安定的な生産に向けた体制の整備等を支援しました。

（カ）葉たばこ

葉たばこ審議会の意見を尊重した種類別・品種別価格により、日本たばこ産業株式会社（JT）が買い入れました。

（キ）いぐさ

輸入品との差別化・ブランド化に取り組むいぐさ生産者の経営安定を図るため、国産畳表の価格下落影響緩和対策の実施、実需者や消費者のニーズを踏まえた、産地の課題を解決するための技術実証等の

取組を支援しました。
（3）米政策改革の着実な推進と水田における
　　高収益作物等への転換
ア　消費者・実需者の需要に応じた多様な米
　　の安定供給
（ア）需要に応じた米の生産・販売の推進
　　a　産地・生産者と実需者が結び付いた事
　　　前契約や複数年契約による安定取引の推
　　　進、水田活用の直接支払交付金や水田リ
　　　ノベーション事業による支援、都道府県
　　　産別、品種別等のきめ細かな需給・価格
　　　情報、販売進捗情報、在庫情報の提供、
　　　都道府県別・地域別の作付動向（中間的
　　　な取組状況）の公表等により需要に応じ
　　　た生産・販売を推進しました。
　　b　行政、生産者団体、現場が一体となっ
　　　て需要に応じた生産・販売に取り組みま
　　　した。
　　c　米の生産については、農地の集積・集
　　　約化による分散錯圃（さくほ）の解消や作付けの団
　　　地化、直播（ちょくはん）等の省力栽培技術やスマート
　　　農業技術等の導入・シェアリングの促進
　　　等による生産コストの低減等を推進しま
　　　した。
（イ）戦略作物の生産拡大
　　　水田活用の直接支払交付金により、麦、
　　　大豆、飼料用米等、戦略作物の本作化を
　　　進めるとともに、地域の特色のある魅力
　　　的な産品の産地づくりに向けた取組を支
　　　援しました。
（ウ）コメ・コメ加工品の輸出拡大
　　　輸出拡大実行戦略で掲げた、コメ・パ
　　　ックご飯・米粉及び米粉製品の輸出額目
　　　標の達成に向けて、輸出ターゲット国・
　　　地域である香港、アメリカ、中国、シン
　　　ガポールを中心とする輸出拡大が見込ま
　　　れる国・地域での海外需要開拓・プロモ
　　　ーションや海外規制に対応する取組に対
　　　して支援するとともに、大ロットで輸出
　　　用米の生産・供給に取り組む産地の育成
　　　等の取組を推進しました。

（エ）米の消費拡大
　　　業界による主体的取組を応援する運動
　　　「やっぱりごはんでしょ！」の実施や米
　　　消費拡大の機運を盛り上げる動画を投稿
　　　する「ご炊こうチャレンジ」への参加、
　　　「米と健康」に着目した情報発信など、
　　　新たな需要の取り込みを進めました。
イ　麦・大豆
　　　国産麦・大豆については、「麦・大豆増産
　　　プロジェクト」における検討結果を踏ま
　　　え、作付けの団地化の推進や営農技術の導入
　　　を通じた産地の生産体制の強化・生産の効
　　　率化や、実需の求める量・品質・価格の安
　　　定に向けた取組を支援しました。
ウ　高収益作物への転換
　　　「水田農業高収益化推進計画」に基づき、
　　　国のみならず地方公共団体等の関係部局
　　　が連携し、水田における高収益作物への転
　　　換、水田の畑地化・汎用化のための基盤整
　　　備、栽培技術や機械・施設の導入、販路確
　　　保等の取組を計画的かつ一体的に推進し
　　　ました。
エ　米粉用米・飼料用米
　　　生産と実需の複数年契約による長期安
　　　定的な取引の拡大を推進するとともに、
　　　「米穀の新用途への利用の促進に関する
　　　法律」（平成21年法律第25号）に基づき、米
　　　粉用米、飼料用米の生産・利用拡大や必要
　　　な機械・施設の整備等を総合的に支援しま
　　　した。
（ア）米粉用米
　　　国産米粉の優位性の情報発信等の需要
　　　拡大に向けた取組の推進や、米粉用米生
　　　産者と米粉製造事業者とのマッチングを
　　　目的とした情報交換会を開催し生産と実
　　　需の複数年契約による長期安定的な取引
　　　の拡大等を推進するとともに、ノングル
　　　テン米粉の製造工程管理JASの普及を推
　　　進しました。
（イ）飼料用米
　　　地域に応じた省力・多収栽培技術の確
　　　立・普及を通じた生産コストの低減やバ

ラ出荷による流通コストの低減に向けた取組を支援しました。また、飼料用米を活用した豚肉、鶏卵等のブランド化を推進するための付加価値向上等に向けた新たな取組や、生産と実需の複数年契約による長期安定的な取引の拡大等を推進しました。

オ　米・麦・大豆等の流通

　　「農業競争力強化支援法」（平成29年法律第35号）等に基づき、流通・加工業界の再編に係る取組の支援等を実施しました。また、物流合理化を進めるため、生産者や関係事業者等と協議を行い、課題を特定し、それらの課題解決に取り組みました。特に米については、玄米輸送のフレキシブルコンテナバッグ利用の推進、精米物流の合理化に向けた商慣行の見直し等による「ホワイト物流」推進運動に取り組みました。

（4）農業生産工程管理の推進と効果的な農作業安全対策の展開

ア　農業生産工程管理の推進

　　農産物においては、令和12（2030）年までにほぼ全ての国内の産地における国際水準のGAPが実施されるよう、現場での効果的な指導方法の確立や産地単位での導入を推進するため、この実現に向けた具体的な方策として、令和4（2022）年3月に「我が国における国際水準GAPの推進方策」を策定しました。

　　畜産物においては、JGAP家畜・畜産物やGLOBALG.A.P.の認証取得の拡大を図りました。

　　また、農業高校や農業大学校等における教育カリキュラムの強化等により、農業教育機関におけるGAPに関する教育の充実を図りました。

イ　農作業等安全対策の展開

（ア）都道府県段階、市町村段階の関係機関が参画した推進体制を整備するとともに、農業機械作業に係る死亡事故が全体の7割を占めていることを踏まえ、以下の取組を強化しました。

a　乗用型トラクターについて、安全フレーム及びシートベルトの装備や作業機を付けた状態での公道走行に必要な灯火器等の装備の促進

b　乗用型トラクター乗車時におけるシートベルト・ヘルメットの着用の促進

c　農業機械の定期的な点検・整備の励行

（イ）都道府県、農機メーカーや農機販売店等を通じた事故情報の収集を強化するとともに、その分析を通じた農業機械の安全設計の促進等を図りました。

（ウ）GAPの団体認証取得による農作業事故等産地リスクの低減効果の実証を行うとともに、暑熱対策の実践を通じた熱中症対策の推進、労災保険特別加入団体の設置と農業者の加入促進を図りました。

（エ）農林水産業・食品産業の作業安全対策について、「農林水産業・食品産業の作業安全のための規範」も活用し、効果的な作業安全対策の検討や普及、関係者の意識啓発のための取組を実施しました。

（5）良質かつ低廉な農業資材の供給や農産物の生産・流通・加工の合理化

ア　「農業競争力強化プログラム」（平成28（2016）年11月策定）及び「農業競争力強化支援法」に基づき、良質で低価格な資材の供給拡大や農産物流通等の合理化に向けて生産性が低い肥料等の製造事業者や小規模で後継者不足が顕在化している卸売・小売事業者、農産物流通等の合理化の実現に資する流通等事業者の再編、スマート農業技術の普及が期待される農業機械の製造事業者等の参入を促進しました。

イ　農産物検査規格の見直しに向け「農産物検査規格・米穀の取引に関する検討会」において、検討を進め、令和3（2021）年5月に取りまとめを公表しました。

　　また、検討会において結論が得られた以下の項目について実務的・技術的な整理を進め、農産物検査規格を改正しました。

（ア）機械鑑定を前提とした農産物検査規格の策定

（イ）サンプリング方法の見直し

（ウ）農産物検査証明における「皆掛重量」
　　　の廃止

（エ）銘柄の検査方法等の見直し

（オ）スマートフードチェーンとこれを活用
　　　したJAS規格の制定

（カ）荷造り・包装規格の見直し

ウ　燃油価格高騰等への対応として、以下の
　取組を推進しました。

（ア）燃油価格高騰の状況を踏まえ、施設園
　　　芸セーフティネット構築事業について
　　　は、できるだけ多くの農業者が加入でき
　　　るよう、追加公募や募集期間の延長を行
　　　いました。

（イ）ロシアによるウクライナ侵略などによ
　　　り世界の原油需給や価格が大きな影響
　　　を受けたことから、原油価格高騰に対す
　　　る緊急対策として、施設園芸等燃油価格
　　　高騰対策の積立水準の上限引上げ、省エ
　　　ネ機器の導入における支援枠の拡充等
　　　を措置しました。

7　情報通信技術等の活用による農業生産・流
　通現場のイノベーションの促進

（1）スマート農業の加速化など農業現場での
　　デジタル技術の利活用の推進

ア　ロボット、AI、IoT等の先端技術を活用し
　たスマート農業の生産現場における実証
　に取り組み、これまでに開発された先端技
　術の社会実装を推進しました。実証に当た
　っては、輸出重点品目の産地強化やシェア
　リング等の新たな農業支援サービス等の
　テーマを設定しました。

イ　農機メーカー、金融、保険等民間企業が
　参画したプラットフォームにおいて、農機
　のリース・シェアリングやドローン操作の
　代行サービスなど新たな農業支援サービ
　スの創出が進むよう、業者間の情報共有や
　マッチングなどを進めました。

ウ　現場実装に際して安全上の課題解決が
　必要なロボット技術の安全性の検証や安
　全性確保策の検討に取り組みました。

エ　関係府省協力の下、大学や民間企業等と
　連携して、生産部分だけでなく、加工・流
　通・消費に至るデータ連携を可能とするス
　マートフードチェーンの研究開発に取り
　組みました。また、オープンAPI整備・活用
　に必要となるルールづくりへの支援や、生
　育・出荷等の予測モデルの開発・実装によ
　りデータ活用を推進しました。

オ　「スマート農業推進総合パッケージ」（令
　和3（2021）年2月改訂）を踏まえ、関係
　者協力の下、スマート農業の様々な課題の
　解決や加速化に必要な施策を総合的に展
　開しました。

カ　営農データの分析支援など農業支援サ
　ービスを提供する企業が活躍できる環境
　整備や、農産物のサプライチェーンにおけ
　るデータ・物流のデジタル化、農村地域の
　多様なビジネス創出等を推進しました。

（2）農業施策の展開におけるデジタル化の推
　　進

ア　農業現場と農林水産省が切れ目なくつ
　ながり、行政手続に係る農業者等の負担を
　大幅に軽減し、経営に集中できるよう、法
　令や補助金等の手続をオンラインででき
　る農林水産省共通申請サービス（eMAFF）
　の構築や、これと併せて徹底した行政手続
　の簡素化の促進を行い、農林水産省が所管
　する3千超の行政手続について、2千を超
　える行政手続のオンライン化を実現しま
　した。

イ　農業者向けスマートフォンアプリ
　（MAFFアプリ）のeMAFF等との連動を進
　め、個々の農業者の属性・関心に応じた営
　農・政策情報を提供しました。

ウ　eMAFFの利用を進めながら、デジタル地
　図を活用して、農地台帳、水田台帳等の農
　地の現場情報を統合し、農地の利用状況の
　現地確認等の抜本的な効率化・省力化を図
　るための「農林水産省地理情報共通管理シ
　ステム（eMAFF地図）」の開発を進めまし
　た。

エ　「農業DX構想」（令和3（2021）年3月

取りまとめ）に基づき、農業DXの実現に向けて、農業・食関連産業の「現場」、農林水産省の「行政実務」及び現場と農林水産省をつなぐ「基盤」の整備に関する39の多様なプロジェクトを推進しました。

（3）イノベーション創出・技術開発の推進

国主導で実施すべき重要な研究分野について、戦略的な研究開発を推進するとともに、異分野のアイデア・技術等を農林水産・食品分野に導入し、革新的な技術・商品・サービスを生み出す研究を支援しました。

ア　研究開発の推進

（ア）令和3（2021）年6月に、研究開発の重点事項や目標を定める「農林水産研究イノベーション戦略2021」を策定するとともに、内閣府の「戦略的イノベーション創造プログラム（SIP）」や「官民研究開発投資拡大プログラム（PRISM）」等も活用して研究開発を推進しました。

（イ）総合科学技術・イノベーション会議が決定したムーンショット目標5「2050年までに、未利用の生物機能等のフル活用により、地球規模でムリ・ムダのない持続的な食料供給産業を創出」を実現するため、困難だが実現すれば大きなインパクトが期待される挑戦的な研究開発（ムーンショット型研究開発）を推進しました。

（ウ）Society5.0の実現に向け、産学官と農業の生産現場が一体となって、オープンイノベーションを促進するとともに、人材・知・資金が循環するよう農林水産業分野での更なるイノベーション創出を計画的・戦略的に推進しました。

イ　国際農林水産業研究の推進

国立研究開発法人農業・食品産業技術総合研究機構及び国立研究開発法人国際農林水産業研究センターにおける海外研究機関等との積極的なMOU（研究協定覚書）の締結や拠点整備の取組を支援しました。また、海外の農業研究機関や国際農業研究機関の優れた知見や技術を活用し、戦略的に国際共同研究を実施しました。

ウ　科学に基づく食品安全、動物衛生、植物防疫等の施策に必要な研究の更なる推進

（ア）令和3（2021）年4月に「安全な農畜水産物の安定供給のためのレギュラトリーサイエンス研究推進計画」を策定し、取り組むべき調査研究の内容や課題を明確化しました。また、所管法人、大学、民間企業、関係学会等への情報提供や意見交換のためのネットワーク（J-FSAN）を同年5月に新たに構築し、研究者の認識や理解の醸成とレギュラトリーサイエンスに属する研究の拡大を促進しました。

（イ）研究開発部局と規制担当部局とが連携して食品中の危害要因の分析及び低減技術の開発、家畜の伝染性疾病を防除・低減する技術や資材の開発、植物の病害虫等侵入及びまん延防止のための検査技術の開発や防除体系の確立等、リスク管理に必要な調査研究を推進しました。

（ウ）レギュラトリーサイエンスに属する研究事業の成果を国民に分かりやすい形で公表しました。また、行政施策・措置とその検討・判断に活用された科学的根拠となる研究成果を紹介する機会を設け、レギュラトリーサイエンスへの理解の醸成を推進しました。

エ　戦略的な研究開発を推進するための環境整備

（ア）「農林水産研究における知的財産に関する方針」（平成28（2016）年2月策定）を踏まえ、農林水産業・食品産業に関する研究に取り組む国立研究開発法人や都道府県の公設試験場等における知的財産マネジメントの強化を図るため、専門家による指導・助言等を行いました。また、国際標準化に係る助言やセミナー、マニュアル整備等を実施しました。

（イ）締約国としてITPGRの運営に必要な資金拠出を行うとともに、遺伝資源保有国

における制度等の調査、遺伝資源の取得・利用に関する手続・実績の確立とその活用に向けた周知活動等を実施しました。

（ウ）最先端技術の研究開発及び実用化に向けて、国民への分かりやすい情報発信、意見交換を行い、国民に受け入れられる環境づくりを進めました。特に、ゲノム編集技術等の育種利用については、より理解が深まるような方策を取り入れながらサイエンスコミュニケーション等の取組を実施しました。

オ　開発技術の迅速な普及・定着

（ア）「橋渡し」機能の強化

a　異分野のアイデア・技術等を農林水産・食品分野に導入し、イノベーションにつながる革新的な技術の実用化に向けて、基礎から実用化段階までの研究開発を切れ目なく推進しました。また、創出された成果について海外で展開する際の市場調査や現地における開発、実証試験を支援しました。

b　大学、民間企業等の地域の関係者による技術開発から改良、開発実証試験までの取組を切れ目なく支援しました。

c　農林水産・食品分野において、サービス事業体の創出やフードテック等の新たな技術の事業化を目指すスタートアップが行う研究開発等を切れ目なく支援しました。

d　「知」の集積と活用の場の産学官連携協議会において、ポスターセッション、セミナー等を開催し、技術シーズ・ニーズに関する情報交換、意見交換を行うとともに、研究成果の海外展開を支援しました。

e　研究成果の展示会、相談会・商談会等により、研究機関、生産者、社会実装の担い手等が行うイノベーション創出に向けて、技術交流を推進しました。

f　全国に配置されたコーディネーターが、技術開発ニーズ等を収集するとともに、

マッチング支援や商品化・事業化に向けた支援等を行い、研究の企画段階から産学が密接に連携し、早期に成果を実現できるよう支援しました。

g　農業技術に関する近年の研究成果のうち、生産現場への導入が期待されるものを「最新農業技術・品種」として紹介しました。

（イ）効果的・効率的な技術・知識の普及指導

国と都道府県が協同して、高度な技術・知識を持つ普及指導員を設置し、普及指導員が試験研究機関や民間企業等と連携して直接農業者に接して行う技術・経営指導等を推進しました。具体的には、普及指導員による新技術や新品種の導入等に係る地域の合意形成、新規就農者の支援、地球温暖化及び自然災害への対応等、公的機関が担うべき分野についての取組を強化しました。また、計画的に研修等を実施し、普及指導員の資質向上を推進しました。

8　気候変動への対応等環境政策の推進

食料・農林水産業の生産力向上と持続性の両立をイノベーションで実現させるため、中長期的な観点から戦略的に取り組む新たな政策方針として令和3（2021）年5月に「みどりの食料システム戦略」を策定し、各種政府方針等に反映するとともに、アジアモンスーン地域の持続的な食料システムの取組モデルとして、同年9月に開催された国連食料システムサミット等において本戦略について発信しました。

また、戦略を強力に推進するため、補正予算においてみどりの食料システム戦略緊急対策事業等に必要な予算を措置しました。

（1）気候変動に対する緩和・適応策の推進

ア　令和3（2021）年10月に「農林水産省地球温暖化対策計画」を改定するとともに、同計画に基づき、農林水産分野における地球温暖化対策技術の開発、マニュアル等を

活用した省エネ型の生産管理の普及・啓発や省エネ設備の導入等による施設園芸の省エネルギー対策、施肥の適正化を推進しました。

イ 農地からのGHGの排出・吸収量の国連への報告に必要な農地土壌中の炭素量等のデータを収集する調査を行いました。また、家畜由来のGHG排出量の国連への報告の算出に必要な消化管由来のメタン量等のデータを収集する調査を行いました。

ウ 環境保全型農業直接支払制度により、堆肥の施用やカバークロップ等、地球温暖化防止等に効果の高い営農活動に対して支援しました。また、バイオ炭の農地施用に伴う影響評価、炭素貯留効果と土壌改良効果を併せ持つバイオ炭資材の開発等に取り組みました。

エ バイオマスの変換・利用施設等の整備等を支援し、農山漁村地域におけるバイオマス等の再生可能エネルギーの利用を推進しました。

オ 廃棄物系バイオマスの利活用については、「廃棄物処理施設整備計画」（平成30（2018）年6月閣議決定）に基づく施設整備を推進するとともに、市町村等における生ごみのメタン化等の活用方策の導入検討を支援しました。

カ 国際連携の下、各国の水田におけるGHG排出削減を実現する総合的栽培管理技術及び農産廃棄物を有効活用したGHG排出削減に関する影響評価手法の開発を推進しました。

キ 食品関連事業者のTCFD提言に基づく気候リスク・機会に関する情報開示のための手引の作成、農林漁業関係の脱炭素技術紹介資料の作成、温室効果ガスの削減効果を把握するための簡易算定ツールの作成等を実施し、フードサプライチェーンにおける脱炭素化の実践とその見える化を推進しました。

ク 令和3（2021）年10月に、「農林水産省気候変動適応計画」を改定し、以下の取組を実施しました。

（ア）中長期的な視点に立った我が国の農林水産業に与える気候変動の影響評価や適応技術の開発を行うとともに、各国の研究機関等との連携により気候変動適応技術の開発を推進しました。

（イ）農業者等自らが気候変動に対するリスクマネジメントを行う際の参考となる手引（農業生産における気候変動適応ガイド）を、都道府県普及指導員等を通じて、農業者への普及啓発に努めました。

（ウ）地方公共団体による農林水産分野の地域気候変動適応計画の策定及び適応策の実践を推進するために、科学的知見等の情報提供、農林漁業関係者とのコミュニケーション等を支援しました。

ケ 科学的なエビデンスに基づいた緩和策の導入・拡大に向けて、研究者、農業者、自治体等の連携による技術の開発・最適化を推進するとともに、農業者等の地球温暖化適応行動・温室効果ガス削減行動を促進するための政策措置に関する研究を実施しました。

コ 国連気候変動枠組条約等の地球環境問題に係る国際会議に参画し、農林水産分野における国際的な地球環境問題に対する取組を推進しました。また、国連気候変動枠組条約第26回締約国会議（COP26）において立ち上げられた新たな国際イニシアティブである「グローバル・メタン・プレッジ」に参加しました。

（2）生物多様性の保全及び利用

ア 「農林水産省生物多様性戦略」（平成24（2012）年2月改定）に基づき、田園地域や里地・里山の保全・管理を推進しました。

イ 国連生物多様性条約第15回締約国会議（COP15）でポスト2020生物多様性枠組が採択されることを見据えて「農林水産省生物多様性戦略」を改定するため、有識者検討会を開催しました。

ウ 企業等による生物多様性保全活動への支援等について取りまとめた農林漁業者

及び企業等向け手引・パンフレット並びにエコツーリズム、森林ボランティア、藻場の再生等の普及・啓発資料を活用し、農林水産分野における生物多様性保全活動を推進しました。

エ　環境保全型農業直接支払制度により、有機農業や冬期湛水管理等、生物多様性保全等に効果の高い営農活動に対して支援しました。

オ　遺伝子組換え農作物に関する取組として、「遺伝子組換え生物等の使用等の規制による生物の多様性の確保に関する法律」（平成15年法律第97号）に基づき、生物多様性に及ぼす影響についての科学的な評価、生態系への影響の監視等を継続し、栽培用種苗を対象に輸入時のモニタリング検査を行うとともに、特定の生産地及び植物種について、輸入者に対し輸入に先立つ届出や検査を義務付ける「生物検査」を実施しました。

カ　締約国としてITPGRの運営に必要な資金拠出を行うとともに、遺伝資源保有国における制度等の調査、遺伝資源の取得・利用に関する手続・実績の確立とその活用に向けた周知活動等を実施しました。

（3）有機農業の更なる推進

ア　有機農業指導員の育成や新たに有機農業に取り組む農業者の技術習得等による人材育成、オーガニックビジネス実践拠点づくり等による産地づくりを推進しました。

イ　流通・加工・小売事業者等と連携した需要喚起の取組を支援し、バリューチェーンの構築を進めました。

ウ　耕作放棄地等を活用した農地の確保とともに、有機農業を活かして地域振興につなげている市町村等のネットワークづくりを進めました。

エ　有機JAS認証の取得を支援するとともに、諸外国との有機同等性の取得等を推進しました。また、有機JASについて、消費者がより合理的な選択ができるよう必要な見直しを行いました。

（4）土づくりの推進

ア　都道府県の土壌調査結果の共有を進めるとともに、堆肥等の活用を促進しました。また、収量向上効果を含めた土壌診断データベースの構築に向けて、都道府県とともに、土壌専門家を活用しつつ、農業生産現場における土壌診断の取組と診断結果のデータベース化の取組を推進するとともに、ドローン等を用いた簡便かつ広域的な診断手法や土壌診断の新たな評価軸としての生物性評価手法の検証・評価を推進しました。

イ　「家畜排せつ物の管理の適正化及び利用の促進に関する法律」（平成11年法律第112号）の趣旨を踏まえ、家畜排せつ物の適正な管理に加え、ペレット化や化学肥料との配合等による堆肥の高品質化等を推進しました。

（5）農業分野におけるプラスチックごみ問題への対応

施設園芸及び畜産における廃プラスチック対策の推進、生分解性マルチ導入の推進、プラスチックを使用した被覆肥料の実態調査を行いました。

（6）農業の自然循環機能の維持増進とコミュニケーション

ア　有機農業を消費者に分かりやすく伝える取組を推進しました。

イ　官民協働のプラットフォームである「あふの環2030プロジェクト〜食と農林水産業のサステナビリティを考える〜」における勉強会・交流会、情報発信や表彰等の活動を通じて、持続可能な生産消費を促進しました。

Ⅳ　農村の振興に関する施策

1　地域資源を活用した所得と雇用機会の確保

（1）中山間地域等の特性を活かした複合経営

等の多様な農業経営の推進

ア　中山間地域等直接支払制度により生産条件の不利を補正しつつ、中山間地農業ルネッサンス事業等により、多様で豊かな農業と美しく活力ある農山村の実現や、地域コミュニティによる農地等の地域資源の維持・継承に向けた取組を総合的に支援しました。

イ　米、野菜、果樹等の作物の栽培や畜産、林業も含めた多様な経営の組合せにより所得を確保する複合経営を推進するため、地域の取組を支援しました。

ウ　地域のニーズに応じて、農業生産を支える水路、圃場等の総合的な基盤整備と生産・販売施設等との一体的な整備を推進しました。

（2）地域資源の発掘・磨き上げと他分野との組合せ等を通じた所得と雇用機会の確保

ア　農村発イノベーションをはじめとした地域資源の高付加価値化の推進

（ア）業務用需要に対応したBtoBの取組の推進、農泊と連携した観光消費の促進等に資する新商品開発、農林水産物の加工・販売施設の整備等の取組を支援しました。

（イ）農林水産業・農山漁村に豊富に存在する資源を活用した革新的な産業の創出に向け、農林漁業者等と異業種の事業者との連携による新技術等の研究開発成果の利用を促進するための導入実証や試作品の製造・評価等の取組を支援しました。

（ウ）農林漁業者と中小企業者が有機的に連携して行う新商品・新サービスの開発や販路開拓等に係る取組を支援しました。

（エ）「農村発イノベーション」（活用可能な農村の地域資源を発掘し、磨き上げた上で、これまでにない他分野と組み合わせる取組）が進むよう、農村で活動する起業者等が情報交換を通じてビジネスプランの磨き上げが行えるプラットフォームの運営等、多様な人材が農村の地域資源を活用して新たな事業に取り組みやすい環境を整備し、現場の創意工夫を促しました。また、現場発の新たな取組を抽出し、全国で応用できるよう積極的に情報提供しました。

（オ）地域の伝統的農林水産業の継承、地域経済の活性化等につながる世界農業遺産及び日本農業遺産の認知度向上、維持・保全及び新規認定に向けた取組を推進しました。また、歴史的・技術的・社会的価値を有する世界かんがい施設遺産の認知度向上及び新規認定に向けた取組を推進しました。

イ　農泊の推進

（ア）農泊をビジネスとして実施するための体制整備や、地域資源を魅力ある観光コンテンツとして磨き上げるための専門家派遣等の取組、農家民宿や古民家等を活用した滞在施設等の整備の一体的な支援を行うとともに、日本政府観光局（JNTO）等と連携して国内外へのプロモーションを行いました。

（イ）地域の関係者が連携し、地域の幅広い資源を活用し地域の魅力を高めることにより、国内外の観光客が2泊3日以上の滞在交流型観光を行うことができる「観光圏」の整備を促進しました。

（ウ）関係府省が連携し、子供の農山漁村宿泊体験等を推進するとともに、農山漁村を都市部の住民との交流の場等として活用する取組を支援しました。

ウ　ジビエ利活用の拡大

（ア）ジビエ未利用地域への処理加工施設や移動式解体処理車等の整備等の優先的な支援、従来の協議会方式の取組に加え、コンソーシアム方式による、より柔軟な取組への支援、ジビエ利用に適した捕獲・搬入技術を習得した捕獲者及び処理加工現場における人材の育成、ペットフード等の多様な用途での利用、ジビエの全国的な需要拡大のためのプロモーション等の取組を推進しました。

（イ）「野生鳥獣肉の衛生管理に関する指針
　　　（ガイドライン）」（平成26（2014）年11
　　　月策定）の遵守による野生鳥獣肉の安全
　　　性確保、国産ジビエ認証制度等の普及を
　　　推進しました。
エ　農福連携の推進
　　　「農福連携等推進ビジョン」（令和元
　　（2019）年6月策定）に基づき、農福・林
　　福・水福連携の一層の推進に向け、障害者
　　等の農林水産業に関する技術習得、障害者
　　等の雇用・就労に配慮した生産・加工・販
　　売施設の整備、全国的な展開に向けた普及
　　啓発、現場の課題に即した都道府県の取組
　　等を支援しました。また、障害者の農業分
　　野での定着を支援する専門人材である「農
　　福連携技術支援者」の育成のための研修を
　　実施しました。
オ　農村への農業関連産業の導入等
（ア）「農村地域への産業の導入の促進等に
　　　関する法律」（昭和46年法律第112号）、
　　　「地域経済牽引事業の促進による地域
　　　の成長発展の基盤強化に関する法律」
　　　（平成19年法律第40号）を活用した農村
　　　への産業の立地・導入を促進するため、
　　　これらの法律による基本計画等の策定
　　　や税制等の支援施策の積極的な活用を
　　　推進しました。
（イ）農村で活動する起業者等が情報交換を
　　　通じてビジネスプランを磨き上げるこ
　　　とができるプラットフォームの運営等、
　　　多様な人材が農村の地域資源を活用し
　　　て新たな事業に取り組みやすい環境の
　　　整備等により、現場の創意工夫を促進し
　　　ました。
（ウ）健康、観光等の多様な分野で森林空間
　　　を活用して、新たな雇用と収入機会を確
　　　保する「森林サービス産業」の創出・推
　　　進に向けた活動を支援しました。
（3）地域経済循環の拡大
ア　バイオマス・再生可能エネルギーの導入、
　　地域内活用
（ア）バイオマスを基軸とする新たな産業の

振興
a　「バイオマス活用推進基本計画」（平成
　　28（2016）年9月閣議決定）に基づき、
　　素材、熱、電気、燃料等への変換技術を
　　活用し、より経済的な価値の高い製品等
　　を生み出す高度利用等の取組を推進しま
　　した。また、関係府省の連携の下、地域
　　のバイオマスを活用した産業化を推進し、
　　地域循環型の再生可能エネルギーの強化
　　と環境に優しく災害に強いまち・むらづ
　　くりを目指すバイオマス産業都市の構築
　　に向けた取組を支援しました。
b　バイオマスの効率的な利用システムの
　　構築を進めることとし、以下の取組を実
　　施しました。
（a）「農林漁業有機物資源のバイオ燃料
　　　の原材料としての利用の促進に関する
　　　法律」（平成20年法律第45号）に基づ
　　　く事業計画の認定を行い支援しました。
（b）家畜排せつ物等の畜産バイオマスを
　　　活用し、エネルギーの地産地消を推進
　　　するため、バイオガスプラントの導入
　　　を支援しました。
（c）バイオマスである下水汚泥等の利活
　　　用を図り、下水汚泥等のエネルギー利
　　　用、リン回収・利用等を推進しました。
（d）バイオマス由来の新素材開発を推進
　　　しました。
（イ）農村における地域が主体となった再生
　　　可能エネルギーの生産・利用
a　「農林漁業の健全な発展と調和のとれ
　　た再生可能エネルギー電気の発電の促進
　　に関する法律」（平成25年法律第81号）を
　　積極的に活用し、農林地等の利用調整を
　　適切に行いつつ、再生可能エネルギーの
　　導入と併せて、地域農林漁業の健全な発
　　展に資する取組や農山漁村における再生
　　可能エネルギーの地産地消の取組を促進
　　しました。
b　農山漁村における再生可能エネルギー
　　の導入等に向けた相談対応、地域内活用
　　の体制構築に関する取組、営農型太陽光

発電の電気を農業に活用する取組、小水
力等発電施設の調査設計・施設整備等の
取組を支援しました。

イ　農畜産物や加工品の地域内消費

　学校給食等の食材として地場産農林水
産物を安定的に生産・供給する体制の構築
やメニュー開発等の取組を支援するとと
もに、農産物直売所の運営体制強化のため
の検討会の開催及び観光需要向けの商品
開発や農林水産物の加工・販売のための機
械・施設等の整備を支援しました。

ウ　農村におけるSDGsの達成に向けた取組
の推進

（ア）農山漁村の豊富な資源をバイオマス発
電や小水力発電等の再生可能エネルギ
ーとして活用し、農林漁業経営の改善や
地域への利益還元を進め、農山漁村の活
性化に資する取組を推進しました。

（イ）市町村が中心となって、地域産業、地
域住民が参画し、担い手確保から発電・
熱利用に至るまで、低コスト化や森林関
係者への利益還元を図る「地域内エコシ
ステム」の構築に向け、技術者の現地派
遣や相談対応等の技術的サポートを行
う体制の確立、関係者による協議会の運
営、小規模な技術開発等に対する支援を
行いました。

（ウ）農村におけるSDGsの達成に向けた取
組事例を普及することにより、環境と調
和した活動に取り組む地方公共団体や
企業等の連携を強化しました。

（4）多様な機能を有する都市農業の推進

　都市住民の理解の促進を図りつつ、都市
農業の振興に向けた取組を推進しました。

　また、都市農地の貸借の円滑化に関する
制度が現場で円滑かつ適切に活用される
よう、農地所有者と都市農業者、新規就農
者等の多様な主体とのマッチング体制の
構築を促進しました。

　さらに、計画的な都市農地の保全を図る
生産緑地、田園住居地域等の積極的な活用
を促進しました。

2　中山間地域等をはじめとする農村に人が
住み続けるための条件整備

（1）地域コミュニティ機能の維持や強化

ア　世代を超えた人々による地域のビジョ
ンづくり

　中山間地域等直接支払制度の活用によ
り農用地や集落の将来像の明確化を支援
するほか、農村が持つ豊かな自然や食を活
用した地域の活動計画づくり等を支援し
ました。

　また、地域で共同した耕作・維持活動に
加え、放牧や飼料生産等、少子高齢化・人
口減少にも対応した多様な農地利用方策
とそれを実施する仕組みについて、有識者
から成る検討会において総合的に検討し
ました。

イ　「小さな拠点」の形成の推進

（ア）生活サービス機能等を基幹集落へ集約
した「小さな拠点」の形成に資する地域
の活動計画づくりや実証活動を支援し
ました。また、農産物販売施設、廃校施
設等、特定の機能を果たすために設置さ
れた施設を多機能化（地域づくり、農業
振興、観光、文化、福祉、防犯等）し、
地域活性化の拠点等として活用してい
くための支援の在り方を検討しました。

（イ）地域の実情を踏まえつつ、小学校区等
複数の集落が集まる地域において、生活
サービス機能等を集約・確保し、周辺集
落との間をネットワークで結ぶ「小さな
拠点」の形成に向けた取組を推進しまし
た。

ウ　地域コミュニティ機能の形成のための
場づくり

　公民館がNPO法人や企業、農業協同組合
等多様な主体と連携して地域の人材の育
成・活用や地域活性化を図るための取組を
推進しました。

（2）多面的機能の発揮の促進

　日本型直接支払制度（多面的機能支払制
度、中山間地域等直接支払制度、環境保全

型農業直接支払制度)、森林・山村多面的機能発揮対策を推進しました。

ア　多面的機能支払制度

（ア）地域共同で行う、農業・農村の有する多面的機能を支える活動、地域資源（農地、水路、農道等）の質的向上を図る活動を支援しました。

（イ）農村地域の高齢化等に伴い集落機能が一層低下する中、広域化や土地改良区との連携による活動組織の体制強化と事務の簡素化・効率化を進めました。

イ　中山間地域等直接支払制度

（ア）条件不利地域において、中山間地域等直接支払制度に基づく直接支払を実施しました。

（イ）棚田地域における振興活動や集落の地域運営機能の強化等、将来に向けた活動を支援しました。

ウ　環境保全型農業直接支払制度

　　化学肥料・化学合成農薬の使用を原則5割以上低減する取組と併せて行う地球温暖化防止や生物多様性保全等に効果の高い営農活動に対して支援しました。

エ　森林・山村多面的機能発揮対策

　　地域住民等が集落周辺の里山林において行う、中山間地域における農地等の維持保全にも資する森林の保全管理活動等を推進しました。

（3）生活インフラ等の確保

ア　住居、情報基盤、交通等の生活インフラ等の確保

（ア）住居等の生活環境の整備

　a　住居・宅地等の整備

（a）高齢化や人口減少が進行する農村において、農業・生活関連施設の再編・整備を推進しました。

（b）農山漁村における定住や都市と農山漁村の二地域居住を促進する観点から、関係府省が連携しつつ、計画的な生活環境の整備を推進しました。

（c）優良田園住宅による良質な住宅・宅地供給を促進し、質の高い居住環境整

備を推進しました。

（d）地方定住促進に資する地域優良賃貸住宅の供給を促進しました。

（e）「地域再生法」（平成17年法律第24号）に基づき、「農地付き空き家」に関する情報提供や取得の円滑化を推進しました。

（f）都市計画区域の定めのない町村において、スポーツ、文化、地域交流活動の拠点となり、生活環境の改善を図る特定地区公園の整備を推進しました。

b　汚水処理施設の整備

（a）地方創生等の取組を支援する観点から、地方公共団体が策定する「地域再生計画」に基づき、関係府省が連携して道路及び汚水処理施設の整備を効率的・効果的に推進しました。

（b）下水道、農業集落排水施設、浄化槽等について、未整備地域の整備とともに、より一層の効率的な汚水処理施設整備のために、社会情勢の変化を踏まえた都道府県構想の見直しの取組について、関係府省が密接に連携して支援しました。

（c）下水道及び農業集落排水施設においては、既存施設について、維持管理の効率化や長寿命化・老朽化対策を進めるため、地方公共団体による機能診断等の取組や更新整備を支援しました。

（d）農業集落排水施設と下水道との連携等による施設の再編や、農業集落排水施設と浄化槽との一体的な整備を推進しました。

（e）農村地域における適切な資源循環を確保するため、農業集落排水施設から発生する汚泥と処理水の循環利用を推進しました。

（f）下水道を含む汚水処理の広域化・共同化に係る計画策定から施設整備まで総合的に支援する下水道広域化推進総合事業や従来の技術基準にとらわれず地域の実情に応じた低コスト、早期か

つ機動的な整備が可能な新たな整備手法の導入を図る「下水道クイックプロジェクト」等により、効率的な汚水処理施設の整備を推進しました。

（g）地方部において、より効率的な汚水処理施設である浄化槽の整備を推進しました。特に、循環型社会・低炭素社会・自然共生社会の同時実現を図るとともに、環境配慮型の浄化槽（省エネルギータイプに更なる環境性能を追加した浄化槽）整備や、公的施設に設置されている単独処理浄化槽の集中的な転換を推進しました。

（イ）情報通信環境の整備

高度情報通信ネットワーク社会の実現に向けて、河川、道路、下水道において公共施設管理の高度化を図るため、光ファイバ及びその収容空間を整備するとともに、施設管理に支障のない範囲で国の管理する河川・道路管理用光ファイバやその収容空間の開放を推進しました。

（ウ）交通の整備

a　交通事故の防止、交通の円滑化を確保するため、歩道の整備や交差点改良等を推進しました。

b　生活の利便性向上や地域交流に必要な道路、都市まで安全かつ快適な移動を確保するための道路の整備を推進しました。

c　日常生活の基盤としての市町村道から国土構造の骨格を形成する高規格幹線道路に至る道路ネットワークの強化を推進しました。

d　多様な関係者の連携により、地方バス路線、離島航路・航空路等の生活交通の確保・維持を図るとともに、バリアフリー化や地域鉄道の安全性向上に資する設備の整備等、快適で安全な公共交通の構築に向けた取組を支援しました。

e　地域住民の日常生活に不可欠な交通サービスの維持・活性化、輸送の安定性の確保等のため、島しょ部等における港湾整備を推進しました。

f　農産物の海上輸送の効率化を図るため、船舶の大型化等に対応した複合一貫輸送ターミナルの整備を推進しました。

g　「道の駅」の整備により、休憩施設と地域振興施設を一体的に整備し、地域の情報発信と連携・交流の拠点形成を支援しました。

h　食料品の購入や飲食に不便や苦労を感じる「食料品アクセス問題」に対する市町村独自の取組や民間事業者と連携した取組を推進しました。

（エ）教育活動の充実

地域コミュニティの核としての学校の役割を重視しつつ、地方公共団体における学校規模の適正化や小規模校の活性化等に関する更なる検討を促すとともに、各市町村における検討に資する「公立小学校・中学校の適正規模・適正配置等に関する手引」の更なる周知、優れた先行事例の普及等による取組モデルの横展開等、活力ある学校づくりに向けたきめ細やかな取組を推進しました。

（オ）医療・福祉等のサービスの充実

a　「第7次医療計画」に基づき、へき地診療所等による住民への医療提供等農村を含めたへき地における医療の確保を推進しました。

b　介護・福祉サービスについて、地域密着型サービス拠点等の整備等を推進しました。

（カ）安全な生活の確保

a　山腹崩壊、土石流等の山地災害を防止するための治山施設の整備や、流木被害の軽減・防止を図るための流木捕捉式治山ダムの設置、農地等を飛砂害や風害、潮害から守るなど重要な役割を果たす海岸防災林の整備等を通じて地域住民の生命・財産及び生活環境の保全を図りました。これらの施策の実施に当たっては、流域治水の取組との連携を図りました。

b　治山施設の設置等のハード対策と併せて、地域における避難体制の整備等の取

組と連携して、山地災害危険地区を地図情報として住民に提供するなどのソフト対策を推進しました。

c 高齢者や障害者等の自力避難の困難な者が入居する要配慮者利用施設に隣接する山地災害危険地区等において治山事業を計画的に実施しました。

d 激甚な水害の発生や床上浸水の頻発により、国民生活に大きな支障が生じた地域等において、被害の防止・軽減を目的として、治水事業を実施しました。

e 市町村役場、重要交通網、ライフライン施設等が存在する土砂災害の発生のおそれのある箇所において、砂防堰堤等の土砂災害防止施設の整備や警戒避難体制の充実・強化等、ハード・ソフト一体となった総合的な土砂災害対策を推進しました。また、近年、死者を出すなど甚大な土砂災害が発生した地域の再度災害防止対策を推進しました。

f 南海トラフ地震や首都直下地震等による被害の発生及び拡大、経済活動への甚大な影響の発生等に備え、防災拠点、重要交通網、避難路等に影響を及ぼすほか、孤立集落発生の要因となり得る土砂災害の発生のおそれのある箇所において、土砂災害防止施設の整備を戦略的に推進しました。

g 「土砂災害警戒区域等における土砂災害防止対策の推進に関する法律」（平成12年法律第57号）に基づき、土砂災害警戒区域等の指定を促進し、土砂災害のおそれのある区域についての危険の周知、警戒避難体制の整備及び特定開発行為の制限を実施しました。

h 農地災害等を防止するため、農業水利施設の改修等のハード対策に加え、防災情報を関係者が共有するシステムの整備、減災のための指針づくり等のソフト対策を推進し、地域住民の安全な生活の確保を図りました。

i 橋梁の耐震対策、道路斜面や盛土等の防災対策、災害のおそれのある区間を回避する道路整備を推進しました。また、冬期の道路ネットワークを確保するため、道路の除雪、防雪、凍雪害防止を推進しました。

イ 定住条件整備のための総合的な支援

（ア）定住条件が不十分な地域（中山間・離島等）の医療、交通、買物等の生活サービスを強化するため、ICTを活用した定住条件の整備のための取組を支援しました。

（イ）中山間地域等において、必要な地域に対して、農業生産基盤の総合的な整備と農村振興に資する施設の整備を一体的に推進し、定住条件を整備しました。

（ウ）水路等への転落を防止する安全施設の整備等、農業水利施設の安全対策を推進しました。

（4）鳥獣被害対策等の推進

ア 令和3（2021）年9月に施行された改正後の「鳥獣による農林水産業等に係る被害の防止のための特別措置に関する法律」（平成19年法律第134号）に基づき、市町村による被害防止計画の作成及び鳥獣被害対策実施隊の設置・体制強化を推進しました。

イ 関係府省庁が連携・協力し、個体数等の削減に向けて、被害防止対策を推進しました。特にシカ・イノシシについては、令和5（2023）年度までに平成23（2011）年度比で生息頭数を半減させる目標の達成に向けて、関係府省庁等と連携しながら、捕獲の強化を推進しました。

ウ 市町村が作成する被害防止計画に基づく、鳥獣の捕獲体制の整備、捕獲機材の導入、侵入防止柵の設置、鳥獣の捕獲・追払い、緩衝帯の整備を推進しました。

エ 「鳥獣による農林水産業等に係る被害の防止のための特別措置に関する法律の一部を改正する法律」（令和3年法律第71号）が令和3（2021）年6月に成立したことを踏まえ、「鳥獣による農林水産業等に係る

被害の防止のための施策を実施するための基本的な指針」の一部を改正しました。

オ　鳥獣の生息環境にも配慮した森林の整備・保全活動等を推進しました。

カ　東日本大震災や東電福島第一原発事故に伴う捕獲活動の低下による鳥獣被害の拡大を抑制するための侵入防止柵の設置等を推進しました。

キ　鳥獣被害対策のアドバイザーを登録・紹介する取組を推進するとともに、地域における技術指導者の育成を図るため研修を実施しました。

ク　ICT等を活用した効率的なスマート捕獲の技術の開発・普及を推進しました。

3　農村を支える新たな動きや活力の創出
（1）地域を支える体制及び人材づくり
ア　地域運営組織の形成等を通じた地域を持続的に支える体制づくり
（ア）農村型地域運営組織（農村RMO）の形成等を通じた地域を持続的に支える体制づくりを推進しました。
（イ）中山間地域等直接支払制度における集落戦略の推進や加算措置等により、集落協定の広域化や地域づくり団体の設立に資する取組を支援しました。
イ　地域内の人材の育成及び確保
（ア）地域への愛着と共感を持ち、地域住民の思いをくみ取りながら、地域の将来像やそこで暮らす人々の希望の実現に向けてサポートする人材（農村プロデューサー）を養成する取組を推進しました。
（イ）「社会教育士」について、地域の人材や資源等をつなぐ人材としての専門性が適切に評価され、行政やNPO等の各所で活躍するよう、本制度の周知を図りました。
（ウ）地域人口の急減に直面している地域において、「地域人口の急減に対処するための特定地域づくり事業の推進に関する法律」（令和元年法律第64号）の仕組みを活用し、地域内の様々な事業者をマ

ルチワークにより支える人材の確保及びその活躍を推進することにより、地域社会の維持及び地域経済の活性化を図るために、モデルを示しつつ、本制度の周知を図りました。

ウ　関係人口の創出・拡大や関係の深化を通じた地域の支えとなる人材の裾野の拡大
（ア）農山漁村において、就職氷河期世代を含む潜在的就農希望者を対象に農林水産業の体験研修を行うとともに、地域における様々な社会活動にも参加し、農山漁村への理解を深めてもらうことにより、農山漁村に関心を持つ人材を発掘する取組を支援しました。
（イ）関係人口の拡大や関係の深化を通じた地域の支えとなる人材の裾野の拡大を図るための仕組みについて検討を行いました。
（ウ）関係人口の創出・拡大等に取り組む市町村について、新たに地方交付税措置を行いました。
（エ）子供の農山漁村での宿泊による農林漁業体験等を行うための受入環境の整備を行いました。
（オ）居住・就農を含む就労・生活支援等の総合的な情報をワンストップで提供する相談窓口の整備を推進しました。
エ　多様な人材の活躍による地域課題の解決
　　「農泊」をビジネスとして実施する体制を整備するため、地域外の人材の活用に対して支援しました。また、民間事業者と連携し、技術を有する企業や志ある若者等の斬新な発想を取り入れた取組、特色ある農業者や地域課題の把握、対策の検討等を支援する取組等を推進しました。
（2）農村の魅力の発信
ア　副業・兼業などの多様なライフスタイルの提示
　　農村で副業・兼業等の多様なライフスタイルを実現するための支援の在り方について検討しました。また、地方での「お試

し勤務」の受入れを通じて、都市部の企業等のサテライトオフィスの誘致に取り組む地方公共団体を支援しました。

イ　棚田地域の振興と魅力の発信

「棚田地域振興法」（令和元年法律第42号）に基づき、関係府省で連携して棚田の保全と棚田地域の振興を図る地域の取組を総合的に支援しました。

ウ　様々な特色ある地域の魅力の発信

（ア）「「子どもの水辺」再発見プロジェクト」の推進、水辺整備等により、河川における交流活動の活性化を支援しました。

（イ）「歴史的砂防施設の保存活用ガイドライン」（平成15（2003）年5月策定）に基づき、歴史的砂防施設及びその周辺環境一帯において、環境整備を行うなどの取組を推進しました。

（ウ）「エコツーリズム推進法」（平成19年法律第105号）に基づき、エコツーリズム推進全体構想の認定・周知、技術的助言、情報の収集、普及・啓発、広報活動等を総合的に実施しました。

（エ）エコツーリズム推進全体構想の作成、魅力あるプログラムの開発、ガイド等の人材育成等、地域における活動の支援を行いました。

（オ）農用地、水路等の適切な保全管理により、良好な景観形成と生態系保全を推進しました。

（カ）河川においては、湿地の保全・再生や礫河原の再生等、自然再生事業を推進しました。

（キ）河川等に接続する水路との段差解消により水域の連続性の確保、生物の生息・生育環境を整備・改善する魚のすみやすい川づくりを推進しました。

（ク）「景観法」（平成16年法律第110号）に基づく景観農業振興地域整備計画、「地域における歴史的風致の維持及び向上に関する法律」（平成20年法律第40号）に基づく歴史的風致維持向上計画の制

度の活用を通じ、特色ある地域の魅力の発信を推進しました。

（ケ）「文化財保護法」（昭和25年法律第214号）に基づき、農村に継承されてきた民俗文化財に関して、特に重要なものを重要有形民俗文化財や重要無形民俗文化財に指定するとともに、その修理や伝承事業等を支援しました。

（コ）保存及び活用が特に必要とされる民俗文化財について登録有形民俗文化財や登録無形民俗文化財に登録するとともに、保存箱等の修理・新調や解説書等の冊子整備を支援しました。

（サ）棚田や里山等の文化的景観や歴史的集落等の伝統的建造物群のうち、特に重要なものをそれぞれ重要文化的景観、重要伝統的建造物群保存地区として選定し、修理・防災等の保存及び活用に対して支援しました。

（シ）地域の歴史的魅力や特色を通じて我が国の文化・伝統を語るストーリーを「日本遺産」として認定し、コンテンツ制作やガイド育成等に対して必要な支援を行いました。

（3）多面的機能に関する国民の理解の促進等

地域の伝統的農林水産業の継承、地域経済の活性化等につながる世界農業遺産及び日本農業遺産の認知度向上、維持・保全及び新規認定に向けた取組を推進しました。また、令和3（2021）年11月、国内初の世界農業遺産認定の10周年を記念し、「世界農業遺産国際会議2021」を開催しました。さらに、歴史的・技術的・社会的価値を有する世界かんがい施設遺産の認知度向上及び新規認定に向けた取組を推進しました。さらに、農村のポテンシャルを引き出して地域の活性化と所得向上に取り組む優良事例を選定し、全国へ発信することを通じて、国民への理解の促進、普及等を図るとともに、農業の多面的機能の評価に関する調査、研究等を進めました。

4　Ⅳ1～3に沿った施策を継続的に進めるための関係府省で連携した仕組みづくり

　　農村の実態や要望について、農林水産省が直接把握し、関係府省とも連携して課題の解決を図る「農山漁村地域づくりホットライン」（令和2（2020）年12月開設）を運用し、都道府県や市町村、関係府省や民間とともに、課題の解決を図る取組を推進しました。

Ⅴ　東日本大震災からの復旧・復興と大規模自然災害への対応に関する施策

1　東日本大震災からの復旧・復興

　　「「第2期復興・創生期間」以降における東日本大震災からの復興の基本方針」（令和3（2021）年3月改定）等に沿って、以下の取組を推進しました。

（1）地震・津波災害からの復旧・復興

ア　農地等の生産基盤の復旧・整備

（ア）被災した農地、農業用施設等の着実な復旧を進めました。

（イ）福島県（避難区域を除く。）においては、個々の市町村の状況に応じて、災害廃棄物等の処理を進めることが必要であり、災害廃棄物処理代行事業により、市町への支援を継続しました。避難区域については、「対策地域内廃棄物処理計画」（平成25（2013）年12月改定）に基づき、国が災害廃棄物等の処理を着実に進めました。

イ　経営の継続・再建

（ア）東日本大震災により被災した農業者等に対して、速やかな復旧・復興のために必要となる資金が円滑に融通されるよう利子助成金等を交付しました。

（イ）海水が流入した浸水農地においても、除塩により収穫が可能と見込まれる農地については、現地調査を行い、水稲等の生育状況を踏まえて共済引受を行いました。

ウ　再生可能エネルギーの導入

　　被災地域に存在する再生可能エネルギーを活用するため、小水力等発電施設の整備に係る調査設計等の取組を支援しました。

エ　農山漁村対策

　　福島イノベーション・コースト構想に基づき、ICTやロボット技術などを活用して農林水産分野の先端技術の開発を行うとともに、状況変化等に起因して新たに現場が直面している課題の解消に資する現地実証や社会実装に向けた取組を推進しました。

オ　東日本大震災復興交付金

　　被災市町村が農業用施設・機械を整備し、被災農業者に貸与等することにより、被災農業者の農業経営の再開を支援しました。

（2）原子力災害からの復旧・復興

ア　食品中の放射性物質の検査体制及び食品の出荷制限

（ア）食品中の放射性物質の基準値を踏まえ、検査結果に基づき、都道府県に対して食品の出荷制限・摂取制限の設定・解除を行いました。

（イ）都道府県等に食品中の放射性物質の検査を要請しました。また、都道府県の検査計画策定の支援、都道府県等からの依頼に応じた民間検査機関での検査の実施、検査機器の貸与・導入等を行いました。さらに、都道府県等が行った検査の結果を集約し、公表しました。

（ウ）独立行政法人国民生活センターと共同して、希望する地方公共団体に放射性物質検査機器を貸与し、消費サイドで食品の放射性物質を検査する体制の整備を支援しました。

イ　稲の作付再開に向けた支援

　　令和3（2021）年産稲の作付制限区域及び農地保全・試験栽培区域における稲の試験栽培、作付再開準備区域における実証栽培等の取組を支援しました。

ウ　放射性物質の吸収抑制対策

　　放射性物質の農作物への吸収抑制を目的とした資材の施用、品種・品目転換等の

取組を支援しました。

エ　農業系副産物循環利用体制の再生・確立
　　放射性物質の影響から、利用可能である
　にもかかわらず循環利用が寸断されてい
　る農業系副産物の循環利用体制の再生・確
　立を支援しました。

オ　避難区域等の営農再開支援
（ア）避難区域等において、除染完了後から
　　営農が再開されるまでの間の農地等の
　　保全管理、鳥獣被害防止緊急対策、放れ
　　畜対策、営農再開に向けた作付・飼養実
　　証、避難先からすぐに帰還できない農家
　　の農地の管理耕作、収穫後の汚染防止対
　　策、水稲の作付再開、新たな農業への転
　　換及び農業用機械・施設、家畜等の導入
　　を支援しました。
（イ）福島相双復興官民合同チームの営農再
　　開グループが、農業者を個別に訪問して、
　　要望調査や支援策の説明を行いました。
（ウ）原子力被災12市町村に対し、福島県や
　　農業協同組合と連携して人的支援を行
　　い、営農再開を加速化しました。
（エ）被災12市町村において、営農再開の加
　　速化に向けて、「福島復興再生特別措置
　　法」（平成24年法律第25号）による特例
　　措置等を活用した農地の利用集積、生産
　　と加工が一体となった高付加価値生産
　　を展開する産地の創出を支援しました。

カ　農産物等輸出回復
　　東電福島第一原発事故を受けて、諸外
　国・地域において日本産食品に対する輸入
　規制が行われていることから、関係省庁が
　協力し、あらゆる機会を捉えて輸入規制の
　緩和・撤廃に向けた働き掛けを実施したこ
　とにより、シンガポール、米国が輸入規制
　を撤廃しました。

キ　福島県産農産物等の風評の払拭
　　福島県の農業の再生に向けて、生産から
　流通・販売に至るまで、風評の払拭を総合
　的に支援しました。

ク　農産物等消費拡大推進
　　被災地及び周辺地域で生産された農林

水産物及びそれらを活用した食品の消費
の拡大を促すため、生産者や被災地の復興
を応援する取組を情報発信するとともに、
被災地産食品の販売促進等、官民の連携に
よる取組を推進しました。

ケ　農地土壌等の放射性物質の分布状況等
の推移に関する調査
　　今後の営農に向けた取組を進めるため、
農地土壌等の放射性核種の濃度を測定し、
農地土壌の放射性物質濃度の推移を把握
しました。

コ　放射性物質対策技術の開発
　　被災地の営農再開のため、農地の省力的
管理及び生産力回復を図る技術開発を行
いました。また、農地の放射性セシウムの
移行低減技術を開発し、農作物の安全性を
確保する技術開発を行いました。

サ　ため池等の放射性物質のモニタリング
調査、ため池等の放射性物質対策
　　放射性物質のモニタリング調査等を行
いました。また、市町村等がため池の放射
性物質対策を効果的・効率的に実施できる
よう技術的助言等を行いました。

シ　東電福島第一原発事故で被害を受けた
農林漁業者への賠償等
　　東電福島第一原発事故により農林漁業
者等が受けた被害については、東京電力ホ
ールディングス株式会社から適切かつ速
やかな賠償が行われるよう、関係省庁、東
京電力ホールディングス株式会社等との
連絡を密にし、必要な情報提供や働き掛け
を実施しました。

ス　食品と放射能に関するリスクコミュニ
ケーション
　　関係府省、各地方公共団体、消費者団体
等が連携した意見交換会等のリスクコミ
ュニケーションの取組を促進しました。

セ　福島再生加速化交付金
（ア）農地・農業用施設の整備、農業水利施
　　設の保全管理、ため池の放射性物質対策
　　等を支援しました。
（イ）生産施設、地域間交流拠点施設等の整

備を支援しました。

（ウ）地域の実情に応じ、農地の畦畔除去による区画拡大、暗渠排水整備等の簡易な基盤整備を支援しました。

（エ）被災市町村が農業用施設・機械を整備し、被災農業者に貸与等することにより、被災農業者の農業経営の再開を支援しました。

（オ）木質バイオマス、小水力等再生可能エネルギー供給施設、木造公共建築物等の整備を支援しました。

2　大規模自然災害への備え

（1）災害に備える農業経営の取組の全国展開等

ア　自然災害等の農業経営へのリスクに備えるため、農業用ハウスの保守管理の徹底や補強、低コスト耐候性ハウスの導入、農業保険等の普及促進・利用拡大、農業版BCPの普及等、災害に備える農業経営に向けた取組を引き続き全国展開しました。

イ　地域において、農業共済組合や農業協同組合等の関係団体等による推進体制を構築し、作物ごとの災害対策に係る農業者向けの研修やリスクマネジメントの取組事例の普及、農業高校、農業大学校等における就農前の啓発の取組等を引き続き推進しました。

ウ　卸売市場における防災・減災のための施設整備等を推進しました。

エ　基幹的な畜産関係施設等における非常用電源確保対策を推進しました。

（2）異常気象などのリスクを軽減する技術の確立・普及

地球温暖化に対応する品種・技術を活用し、「強み」のある産地形成に向け、生産者・実需者等が一体となって先進的・モデル的な実証や事業者のマッチング等に取り組む産地を支援しました。

（3）農業・農村の強靱化に向けた防災・減災対策

ア　基幹的な農業水利施設の改修等のハー

ド対策と機能診断等のソフト対策を組み合わせた防災・減災対策を実施しました。

イ　「農業用ため池の管理及び保全に関する法律」（平成31年法律第17号）に基づき、ため池の決壊による周辺地域への被害の防止に必要な措置を進めました。

ウ　「防災重点農業用ため池に係る防災工事等の推進に関する特別措置法」（令和2年法律第56号）の規定により都道府県が策定した推進計画に基づき、優先度の高いものから防災工事等に取り組むとともに、防災工事等が実施されるまでの間についても、ハザードマップの作成、監視・管理体制の強化等を行うなど、ハード対策とソフト対策を適切に組み合わせて、ため池の防災・減災対策を推進しました。

エ　大雨により水害が予測されるなどの際、①事前に農業用ダムの水位を下げて雨水を貯留する「事前放流」、②水田に雨水を一時的に貯留する「田んぼダム」、③ため池への雨水の一時的な貯留、④農作物への被害のみならず、市街地や集落の湛水被害も防止・軽減させる排水施設の整備等流域治水の取組を通じた防災・減災対策の強化に取り組みました。

オ　排水の計画基準に基づき、農業水利施設等の排水対策を推進しました。

カ　津波、高潮、波浪その他海水又は地盤の変動による被害等から農地等を防護するため、海岸保全施設の整備等を実施しました。

（4）初動対応をはじめとした災害対応体制の強化

ア　地方農政局等と農林水産省本省との連携体制の構築を促進するとともに、地方農政局等の体制を強化しました。

イ　国からの派遣人員（MAFF-SAT）の充実等、国の応援体制の充実を図りました。

ウ　被災者支援のフォローアップの充実を図りました。

（5）不測時における食料安定供給のための備

えの強化
ア　食品産業事業者によるBCPの策定や事業者、地方公共団体等の連携・協力体制を構築しました。また、卸売市場における防災・減災のための施設整備等を促進しました。

イ　米の備蓄運営について、米の供給が不足する事態に備え、100万t程度（令和3（2021）年6月末時点）の備蓄保有を行いました。

ウ　輸入依存度の高い小麦について、外国産食糧用小麦需要量の2.3か月分を備蓄し、そのうち政府が1.8か月分の保管料を助成しました。

エ　輸入依存度の高い飼料穀物について、不測の事態における海外からの供給遅滞・途絶、国内の配合飼料工場の被災に伴う配合飼料の急激な逼迫（ひっぱく）等に備え、配合飼料メーカー等がBCPに基づいて実施する飼料穀物の備蓄、災害に強い配合飼料輸送等の検討の取組に対して支援しました。

オ　食品の家庭備蓄の定着に向けて、企業、地方公共団体や教育機関等と連携しつつ、ローリングストック等による日頃からの家庭備蓄の重要性や、乳幼児、高齢者、食物アレルギー等への配慮の必要性に関する普及啓発を行いました。

（6）その他の施策
　　地方農政局等を通じ、台風等の暴風雨、高温、大雪等による農作物等の被害防止に向けた農業者等への適切な技術指導が行われるための通知の発出や、MAFFアプリ、SNS等を活用し農林漁業者等に向けて予防減災に必要な情報を発信しました。

3　大規模自然災害からの復旧
　　令和3（2021）年度は、令和3年7月1日からの大雨、令和3年8月の大雨等により、農作物、農業用機械、農業用ハウス、農林水産関係施設等に大きな被害が発生したことから、以下の施策を講じました。
（1）災害復旧事業の早期実施
ア　被災した地方公共団体等へMAFF-SAT

を派遣し、迅速な被害の把握や被災地の早期復旧を支援しました。

イ　地震、豪雨等の自然災害により被災した農業者の早期の営農・経営再開を図るため、図面の簡素化等、災害査定の効率化を進めるとともに、査定前着工制度の活用を促進し、被災した農林漁業関係施設等の早期復旧を支援しました。

（2）激甚災害指定
　　被害が特に大きかった「令和3年5月7日から7月14日までの間の豪雨による災害（令和3年梅雨前線豪雨等）」及び「令和3年8月7日から同月23日までの間の暴風雨及び豪雨による災害（令和3年8月の大雨）」については、激甚災害に指定し、災害復旧事業費に対する地方公共団体等の負担の軽減を図りました。

（3）被災農林漁業者等の資金需要への対応
　　被災農林漁業者等に対する資金の円滑な融通及び既貸付金の償還猶予等が図られるよう、関係機関に対して依頼通知を発出しました。

（4）共済金の迅速かつ確実な支払
　　迅速かつ適切な損害評価の実施及び共済金の早期支払体制の確立並びに収入保険に係るつなぎ融資の実施等が図られるよう、農業共済団体を指導しました。

（5）特別対策の実施
　　政府として、令和3年7月1日からの大雨に対し緊急に対応すべき施策を取りまとめ、農林漁業者へは以下の支援を行いました。

ア　農業共済の早期支払や農業経営収入保険に係るつなぎ融資の実施、災害関連資金の貸付当初5年間無利子化等により資金繰り等の支援を行いました。

イ　被災した木材加工流通施設や特用林産振興施設等の復旧・整備、被害を受けた山林、林道等に対する支援を行いました。

ウ　被災した水産業共同利用施設等の再建・修繕、漁場環境の回復に向けた支援等を行いました。

VI　団体に関する施策

ア　農業協同組合系統組織

農業者の所得向上に向けた自己改革を実践していくサイクル構築のため、令和3（2021）年12月、「農業協同組合法」の関連通知を改正しました。

また、金融システムの安定に係る国際的な基準に対応するための「農水産業協同組合貯金保険法の一部を改正する法律」（令和3年法律第55号）が令和3（2021）年6月に公布されました。

イ　農業委員会系統組織

農地利用の最適化活動を行う農業委員・農地利用最適化推進委員の具体的な目標の設定、最適化活動の記録・評価等の取組を行う仕組みを構築しました。

ウ　農業共済団体

農業保険について、行政機関、農業協同組合等の関係団体、農外の専門家等と連携した推進体制を構築しました。また、農業保険を普及する職員の能力強化、全国における1県1組合化の実現、農業被害の防止に係る情報・サービスの農業者への提供及び広域被害等の発生時における円滑な保険事務等の実施体制の構築を推進しました。

エ　土地改良区

土地改良区の組織運営基盤の強化を図るため、広域的な合併、土地改良区連合の設立に対する支援等を行いました。また、「土地改良法の一部を改正する法律」（平成30年法律第43号）に基づき、土地改良区の業務運営の適正化を図る取組を推進しました。

VII　食と農に関する国民運動の展開等を通じた国民的合意の形成に関する施策

食と環境を支える農業・農村への国民の理解の醸成を図るため、消費者・食品関連事業者・生産者団体を含めた官民協働による、食と農とのつながりの深化に着目した新たな国民運動「食から日本を考える。ニッポンフードシフト」のために必要な措置を講じました。

具体的には、農林漁業者による地域の様々な取組や地域の食と農業の魅力の発信を行うとともに、地域の農業・農村の価値や生み出される農林水産物の魅力を伝える交流イベント等を実施しました。

VIII　新型コロナウイルス感染症をはじめとする新たな感染症への対応

国民への食料の安定供給を最優先に、新型コロナウイルス感染症の影響を受けた農林漁業者・食品関連事業者が生産を継続していくための施策を、新型コロナウイルス感染症の状況の推移を見つつ、機動的に実施するとともに、新型コロナウイルス感染症による食料供給の状況について、消費者に分かりやすく情報を提供しました。

（1）新型コロナウイルス感染症の感染拡大により、インバウンドや外食需要の減少等の影響を受けている国産農林水産物等の販路の多様化に資する新たな取組を支援しました。

（2）外出の自粛等により甚大な影響を受けている飲食業や食材を供給する農林漁業者を支援するため、登録飲食店で使えるプレミアム付食事券を発行する「Go To Eatキャンペーン」を実施し、飲食店の需要喚起を図りました。

（3）肉用牛肥育生産におけるコスト低減等の取組、在庫が高水準にある脱脂粉乳やバターを需要のある分野で活用する取組を支援しました。

（4）入国制限の緩和による外国人材の入国状況を注視しつつ、労働力の確保や農業生産を支える人材の育成・確保に向けた取組を支援しました。

（5）農林漁業者の資金繰りに支障が生じない
よう、農林漁業セーフティネット資金等の
実質無利子・無担保化等の措置、また、食
品関連事業者の債務保証に必要な資金の
支援を実施しました。

（6）家庭食の輸出増加や新規・有望市場シェ
ア獲得、製造設備等の整備・導入等につい
て支援しました。また、新型コロナウイル
ス感染症の収束時期が不透明である中に
おいても輸出に取り組む事業者と海外バ
イヤーのマッチングを推進するため、現地
に渡航しなくても参加可能なオンライン
商談会の実施や、出品者の現地への渡航を
前提としないリアルとオンラインを併用
した見本市への出展等、JETROによる取組
を支援しました。

（7）産地や実需者が連携し、輸入農畜産物か
ら国産に切り替え、継続的・安定的な供給
を図るための体制整備を支援しました。

（8）農林漁業者や食品関連事業者、農泊関連
事業者等に対し、新型コロナウイルス感染
症に関する支援策や業種別ガイドライン
等の内容を周知するとともに、国民に対し、
食料品の供給状況等の情報を農林水産省
Webサイトで提供しました。

IX 食料、農業及び農村に関する施策を総合的かつ計画的に推進するために必要な事項

1 国民視点や地域の実態に即した施策の展開

（1）幅広い国民の参画を得て施策を推進する
ため、国民との意見交換等を実施しました。

（2）農林水産省Webサイト等の媒体による意
見募集を実施しました。

（3）農林水産省本省の意図・考え方等を地方
機関に浸透させるとともに、地方機関が把
握している現場の状況を適時に本省に吸
い上げ施策立案等に反映させるため、地方
農政局長等会議を開催しました。

2 EBPMと施策の進捗管理及び評価の推進

（1）施策の企画・立案に当たっては、達成す
べき政策目的を明らかにした上で、合理的
根拠に基づく施策の立案（EBPM）を推進
しました。

（2）「行政機関が行う政策の評価に関する法
律」（平成13年法律第86号）に基づき、主
要な施策について達成すべき目標を設定
し、定期的に実績を測定すること等により
評価を行い、結果を施策の改善等に反映し
ました。行政事業レビューの取組により、
事業等について実態把握及び点検を実施
し、結果を予算要求等に反映しました。ま
た、政策評価書やレビューシート等につい
ては、農林水産省Webサイトで公表しまし
た。

（3）施策の企画・立案段階から決定に至るま
での検討過程において、施策を科学的・客
観的に分析し、その必要性や有効性を明ら
かにしました。

（4）農政の推進に不可欠な情報インフラを整
備し、的確に統計データを提供しました。

ア 農家等の経営状況や作物の生産に関す
る実態を的確に把握するため、農業経営統
計調査、作物統計調査等を実施しました。

イ 統計調査の基礎となる筆ポリゴンを活
用し各種農林水産統計調査を効率的に実
施したとともに、オープンデータとして提
供している筆ポリゴンについて、利用者の
利便性向上に向けた取組を実施しました。

ウ 6次産業化に向けた取組状況を的確に
把握するため、農業経営体等を対象とした
調査を実施しました。

エ 令和2(2020)年2月1日現在で実施し
た「2020年農林業センサス」の報告書を作
成・公表しました。

オ 地域施策の検討等に資するため、「市町
村別農業産出額（推計）」を公表しました。

カ 専門調査員の導入による調査の外部化
を推進し、質の高い信頼性のある統計デー
タの提供体制を確保しました。また、市場
化テスト（包括的民間委託）を導入した統

計調査を実施しました。

3　効果的かつ効率的な施策の推進体制

（1）地方農政局等の各都道府県拠点を通じて、地方公共団体や関係団体等と連携強化を図り、各地域の課題やニーズを捉えた的確な農林水産施策の推進を実施しました。

（2）SNS等のデジタル媒体を始めとする複数の広報媒体を効果的に組み合わせた広報活動を推進しました。

4　行政のデジタルトランスフォーメーションの推進

以下の取組を通じて、農業政策や行政手続等の事務についてもデジタルトランスフォーメーションを推進しました。

（1）eMAFFの構築と併せた法令に基づく手続や補助金・交付金の手続における添付書類の削減、デジタル技術の活用を前提とした業務の抜本見直し等を促進しました。

（2）データサイエンスを推進する職員の養成・確保等職員の能力向上を図るとともに、得られたデータを活用したEBPMや政策評価を積極的に実施しました。

5　幅広い関係者の参画と関係府省の連携による施策の推進

食料自給率の向上に向けた取組を始め、政府一体となって実効性のある施策を推進しました。

6　SDGsに貢献する環境に配慮した施策の展開

食料・農林水産業の生産力向上と持続性の両立をイノベーションで実現させるため、中長期的な観点から戦略的に取り組む新たな政策方針として令和3（2021）年5月に「みどりの食料システム戦略」を策定し、各種政府方針等に反映するとともに、アジアモンスーン地域の持続的な食料システムの取組モデルとして、令和3（2021）年9月に開催された国連食料システムサミット等において本戦略について発信しました。

また、戦略を強力に推進するため、補正予算において、みどりの食料システム戦略緊急対策事業等に必要な予算を措置しました。

7　財政措置の効率的かつ重点的な運用

厳しい財政事情の下で予算を最大限有効に活用する観点から、既存の予算を見直した上で「農林水産業・地域の活力創造プラン」に基づき、新たな農業・農村政策を着実に実行するための予算に重点化を行い、財政措置を効率的に運用しました。

令和4年度
食料・農業・農村施策

第208回国会（常会）提出

目次

概説

1 施策の重点

新たな「食料・農業・農村基本計画」（令和2（2020）年3月閣議決定）を指針として、食料自給率・食料自給力の維持向上に向けた施策、食料の安定供給の確保に関する施策、農業の持続的な発展に関する施策、農村の振興に関する施策及び食料・農業・農村に横断的に関係する施策等を総合的かつ計画的に展開します。

また、「農林水産業・地域の活力創造プラン」（令和3（2021）年12月改訂）に基づき、これまでの農政全般にわたる改革に加えて、スマート農林水産業の推進、農林水産物・食品の輸出促進及び農林水産業のグリーン化を進め、強い農業・農村を構築し、農業者の所得向上を実現するための施策を展開します。

さらに、TPP11、日EU・EPA、日米貿易協定、日英EPA及びRCEP（地域的な包括的経済連携）協定の効果を最大限に活用するため、「総合的なTPP等関連政策大綱」（令和2（2020）年12月改訂）に基づき、強い農林水産業の構築、経営安定・安定供給の備えに資する施策等を推進します。また、東日本大震災及び東京電力福島第一原子力発電所（以下「東電福島第一原発」という。）事故からの復旧・復興に関係省庁が連携しながら取り組みます。

2 財政措置

（1）令和4（2022）年度農林水産関係予算額は、2兆2,777億円を計上しています。本予算においては、①生産基盤の強化と経営所得安定対策の着実な実施、②2030年輸出5兆円目標の実現に向けた農林水産物・食品の輸出力強化、食品産業の強化、③環境負荷低減に資する「みどりの食料システム戦略」の実現に向けた政策の推進、④スマート農業、eMAFF等によるデジタルトランスフォーメーション（DX）の推進、⑤食の安全と消費者の信頼確保、⑥農地の最大限の利用と人の確保・育成、農業農村整備、⑦農山漁村の活性化、⑧カーボンニュートラル実現に向けた森林・林業・木材産業によるグリーン成長、⑨水産資源の適切な管理と水産業の成長産業化、⑩防災・減災、国土強靱化と災害復旧等の推進に取り組みます。

（2）令和4（2022）年度の農林水産関連の財政投融資計画額は、6,336億円を計上しています。このうち主要なものは、株式会社日本政策金融公庫による借入れ6,270億円となっています。

3 立法措置

第208回国会に以下の法律案を提出したところです。

・「土地改良法の一部を改正する法律案」（令和3年度中に成立）
・「環境と調和のとれた食料システムの確立のための環境負荷低減事業活動の促進等に関する法律案」
・「植物防疫法の一部を改正する法律案」
・「農林水産物及び食品の輸出の促進に関する法律等の一部を改正する法律案」
・「農業経営基盤強化促進法等の一部を改正する法律案」
・「農山漁村の活性化のための定住等及び地域間交流の促進に関する法律の一部を改正する法律案」

4 税制上の措置

以下を始めとする税制措置を講じます。

（1）農林水産物及び食品の輸出の促進に関する法律の改正を前提に、同法の認定輸出事業者が、一定の輸出事業用資産の取得等をして、輸出事業の用に供した場合には、5年間30%（建物等については35%）の割増償却ができる措置を創設します（所得税・法人税）。

（2）環境と調和のとれた食料システムの確立のための環境負荷低減事業活動の促進等

に関する法律の制定を前提に、同法の環境負荷低減に係る計画の認定を受けた農林漁業者が、一定の機械・建物等の取得等をして、環境負荷低減に係る活動の用に供した場合には、その取得価格の32%（建物等については16%）の特別償却ができる措置等を創設します（所得税・法人税）。

（3）山林所得に係る森林計画特別控除の適用期限を2年延長します（所得税）。

5　金融措置

政策と一体となった長期・低利資金等の融通による担い手の育成・確保等の観点から、農業制度金融の充実を図ります。

（1）株式会社日本政策金融公庫の融資

ア　農業の成長産業化に向けて、民間金融機関と連携を強化し、農業者等への円滑な資金供給に取り組みます。

イ　農業経営基盤強化資金（スーパーL資金）については、実質化された「人・農地プラン」の中心経営体として位置付けられたなどの認定農業者を対象に貸付当初5年間実質無利子化する措置を講じます。

（2）民間金融機関の融資

ア　民間金融機関の更なる農業融資拡大に向けて株式会社日本政策金融公庫との業務連携・協調融資等の取組を強化します。

イ　認定農業者が借り入れる農業近代化資金については、貸付利率をスーパーL資金の水準と同一にする金利負担軽減措置を実施します。また、TPP協定等による経営環境変化に対応して、新たに規模拡大等に取り組む農業者が借り入れる農業近代化資金については、実質化された「人・農地プラン」の中心経営体として位置付けられたなどの認定農業者を対象に貸付当初5年間実質無利子化するなどの措置を講じます。

ウ　農業経営改善促進資金（スーパーS資金）を低利で融通できるよう、都道府県農業信用基金協会が民間金融機関に貸付原資を低利預託するために借り入れた借入金に対し利子補給金を交付します。

（3）農業法人への出資

「農林漁業法人等に対する投資の円滑化に関する特別措置法」（平成14年法律第52号）に基づき、農業法人に対する投資育成事業を行う株式会社又は投資事業有限責任組合の出資原資を株式会社日本政策金融公庫から出資します。

（4）農業信用保証保険

農業信用保証保険制度に基づき、都道府県農業信用基金協会による債務保証及び当該保証に対し独立行政法人農林漁業信用基金が行う保証保険により補完等を行います。

（5）被災農業者等支援対策

ア　甚大な自然災害等により被害を受けた農業者等が借り入れる災害関連資金について、貸付当初5年間実質無利子化する措置を講じます。

イ　甚大な自然災害等により被害を受けた農業者等の経営の再建に必要となる農業近代化資金の借入れについて、都道府県農業信用基金協会の債務保証に係る保証料を保証当初5年間免除するために必要な補助金を交付します。

Ⅰ　食料自給率・食料自給力の維持向上に向けた施策

1　食料自給率・食料自給力の維持向上に向けた取組

食料自給率・食料自給力の維持向上に向けて、以下の取組を重点的に推進します。

（1）食料消費

ア　消費者と食と農とのつながりの深化

食育や国産農産物の消費拡大、地産地消、和食文化の保護・継承、食品ロスの削減を始めとする環境問題への対応等の施策を個々の国民が日常生活で取り組みやすいよう配慮しながら推進します。また、農業体験、農泊等の取組を通じ、国民が農業・農村を知り、触れる機会を拡大します。

イ　食品産業との連携

　　食の外部化・簡便化の進展に合わせ、中食・外食における国産農産物の需要拡大を図ります。

　　平成25 (2013) 年にユネスコ無形文化遺産に登録された和食文化については、和食の健康有用性に関する科学的エビデンスの蓄積等を進めるとともに、その国内外への情報発信を強化します。

　　食の生産・加工・流通・消費に関わる幅広い関係者が一堂に会し、経営責任者などハイレベルでの対話を通じて、情報や認識を共有するとともに、具体的行動にコミットするための場として、「持続可能な食料生産・消費のための官民円卓会議」を開催します。

（2）農業生産

ア　国内外の需要の変化に対応した生産・供給

（ア）優良品種の開発等による高付加価値化や生産コストの削減を進めるほか、更なる輸出拡大を図るため、諸外国の規制やニーズにも対応できる輸出産地づくりを進めます。

（イ）国や地方公共団体、農業団体等の後押しを通じて、生産者と消費者や事業者との交流、連携、協働等の機会を創出します。

イ　国内農業の生産基盤の強化

（ア）持続可能な農業構造の実現に向けた担い手の育成・確保と農地の集積・集約化の加速化、経営発展の後押しや円滑な経営継承を進めます。

（イ）農業生産基盤の整備、スマート農業の社会実装の加速化による生産性の向上、各品目ごとの課題の克服、生産・流通体制の改革等を進めます。

（ウ）中山間地域等で耕作放棄も危惧される農地も含め、地域で徹底した話合いを行った上で、放牧等少子高齢化・人口減少に対応した多様な農地利用方策も含め農地の有効活用や適切な維持管理を進

めます。

2　主要品目ごとの生産努力目標の実現に向けた施策

（1）米

ア　需要に応じた米の生産・販売の推進

（ア）産地・生産者と実需者が結び付いた事前契約や複数年契約による安定取引の推進、水田活用の直接支払交付金や水田リノベーション事業による支援、都道府県産別、品種別等のきめ細かな需給・価格情報、販売進捗情報、在庫情報の提供、都道府県別・地域別の作付動向（中間的な取組状況）の公表等により需要に応じた生産・販売を推進します。

（イ）国が策定する需給見通し等を踏まえつつ生産者や集荷業者・団体が主体的に需要に応じた生産・販売を行うため、行政、生産者団体、現場が一体となって取り組みます。

（ウ）米の生産については、農地の集積・集約化による分散錯圃（さくほ）の解消や作付けの団地化、直播（ちょくはん）等の省力栽培技術やスマート農業技術等の導入・シェアリングの促進、資材費の低減等による生産コストの低減等を推進します。

イ　コメ・コメ加工品の輸出拡大

　　「農林水産物・食品の輸出拡大実行戦略」（令和3 (2021) 年12月改訂。以下「輸出拡大実行戦略」という。）で掲げた輸出額目標の達成に向けて、輸出ターゲット国・地域である香港、アメリカ、中国、シンガポールを中心とする輸出拡大が見込まれる国・地域での海外需要開拓・プロモーションや海外規制に対応する取組に対して支援するとともに、大ロットで輸出用米の生産・供給に取り組む産地の育成等の取組を推進します。

（2）麦

ア　経営所得安定対策や強い農業・担い手づくり総合支援交付金等による支援を行うとともに、作付けの団地化の推進や営農技

3

術の導入を通じた産地の生産体制の強化・生産の効率化等を推進します。

イ　実需者ニーズに対応した新品種や栽培技術の導入により、実需者の求める量・品質・価格の安定を支援し、国産麦の需要拡大を推進します。

（3）大豆

ア　経営所得安定対策や強い農業・担い手づくり総合支援交付金等による支援を行うとともに、作付けの団地化の推進や営農技術の導入を通じた産地の生産体制の強化・生産の効率化等を推進します。

イ　実需者ニーズに対応した新品種や栽培技術の導入により、実需者の求める量・品質・価格の安定を支援し、国産大豆の需要拡大を推進します。

ウ　「播種前入札取引」の適切な運用等により、国産大豆の安定取引を推進します。

エ　実需と生産のマッチングを推進し、実需の求める品質・量の供給に向けた生産体制の整備を推進します。

（4）そば

ア　需要に応じた生産及び安定供給の体制を確立するため、排水対策等の基本技術の徹底、湿害軽減技術の普及等を推進します。

イ　高品質なそばの安定供給に向けた生産体制の強化に必要となる乾燥調製施設の整備等を支援します。

ウ　国産そばを取り扱う製粉業者と農業者の連携を推進します。

（5）かんしょ・ばれいしょ

ア　かんしょについては、共同利用施設の整備や省力化のための機械化一貫体系の確立等への取組を支援します。特に、でん粉原料用かんしょについては、多収新品種への転換や生分解性マルチの導入等の取組を支援します。また、「サツマイモ基腐病」については、土壌消毒、健全な苗の調達等を支援するとともに、研究事業で得られた成果を踏まえつつ、防除技術の確立・普及に向けた取組を推進します。さらに、安定的な出荷に向けた集出荷貯蔵施設の整備

を支援することにより輸出の拡大を目指します。

イ　ばれいしょについては、生産コストの低減、品質の向上、労働力の軽減やジャガイモシストセンチュウ及びジャガイモシロシストセンチュウの発生・まん延の防止を図るための共同利用施設の整備等を推進します。また、収穫作業の省力化のための倉庫前集中選別への移行やコントラクター等の育成による作業の外部化への取組を支援します。さらに、ジャガイモシストセンチュウやジャガイモシロシストセンチュウ抵抗性を有する新品種への転換を促進します。

ウ　種子用ばれいしょ生産については、罹病率の低減や作付面積増加のための取組を支援するとともに、原原種生産・配布において、選別施設や貯蔵施設の近代化、配布品種数の削減による効率的な生産を推進することで、種子用ばれいしょの品質向上と安定供給体制の構築を図ります。

エ　いもでん粉の高品質化に向けた品質管理の高度化等を支援します。

オ　糖価調整制度に基づく交付金により、国内産いもでん粉の安定供給を推進します。

（6）なたね

ア　播種前契約の実施による国産なたねを取り扱う搾油事業者と農業者の連携を推進します。

イ　需要に応じたなたねの生産拡大に伴い必要となる搾油施設の整備等を支援します。

ウ　なたねのダブルロー品種（食用に適さない脂肪酸であるエルシン酸と家畜等に甲状腺障害をもたらすグルコシノレートの含有量が共に低い品種）の普及を推進します。

（7）野菜

ア　既存ハウスのリノベーションや、環境制御・作業管理等の技術習得に必要なデータ収集・分析機器の導入等、データを活用して生産性・収益向上につなげる体制づくり

等を支援するとともに、より高度な生産が可能となる低コスト耐候性ハウスや高度環境制御栽培施設等の導入を支援します。

イ　水田地帯における園芸作物の導入に向けた合意形成や試験栽培、園芸作物の本格生産に向けた機械・施設のリース導入等を支援します。

ウ　複数の産地と協業して、加工・業務用等の新市場が求めるロット・品質での供給を担う拠点事業者による貯蔵・加工等の拠点インフラの整備や生育予測等を活用した安定生産の取組等を支援します。

エ　農業者と協業しつつ、①生産安定・効率化機能、②供給調整機能、③実需者ニーズ対応機能の三つの全ての機能を具備又は強化するモデル性の高い生産事業体の育成を支援します。

（8）果樹

ア　優良品目・品種への改植・新植及びそれに伴う未収益期間における幼木の管理経費を支援します。

イ　平坦（へいたん）で作業性の良い水田等への新植や、労働生産性向上が見込まれる省力樹形の導入を推進するとともに、まとまった面積での省力樹形及び機械作業体系の導入等による労働生産性を抜本的に高めたモデル産地の育成を支援します。

ウ　省力樹形用苗木の安定生産に向けたモデル的な取組を支援します。

（9）甘味資源作物

ア　てんさいについては、省力化や作業の共同化、労働力の外部化や直播栽培体系の確立・普及等を推進します。

イ　さとうきびについては、自然災害からの回復に向けた取組を支援するとともに、地域ごとの「さとうきび増産計画」に定めた、地力の増進や新品種の導入、機械化一貫体系を前提とした担い手・作業受託組織の育成・強化等特に重要な取組を推進します。また、分みつ糖工場における「働き方改革」への対応に向けて、工場診断や人員配置の改善の検討、施設整備等労働効率を高める

取組を支援します。

ウ　糖価調整制度に基づく交付金により、国内産糖の安定供給を推進します。

（10）茶

改植等による優良品種等への転換や茶園の若返り、輸出向け栽培体系や有機栽培への転換、てん茶（抹茶の原料）等の栽培に適した棚施設を利用した栽培法への転換や直接被覆栽培への転換、担い手への集積等に伴う茶園整理（茶樹の抜根、酸度矯正）、荒茶加工施設の整備を推進します。また、海外ニーズに応じた茶の生産・加工技術や低コスト生産・加工技術の導入、スマート農業技術の実証や、茶生産において使用される主要な農薬について輸出相手国・地域に対し我が国と同等の基準を新たに設定申請する取組を支援します。

（11）畜産物

肉用牛については、優良な繁殖雌牛の増頭、繁殖性の向上による分娩間隔の短縮等の取組等を推進します。酪農については、性判別技術の活用による乳用後継牛の確保、高品質な生乳の生産による多様な消費者ニーズに対応した牛乳乳製品の供給等を推進します。

また、温室効果ガス排出削減の取組、労働力負担軽減・省力化に資するロボット、AI、IoT等の先端技術の普及・定着、外部支援組織等の役割分担・連携強化等を図ります。

さらに、子牛や国産畜産物の生産・流通の円滑化に向けた家畜市場や食肉処理施設及び生乳の処理・貯蔵施設の再編等の取組を推進します。

（12）飼料作物等

草地の基盤整備や不安定な気象に対応したリスク分散の取組等による生産性の高い草地への改良、国産濃厚飼料（子実用とうもろこし等）の増産、飼料生産組織の作業効率化・運営強化、放牧を活用した肉用牛・酪農基盤強化、飼料用米等の利活用の取組等を推進します。

5

Ⅱ 食料の安定供給の確保に関する施策

1 新たな価値の創出による需要の開拓

（1）新たな市場創出に向けた取組

ア 地場産農林水産物等を活用した介護食品の開発を支援します。また、パンフレットや映像等の教育ツールを用いてスマイルケア食の普及を図ります。さらに、スマートミール（病気の予防や健康寿命を延ばすことを目的とした、栄養バランスのとれた食事）の普及等を支援します。

イ 健康に資する食生活のビッグデータ収集・活用のための基盤整備を推進します。また、農産物等の免疫機能等への効果に関する科学的エビデンス取得や食生活の適正化に資する研究開発を推進します。

ウ 実需者や産地が参画したコンソーシアムを構築し、ニーズに対応した新品種の開発等の取組を推進します。また、従来の育種では困難だった収量性や品質等の形質の改良等を短期間で実現するスマート育種システムの開発を推進します。

エ 国立研究開発法人、公設試験場、大学等が連携し、輸出先国の規制等にも対応し得る防除等の栽培技術等の開発・実証を推進するとともに、輸出促進に資する品種開発を推進します。

オ 令和3（2021）年4月に施行された新たな日本版SBIR制度を活用し、フードテック等の新たな技術・サービスの事業化を目指すスタートアップが行う研究開発等を切れ目なく支援します。

カ フードテック官民協議会での議論等を通じて、課題解決や新市場創出に向けた取組を推進するとともに、フードテック等を活用したビジネスモデルを実証する取組を支援します。

（2）需要に応じた新たなバリューチェーンの創出

都道府県及び市町村段階に、行政、農林漁業、商工、金融機関等の関係機関で構成される農山漁村発イノベーション・地産地消推進協議会を設置し、農山漁村発イノベーション等の取組に関する戦略を策定する取組を支援します。

また、農山漁村発イノベーション等に取り組む農林漁業者、他分野の事業体等の多様な主体に対するサポート体制を整備するとともに、農林水産物や農林水産業に関わる多様な地域資源を新分野で活用した商品・サービスの開発や加工・販売施設等の整備を支援します。

（3）食品産業の競争力の強化

ア 食品流通の合理化等

（ア）「食品等の流通の合理化及び取引の適正化に関する法律」（平成3年法律第59号）に基づき、食品等流通合理化計画の認定を行うことにより、食品等の流通の合理化を図る取組を支援します。特に、トラックドライバーを始めとする食品流通に係る人手不足等の問題に対応するため、サプライチェーン全体での合理化を推進します。

また、「卸売市場法」（昭和46年法律第35号）に基づき、中央卸売市場の認定を行うとともに、施設整備に対する助成や卸売市場に対する指導監督を行います。さらに、食品等の取引の適正化のため、取引状況に関する調査を行い、その結果に応じて関係事業者に対する指導・助言を実施します。

（イ）「食品製造業者・小売業者間における適正取引推進ガイドライン」の関係事業者への普及・啓発を実施します。

（ウ）「商品先物取引法」（昭和25年法律第239号）に基づき、商品先物市場の監視及び監督を行うとともに、同法を迅速かつ適正に執行します。

イ 労働力不足への対応

食品製造等の現場におけるロボット、AI、IoT等の先端技術のモデル実証、低コスト化や小型化のための改良及び人とロボッ

ト協働のための安全確保ガイドラインの作成により、食品産業全体の生産性向上に向けたスマート化の取組を支援します。

また、「農林水産業・食品産業の作業安全のための規範」の普及等により、食品産業の現場における作業安全対策を推進します。さらに、食品産業の現場で特定技能制度による外国人材を円滑に受け入れるため、試験の実施や外国人が働きやすい環境の整備に取り組むなど、食品産業特定技能協議会等を活用し、地域の労働力不足克服に向けた有用な情報等を発信します。

ウ　規格・認証の活用

産品の品質や特色、事業者の技術や取組について、訴求力の高いJASの制定・活用等を進めるとともに、JASの国内外への普及、JASと調和のとれた国際規格の制定等を推進します。

また、輸出促進に資するよう、GFSI（世界食品安全イニシアティブ）の承認を受けたJFS規格（日本発の食品安全管理規格）の国内外での普及を推進します。

（4）食品ロス等をはじめとする環境問題への対応

ア　食品ロスの削減

「食品ロスの削減の推進に関する法律」（令和元年法律第19号）に基づく「食品ロスの削減の推進に関する基本的な方針」（令和2（2020）年3月31日閣議決定）に則して、事業系食品ロスを平成12（2000）年度比で令和12（2030）年度までに半減させる目標の達成に向けて、事業者、消費者、地方公共団体等と連携した取組を進めます。

また、個別企業等では解決が困難な商慣習の見直しに向けたフードチェーン全体の取組、食品産業から発生する未利用食品をフードバンクが適切に管理・提供するためのマッチングシステムを実証・構築する取組や寄附金付未利用食品の販売により利益の一部をフードバンク活動の支援等に活用する新たな仕組み構築のための検

討等を推進します。

さらに、飲食店及び消費者の双方での食べきりや食べきれずに残した料理の自己責任の範囲での持ち帰りの取組など、食品関連事業者と連携した消費者への働き掛けを推進します。

くわえて、メタン発酵消化液等の肥料利用に関する調査・実証等の取組を通じて、メタン発酵消化液等の地域での有効利用を行うための取組を支援します。また、下水汚泥の肥料としての活用推進に取り組むため、農業者、自治体、国土交通省などの関係者と連携を進めます。

イ　食品産業分野におけるプラスチックごみ問題への対応

「容器包装に係る分別収集及び再商品化の促進等に関する法律」（平成7年法律第112号）に基づく、義務履行の促進、容器包装廃棄物の排出抑制のための取組として、食品関連事業者への点検指導、食品小売事業者からの定期報告の提出の促進を実施します。

また、「プラスチック資源循環戦略」（令和元（2019）年5月策定）及び「プラスチックに係る資源循環の促進等に関する法律」（令和3年法律第60号）等に基づき、食品産業におけるプラスチック資源循環等の取組や、PETボトルの新たな回収・リサイクルモデルを構築する取組を推進します。

ウ　気候変動リスクへの対応

（ア）TCFD提言（気候変動リスク・機会に関する情報開示のフレームワークを取りまとめた最終報告書）のガイダンス、取組事例等を踏まえた食品関連事業者による気候関連の情報開示の取組を推進します。

（イ）食品産業の持続可能な発展に寄与する地球温暖化防止・省エネルギー等の優れた取組を表彰するとともに、低炭素社会実行計画の進捗状況の点検等を実施します。

2　グローバルマーケットの戦略的な開拓
（1）農林水産物・食品の輸出促進
　　農林水産物・食品の輸出額を令和7
（2025）年に2兆円、令和12（2030）年に
5兆円とする目標の達成に向けて、輸出拡
大実行戦略に基づき、マーケットインの体
制整備を行います。重点品目について、輸
出産地の育成・展開や、品目団体の組織化、
大ロットの輸出物流の構築などを支援しま
す。さらに、以下の取組を行います。
ア　輸出阻害要因の解消等による輸出環境
　　の整備
（ア）「農林水産物及び食品の輸出の促進に
　　関する法律」（令和元年法律第57号）に
　　基づき、令和2（2020）年4月に農林水
　　産省に創設した「農林水産物・食品輸出
　　本部」の下で、輸出阻害要因に対応して
　　輸出拡大を図る体制を強化し、同本部で
　　作成した実行計画に従い、放射性物質に
　　関する輸入規制の緩和・撤廃や動植物検
　　疫協議を始めとした食品安全等の規制
　　等に対する輸出先国との協議の加速化、
　　輸出先国の基準や検疫措置の策定プロ
　　セスへの戦略的な対応、輸出向けの施設
　　整備と登録認定機関制度を活用した施
　　設認定の迅速化、輸出手続の迅速化、意
　　欲ある輸出事業者の支援、輸出証明書の
　　申請・発行の一元化、輸出相談窓口の利
　　便性向上、輸出先国の衛生基準や残留基
　　準への対応強化等、貿易交渉による関税
　　撤廃・削減を速やかに輸出拡大につなげ
　　るための環境整備を進めます。
（イ）東電福島第一原発事故を受けて、諸外
　　国・地域において日本産食品に対する輸
　　入規制が行われていることから、関係省
　　庁が協力し、あらゆる機会を捉えて輸入
　　規制の早期撤廃に向けた働き掛けを実
　　施します。
（ウ）日本産食品等の安全性や魅力に関する
　　情報を諸外国・地域に発信するほか、海
　　外におけるプロモーション活動の実施

により、日本産食品等の輸出回復に取り
組みます。
（エ）我が国の実情に沿った国際基準の速や
　　かな策定及び策定された国際基準の輸
　　出先国での適切な実施を促進するため、
　　国際機関の活動支援やアジア・太平洋地
　　域の専門家の人材育成等を行います。
（オ）輸出先となる事業者等から求められる
　　HACCPを含む食品安全マネジメント規
　　格、GAP（農業生産工程管理）等の認証
　　取得を促進します。また、国際的な取引
　　にも通用する、コーデックス委員会が定
　　めるHACCPをベースとしたJFS規格の
　　国際標準化に向けた取組を支援します。
　　さらに、JFS規格及びASIAGAPの国内外
　　への普及に向けた取組を推進します。
（カ）産地が抱える課題に応じた専門家を産
　　地に派遣し、輸出先国・地域の植物防疫
　　条件や残留農薬基準を満たす栽培方法、
　　選果等の技術的指導を行うなど、輸出に
　　取り組もうとする産地を支援します。
（キ）輸出先の規制等に対応したHACCP等
　　の基準等を満たすため、食品製造事業者
　　等の施設の改修及び新設、機器の整備に
　　対して支援します。
（ク）地域の特色ある加工食品について食品
　　製造業における輸出拡大に必要な施設・
　　設備の整備、海外のニーズに応える新商
　　品の開発等により、輸出拡大を図ります。
（ケ）植物検疫上、輸出先国が要求する種苗
　　等に対する検査の手法開発や改善、輸出
　　先国が侵入を警戒する病害虫に対する
　　国内における発生実態の調査を進める
　　とともに、輸出植物解禁協議を迅速化す
　　るため、病害虫管理等の説明資料作成や、
　　AIやDNA分析を活用した新たな検疫措
　　置の確立等に向けた科学的データを収
　　集、蓄積する取組を推進します。
（コ）輸出先国の検疫条件に則した防除体系、
　　栽培方法、選果等の技術を確立するため
　　のサポート体制を整備するとともに、卸
　　売市場や集荷地等での輸出検査を行う

ことにより、産地等の輸出への取組を支援します。

（サ）令和3（2021）年8月に改正された「農林漁業法人等に対する投資の円滑化に関する特別措置法」（平成14年法律第52号）に基づき、輸出に取り組む事業者等への資金供給を後押しします。

（シ）輸出先国・地域の規制にあった食品添加物の代替利用を促進するために、事業者が輸出先国・地域の代替添加物を容易に利用できるよう具体的な対応策を検討します。

イ　海外への商流構築、プロモーションの促進

（ア）GFP等を通じた輸出促進

a　農林水産物・食品輸出プロジェクト（GFP）のコミュニティを通じ、農林水産省が中心となり輸出の可能性を診断する輸出診断、そのフォローアップや、輸出に向けた情報の提供、登録者同士の交流イベントの開催等を行います。また、輸出事業計画の策定、生産・加工体制の構築、事業効果の検証・改善等の取組を支援します。

b　日本食品海外プロモーションセンター（JFOODO）による、品目団体等と連携した戦略的プロモーション、海外富裕層をターゲットにした新たなマーケット開拓の取組を支援します。

c　独立行政法人日本貿易振興機構（JETRO）による、国内外の商談会の開催、海外見本市への出展、セミナー開催、専門家による相談対応等をオンラインを含め支援します。

d　新市場の獲得も含め、輸出拡大が期待される具体的かつ横断的な分野・テーマについて、民間事業者等による海外販路の開拓・拡大を支援します。

e　品目団体が輸出重点品目についてオールジャパンで行う海外販路開拓・市場調査等の輸出力強化に向けた取組を支援します。

（イ）日本食・食文化の魅力の発信

a　海外に活動拠点を置く日本料理関係者等の「日本食普及の親善大使」への任命や、海外における日本料理の調理技能認定を推進するための取組等への支援、外国人料理人等に対する日本料理講習会・日本料理コンテストの開催を通じ、日本食・食文化の普及活動を担う人材の育成を推進します。また、海外の日本食・食文化の発信拠点である「日本産食材サポーター店」の認定を推進するための取組への支援や、ポータルサイトを活用した海外向け日本食・食文化の魅力を発信します。

b　日本食レストランが海外進出するための取組を支援します。

c　農泊と連携しながら、地域の「食」や農林水産業、景観等の観光資源を活用して訪日外国人旅行者をもてなす取組を「SAVOR JAPAN（セイバー ジャパン）」として認定し、一体的に海外に発信します。

d　訪日外国人旅行者の主な観光目的である「食」と滞在中の多様な経験を組み合わせ、「食」の多様な価値を創出するとともに、帰国後もレストランや越境ECサイトでの購入等を通じて我が国の食を再体験できるような機会を提供することで、輸出拡大につなげていくため、「食かけるプロジェクト」の取組を推進します。

ウ　食産業の海外展開の促進

（ア）海外展開による事業基盤の強化

a　海外展開における阻害要因の解決を図るとともに、グローバル人材の確保、我が国の規格・認証の普及・浸透に向け、食関連企業及びASEAN各国の大学と連携し、食品加工・流通、分析等に関する教育を行う取組等を推進します。

b　JETROにおいて、商品トレンドや消費者動向等を踏まえた現場目線の情報提供やその活用ノウハウを通じたサポートを行うとともに、輸出先国バイヤーの発掘・関心喚起等輸出環境整備に取り組みます。

（イ）生産者等の所得向上につながる海外需要の獲得

　　　食産業の戦略的な海外展開を通じて広く海外需要を獲得し、国内生産者の販路や稼ぎの機会を増やしていくため、輸出拡大実行戦略に基づき、ノウハウの流出防止等に留意しつつ、我が国の農林水産業・食品産業の利益となる海外展開を推進します。

（2）知的財産等の保護・活用

ア　品質等の特性が産地と結び付いている我が国の伝統的な農林水産物・食品等を登録・保護する地理的表示（GI）保護制度の円滑な運用を図るとともに、登録申請に係る支援や制度の周知と理解の促進に取り組みます。また、全国のGI産地・GI産品を流通関係者や消費者等に広く紹介し、販路拡大や輸出促進につなげるため、各種展示会等への参加を支援します。さらに、登録生産者団体等に対する定期検査を行います。

イ　農林水産省と特許庁が協力しながら、セミナー等において、出願者に有益な情報や各制度の普及・啓発を行うとともに、独立行政法人工業所有権情報・研修館（INPIT）が各都道府県に設置する知財総合支援窓口において、特許、商標、営業秘密のほか、地方農政局等と連携してGI及び植物品種の育成者権等の相談に対応します。

ウ　「種苗法の一部を改正する法律」（令和2年法律第74号）に基づき、令和4（2022）年4月から登録品種の増殖を行う場合には育成者権者の許諾を必要とすること等の措置が講じられることとなり、新品種の適切な管理による我が国の優良な植物品種の流出防止など育成者権の保護・活用を図ります。あわせて、同改正法に基づく、新たな品種登録手続や判定制度について、適切な運用を行います。また、海外における品種登録（育成者権取得）や侵害対策を支援するとともに、品種保護に必要となるDNA品種識別法の開発等の技術課題の解決や、東アジアにおける品種保護制度の整備を促進するための協力活動等を推進します。

エ　「家畜改良増殖法」（昭和25年法律第209号）及び「家畜遺伝資源に係る不正競争の防止に関する法律」（令和2年法律第22号）に基づき、家畜遺伝資源の適正な流通管理の徹底や知的財産としての価値の保護を推進するため、その仕組みについて徹底を図るほか、全国の家畜人工授精所への立入検査を実施するとともに、家畜遺伝資源の利用者の範囲等について制限を付す売買契約の普及や家畜人工授精用精液等の流通を全国的に管理するシステムの構築・運用等を推進します。

オ　国際協定による諸外国とのGIの相互保護を推進するとともに、相互保護を受けた海外での執行の確保を図ります。また、海外における我が国のGIの不正使用状況調査の実施、生産者団体によるGIに対する侵害対策等の支援により、海外における知的財産侵害対策の強化を図ります。

カ　令和3（2021）年4月に策定した「農林水産省知的財産戦略2025」に基づき、施策を一体的に推進します。

3　消費者と食・農とのつながりの深化

（1）食育や地産地消の推進と国産農産物の消費拡大

ア　国民運動としての食育の推進

（ア）「第4次食育推進基本計画」（令和3（2021）年3月食育推進会議決定）等に基づき、関係府省庁が連携しつつ、様々な分野において国民運動として食育を推進します。

（イ）子供の基本的な生活習慣を育成するための「早寝早起き朝ごはん」国民運動を推進します。

（ウ）食育活動表彰を実施し受賞者を決定するとともに、新たな取組の募集を行います。

イ　地域における食育の推進

　　　郷土料理等地域の食文化の継承や農林

漁業体験機会の提供、和食給食の普及、共食機会の提供、地域で食育を推進するリーダーの育成等、地域で取り組む食育活動を支援します。

ウ　学校における食育の推進

家庭や地域との連携を図るとともに、学校給食を活用しつつ、学校における食育の推進を図ります。

エ　国産農産物の消費拡大の促進

（ア）食品関連事業者と生産者団体、国が一体となって、食品関連事業者等における国産農産物の利用促進の取組等を後押しするなど、国産農産物の消費拡大に向けた取組を実施します。

（イ）消費者と生産者の結び付きを強化し、我が国の「食」と「農林漁業」についてのすばらしい価値を国内外にアピールする取組を支援します。

（ウ）地域の生産者等と協働し、日本産食材の利用拡大や日本食文化の海外への普及等に貢献した料理人を顕彰する制度である「料理マスターズ」を実施します。

（エ）生産者と実需者のマッチング支援を通じて、中食・外食向けの米の安定取引の推進を図ります。また、米飯学校給食の推進・定着に加え、業界による主体的取組を応援する運動「やっぱりごはんでしょ！」の実施などSNSを活用した取組や、「米と健康」に着目した情報発信など、米消費拡大の取組の充実を図ります。

（オ）砂糖に関する正しい知識の普及・啓発に加え、砂糖の需要拡大に資する業界による主体的取組を応援する運動「ありが糖運動」の充実を図ります。

（カ）地産地消の中核的施設である農産物直売所の運営体制強化のための検討会の開催及び観光需要向けの商品開発や農林水産物の加工・販売のための機械・施設等の整備を支援するとともに、施設給食の食材として地場産農林水産物を安定的に生産・供給する体制の構築に向けた取組やメニュー開発等の取組を支援

します。

（2）和食文化の保護・継承

地域固有の多様な食文化を地域で保護・継承していくため、各地域が選定した伝統的な食品の調査・データベース化及び普及等を行います。また、子供たちや子育て世代に対して和食文化の普及活動を行う中核的な人材を育成するとともに、子供たちを対象とした和食文化普及のための取組を通じて和食文化の次世代への継承を引き続き図ります。さらに、官民協働の「Let's！和ごはんプロジェクト」の取組を推進するとともに、文化庁における食の文化的価値の可視化の取組と連携し、和食が持つ文化的価値の発信を進めます。くわえて、中食・外食事業者におけるスマートミールの導入を推進するともに、ブランド野菜・畜産物等の地場産食材の活用促進を図ります。

（3）消費者と生産者の関係強化

消費者・食品関連事業者・生産者団体を含めた官民協働による、食と農とのつながりの深化に着目した新たな国民運動「食から日本を考える。ニッポンフードシフト」として、地域の農業・農村の価値や生み出される農林水産物の魅力を伝える交流イベント等、消費者と生産者の関係強化に資する取組を実施します。

4　国際的な動向等に対応した食品の安全確保と消費者の信頼の確保

（1）科学の進展等を踏まえた食品の安全確保の取組の強化

科学的知見に基づき、国際的な枠組みによるリスク評価、リスク管理及びリスクコミュニケーションを実施します。

（ア）食品安全に関するリスク管理を一貫した考え方で行うための標準手順書に基づき、農畜水産物や加工食品、飼料中の有害化学物質・有害微生物の調査や安全性向上対策の策定に向けた試験研究を実施します。

（イ）試験研究や調査結果の科学的解析に基

づき、施策・措置に関する企画や立案を行い、生産者・食品事業者に普及するとともに、その効果を検証し、必要に応じて見直します。

（ウ）情報の受け手を意識して、食品安全に関する施策の情報を発信します。

（エ）食品中に残留する農薬等に関するポジティブリスト制度導入時に残留基準を設定した農薬等や新たに登録等の申請があった農薬等について、食品健康影響評価結果を踏まえた残留基準の設定、見直しを推進します。

（オ）食品の安全性等に関する国際基準の策定作業への積極的な参画や、国内における情報提供や意見交換を実施します。

（カ）関係府省庁の消費者安全情報総括官等による情報の集約及び共有を図るとともに、食品安全に関する緊急事態等における対応体制を点検・強化します。

（キ）食品関係事業者の自主的な企業行動規範等の策定を促すなど食品関係事業者のコンプライアンス（法令の遵守及び倫理の保持等）確立のための各種取組を促進します。

ア　生産段階における取組

　　生産資材（肥料、飼料・飼料添加物、農薬、動物用医薬品）の適正使用を推進するとともに、科学的データに基づく生産資材の使用基準、有害物質等の基準値の設定・見直し、薬剤耐性菌のモニタリングに基づくリスク低減措置等を行い、安全な農畜水産物の安定供給を確保します。

（ア）肥料については、改正された「肥料の品質の確保等に関する法律」（昭和25年法律第127号）の下、農家が安心して利用できる有機・副産物肥料の活用が拡大するよう、引き続き、肥料事業者等に対する制度内容の周知を進めます。

（イ）農薬については、「農薬取締法」（昭和23年法律第82号）に基づき、農薬の使用者や蜜蜂への影響等の安全性に関する審査を行うとともに、全ての農薬につ

いて順次、最新の科学的知見に基づく再評価を進めます。

（ウ）飼料・飼料添加物については、家畜の健康影響や畜産物を摂取した人の健康影響のリスクが高い有害化学物質等の汚染実態データ等を優先的に収集し、有害化学物質等の基準値の設定・見直し等を行い、飼料の安全を確保します。飼料関係事業者における飼料のGMP（適正製造規範）の導入推進や技術的支援により、より効果的かつ効率的に飼料の安全確保を図ります。

（エ）動物用医薬品については、動物用抗菌剤の農場単位での使用実態を把握できる仕組みの開発を検討するとともに、動物用抗菌剤の予防的な投与を限定的にするよう、獣医師に指導を行います。また、薬剤耐性菌の統合的なモニタリングやゲノム解析の結果を活用し、科学的根拠に基づく薬剤耐性菌のリスク低減措置の迅速化や適正化を図ります。

イ　製造段階における取組

（ア）HACCPに沿った衛生管理を行う事業者が輸出に取り組むことができるよう、HACCPの導入に必要な一般衛生管理の徹底や、輸出先国ごとに求められる食品安全管理に係る個別条件への理解促進及びHACCPに係る民間認証の取得等のための研修会の開催、「食品の製造過程の管理の高度化に関する臨時措置法」（平成10年法律第59号）による施設整備に対する金融措置等の支援を実施します。

（イ）食品等事業者に対する監視指導や事業者による自主的な衛生管理を推進します。

（ウ）食品衛生監視員の資質向上や検査施設の充実等を推進します。

（エ）長い食経験を考慮し使用が認められている既存添加物について、安全性の検討を推進します。

（オ）保健機能食品（特定保健用食品、栄養

機能食品及び機能性表示食品）を始めとしたいわゆる「健康食品」について、事業者の安全性の確保の取組を推進するとともに、保健機能食品制度の普及・啓発に取り組みます。

（カ）SRM（特定危険部位）の除去・焼却、BSE（牛海綿状脳症）検査の実施等により、食肉の安全を確保します。

ウ　輸入に関する取組

　輸出国政府との二国間協議や在外公館を通じた現地調査等の実施、情報等を入手するための関係府省の連携の推進、監視体制の強化等により、輸入食品の安全性の確保を図ります。

（2）食品表示情報の充実や適切な表示等を通じた食品に対する消費者の信頼の確保

ア　食品表示の適正化等

（ア）「食品表示法」（平成25年法律第70号）及び「不当景品類及び不当表示防止法」（昭和37年法律第134号）に基づき、関係府省が連携した監視体制の下、適切な表示を推進します。また、中食・外食における原料原産地表示については、「外食・中食における原料原産地情報提供ガイドライン」（平成31（2019）年3月策定）に基づく表示の普及を図ります。

（イ）輸入品以外の全ての加工食品に対して、原料原産地表示を行うことが義務付けられた新たな原料原産地表示制度については、引き続き消費者への普及・啓発を行い、理解促進を図ります。

（ウ）米穀等については、「米穀等の取引等に係る情報の記録及び産地情報の伝達に関する法律」（平成21年法律第26号。以下「米トレーサビリティ法」という。）により産地情報伝達の徹底を図ります。

（エ）栄養成分表示についての普及啓発を進め、健康づくりに役立つ情報源としての理解促進を図ります。

イ　食品トレーサビリティの普及啓発

（ア）食品のトレーサビリティに関し、事業者が自主的に取り組む際のポイントを解説する実践的食品表示モデルを策定します。あわせて、策定したモデルを用いて、普及・啓発に取り組みます。

（イ）米穀等については、米トレーサビリティ法に基づき、制度の適正な運用に努めます。

（ウ）国産牛肉については、「牛の個体識別のための情報の管理及び伝達に関する特別措置法」（平成15年法律第72号）による制度の適正な実施が確保されるようDNA分析技術を活用した監視等を実施します。

ウ　消費者への情報提供等

（ア）フードチェーンの各段階で事業者間のコミュニケーションを円滑に行い、食品関係事業者の取組を消費者まで伝えていくためのツールの普及等を進めます。

（イ）「消費者の部屋」等において、消費者からの相談を受け付けるとともに、展示等を開催し、農林水産行政や食生活に関する情報を幅広く提供します。

5　食料供給のリスクを見据えた総合的な食料安全保障の確立

（1）不測時に備えた平素からの取組

　「緊急事態食料安全保障指針」（令和3（2021）年7月改正）に関するシミュレーション演習を実施します。

　食料の安定供給に影響を与える国内・国外のリスクについて、その影響度合い等について分析・評価を行います。

　大規模災害等に備えた家庭備蓄の普及のため、家庭での実践方法をまとめたガイドブックやWebサイト等での情報発信を行います。

（2）国際的な食料需給の把握、分析

　省内外において収集した国際的な食料需給に係る情報を一元的に集約するとともに、我が国独自の短期的な需給変動要因の分析や、中長期の需給見通しを策定し、これらを国民に分かりやすく発信します。

　また、衛星データを活用し、食料輸出国

や発展途上国等における気象や主要農作物の作柄の把握・モニタリングに向けた研究を行います。

さらに、海外の食料の需要や生産の状況、新型コロナウイルス感染症による食料供給への影響の実態も踏まえた新たなリスクについて調査・分析を行い、我が国の食料安全保障の観点から中長期的な課題や取り組むべき方向性を議論し、関係者で共有します。

（3）輸入穀物等の安定的な確保

ア　輸入穀物の安定供給の確保

（ア）麦の輸入先国との緊密な情報交換等を通じ、安定的な輸入を確保します。

（イ）政府が輸入する米麦について、残留農薬等の検査を実施します。

（ウ）輸入依存度の高い小麦について、港湾スト等により輸入が途絶した場合に備え、外国産食糧用小麦需要量の2.3か月分を備蓄し、そのうち政府が1.8か月分の保管料を助成します。

（エ）輸入依存度の高い飼料穀物について、不測の事態における海外からの供給遅滞・途絶、国内の配合飼料工場の被災に伴う配合飼料の急激な逼迫等に備え、配合飼料メーカー等が事業継続計画（BCP）に基づいて実施する飼料穀物の備蓄、不測の事態により配合飼料の供給が困難となった地域への配合飼料の緊急運搬、災害に強い配合飼料輸送等の検討の取組に対して支援します。

イ　港湾の機能強化

（ア）ばら積み貨物の安定的かつ安価な輸入を実現するため、大型船に対応した港湾機能の拠点的確保や企業間連携の促進等による効率的な海上輸送網の形成に向けた取組を推進します。

（イ）国際海上コンテナターミナル、国際物流ターミナルの整備等、港湾の機能強化を推進します。

ウ　遺伝資源の収集・保存・提供機能の強化

国内外の遺伝資源を収集・保存するとともに、有用特性等のデータベース化に加え、幅広い遺伝変異をカバーした代表的品種群（コアコレクション）の整備を進めることで、植物・微生物・動物遺伝資源の更なる充実と利用者への提供を促進します。

特に、海外植物遺伝資源については、二国間共同研究等を実施する中で、ITPGR（食料及び農業のための植物遺伝資源に関する国際条約）を活用した相互利用を推進することで、アクセス環境を整備します。また、国内植物遺伝資源については、公的研究機関等が管理する国内在来品種を含む我が国の遺伝資源をワンストップで検索できる統合データベースの整備を進めるなど、オールジャパンで多様な遺伝資源を収集・保存・提供する体制の強化を推進します。

エ　肥料の供給の安定化

化学肥料は、主要な原料である尿素・りん酸アンモニウム・塩化加里のいずれも埋蔵・産出量ともに特定の地域に偏在し、我が国はその多くを海外からの輸入に依存していることから、肥料原料の海外からの安定調達を進めつつ、土壌診断による適正な肥料の施用、化学肥料から家畜排せつ物や下水汚泥等の国内資源の有効活用による代替等、海外依存の低減に向けた取組を強化します。

（4）国際協力の推進

ア　世界の食料安全保障に係る国際会議への参画等

G7サミット、G20サミット及びその関連会合、APEC（アジア太平洋経済協力）関連会合、ASEAN＋3（日中韓）農林大臣会合、FAO（国際連合食糧農業機関）理事会、OECD（経済協力開発機構）農業委員会等の世界の食料安全保障に係る国際会議に積極的に参画し、持続可能な農業生産の増大、生産性の向上及び多様な農業の共存に向けて国際的な議論に貢献します。

また、フードバリューチェーンの構築が農産物の付加価値を高め、農家・農村の所

得向上と食品ロス削減に寄与し、食料安全保障を向上させる上で重要であることを発信します。

イ　飢餓、貧困、栄養不良への対策

（ア）研究開発、栄養改善のためのセミナーの開催や情報発信等を支援します。

（イ）飢餓・貧困の削減に向け、米等の生産性向上及び高付加価値化のための研究を支援します。

ウ　アフリカへの農業協力

農業は、アフリカにおいて最大の雇用を擁する産業であり、地域の発展には農業の発展が不可欠となっているため、農業生産性の向上や持続可能な食料システム構築等の様々な支援を通じ、アフリカ農業の発展への貢献を引き続き行います。

これに加え、近年、気候変動の議論において、農業に起因する森林伐採や過放牧等の環境負荷が課題となっており、環境に調和した農業の確立が求められています。

令和4（2022）年にチュニジアで開催されるTICAD8（第8回アフリカ開発会議）において、各国との連携を図りつつ、各農業上の課題解決に取り組みます。

また、対象国のニーズを捉え、我が国の食文化の普及や農林水産物・食品輸出に取り組む企業の海外展開を引き続き推進します。

エ　気候変動や越境性動物疾病等の地球規模の課題への対策

（ア）パリ協定を踏まえた森林減少・劣化抑制、農地土壌における炭素貯留等に関する途上国の能力向上、耐塩性・耐干性イネやGHG（温室効果ガス）排出削減につながる栽培技術の開発等の気候変動対策を推進します。また、気候変動緩和策に資する研究及び越境性病害の我が国への侵入防止に資する研究並びにアジアにおける口蹄疫、高病原性鳥インフルエンザ、アフリカ豚熱等の越境性動物疾病及び薬剤耐性対策等を推進します。

（イ）東アジア地域（ASEAN10か国、日本、中国及び韓国）における食料安全保障の強化と貧困の撲滅を目的とし、大規模災害等の緊急時に備えるため、ASEAN＋3緊急米備蓄（APTERR）の取組を推進します。

（5）動植物防疫措置の強化

ア　世界各国における口蹄疫、高病原性鳥インフルエンザ、アフリカ豚熱等の発生状況、新たな植物の病害虫の発生等を踏まえ、国内における家畜の伝染性疾病や植物の病害虫の発生予防及びまん延防止対策、発生時の危機管理体制の整備等を実施します。また、国際的な連携を強化し、アジア地域における防除能力の向上を支援します。

豚熱や高病原性鳥インフルエンザ等の家畜の伝染性疾病については、早期通報や野生動物の侵入防止等、生産者による飼養衛生管理の徹底がなされるよう、都道府県と連携して指導を行います。特に、豚熱については、円滑なワクチン接種を進めるとともに、野生イノシシの対策として、捕獲強化や経口ワクチンの散布を実施します。

イ　家畜防疫官・植物防疫官や検疫探知犬の適切な配置等による検査体制の整備・強化により、水際対策を適切に講ずるとともに、家畜の伝染性疾病及び植物の病害虫の侵入・まん延防止のための取組を推進します。

ウ　地域の産業動物獣医師への就業を志す獣医大学の地域枠入学者・獣医学生に対する修学資金の給付、獣医学生を対象とした産業動物獣医師の業務について理解を深めるための臨床実習、産業動物獣医師を対象とした技術向上のための臨床研修を支援します。また、産業動物分野における獣医師の中途採用者を確保するための就業支援、女性獣医師等を対象とした職場復帰・再就職に向けたスキルアップのための研修や中高生等を対象とした産業動物獣医師の業務について理解を深めるセミナー等の実施による産業動物獣医師の育成、遠隔診療の適時・適切な活用を推進するため、情報通信機器を活用した産業動物診療

の効率化等を支援します。

エ　気候変動等により病害虫の侵入リスクが増加していること、化学農薬による環境負荷の低減が国際的な課題となっていること等を踏まえ、病害虫の国内への侵入状況等に関する調査事業の実施、防除内容等に係る基準の作成等による緊急防除の迅速化、病害虫の発生予防を含めた防除に関する農業者への勧告、命令等の措置の導入、輸入検疫等における対象物品の範囲及び植物防疫官の権限の拡充等の措置を内容とする「植物防疫法の一部を改正する法律案」を第208回通常国会に提出したところです。

6　TPP等新たな国際環境への対応、今後の国際交渉への戦略的な対応

「成長戦略フォローアップ」（令和3（2021）年6月策定）等に基づき、グローバルな経済活動のベースとなる経済連携を進めます。

また、日トルコEPA等の経済連携交渉やWTO農業交渉等の農産物貿易交渉において、我が国農産品のセンシティビティに十分配慮しつつ、我が国の農林水産業が、今後とも国の基として重要な役割を果たしていけるよう、交渉を行うとともに、我が国農産品の輸出拡大につながる交渉結果の獲得を目指します。

さらに、TPP11、日EU・EPA、日米貿易協定、日英EPA及びRCEP協定の効果を最大限に活かすために改訂された「総合的なTPP等関連政策大綱」に基づき、体質強化対策や経営安定対策を着実に実施します。

Ⅲ　農業の持続的な発展に関する施策

1　力強く持続可能な農業構造の実現に向けた担い手の育成・確保
（1）認定農業者制度や法人化等を通じた経営発展の後押し
ア　担い手への重点的な支援の実施
（ア）認定農業者等の担い手が主体性と創意

工夫を発揮して経営発展できるよう、担い手に対する農地の集積・集約化の促進や経営所得安定対策、出資や融資、税制等、経営発展の段階や経営の態様に応じた支援を行います。
（イ）その際、既存経営基盤では現状の農地引受けが困難な担い手も現れていることから、地域の農業生産の維持への貢献という観点から、こうした担い手への支援の在り方について検討します。
イ　農業経営の法人化の加速と経営基盤の強化
（ア）経営意欲のある農業者が創意工夫を活かした農業経営を展開できるよう、都道府県が整備する経営サポート体制を通じた経営相談・経営診断、課題を有する農業者の伴走機関による掘り起こしや専門家派遣等の支援等により、農業経営の法人化を促進します。
（イ）担い手が少ない地域においては、地域における農業経営の受皿として、集落営農の組織化を推進するとともに、これを法人化に向けての準備・調整期間と位置付け、法人化を推進します。また、地域外の経営体や販売面での異業種との連携等を促進します。さらに、農業法人等が法人幹部や経営者となる人材を育成するために実施する実践研修への支援等を行います。
（ウ）集落営農について、法人化に向けた取組の加速化や地域外からの人材確保、地域外の経営体との連携や統合・再編等を推進します。
ウ　青色申告の推進
農業経営の着実な発展を図るためには、自らの経営を客観的に把握し経営管理を行うことが重要であることから、農業者年金の政策支援、農業経営基盤強化準備金制度、収入保険への加入推進等を通じ、農業者による青色申告を推進します。
（2）経営継承や新規就農、人材の育成・確保

等
ア　次世代の担い手への円滑な経営継承
（ア）人と農地に関する情報のデータベース化を進め、移譲希望者と就農希望者のマッチングなど第三者への継承を推進するほか、都道府県が整備する就農サポート・経営サポート体制を通じた専門家による相談対応、継承計画の策定支援等を推進するとともに地域の中心となる担い手の後継者による経営継承後の経営発展に向けた取組を支援します。
（イ）園芸施設・畜産関連施設、樹園地等の経営資源について、第三者機関・組織も活用しつつ、再整備・改修等のための支援により、円滑な継承を促進します。
イ　農業を支える人材の育成のための農業教育の充実
（ア）農業高校や農業大学校等の農業教育機関において、先進的な農業経営者等による出前授業や現場研修等、就農意欲を喚起するための取組を推進します。また、スマート農業に関する教育の推進を図るとともに、農業教育の高度化に必要な農業機械・設備等の整備を推進します。
（イ）農業高校や農業大学校等における教育カリキュラムの強化や教員の指導力向上等、農業教育の高度化を推進します。
（ウ）国内の農業高校と海外の農業高校の交流を推進するとともに、海外農業研修の実施を支援します。
（エ）幅広い世代の新規就農希望者に対し、農業教育機関における実践的なリカレント教育の実施を支援します。
ウ　青年層の新規就農と定着促進
（ア）次世代を担う農業者となることを志向する者に対し、就農前の研修（2年以内）の後押しと就農直後（3年以内）の経営確立に資する資金の交付を行います。
（イ）初期投資の負担を軽減するための機械・施設等の取得に対する地方と連携した支援、無利子資金の貸付け等を行います。

（ウ）就農準備段階から経営開始後まで、地方公共団体や農業協同組合、農業者、農地中間管理機構、民間企業等の関係機関が連携し一貫して支援する地域の就農受入体制を充実します。
（エ）農業法人等における雇用就農の促進のための支援に当たり、労働時間の管理、休日・休憩の確保、男女別トイレの整備、キャリアパスの提示やコミュニケーションの充実等、誰もがやりがいを持って働きやすい職場環境整備を行う農業法人等を支援することで、農業の「働き方改革」を推進します。
（オ）職業としての農業の魅力や就農に関する情報について、民間企業等とも連携して、就農情報ポータルサイト「農業をはじめる.JP」やSNS、就農イベント等を通じた情報発信を強化します。
（カ）自営や法人就農、短期雇用等様々な就農相談等にワンストップで対応できるよう都道府県の就農専属スタッフへの研修を行い、相談体制を強化します。
（キ）農業者の生涯所得の充実の観点から、農業者年金への加入を推進します。
エ　女性が能力を発揮できる環境整備
（ア）認定農業者の農業経営改善計画認定申請の際の共同申請、経営体向け補助事業について女性農業者等による積極的な活用を促進します。
（イ）地域のリーダーとなり得る女性農業経営者の育成、女性グループの活動、女性が働きやすい環境づくり、女性農業者の活躍事例の普及等の取組を支援します。
（ウ）「農業委員会等に関する法律」（昭和26年法律第88号）及び「農業協同組合法」（昭和22年法律第132号）における、農業委員や農業協同組合の理事等の年齢及び性別に著しい偏りが生じないように配慮しなければならない旨の規定を踏まえ、委員・理事等の任命・選出に当たり、女性の参画拡大に向けた取組を促進します。

（エ）女性農業者の知恵と民間企業の技術、ノウハウ、アイデア等を結び付け、新たな商品やサービス開発等を行う「農業女子プロジェクト」における企業や教育機関との連携強化、地域活動の推進により女性農業者が活動しやすい環境を作るとともに、これらの活動を発信し、若い女性新規就農者の増加に取り組みます。

オ　企業の農業参入

農地中間管理機構を中心としてリース方式による企業の参入を促進します。

2　農業現場を支える多様な人材や主体の活躍

（1）中小・家族経営など多様な経営体による地域の下支え

農業現場においては、中小・家族経営等多様な経営体が農業生産を支えている現状と、地域において重要な役割を果たしていることに鑑み、現状の規模にかかわらず、生産基盤の強化に取り組むとともに、品目別対策や多面的機能支払制度、中山間地域等直接支払制度等により、産業政策と地域政策の両面から支援します。

（2）次世代型の農業支援サービスの定着

生産現場における人手不足や生産性向上等の課題に対応し、農業者が営農活動の外部委託等様々な農業支援サービスを活用することで経営の継続や効率化を図ることができるよう、ドローンや自動走行農機等の先端技術を活用した作業代行やシェアリング・リース、食品事業者と連携した収穫作業の代行等の次世代型の農業支援サービスの育成・普及を推進します。

（3）多様な人材が活躍できる農業の「働き方改革」の推進

ア　労働環境の改善に取り組む農業法人等における雇用就農の促進を支援することにより、農業経営者が、労働時間の管理、休日・休憩の確保、男女別トイレの整備、キャリアパスの提示やコミュニケーションの充実等、誰もがやりがいがあり、働きやすい環境づくりに向けて計画を作成し、従業員と共有することを推進します。

イ　農繁期等における産地の短期労働力を確保するため、他産業、大学、他地域との連携等による多様な人材とのマッチングを行う産地の取組や、農業法人等における労働環境の改善を推進する取組を支援し、労働環境整備等の農業の「働き方改革」の先進的な取組事例の発信・普及を図ります。

ウ　特定技能制度による農業現場での外国人材の円滑な受入れに向けて、技能試験を実施するとともに、就労する外国人材が働きやすい環境の整備等を支援します。

エ　地域人口の急減に直面している地域において、「地域人口の急減に対処するための特定地域づくり事業の推進に関する法律」（令和元年法律第64号）の仕組みを活用し、地域内の様々な事業者をマルチワーク（一つの仕事のみに従事するのではなく、複数の仕事に携わる働き方）により支える人材の確保及びその活躍を推進することにより、地域社会の維持及び地域経済の活性化を図るために、モデルを示しつつ、本制度の周知を図ります。

3　担い手等への農地集積・集約化と農地の確保

（1）担い手への農地集積・集約化の加速化

ア　実質化された「人・農地プラン」の実行

地域の徹底した話合いにより策定された「人・農地プラン」の実行を通じて、担い手への農地の集積・集約化を加速化します。

地域の農業者等による話合いを踏まえ、将来の農業の在り方等を定めた地域計画の策定等を内容とする「農業経営基盤強化促進法等の一部を改正する法律案」を第208回国会に提出したところです。

イ　農地中間管理機構のフル稼働

将来の農業の在り方等を定めた地域計画の策定や、地域計画の達成に向けた農地の集約化等の推進等を内容とする「農業経

営基盤強化促進法等の一部を改正する法律案」を第208回国会に提出したところです。
ウ　所有者不明農地への対応の強化
　　「農業経営基盤強化促進法等の一部を改正する法律」（平成30年法律第23号）に基づき創設した制度の利用を促すほか、令和5（2023）年4月以降順次施行される新たな民事基本法制の仕組みを踏まえ、関係省庁と連携して所有者不明農地の有効利用を図ります。
（2）荒廃農地の発生防止・解消、農地転用許可制度等の適切な運用
ア　多面的機能支払制度及び中山間地域等直接支払制度による地域・集落の共同活動、農地中間管理事業による集積・集約化の促進、最適土地利用対策による地域の話合いを通じた荒廃農地の有効活用や低コストな肥培管理による農地利用（粗放的な利用）、基盤整備の活用等による荒廃農地の発生防止・解消に努めます。
イ　農地の転用規制及び農業振興地域制度の適正な運用を通じ、優良農地の確保に努めます。

4　農業経営の安定化に向けた取組の推進
（1）収入保険制度や経営所得安定対策等の着実な推進
ア　収入保険の普及促進・利用拡大
　　自然災害や価格下落等の様々なリスクに対応し、農業経営の安定化を図るため、収入保険の普及促進・利用拡大を図ります。このため、現場ニーズ等を踏まえた改善等を行うとともに、地域において、農業共済組合や農業協同組合等の関係団体等が連携して推進体制を構築し、加入促進の取組を引き続き進めます。
イ　経営所得安定対策等の着実な実施
　　「農業の担い手に対する経営安定のための交付金の交付に関する法律」（平成18年法律第88号）に基づく畑作物の直接支払交付金及び米・畑作物の収入減少影響緩和

交付金、「畜産経営の安定に関する法律」（昭和36年法律第183号）に基づく肉用牛肥育・肉豚経営安定交付金（牛・豚マルキン）及び加工原料乳生産者補給金、「肉用子牛生産安定等特別措置法」（昭和63年法律第98号）に基づく肉用子牛生産者補給金、「野菜生産出荷安定法」（昭和41年法律第103号）に基づく野菜価格安定対策等の措置を安定的に実施します。
（2）総合的かつ効果的なセーフティネット対策の在り方の検討等
ア　総合的かつ効果的なセーフティネット対策の在り方の検討
　　収入保険については、農業保険以外の制度も含め、収入減少を補塡する関連施策全体の検証を行い、農業者のニーズ等を踏まえ、総合的かつ効果的なセーフティネット対策の在り方について検討し、必要な措置を講じます。
イ　手続の電子化、申請データの簡素化等の推進
　　農業保険や経営所得安定対策等の類似制度について、申請内容やフローの見直し等の業務改革を実施しつつ、手続の電子化の推進、申請データの簡素化等を進めるとともに、利便性向上等を図るため、総合的なセーフティネットの窓口体制の改善・集約化を引き続き検討します。

5　農業の成長産業化や国土強靱化に資する農業生産基盤整備
（1）農業の成長産業化に向けた農業生産基盤整備
ア　農地中間管理機構等との連携を図りつつ、農地の大区画化等を推進します。
イ　高収益作物に転換するための水田の汎用化・畑地化及び畑地・樹園地の高機能化を推進します。
ウ　ICT水管理等の営農の省力化に資する技術の活用を可能にする農業生産基盤の整備の展開を図るとともに、農業農村インフラの管理の省力化・高度化、地域活性化及

びスマート農業の実装促進のための情報通信環境の整備を推進します。

（2）農業水利施設の戦略的な保全管理

ア　点検、機能診断及び監視を通じた適切なリスク管理の下での計画的かつ効率的な補修、更新等により、徹底した施設の長寿命化とライフサイクルコストの低減を図ります。

イ　農業者の減少・高齢化が進む中、農業水利施設の機能が安定的に発揮されるよう、施設の更新に合わせ、集約、再編、統廃合等によるストックの適正化を推進します。

ウ　ロボット、AI等の利用に関する研究開発・実証調査を推進します。

（3）農業・農村の強靱化に向けた防災・減災対策

ア　基幹的な農業水利施設の改修等のハード対策と機能診断等のソフト対策を組み合わせた防災・減災対策を実施します。

イ　「農業用ため池の管理及び保全に関する法律」（平成31年法律第17号）に基づき、ため池の決壊による周辺地域への被害の防止に必要な措置を進めます。

ウ　「防災重点農業用ため池に係る防災工事等の推進に関する特別措置法」（令和2年法律第56号）の規定により都道府県が策定した推進計画に基づき、優先度の高いものから防災工事等に取り組むとともに、防災工事等が実施されるまでの間についても、ハザードマップの作成、監視・管理体制の強化等を行うなど、これらの対策を適切に組み合わせて、ため池の防災・減災対策を推進します。

エ　大雨により水害が予測されるなどの際、①事前に農業用ダムの水位を下げて雨水を貯留する「事前放流」、②水田に雨水を一時的に貯留する「田んぼダム」、③ため池への雨水の一時的な貯留、④農作物への被害のみならず、市街地や集落の湛水被害も防止・軽減させる排水施設の整備等、流域治水の取組を通じた防災・減災対策の強化に取り組みます。

オ　排水の計画基準に基づき、農業水利施設等の排水対策を推進します。

カ　津波、高潮、波浪その他海水又は地盤の変動による被害等から農地等を防護するため、海岸保全施設の整備等を実施します。

（4）農業・農村の構造の変化等を踏まえた土地改良区の体制強化

土地改良区の組合員の減少、ICT水管理等の新技術及び管理する土地改良施設の老朽化に対応するため、准組合員制度の導入、土地改良区連合の設立、貸借対照表を活用した施設更新に必要な資金の計画的な積立の促進等、「土地改良法の一部を改正する法律」（平成30年法律第43号）の改正事項の定着を図り、土地改良区の運営基盤の強化を推進します。また、多様な人材の参画を図る取組を加速的に推進します。

6　需要構造等の変化に対応した生産基盤の強化と流通・加工構造の合理化

（1）肉用牛・酪農の生産拡大など畜産の競争力強化

ア　生産基盤の強化

（ア）牛肉・牛乳乳製品等畜産物の国内需要への対応と輸出拡大に向けて、肉用牛については、肉用繁殖雌牛の増頭、繁殖性の向上による分娩間隔の短縮等の取組等を推進します。酪農については、性判別技術の活用による乳用後継牛の確保、高品質な生乳の生産による多様な消費者ニーズに対応した牛乳乳製品の供給を推進します。

（イ）労働力負担軽減・省力化に資するロボット、AI、IoT等の先端技術の普及・定着、生産関連情報等のデータに基づく家畜改良や飼養管理技術の高度化、農業者と外部支援組織等の役割分担・連携の強化、GAP、アニマルウェルフェアの普及・定着を図ります。

（ウ）子牛や国産畜産物の生産・流通の円滑化に向けた家畜市場や食肉処理施設及び生乳の処理・貯蔵施設の再編等の取組

を推進し、肉用牛・酪農等の生産基盤を強化します。あわせて、米国・EU等の輸出先国の衛生水準を満たす輸出認定施設の増加及び輸出認定施設を中心として関係事業者が連携したコンソーシアムによる輸出促進の取組を推進します。

（エ）以下の施策等を実施します。

a　畜種ごとの経営安定対策

（a）酪農関係では、①加工原料乳に対する加工原料乳生産者補給金及び集送乳調整金の交付、②加工原料乳の取引価格が低落した場合の補填金の交付等の対策

（b）肉用牛関係では、①肉用子牛対策として、子牛価格が保証基準価格を下回った場合に補給金を交付する肉用子牛生産者補給金制度、②肉用牛肥育対策として、標準的販売価格が標準的生産費を下回った場合に交付金を交付する肉用牛肥育経営安定交付金（牛マルキン）

（c）養豚関係では、標準的販売価格が標準的生産費を下回った場合に交付金を交付する肉豚経営安定交付金（豚マルキン）

（d）養鶏関係では、鶏卵の取引価格が補填基準価格を下回った場合に補填金を交付するなどの鶏卵生産者経営安定対策事業

を安定的に実施します。

b　飼料価格安定対策

配合飼料価格安定制度を適切に運用するとともに、国産濃厚飼料の増産や地域の飼料化可能な未利用資源を飼料として利用する取組等を推進します。

イ　生産基盤強化を支える環境整備

（ア）家畜排せつ物の土づくりへの活用を促進するため、家畜排せつ物処理施設の機能強化・堆肥のペレット化等を推進します。飼料生産については、草地整備・草地改良、放牧、公共牧場の利用、水田を活用した飼料生産、子実用とうもろこし等の国産濃厚飼料の増産や安定確保に向けた指導・研修、飼料用種子の備蓄、エコフィード等の利活用等により、国産飼料の生産・利用を推進します。

（イ）和牛は、我が国固有の財産であり、家畜遺伝資源の不適正な流通は、我が国の畜産振興に重大な影響を及ぼすおそれがあることから、家畜遺伝資源の流通管理の徹底、知的財産としての価値の保護を推進するため、その仕組みについて徹底を図るほか、全国の家畜人工授精所への立入検査を実施するとともに、家畜遺伝資源の利用者の範囲等について制限を付す売買契約の普及を図ります。また、家畜人工授精用精液等の流通を全国的に管理するシステムの構築・運用等を推進するとともに、和牛の血統の信頼を確保するため、遺伝子型の検査によるモニタリング調査を推進する取組を支援します。

（ウ）令和4（2022）年4月に施行される「畜舎等の建築等及び利用の特例に関する法律」（令和3年法律第34号）について、都道府県等と連携し、畜舎建築利用計画認定制度の円滑な運用を行います。

（2）新たな需要に応える園芸作物等の生産体制の強化

ア　野菜

（ア）既存ハウスのリノベーションや、環境制御・作業管理等の技術習得に必要なデータ収集・分析機器の導入等、データを活用して生産性・収益向上につなげる体制づくり等を支援するとともに、より高度な生産が可能となる低コスト耐候性ハウスや高度環境制御栽培施設等の導入を支援します。

（イ）水田地帯における園芸作物の導入に向けた合意形成や試験栽培、園芸作物の本格生産に向けた機械・施設のリース導入等を支援します。

（ウ）複数の産地と協業して、加工・業務用等の新市場が求めるロット・品質での供

給を担う拠点事業者による貯蔵・加工等の拠点インフラの整備や生育予測等を活用した安定生産の取組等を支援します。

（エ）農業者と協業しつつ、①生産安定・効率化機能、②供給調整機能、③実需者ニーズ対応機能の三つの全ての機能を具備又は強化するモデル性の高い生産事業体の育成を支援します。

イ 果樹

（ア）優良品目・品種への改植・新植及びそれに伴う未収益期間における幼木の管理経費を支援します。

（イ）平坦で作業性の良い水田等への新植や、労働生産性向上が見込まれる省力樹形の導入を推進するとともに、まとまった面積での省力樹形及び機械作業体系の導入等による労働生産性を抜本的に高めたモデル産地の育成を支援します。

（ウ）省力樹形用苗木の安定生産に向けたモデル的な取組を支援します。

ウ 花き

（ア）需要構造の変化に対応した生産・流通体制の整備のため、需要の見込まれる品目等への転換、受発注データのデジタル化、生産性向上・低コスト化など産地の体質強化や流通体制の効率化に資する技術導入等の取組を支援します。

（イ）業務用需要が減少傾向にある中、家庭用等の新たな需要開拓・拡大を促進するため、家庭用等に適した利用スタイルの提案、需要喚起のための全国的な普及活動、新たな販路開拓等の取組を支援します。

（ウ）令和9（2027）年に横浜市で開催予定の国際園芸博覧会の円滑な実施に向けて、自治体や関係省庁とも連携し、政府出展等の準備を進めます。

エ 茶、甘味資源作物等の地域特産物

（ア）茶

「茶業及びお茶の文化の振興に関する基本方針」（令和2（2020）年4月策定）

に基づき、消費者ニーズへの対応や輸出の促進等に向け、新たな茶商品の生産・加工技術の実証や機能性成分等の特色を持つ品種の導入、有機栽培への転換、てん茶等の栽培に適した棚施設を利用した栽培法への転換や直接被覆栽培への転換、スマート農業技術の実証、残留農薬分析等を支援します。

（イ）砂糖及びでん粉

「砂糖及びでん粉の価格調整に関する法律」（昭和40年法律第109号）に基づき、さとうきび・でん粉原料用かんしょ生産者及び国内産糖・国内産いもでん粉の製造事業者に対して、経営安定のための支援を行います。

（ウ）薬用作物

地域の取組として、産地と実需者（漢方薬メーカー等）とが連携した栽培技術の確立のための実証圃の設置、省力化のための農業機械の改良等を支援します。また、全国的な取組として、事前相談窓口の設置や技術アドバイザーの派遣等の栽培技術の指導体制の確立に向けた取組を支援します。

（エ）こんにゃくいも等

こんにゃくいも等の特産農産物については、付加価値の創出、新規用途開拓、機械化・省力作業体系の導入等を推進するとともに、安定的な生産に向けた体制の整備等を支援します。

（オ）繭・生糸

養蚕・製糸業と絹織物業者等が提携して取り組む、輸入品と差別化された高品質な純国産絹製品づくり・ブランド化を推進するとともに、生産者、実需者等が一体となって取り組む、安定的な生産に向けた体制の整備等を支援します。

（カ）葉たばこ

葉たばこ審議会の意見を尊重した種類別・品種別価格により、日本たばこ産業株式会社（JT）が買い入れます。

（キ）いぐさ

いぐさ輸入品との差別化・ブランド化に取り組むいぐさ生産者の経営安定を図るため、国産畳表の価格下落影響緩和対策の実施、実需者や消費者のニーズを踏まえた、産地の課題を解決するための技術実証等の取組を支援します。

（3）米政策改革の着実な推進と水田における高収益作物等への転換

ア　消費者・実需者の需要に応じた多様な米の安定供給

（ア）需要に応じた米の生産・販売の推進

a　産地・生産者と実需者が結び付いた事前契約や複数年契約による安定取引の推進、水田活用の直接支払交付金や水田リノベーション事業による支援、都道府県産別、品種別等のきめ細かな需給・価格情報、販売進捗情報、在庫情報の提供、都道府県別・地域別の作付動向（中間的な取組状況）の公表等により需要に応じた生産・販売を推進します。

b　国が策定する需給見通し等を踏まえつつ生産者や集荷業者・団体が主体的に需要に応じた生産・販売を行うため、行政、生産者団体、現場が一体となって取り組みます。

c　米の生産については、農地の集積・集約化による分散錯圃（さくほ）の解消や作付けの団地化、直播等（ちょくはん）の省力栽培技術やスマート農業技術等の導入・シェアリングの促進、資材費の低減等による生産コストの低減等を推進します。

（イ）戦略作物の生産拡大

水田活用の直接支払交付金により、麦、大豆、飼料用米等、戦略作物の本作化を進めるとともに、地域の特色のある魅力的な産品の産地づくりに向けた取組を支援します。

（ウ）コメ・コメ加工品の輸出拡大

輸出拡大実行戦略で掲げた、コメ・パックご飯・米粉及び米粉製品の輸出額目標の達成に向けて、輸出ターゲット国・地域である香港、アメリカ、中国、シンガポールを中心とする輸出拡大が見込まれる国・地域での海外需要開拓・プロモーションや海外規制に対応する取組に対して支援するとともに、大ロットで輸出用米の生産・供給に取り組む産地の育成等の取組を推進します。

（エ）米の消費拡大

業界による主体的取組を応援する運動「やっぱりごはんでしょ！」の実施などSNSを活用した取組や、「米と健康」に着目した情報発信など、新たな需要の取り込みを進めます。

イ　麦・大豆

国産麦・大豆については、需要に応じた生産に向けて、作付けの団地化の推進や営農技術の導入を通じた産地の生産体制の強化・生産の効率化や、実需の求める量・品質・価格の安定に向けた取組を支援します。

ウ　高収益作物への転換

「水田農業高収益化推進計画」に基づき、国のみならず地方公共団体等の関係部局が連携し、水田における高収益作物への転換、水田の畑地化・汎用化のための基盤整備、栽培技術や機械・施設の導入、販路確保等の取組を計画的かつ一体的に推進します。

エ　米粉用米・飼料用米

生産と実需の複数年契約による長期安定的な取引を推進するとともに、「米穀の新用途への利用の促進に関する法律」（平成21年法律第25号）に基づき、米粉用米、飼料用米の生産・利用拡大や必要な機械・施設の整備等を総合的に支援します。

（ア）米粉用米

米粉製品の価格低減に資する取組事例や新たな米粉加工品の情報発信等の需要拡大に向けた取組を実施し、生産と実需の複数年契約による長期安定的な取引の推進に資する情報交換会を開催するとともに、ノングルテン米粉の製造工程管理JASの普及を推進します。

23

（イ）飼料用米

地域に応じた省力・多収栽培技術の確立・普及を通じた生産コストの低減やバラ出荷による流通コストの低減に向けた取組を支援します。また、飼料用米を活用した豚肉、鶏卵等のブランド化を推進するための付加価値向上等に向けた新たな取組や、生産と実需の複数年契約による長期安定的な取引を推進します。

オ　米・麦・大豆等の流通

「農業競争力強化支援法」（平成29年法律第35号）等に基づき、流通・加工業界の再編に係る取組の支援等を実施します。また、物流合理化を進めるため、生産者や関係事業者等と協議を行い、課題を特定し、それらの課題解決に取り組みます。特に米については、玄米輸送のフレキシブルコンテナバッグ利用の推進、精米物流の合理化に向けた商慣行の見直し等による「ホワイト物流」推進運動に取り組みます。

（4）農業生産工程管理の推進と効果的な農作業安全対策の展開

ア　農業生産工程管理の推進

農産物においては、令和12（2030）年までにほぼ全ての国内の産地における国際水準のGAPの実施を目指し、令和4（2022）年3月に策定した「我が国における国際水準GAPの推進方策」に基づき、国際水準GAPガイドラインを活用した指導や産地単位の取組等を推進します。

畜産物においては、JGAP家畜・畜産物やGLOBALG.A.P.の認証取得の拡大を図ります。

また、農業高校や農業大学校等における教育カリキュラムの強化等により、農業教育機関におけるGAPに関する教育の充実を図ります。

イ　農作業等安全対策の展開

（ア）都道府県段階、市町村段階の関係機関が参画した推進体制を整備するとともに、農業機械作業に係る死亡事故が全体の7割を占めていることを踏まえ、以下

の取組を強化します。

a　農業者を取り巻く地域の方々が、農業者に対して、乗用型トラクター運転時のシートベルト装着を呼び掛ける「声かけ運動」の展開を推進します。

b　農業者を対象とした「農作業安全に関する研修」の開催を推進します。

（イ）大型特殊自動車免許等の取得機会の拡大や、作業機を付けた状態での公道走行に必要な灯火器類の設置等を促進します。

（ウ）都道府県、農機メーカーや農機販売店等を通じた事故情報の収集を強化するとともに、その分析を通じた農業機械の安全設計の促進等を図ります。

（エ）GAPの団体認証取得による農作業事故等産地リスクの低減効果の実証を行うとともに、暑熱対策の実践を通じた熱中症対策の推進、労災保険特別加入団体の設置と農業者の加入促進を図ります。

（オ）農林水産業・食品産業の作業安全対策について、「農林水産業・食品産業の作業安全のための規範」も活用し、効果的な作業安全対策の検討や普及、関係者の意識啓発のための取組を実施します。

（5）良質かつ低廉な農業資材の供給や農産物の生産・流通・加工の合理化

ア　「農業競争力強化プログラム」（平成28（2016）年11月策定）及び「農業競争力強化支援法」に基づき、良質で低価格な資材の供給拡大や農産物流通等の合理化に向けて生産性が低い肥料等の製造事業者や小規模で後継者不足が顕在化している卸売・小売事業者、農産物流通等の合理化の実現に資する流通等事業者の再編、スマート農業技術の普及が期待される農業機械の製造事業者等の参入を促進します。

イ　「農産物検査規格・米穀の取引に関する検討会」において、令和3（2021）年度に見直しを行った農産物検査規格について、現場への周知を進めます。また、スマート・オコメ・チェーンコンソーシアムで令和5

（2023）年産米からの活用を目標として、各種情報の標準化やJAS規格の検討を進めていきます。

7　情報通信技術等の活用による農業生産・流通現場のイノベーションの促進

（1）スマート農業の加速化など農業現場でのデジタル技術の利活用の推進

ア　これまでのロボット、AI、IoT等の先端技術を活用したスマート農業実証プロジェクトから得られた成果と課題を踏まえ、生産現場のスマート農業の加速化等に必要な技術の開発から、個々の経営の枠を超えて効率的に利用するための実証、実装に向けた情報発信までを総合的に取り組みます。

イ　農機メーカー、金融、保険等民間企業が参画したプラットフォームにおいて、農機のリース・シェアリングやドローン操作の代行サービスなど新たな農業支援サービスの創出が進むよう、業者間の情報共有やマッチングなどを進めます。

ウ　現場実装に際して安全上の課題解決が必要なロボット技術の安全性の検証や安全性確保策の検討に取り組みます。

エ　関係府省協力の下、大学や民間企業等と連携して、生産部分だけでなく、加工・流通・消費に至るデータ連携を可能とするスマートフードチェーンの研究開発に取り組みます。また、オープンAPI整備・活用に必要となるルールづくりへの支援や、生育・出荷等の予測モデルの開発・実装によりデータ活用を推進します。

オ　技術対応力や人材創出を強化する施策について検討を行い、「スマート農業推進総合パッケージ」（令和3（2021）年2月改訂）を改訂し、関係者協力の下、スマート農業の様々な課題の解決や加速化に必要な施策を総合的に展開します。

カ　営農データの分析支援など農業支援サービスを提供する企業が活躍できる環境整備や、農産物のサプライチェーンにおけ

るデータ・物流のデジタル化、農村地域の多様なビジネス創出等を推進します。

（2）農業施策の展開におけるデジタル化の推進

ア　農業現場と農林水産省が切れ目なくつながり、行政手続に係る農業者等の負担を大幅に軽減し、経営に集中できるよう、法令や補助金等の手続をオンラインでできる農林水産省共通申請サービス（eMAFF）の構築や、これと併せて徹底した行政手続の簡素化の促進を行い、農林水産省が所管する3千超の行政手続を全てオンライン化し、オンライン利用率の向上と利用者の利便性向上に向けた取組を進めます。

イ　農業者向けスマートフォンアプリ（MAFFアプリ）のeMAFF等との連動を進め、個々の農業者の属性・関心に応じた営農・政策情報を提供します。

ウ　eMAFFの利用を進めながら、デジタル地図を活用して、農地台帳、水田台帳等の農地の現場情報を統合し、農地の利用状況の現地確認等の抜本的な効率化・省力化を図るための「農林水産省地理情報共通管理システム（eMAFF地図）」の開発を進めます。

エ　「農業DX構想」（令和3（2021）年3月取りまとめ）に基づき、農業DXの実現に向けて、農業・食関連産業の「現場」、農林水産省の「行政実務」及び現場と農林水産省をつなぐ「基盤」の整備に関する39の多様なプロジェクトを推進します。

（3）イノベーション創出・技術開発の推進

国主導で実施すべき重要な研究分野について、「みどりの食料システム戦略」の実現に向け、雑草抑制技術の開発、減化学肥料・減化学農薬栽培技術の確立、病害虫予報技術の開発、畜産からのGHG削減のための技術開発等を推進します。さらに、異分野のアイデア・技術等を農林水産・食品分野に導入し、革新的な技術・商品サービスを生み出す研究を支援します。

ア　研究開発の推進

（ア）研究開発の重点事項や目標を定める

「農林水産研究イノベーション戦略」を策定するとともに、内閣府の「戦略的イノベーション創造プログラム（SIP）」や「官民研究開発投資拡大プログラム（PRISM）」等も活用して研究開発を推進します。

（イ）総合科学技術・イノベーション会議が決定したムーンショット目標5「2050年までに、未利用の生物機能等のフル活用により、地球規模でムリ・ムダのない持続的な食料供給産業を創出」を実現するため、困難だが実現すれば大きなインパクトが期待される挑戦的な研究開発（ムーンショット型研究開発）を推進します。

（ウ）Society5.0の実現に向け、産学官と農業の生産現場が一体となって、オープンイノベーションを促進するとともに、人材・知・資金が循環するよう農林水産業分野での更なるイノベーション創出を計画的・戦略的に推進します。

イ　国際農林水産業研究の推進

国立研究開発法人農業・食品産業技術総合研究機構及び国立研究開発法人国際農林水産業研究センターにおける海外研究機関等との積極的なMOU（研究協定覚書）の締結や拠点整備の取組を支援します。また、海外の農業研究機関や国際農業研究機関の優れた知見や技術を活用し、戦略的に国際共同研究を実施します。

ウ　科学に基づく食品安全、動物衛生、植物防疫等の施策に必要な研究の更なる推進

（ア）「安全な農畜水産物の安定供給のためのレギュラトリーサイエンス研究推進計画」（令和3（2021）年4月策定）で明確化した取り組むべき調査研究の内容や課題について、情勢の変化や新たな科学的知見を踏まえた見直しを行います。また、所管法人、大学、民間企業、関係学会等への情報提供や研究機関との意見交換を行い、研究者の認識や理解の醸成とレギュラトリーサイエンスに属する研究の拡大を促進します。

（イ）研究開発部局と規制担当部局とが連携して食品中の危害要因の分析及び低減技術の開発、家畜の伝染性疾病を防除・低減する技術や資材の開発、植物の病害虫等侵入及びまん延防止のための検査技術の開発や防除体系の確立等、リスク管理に必要な調査研究を推進します。

（ウ）レギュラトリーサイエンスに属する研究事業の成果を国民に分かりやすい形で公表します。また、行政施策・措置とその検討・判断に活用された科学的根拠となる研究成果を紹介する機会を設け、レギュラトリーサイエンスへの理解の醸成を推進します。

（エ）行政施策・措置の検討・判断に当たり、その科学的根拠となる優れた研究成果を挙げた研究者を表彰します。

エ　戦略的な研究開発を推進するための環境整備

（ア）「農林水産研究における知的財産に関する方針」（平成28（2016）年2月策定）を踏まえ、農林水産業・食品産業に関する研究に取り組む国立研究開発法人や都道府県の公設試験場等における知的財産マネジメントの強化を図るため、専門家による指導・助言等を行います。また、知財教育環境の充実に資する教育用映像コンテンツの作成、マニュアルの整備等を実施します。

（イ）締約国としてITPGRの運営に必要な資金拠出を行うとともに、遺伝資源保有国における制度等の調査、遺伝資源の保全の促進、遺伝資源の取得・利用に関する手続・実績の確立とその活用に向けた周知活動等を実施します。また、二国間共同研究による海外植物遺伝資源の特性情報の解明等を推進することにより、海外植物遺伝資源へのアクセス環境を整備します。

（ウ）最先端技術の研究開発及び実用化に向けて、国民への分かりやすい情報発信、意見交換を行い、国民に受け入れられる

環境づくりを進めます。特に、ゲノム編集技術等の育種利用については、より理解が深まるような方策を取り入れながらサイエンスコミュニケーション等の取組を強化します。

オ 開発技術の迅速な普及・定着

（ア）「橋渡し」機能の強化

a 異分野のアイデア・技術等を農林水産・食品分野に導入し、イノベーションにつながる革新的な技術の実用化に向けて、基礎から実用化段階までの研究開発を切れ目なく推進します。

また、創出された成果について海外で展開する際の市場調査や現地における開発、実証試験を支援します。

b 大学、民間企業等の地域の関係者による技術開発から改良、開発実証試験までの取組を切れ目なく支援します。

c 農林水産・食品分野において、サービス事業体の創出やフードテック等の新たな技術の事業化を目指すスタートアップが行う研究開発等を切れ目なく支援します。

d 「知」の集積と活用の場の産学官連携協議会において、ポスターセッション、セミナー、ワークショップ等を開催し、技術シーズ・ニーズに関する情報交換、意見交換を行うとともに、研究成果の海外展開を支援します。

e 研究成果の展示会、相談会・商談会等により、研究機関、生産者、社会実装の担い手等が行うイノベーション創出に向けて、技術交流を推進します。

f 全国に配置されたコーディネーターが、技術開発ニーズ等を収集するとともに、マッチング支援や商品化・事業化に向けた支援等を行い、研究の企画段階から産学が密接に連携し、早期に成果を実現できるよう支援します。

g 農業技術に関する近年の研究成果のうち、生産現場への導入が期待されるものを「最新農業技術・品種」として紹介します。

（イ）効果的・効率的な技術・知識の普及指導

国と都道府県が協同して、高度な技術・知識を持つ普及指導員を設置し、普及指導員が試験研究機関や民間企業等と連携して直接農業者に接して行う技術・経営指導等を推進します。具体的には、普及指導員による新技術や新品種の導入等に係る地域の合意形成、新規就農者の支援、地球温暖化及び自然災害への対応等、公的機関が担うべき分野についての取組を強化します。また、計画的に研修等を実施し、普及指導員の資質向上を推進します。

8 気候変動への対応等環境政策の推進

令和3（2021）年5月に策定した「みどりの食料システム戦略」の実現に向けて生産者、事業者、消費者等の関係者が戦略の基本理念を共有するとともに、環境負荷低減につながる技術開発、地域ぐるみの活動等を促進するため、「環境と調和のとれた食料システムの確立のための環境負荷低減事業活動の促進等に関する法律案（以下「みどりの食料システム法案」という。）」を第208回国会に提出したところです。また、みどりの食料システム戦略推進総合対策等により戦略の実現に資する研究開発、地域ぐるみでの環境負荷低減の取組を促進します。

（1）気候変動に対する緩和・適応策の推進

ア 令和3（2021）年10月に改定した「農林水産省地球温暖化対策計画」に基づき、農林水産分野における地球温暖化対策技術の開発、マニュアル等を活用した省エネ型の生産管理の普及・啓発や省エネ設備の導入等による施設園芸の省エネルギー対策、施肥の適正化、J-クレジットの利活用等を推進します。

イ 農地からのGHGの排出・吸収量の国連への報告に必要な農地土壌中の炭素量等のデータを収集する調査を行います。また、

家畜由来のGHG排出量の国連への報告の算出に必要な消化管由来のメタン量等のデータを収集する調査を行います。

ウ　環境保全型農業直接支払制度により、堆肥の施用やカバークロップ等、地球温暖化防止等に効果の高い営農活動に対して支援します。また、バイオ炭の農地施用に伴う影響評価、炭素貯留効果と土壌改良効果を併せ持つバイオ炭資材の開発等に取り組みます。

エ　バイオマスの変換・利用施設等の整備等を支援し、農山漁村地域におけるバイオマス等の再生可能エネルギーの利用を推進します。

オ　廃棄物系バイオマスの利活用については、「廃棄物処理施設整備計画」（平成30（2018）年６月閣議決定）に基づく施設整備を推進するとともに、市町村等における生ごみのメタン化等の活用方策の導入検討を支援します。

カ　国際連携の下、各国の水田におけるGHG排出削減を実現する総合的栽培管理技術及び農産廃棄物を有効活用したGHG排出削減に関する影響評価手法の開発を推進します。

キ　温室効果ガスの削減効果を把握するための簡易算定ツールの品目拡大、消費者に分かりやすいカーボンフットプリントの伝達手法の実証等を実施し、フードサプライチェーンにおける脱炭素化の実践とその見える化を推進します。

ク　令和３（2021）年10月に改定した「農林水産省気候変動適応計画」に基づき、農林水産分野における気候変動の影響への適応に関する取組を推進するため、以下の取組を実施します。

（ア）中長期的な視点に立った我が国の農林水産業に与える気候変動の影響評価や適応技術の開発を行うとともに、各国の研究機関等との連携により気候変動適応技術の開発を推進します。

（イ）農業者等自らが行う気候変動に対する

リスクマネジメントを推進するため、リスクの軽減に向けた適応策等の情報発信を行うとともに、都道府県普及指導員等を通じて、リスクマネジメントの普及啓発に努めます。

（ウ）地域における気候変動による影響、適応策に関する科学的な知見について情報提供し、地方公共団体による農林水産分野の地域気候変動適応計画の策定及び適応策の実践を推進します。

ケ　科学的なエビデンスに基づいた緩和策の導入・拡大に向けて、研究者、農業者、自治体等の連携による技術の開発・最適化を推進するとともに、農業者等の地球温暖化適応行動・温室効果ガス削減行動を促進するための政策措置に関する研究を実施します。

コ　国連気候変動枠組条約等の地球環境問題に係る国際会議に参画し、農林水産分野における国際的な地球環境問題に対する取組を推進します。

（２）生物多様性の保全及び利用

ア　「農林水産省生物多様性戦略」（平成24（2012）年２月改定）に基づき、田園地域や里地・里山の保全・管理を推進します。

イ　国連生物多様性条約第15回締約国会議（COP15）を踏まえつつ、「農林水産省生物多様性戦略」を改定するとともに、グローバルなフードサプライチェーン全体における生物多様性保全の視点を取り込みます。

ウ　企業等による生物多様性保全活動への支援等について取りまとめた農林漁業者及び企業等向け手引・パンフレット並びにエコツーリズム、森林ボランティア、藻場の再生等の普及・啓発資料を活用し、農林水産分野における生物多様性保全活動を推進します。

エ　環境保全型農業直接支払制度により、有機農業や冬期湛水管理等、生物多様性保全等に効果の高い営農活動に対して支援します。

オ　遺伝子組換え農作物に関する取組とし
て、「遺伝子組換え生物等の使用等の規制
による生物の多様性の確保に関する法律」
（平成15年法律第97号）に基づき、生物多
様性に及ぼす影響についての科学的な評
価、生態系への影響の監視等を継続し、栽
培用種苗を対象に輸入時のモニタリング
検査を行うとともに、特定の生産地及び植
物種について、輸入者に対し輸入に先立つ
届出や検査を義務付ける「生物検査」を実
施します。

カ　締約国としてITPGRの運営に必要な資
金拠出を行うとともに、遺伝資源保有国に
おける制度等の調査を行い、海外遺伝資源
の取得・利用の推進に向けた周知活動等を
実施します。

（3）有機農業の更なる推進

ア　有機農業指導員の育成や新たに有機農
業に取り組む農業者の技術習得等による
人材育成、オーガニック産地育成等による
有機農産物の安定供給体制の構築を推進
します。

イ　流通・加工・小売事業者等と連携した需
要喚起の取組を支援し、バリューチェーン
の構築を進めます。

ウ　耕作放棄地等を活用した農地の確保と
ともに、有機農業を活かして地域振興につ
なげている市町村等のネットワークづく
りを進めます。

エ　有機農業の生産から消費まで一貫して
推進する取組や体制づくりを支援し、有機
農業推進のモデル的先進地区の創出を進
めます。

オ　有機JAS認証の取得を支援するとともに、
諸外国との有機同等性の取得等を推進し
ます。また、有機JASについて、消費者がよ
り合理的な選択ができるよう必要な見直
しを行います。

（4）土づくりの推進

ア　都道府県の土壌調査結果の共有を進め
るとともに、堆肥等の活用を促進します。
また、収量向上効果を含めた土壌診断デー

タベースの構築に向けて、都道府県ととも
に、土壌専門家を活用しつつ、農業生産現
場における土壌診断の取組と診断結果の
データベース化の取組を推進するととも
に、ドローン等を用いた簡便かつ広域的な
診断手法や土壌診断の新たな評価軸とし
ての生物性評価手法の検証・評価を推進し
ます。

イ　「家畜排せつ物の管理の適正化及び利用
の促進に関する法律」（平成11年法律第112
号）の趣旨を踏まえ、家畜排せつ物の適正
な管理に加え、ペレット化や化学肥料との
配合等による堆肥の高品質化等を推進し
ます。

（5）農業分野におけるプラスチックごみ問題
への対応

　施設園芸及び畜産における廃プラスチ
ック対策の推進、生分解性マルチ導入の推
進、プラスチックを使用した被覆肥料に関
する調査及び生産現場における被膜殻の
流出防止等の取組の推進を行います。

（6）農業の自然循環機能の維持増進とコミュ
ニケーション

ア　有機農業を消費者に分かりやすく伝え
る取組を推進します。

イ　官民協働のプラットフォームである「あ
ふの環2030プロジェクト〜食と農林水産
業のサステナビリティを考える〜」におけ
る勉強会・交流会、情報発信や表彰等の活
動を通じて、持続可能な生産消費を促進し
ます。

Ⅳ　農村の振興に関する施策

1　地域資源を活用した所得と雇用機会の確
保

（1）中山間地域等の特性を活かした複合経営
等の多様な農業経営の推進

ア　中山間地域等直接支払制度により生産
条件の不利を補正しつつ、中山間地農業ル
ネッサンス事業等により、多様で豊かな農
業と美しく活力ある農山村の実現や、地域

コミュニティによる農地等の地域資源の維持・継承に向けた取組を総合的に支援します。

イ　米、野菜、果樹等の作物の栽培や畜産、林業も含めた多様な経営の組合せにより所得を確保する複合経営を推進するため、地域の取組を支援します。

ウ　地域のニーズに応じて、農業生産を支える水路、圃場(ほじょう)等の総合的な基盤整備と生産・販売施設等との一体的な整備を推進します。

（2）地域資源の発掘・磨き上げと他分野との組合せ等を通じた所得と雇用機会の確保

ア　農村発イノベーションをはじめとした地域資源の高付加価値化の推進

（ア）農林水産物や農林水産業に関わる多様な地域資源を新分野で活用した商品・サービスの開発や加工・販売施設等の整備等の取組を支援します。

（イ）農林水産業・農山漁村に豊富に存在する資源を活用した革新的な産業の創出に向け、農林漁業者等と異業種の事業者との連携による新技術等の研究開発成果の利用を促進するための導入実証や試作品の製造・評価等の取組を支援します。

（ウ）農林漁業者と中小企業者が有機的に連携して行う新商品・新サービスの開発や販路開拓等に係る取組を支援します。

（エ）「農山漁村発イノベーション」（活用可能な農山漁村の地域資源を発掘し、磨き上げた上で、これまでにない他分野と組み合わせる取組等、農山漁村の地域資源を最大限活用し、新たな事業や雇用を創出する取組）が進むよう、農山漁村で活動する起業者等が情報交換を通じてビジネスプランの磨き上げが行えるプラットフォームの運営等、多様な人材が農山漁村の地域資源を活用して新たな事業に取り組みやすい環境を整備し、現場の創意工夫を促します。また、現場発の新たな取組を抽出し、全国で応用でき

るよう積極的に情報提供します。

（オ）地域の伝統的農林水産業の継承、地域経済の活性化等につながる世界農業遺産及び日本農業遺産の認知度向上、維持・保全及び新規認定に向けた取組を推進します。また、歴史的・技術的・社会的価値を有する世界かんがい施設遺産の認知度向上及びその活用による地域の活性化に向けた取組を推進します。

イ　農泊の推進

（ア）農泊をビジネスとして実施するための体制整備や、地域資源を魅力あるテーマ性・希少性を活かした観光コンテンツとして磨き上げるための専門家派遣等の取組、農家民宿や古民家等を活用した滞在施設等の整備の一体的な支援を行うとともに、日本政府観光局（JNTO）等と連携して国内外へのプロモーションを行います。

（イ）地域の関係者が連携し、地域の幅広い資源を活用し地域の魅力を高めることにより、国内外の観光客が2泊3日以上の滞在交流型観光を行うことができる「観光圏」の整備を促進します。

（ウ）関係府省が連携し、子供の農山漁村宿泊体験等を推進するとともに、農山漁村を都市部の住民との交流の場等として活用する取組を支援します。

ウ　ジビエ利活用の拡大

（ア）ジビエ未利用地域への処理加工施設や移動式解体処理車等の整備等の支援、安定供給体制構築に向けたジビエ事業者や関係者の連携強化、ジビエ利用に適した捕獲・搬入技術を習得した捕獲者及び処理加工現場における人材の育成、ペットフード等の多様な用途での利用、ジビエの全国的な需要拡大のためのプロモーション等の取組を推進します。

（イ）「野生鳥獣肉の衛生管理に関する指針（ガイドライン）」（平成26（2014）年11月策定）の遵守による野生鳥獣肉の安全性確保、国産ジビエ認証制度等の普及及

び加工・流通・販売段階の衛生管理の高
度化の取組を推進します。
エ　農福連携の推進
　　「農福連携等推進ビジョン」（令和元
（2019）年６月策定）に基づき、農福・林
福・水福連携の一層の推進に向け、障害者
等の農林水産業に関する技術習得、多世
代・多属性が交流・参加するユニバーサル
農園の開設、障害者等の作業に配慮した生
産・加工・販売施設の整備、全国的な展開
に向けた普及啓発、都道府県による専門人
材育成の取組等を支援します。また、障害
者の農業分野での定着を支援する専門人
材である「農福連携技術支援者」の育成の
ための研修を実施します。
オ　農村への農業関連産業の導入等
（ア）「農村地域への産業の導入の促進等に
関する法律」（昭和46年法律第112号）、
「地域経済牽引事業の促進による地域
の成長発展の基盤強化に関する法律」
（平成19年法律第40号）を活用した農村
への産業の立地・導入を促進するため、
これらの法律による基本計画等の策定
や税制等の支援施策の積極的な活用を
推進します。
（イ）農村で活動する起業者等が情報交換を
通じてビジネスプランを磨き上げるこ
とができるプラットフォームの運営等、
多様な人材が農村の地域資源を活用し
て新たな事業に取り組みやすい環境の
整備等により、現場の創意工夫を促進し
ます。
（ウ）健康、観光等の多様な分野で森林空間
を活用して、新たな雇用と収入機会を確
保する「森林サービス産業」の創出・推
進に向けた活動を支援します。
（３）地域経済循環の拡大
ア　バイオマス・再生可能エネルギーの導入、
地域内活用
（ア）バイオマスを基軸とする新たな産業の
振興
　a　令和４（2022）年度見直し予定の「バ

イオマス活用推進基本計画」に基づき、
素材、熱、電気、燃料等への変換技術を
活用し、より経済的な価値の高い製品等
を生み出す高度利用等の取組を推進しま
す。また、関係府省の連携の下、地域の
バイオマスを活用した産業化を推進し、
地域循環型の再生可能エネルギーの強化
と環境に優しく災害に強いまち・むらづ
くりを目指すバイオマス産業都市の構築
に向けた取組を支援します。
　b　バイオマスの効率的な利用システムの
構築を進めることとし、以下の取組を実
施します。
（a）「農林漁業有機物資源のバイオ燃料
の原材料としての利用の促進に関する
法律」（平成20年法律第45号）に基づ
く事業計画の認定を行い支援します。
（b）家畜排せつ物等の畜産バイオマスを
活用し、エネルギーの地産地消を推進
するため、バイオガスプラントの導入
を支援します。
（c）バイオマスである下水汚泥等の利活
用を図り、下水汚泥等のエネルギー利
用、りん回収・利用等を推進します。
（d）バイオマス由来の新素材開発を推進
します。
（イ）農村における地域が主体となった再生
可能エネルギーの生産・利用
　a　「農林漁業の健全な発展と調和のとれ
た再生可能エネルギー電気の発電の促進
に関する法律」（平成25年法律第81号）を
積極的に活用し、農林地等の利用調整を
適切に行いつつ、再生可能エネルギーの
導入と併せて、地域の農林漁業の健全な
発展に資する取組や農山漁村における再
生可能エネルギーの地産地消の取組を促
進します。
　b　農山漁村における再生可能エネルギー
の導入等に向けた現場のニーズに応じた
専門家派遣等の相談対応、地域における
営農型太陽光発電のモデル的取組及び小
水力等発電施設の調査設計、施設整備等

の取組を支援します。

イ　農畜産物や加工品の地域内消費

施設給食の食材として地場産農林水産物を安定的に生産・供給する体制の構築やメニュー開発等の取組を支援するとともに、農産物直売所の運営体制強化のための検討会の開催及び観光需要向けの商品開発や農林水産物の加工・販売のための機械・施設等の整備を支援します。

ウ　農村におけるSDGsの達成に向けた取組の推進

（ア）農山漁村の豊富な資源をバイオマス発電や小水力発電等の再生可能エネルギーとして活用し、農林漁業経営の改善や地域への利益還元を進め、農山漁村の活性化に資する取組を推進します。

（イ）市町村が中心となって、地域産業、地域住民が参画し、担い手確保から発電・熱利用に至るまで、低コスト化や森林関係者への利益還元を図る「地域内エコシステム」の構築に向け、技術者の現地派遣や相談対応等の技術的サポートを行う体制の確立、関係者による協議会の運営、小規模な技術開発等に対する支援を行います。

（4）多様な機能を有する都市農業の推進

都市住民の理解の促進を図りつつ、都市農業の振興に向けた取組を推進します。

また、都市農地の貸借の円滑化に関する制度が現場で円滑かつ適切に活用されるよう、農地所有者と都市農業者、新規就農者等の多様な主体とのマッチング体制の構築を促進します。

さらに、計画的な都市農地の保全を図る生産緑地、田園住居地域等の積極的な活用を促進します。

2　中山間地域等をはじめとする農村に人が住み続けるための条件整備

（1）地域コミュニティ機能の維持や強化

ア　世代を超えた人々による地域のビジョンづくり

中山間地域等直接支払制度の活用により農用地や集落の将来像の明確化を支援するほか、農村が持つ豊かな自然や食を活用した地域の活動計画づくり等を支援します。

人口の減少、高齢化が進む農山漁村において、農用地の保全等により荒廃防止を図りつつ、活性化の取組を推進するため「農山漁村の活性化のための定住等及び地域間交流の促進に関する法律の一部を改正する法律案」を第208回国会に提出したところです。

イ　「小さな拠点」の形成の推進

（ア）生活サービス機能等を基幹集落へ集約した「小さな拠点」の形成に資する地域の活動計画づくりや実証活動を支援します。また、農産物販売施設、廃校施設等、特定の機能を果たすため生活インフラに設置された施設の多様化（地域づくり、農業振興、観光、文化、福祉、防犯等）するとともに、生活サービスが受けられる環境の整備を関係府省と連携して推進します。

（イ）地域の実情を踏まえつつ、小学校区等複数の集落が集まる地域において、生活サービス機能等を集約・確保し、周辺集落との間をネットワークで結ぶ「小さな拠点」の形成に向けた取組を推進します。

ウ　地域コミュニティ機能の形成のための場づくり

公民館がNPO法人や企業、農業協同組合等多様な主体と連携して地域の人材の育成・活用や地域活性化を図るための取組を推進します。

（2）多面的機能の発揮の促進

日本型直接支払制度（多面的機能支払制度、中山間地域等直接支払制度、環境保全型農業直接支払制度）、森林・山村多面的機能発揮対策を推進します。

ア　多面的機能支払制度

（ア）地域共同で行う、農業・農村の有する

多面的機能を支える活動、地域資源（農地、水路、農道等）の質的向上を図る活動を支援します。

（イ）農村地域の高齢化等に伴い集落機能が一層低下する中、広域化や土地改良区との連携による活動組織の体制強化と事務の簡素化・効率化を進めます。

イ　中山間地域等直接支払制度

（ア）条件不利地域において、中山間地域等直接支払制度に基づく直接支払を実施します。

（イ）棚田地域における振興活動や集落の地域運営機能の強化等、将来に向けた活動を支援します。

ウ　環境保全型農業直接支払制度
　化学肥料・化学合成農薬の使用を原則5割以上低減する取組と併せて行う地球温暖化防止や生物多様性保全等に効果の高い営農活動に対して支援します。

エ　森林・山村多面的機能発揮対策
　地域住民等が集落周辺の里山林において行う、中山間地域における農地等の維持保全にも資する森林の保全管理活動等を推進します。

（3）生活インフラ等の確保

ア　住居、情報基盤、交通等の生活インフラ等の確保

（ア）住居等の生活環境の整備

a　住居・宅地等の整備

（a）高齢化や人口減少が進行する農村において、農業・生活関連施設の再編・整備を推進します。

（b）農山漁村における定住や都市と農山漁村の二地域居住を促進する観点から、関係府省が連携しつつ、計画的な生活環境の整備を推進します。

（c）優良田園住宅による良質な住宅・宅地供給を促進し、質の高い居住環境整備を推進します。

（d）地方定住促進に資する地域優良賃貸住宅の供給を促進します。

（e）「地域再生法」（平成17年法律第24号）に基づき、「農地付き空き家」に関する情報提供や取得の円滑化を推進します。

（f）都市計画区域の定めのない町村において、スポーツ、文化、地域交流活動の拠点となり、生活環境の改善を図る特定地区公園の整備を推進します。

b　汚水処理施設の整備

（a）地方創生等の取組を支援する観点から、地方公共団体が策定する「地域再生計画」に基づき、関係府省が連携して道路及び汚水処理施設の整備を効率的・効果的に推進します。

（b）下水道、農業集落排水施設、浄化槽等について、未整備地域の整備とともに、より一層の効率的な汚水処理施設整備のために、社会情勢の変化を踏まえた都道府県構想の見直しの取組について、関係府省が密接に連携して支援します。

（c）下水道及び農業集落排水施設においては、既存施設について、維持管理の効率化や長寿命化・老朽化対策を進めるため、地方公共団体による機能診断等の取組や更新整備を支援します。

（d）農業集落排水施設と下水道との連携等による施設の再編や、農業集落排水施設と浄化槽との一体的な整備を推進します。

（e）農村地域における適切な資源循環を確保するため、農業集落排水施設から発生する汚泥と処理水の循環利用を推進します。

（f）下水道を含む汚水処理の広域化・共同化に係る計画策定から施設整備まで総合的に支援する下水道広域化推進総合事業や従来の技術基準にとらわれず地域の実情に応じた低コスト、早期かつ機動的な整備が可能な新たな整備手法の導入を図る「下水道クイックプロジェクト」等により、効率的な汚水処理施設の整備を推進します。

（g）地方部において、より効率的な汚水処理施設である浄化槽の整備を推進します。特に、循環型社会・低炭素社会・自然共生社会の同時実現を図るとともに、環境配慮型の浄化槽（省エネルギータイプに更なる環境性能を追加した浄化槽）整備や、公的施設に設置されている単独処理浄化槽の集中的な転換を推進します。

（イ）情報通信環境の整備

　　高度情報通信ネットワーク社会の実現に向けて、河川、道路、下水道において公共施設管理の高度化を図るため、光ファイバ及びその収容空間を整備するとともに、施設管理に支障のない範囲で国の管理する河川・道路管理用光ファイバやその収容空間の開放を推進します。

（ウ）交通の整備

a　交通事故の防止、交通の円滑化を確保するため、歩道の整備や交差点改良等を推進します。

b　生活の利便性向上や地域交流に必要な道路、都市まで安全かつ快適な移動を確保するための道路の整備を推進します。

c　日常生活の基盤としての市町村道から国土構造の骨格を形成する高規格幹線道路に至る道路ネットワークの強化を推進します。

d　多様な関係者の連携により、地方バス路線、離島航路・航空路等の生活交通の確保・維持を図るとともに、バリアフリー化や地域鉄道の安全性向上に資する設備の整備等、快適で安全な公共交通の構築に向けた取組を支援します。

e　地域住民の日常生活に不可欠な交通サービスの維持・活性化、輸送の安定性の確保等のため、島しょ部等における港湾整備を推進します。

f　農産物の海上輸送の効率化を図るため、船舶の大型化等に対応した複合一貫輸送ターミナルの整備を推進します。

g　「道の駅」の整備により、休憩施設と地域振興施設を一体的に整備し、地域の情報発信と連携・交流の拠点形成を支援します。

h　食料品の購入や飲食に不便や苦労を感じる「食料品アクセス問題」に対する市町村独自の取組や民間事業者と連携した取組を推進します。

（エ）教育活動の充実

　　地域コミュニティの核としての学校の役割を重視しつつ、地方公共団体における学校規模の適正化や小規模校の活性化等に関する更なる検討を促すとともに、各市町村における検討に資する「公立小学校・中学校の適正規模・適正配置等に関する手引」の更なる周知、優れた先行事例の普及等による取組モデルの横展開等、活力ある学校づくりに向けたきめ細やかな取組を推進します。

（オ）医療・福祉等のサービスの充実

a　「第7次医療計画」に基づき、へき地診療所等による住民への医療提供等農村を含めたへき地における医療の確保を推進します。

b　介護・福祉サービスについて、地域密着型サービス拠点等の整備等を推進します。

（カ）安全な生活の確保

a　山腹崩壊、土石流等の山地災害を防止するための治山施設の整備や、流木被害の軽減・防止を図るための流木捕捉式治山ダムの設置、農地等を飛砂害や風害、潮害から守るなど重要な役割を果たす海岸防災林の整備等を通じて地域住民の生命・財産及び生活環境の保全を図ります。これらの施策の実施に当たっては、流域治水の取組との連携を図ります。

b　治山施設の設置等のハード対策と併せて、地域における避難体制の整備等の取組と連携して、山地災害危険地区を地図情報として住民に提供するなどのソフト対策を推進します。

c　高齢者や障害者等の自力避難の困難な

者が入居する要配慮者利用施設に隣接する山地災害危険地区等において治山事業を計画的に実施します。

d　激甚な水害の発生や床上浸水の頻発により、国民生活に大きな支障が生じた地域等において、被害の防止・軽減を目的として、治水事業を実施します。

e　市町村役場、重要交通網、ライフライン施設等が存在する土砂災害の発生のおそれのある箇所において、砂防堰堤等の土砂災害防止施設の整備や警戒避難体制の充実・強化等、ハード・ソフト一体となった総合的な土砂災害対策を推進します。また、近年、死者を出すなど甚大な土砂災害が発生した地域の再度災害防止対策を推進します。

f　南海トラフ地震や首都直下地震等による被害の発生及び拡大、経済活動への甚大な影響の発生等に備え、防災拠点、重要交通網、避難路等に影響を及ぼすほか、孤立集落発生の要因となり得る土砂災害の発生のおそれのある箇所において、土砂災害防止施設の整備を戦略的に推進します。

g　「土砂災害警戒区域等における土砂災害防止対策の推進に関する法律」（平成12年法律第57号）に基づき、土砂災害警戒区域等の指定を促進し、土砂災害のおそれのある区域についての危険の周知、警戒避難体制の整備及び特定開発行為の制限を実施します。

h　農地災害等を防止するため、農業水利施設の改修等のハード対策に加え、防災情報を関係者が共有するシステムの整備、減災のための指針づくり等のソフト対策を推進し、地域住民の安全な生活の確保を図ります。

i　橋梁の耐震対策、道路斜面や盛土等の防災対策、災害のおそれのある区間を回避する道路整備を推進します。また、冬期の道路ネットワークを確保するため、道路の除雪、防雪、凍雪害防止を推進します。

イ　定住条件整備のための総合的な支援

（ア）定住条件が不十分な地域（中山間、離島等）の医療、交通、買い物等の生活サービスを強化するためのICT利活用等、定住条件の整備のための取組を支援します。

（イ）中山間地域等において、必要な地域に対して、農業生産基盤の総合的な整備と農村振興に資する施設の整備を一体的に推進し、定住条件を整備します。

（ウ）水路等への転落を防止する安全施設の整備等、農業水利施設の安全対策を推進します。

（4）鳥獣被害対策等の推進

ア　令和3（2021）年9月に施行された改正後の「鳥獣による農林水産業等に係る被害の防止のための特別措置に関する法律」（平成19年法律第134号）に基づき、市町村による被害防止計画の作成及び鳥獣被害対策実施隊の設置・体制強化を推進します。

イ　関係府省庁が連携・協力し、個体数等の削減に向けて、被害防止対策を推進します。特にシカ・イノシシについては、令和5（2023）年度までに平成23（2011）年度比で生息頭数を半減させる目標の達成に向けて、関係府省庁等と連携しながら、捕獲の強化を推進します。

ウ　市町村が作成する被害防止計画に基づく、鳥獣の捕獲体制の整備、捕獲機材の導入、侵入防止柵の設置、鳥獣の捕獲・追払い、緩衝帯の整備を推進します。

エ　都道府県における広域捕獲等を推進します。

オ　東日本大震災や東電福島第一原発事故に伴う捕獲活動の低下による鳥獣被害の拡大を抑制するための侵入防止柵の設置等を推進します。

カ　鳥獣被害対策のアドバイザーを登録・紹介する取組を推進するとともに、地域における技術指導者の育成を図るため研修を実施します。

キ　ICT等を活用した被害対策技術の開発・普及を推進します。

3　農村を支える新たな動きや活力の創出
（1）地域を支える体制及び人材づくり
ア　地域運営組織の形成等を通じた地域を持続的に支える体制づくり
（ア）令和4（2022）年度に創設する農村型地域運営組織形成推進事業を活用し、複数の集落機能を補完する「農村型地域運営組織（農村RMO）」の形成について、関係府省と連携し、県域レベルの伴走支援体制も構築しつつ、地域の取組を支援します。
（イ）中山間地域等直接支払制度における集落戦略の推進や加算措置等により、集落協定の広域化や地域づくり団体の設立に資する取組等を支援します。
イ　地域内の人材の育成及び確保
（ア）地域への愛着と共感を持ち、地域住民の思いをくみ取りながら、地域の将来像やそこで暮らす人々の希望の実現に向けてサポートする人材（農村プロデューサー）を養成する取組を推進します。
（イ）「社会教育士」について、地域の人材や資源等をつなぐ人材としての専門性が適切に評価され、行政やNPO等の各所で活躍するよう、本制度の周知を図ります。
（ウ）地域人口の急減に直面している地域において、「地域人口の急減に対処するための特定地域づくり事業の推進に関する法律」（令和元年法律第64号）の仕組みを活用し、地域内の様々な事業者をマルチワークにより支える人材の確保及びその活躍を推進することにより、地域社会の維持及び地域経済の活性化を図るために、モデルを示しつつ、本制度の周知を図ります。
ウ　関係人口の創出・拡大や関係の深化を通じた地域の支えとなる人材の裾野の拡大
（ア）就職氷河期世代を含む多様な人材が農林水産業や農山漁村における様々な活動を通じて、農山漁村への理解を深めることにより、農山漁村に関心を持ち、多様な形で地域と関わる関係人口を創出する取組を支援します。
（イ）関係人口の創出・拡大等に取り組む市町村について、新たに地方交付税措置を行います。
（ウ）子供の農山漁村での宿泊による農林漁業体験等を行うための受入環境の整備を行います。
（エ）居住・就農を含む就労・生活支援等の総合的な情報をワンストップで提供する相談窓口の整備を推進します。
エ　多様な人材の活躍による地域課題の解決
「農泊」をビジネスとして実施する体制を整備するため、地域外の人材の活用に対して支援します。また、民間事業者と連携し、技術を有する企業や志ある若者等の斬新な発想を取り入れた取組、特色ある農業者や地域課題の把握、対策の検討等を支援する取組等を推進します。
（2）農村の魅力の発信
ア　副業・兼業などの多様なライフスタイルの提示
農村で副業・兼業等の多様なライフスタイルを実現するための支援の在り方について検討します。また、地方での「お試し勤務」の受入れを通じて、都市部の企業等のサテライトオフィスの誘致に取り組む地方公共団体を支援します。
イ　棚田地域の振興と魅力の発信
「棚田地域振興法」（令和元年法律第42号）に基づき、関係府省で連携して棚田の保全と棚田地域の振興を図る地域の取組を総合的に支援します。
ウ　様々な特色ある地域の魅力の発信
（ア）「「子どもの水辺」再発見プロジェクト」の推進、水辺整備等により、河川における交流活動の活性化を支援します。
（イ）「歴史的砂防施設の保存活用ガイドラ

イン」（平成15（2003）年5月策定）に基づき、歴史的砂防施設及びその周辺環境一帯において、環境整備を行うなどの取組を推進します。

（ウ）「エコツーリズム推進法」（平成19年法律第105号）に基づき、エコツーリズム推進全体構想の認定・周知、技術的助言、情報の収集、普及・啓発、広報活動等を総合的に実施します。

（エ）エコツーリズム推進全体構想の作成、魅力あるプログラムの開発、ガイド等の人材育成等、地域における活動の支援を行います。

（オ）農用地、水路等の適切な保全管理により、良好な景観形成と生態系保全を推進します。

（カ）河川においては、湿地の保全・再生や礫河原の再生等、自然再生事業を推進します。

（キ）河川等に接続する水路との段差解消により水域の連続性の確保、生物の生息・生育環境を整備・改善する魚のすみやすい川づくりを推進します。

（ク）「景観法」（平成16年法律第110号）に基づく景観農業振興地域整備計画、「地域における歴史的風致の維持及び向上に関する法律」（平成20年法律第40号）に基づく歴史的風致維持向上計画の制度の活用を通じ、特色ある地域の魅力の発信を推進します。

（ケ）「文化財保護法」（昭和25年法律第214号）に基づき、農村に継承されてきた民俗文化財に関して、特に重要なものを重要有形民俗文化財や重要無形民俗文化財に指定するとともに、その修理や伝承事業等を支援します。

（コ）保存及び活用が特に必要とされる民俗文化財について登録有形民俗文化財や登録無形民俗文化財に登録するとともに、保存箱等の修理・新調や解説書等の冊子整備を支援します。

（サ）棚田や里山等の文化的景観や歴史的集落等の伝統的建造物群のうち、特に重要なものをそれぞれ重要文化的景観、重要伝統的建造物群保存地区として選定し、修理・防災等の保存及び活用に対して支援します。

（シ）地域の歴史的魅力や特色を通じて我が国の文化・伝統を語るストーリーを「日本遺産」として認定し、コンテンツ制作やガイド育成等に対して必要な支援を行います。

（3）多面的機能に関する国民の理解の促進等
地域の伝統的農林水産業の継承、地域経済の活性化等につながる世界農業遺産及び日本農業遺産の認知度向上、維持・保全及び新規認定に向けた取組を推進します。また、歴史的・技術的・社会的価値を有する世界かんがい施設遺産の認知度向上及び新規認定に向けた取組を推進します。さらに、農村のポテンシャルを引き出して地域の活性化と所得向上に取り組む優良事例を選定し、全国へ発信することを通じて、国民への理解の促進、普及等を図るとともに、農業の多面的機能の評価に関する調査、研究等を進めます。

4　Ⅳ1～3に沿った施策を継続的に進めるための関係府省で連携した仕組みづくり
農村の実態や要望について、直接把握し、関係府省とも連携して課題の解決を図る「農山漁村地域づくりホットライン」（令和2（2020）年12月開設）を運用し、都道府県や市町村、関係府省や民間とともに、課題の解決を図る取組を推進します。

Ⅴ　東日本大震災からの復旧・復興と大規模自然災害への対応に関する施策

1　東日本大震災からの復旧・復興
「「第2期復興・創生期間」以降における東日本大震災からの復興の基本方針」（令和3（2021）年3月改定）等に沿って、以下の取組を推進します。

（1）地震・津波災害からの復旧・復興

ア　農地等の生産基盤の復旧・整備

被災した農地、農業用施設等の着実な復旧を進めます。

イ　経営の継続・再建

（ア）東日本大震災により被災した農業者等に対して、速やかな復旧・復興のために必要となる資金が円滑に融通されるよう利子助成金等を交付します。

（イ）海水が流入した浸水農地においても、除塩により収穫が可能と見込まれる農地については、現地調査を行い、水稲等の生育状況を踏まえて共済引受を行います。

ウ　再生可能エネルギーの導入

被災地域に存在する再生可能エネルギーを活用するため、小水力等発電施設の整備に係る調査設計等の取組を支援します。

エ　農山漁村対策

福島イノベーション・コースト構想に基づき、ICTやロボット技術などを活用して農林水産分野の先端技術の開発を行うとともに、状況変化等に起因して新たに現場が直面している課題の解消に資する現地実証や社会実装に向けた取組を推進します。

オ　東日本大震災復興交付金

被災市町村が農業用施設・機械を整備し、被災農業者に貸与等することにより、被災農業者の農業経営の再開を支援します。

（2）原子力災害からの復旧・復興

ア　食品中の放射性物質の検査体制及び食品の出荷制限

（ア）食品中の放射性物質の基準値を踏まえ、検査結果に基づき、都道府県に対して食品の出荷制限・摂取制限の設定・解除を行います。

（イ）都道府県等に食品中の放射性物質の検査を要請します。また、都道府県の検査計画策定の支援、都道府県等からの依頼に応じた民間検査機関での検査の実施、検査機器の貸与・導入等を行います。さ

らに、都道府県等が行った検査の結果を集約し、公表します。

（ウ）独立行政法人国民生活センターと共同して、希望する地方公共団体に放射性物質検査機器を貸与し、消費サイドで食品の放射性物質を検査する体制の整備を支援します。

イ　稲の作付再開に向けた支援

令和4（2022）年産稲の作付制限区域及び農地保全・試験栽培区域における稲の試験栽培、作付再開準備区域における実証栽培等の取組を支援します。

ウ　放射性物質の吸収抑制対策

放射性物質の農作物への吸収抑制を目的とした資材の施用、品種・品目転換等の取組を支援します。

エ　農業系副産物循環利用体制の再生・確立

放射性物質の影響から、利用可能であるにもかかわらず循環利用が寸断されている農業系副産物の循環利用体制の再生・確立を支援します。

オ　避難区域等の営農再開支援

（ア）避難区域等において、除染完了後から営農が再開されるまでの間の農地等の保全管理、鳥獣被害防止緊急対策、放れ畜対策、営農再開に向けた作付・飼養実証、避難先からすぐに帰還できない農家の農地の管理耕作、収穫後の汚染防止対策、水稲の作付再開、新たな農業への転換及び農業用機械・施設、家畜等の導入を支援します。

（イ）福島相双復興官民合同チームの営農再開グループが、農業者を個別に訪問して、要望調査や支援策の説明を行います。

（ウ）原子力被災12市町村に対し、福島県や農業協同組合と連携して人的支援を行い、営農再開を加速化します。

（エ）被災12市町村において、営農再開の加速化に向けて、「福島復興再生特別措置法」（平成24年法律第25号）による特例措置等を活用した農地の利用集積、生産と加工が一体となった高付加価値生産

を展開する産地の創出を支援します。

カ　農産物等輸出回復

　　東電福島第一原発事故を受けて、諸外国・地域において日本産食品に対する輸入規制が行われていることから、関係省庁が協力し、あらゆる機会を捉えて輸入規制の早期撤廃に向けた働き掛けを実施します。

キ　福島県産農産物等の風評の払拭

　　福島県の農業の再生に向けて、生産から流通・販売に至るまで、風評の払拭を総合的に支援します。

ク　農産物等消費拡大推進

　　被災地及び周辺地域で生産された農林水産物及びそれらを活用した食品の消費の拡大を促すため、生産者や被災地の復興を応援する取組を情報発信するとともに、被災地産食品の販売促進等、官民の連携による取組を推進します。

ケ　農地土壌等の放射性物質の分布状況等の推移に関する調査

　　今後の営農に向けた取組を進めるため、農地土壌等の放射性核種の濃度を測定し、農地土壌の放射性物質濃度の推移を把握します。

コ　放射性物質対策技術の開発

　　被災地の営農再開のため、農地の省力的管理及び生産力回復を図る技術開発を行います。また、農地の放射性セシウムの移行低減技術を開発し、農作物の安全性を確保する技術開発を行います。

サ　ため池等の放射性物質のモニタリング調査、ため池等の放射性物質対策

　　放射性物質のモニタリング調査等を行います。また、市町村等がため池の放射性物質対策を効果的・効率的に実施できるよう技術的助言等を行います。

シ　東電福島第一原発事故で被害を受けた農林漁業者への賠償等

　　東電福島第一原発事故により農林漁業者等が受けた被害については、東京電力ホールディングス株式会社から適切かつ速やかな賠償が行われるよう、関係省庁、関係都道府県、関係団体、東京電力ホールディングス株式会社等との連絡を密にし、必要な情報提供や働き掛けを実施します。

ス　食品と放射能に関するリスクコミュニケーション

　　関係府省、各地方公共団体、消費者団体等が連携した意見交換会等のリスクコミュニケーションの取組を促進します。

セ　福島再生加速化交付金

（ア）農地・農業用施設の整備、農業水利施設の保全管理、ため池の放射性物質対策等を支援します。

（イ）生産施設、地域間交流拠点施設等の整備を支援します。

（ウ）地域の実情に応じ、農地の畦畔除去（けいはん）による区画拡大、暗渠排水整備等の簡易な（あんきょ）基盤整備を支援します。

（エ）被災市町村が農業用施設・機械を整備し、被災農業者に貸与等することにより、被災農業者の農業経営の再開を支援します。

（オ）木質バイオマス、小水力等再生可能エネルギー供給施設、木造公共建築物等の整備を支援します。

2　大規模自然災害への備え

（1）災害に備える農業経営の取組の全国展開等

ア　自然災害等の農業経営へのリスクに備えるため、農業用ハウスの保守管理の徹底や補強、低コスト耐候性ハウスの導入、農業保険等の普及促進・利用拡大、農業版BCPの普及等、災害に備える農業経営に向けた取組を引き続き全国展開します。

イ　地域において、農業共済組合や農業協同組合等の関係団体等による推進体制を構築し、作物ごとの災害対策に係る農業者向けの研修やリスクマネジメントの取組事例の普及、農業高校、農業大学校等における就農前の啓発の取組等を引き続き推進します。

ウ　卸売市場における防災・減災のための施

設整備等を推進します。

エ　基幹的な畜産関係施設等における非常用電源確保対策を推進します。

（2）異常気象などのリスクを軽減する技術の確立・普及

　　地球温暖化に対応する品種・技術を活用し、「強み」のある産地形成に向け、生産者・実需者等が一体となって先進的・モデル的な実証や事業者のマッチング等に取り組む産地を支援します。

（3）農業・農村の強靱化に向けた防災・減災対策

ア　基幹的な農業水利施設の改修等のハード対策と機能診断等のソフト対策を組み合わせた防災・減災対策を実施します。

イ　「農業用ため池の管理及び保全に関する法律」（平成31年法律第17号）に基づき、ため池の決壊による周辺地域への被害の防止に必要な措置を進めます。

ウ　「防災重点農業用ため池に係る防災工事等の推進に関する特別措置法」（令和2年法律第56号）の規定により都道府県が策定した推進計画に基づき、優先度の高いものから防災工事等に取り組むとともに、防災工事等が実施されるまでの間についても、ハザードマップの作成、監視・管理体制の強化等を行うなど、ハード対策とソフト対策を適切に組み合わせて、ため池の防災・減災対策を推進します。

エ　大雨により水害が予測されるなどの際、①事前に農業用ダムの水位を下げて雨水を貯留する「事前放流」、②水田に雨水を一時的に貯留する「田んぼダム」、③ため池への雨水の一時的な貯留、④農作物への被害のみならず、市街地や集落の湛水被害も防止・軽減させる排水施設の整備等、流域治水の取組を通じた防災・減災対策の強化に取り組みます。

オ　排水の計画基準に基づき、農業水利施設等の排水対策を推進します。

カ　津波、高潮、波浪その他海水又は地盤の変動による被害等から農地等を防護する

ため、海岸保全施設の整備等を実施します。

（4）初動対応をはじめとした災害対応体制の強化

ア　地方農政局等と農林水産省本省との連携体制の構築を促進するとともに、地方農政局等の体制を強化します。

イ　国からの派遣人員（MAFF-SAT）の充実等、国の応援体制の充実を図ります。

ウ　被災者支援のフォローアップの充実を図ります。

（5）不測時における食料安定供給のための備えの強化

ア　食品産業事業者によるBCPの策定や事業者、地方公共団体等の連携・協力体制を構築します。また、卸売市場における防災・減災のための施設整備等を促進します。

イ　米の備蓄運営について、米の供給が不足する事態に備え、100万t程度（令和4（2022）年6月末時点）の備蓄保有を行います。

ウ　輸入依存度の高い小麦について、外国産食糧用小麦需要量の2.3か月分を備蓄し、そのうち政府が1.8か月分の保管料を助成します。

エ　輸入依存度の高い飼料穀物について、不測の事態における海外からの供給遅滞・途絶、国内の配合飼料工場の被災に伴う配合飼料の急激な逼迫等に備え、配合飼料メーカー等がBCPに基づいて実施する飼料穀物の備蓄、災害に強い配合飼料輸送等の検討の取組に対して支援します。

オ　食品の家庭備蓄の定着に向けて、企業、地方公共団体や教育機関等と連携しつつ、ローリングストック等による日頃からの家庭備蓄の重要性や、乳幼児、高齢者、食物アレルギー等への配慮の必要性に関する普及啓発を行います。

3　大規模自然災害からの復旧

（1）被災した地方公共団体等へMAFF-SATを派遣し、迅速な被害の把握や被災地の早期復旧を支援します。

（2）地震、豪雨等の自然災害により被災した

農業者の早期の営農・経営再開を図るため、図面の簡素化等、災害査定の効率化を進めるとともに、査定前着工制度の活用を促進し、被災した農林漁業関係施設等の早期復旧を支援します。

VI 団体に関する施策

ア 農業協同組合系統組織

「農業協同組合法」及びその関連通知に基づき、農業者の所得向上に向けた自己改革を実践していくサイクルの構築を促進します。

また、「農水産業協同組合貯金保険法の一部を改正する法律」（令和3年法律第55号）に基づき、金融システムの安定に係る国際的な基準への対応を促進します。

イ 農業委員会系統組織

農地利用の最適化活動を行う農業委員・農地利用最適化推進委員の具体的な目標の設定、最適化活動の記録・評価等の取組を推進します。

ウ 農業共済団体

農業保険について、行政機関、農業協同組合等の関係団体、農外の専門家等と連携した推進体制を構築します。また、農業保険を普及する職員の能力強化、全国における1県1組合化の実現、農業被害の防止に係る情報・サービスの農業者への提供及び広域被害等の発生時における円滑な保険事務等の実施体制の構築を推進します。

エ 土地改良区

土地改良区の組織運営基盤の強化を図るため、広域的な合併や土地改良区連合の設立に対する支援、准組合員制度等の定着に向けた取組を推進します。施策の推進に当たっては、国、都道府県、土地改良事業団体連合会等で構成される協議会を各都道府県に設置し、土地改良区が直面する課題や組織・運営体制の差異に応じたきめ細かい対応策を検討・実施します。

VII 食と農に関する国民運動の展開等を通じた国民的合意の形成に関する施策

食と環境を支える農業・農村への国民の理解の醸成を図るため、消費者・食品関連事業者・生産者団体を含めた官民協働による、食と農とのつながりの深化に着目した新たな国民運動「食から日本を考える。ニッポンフードシフト」のために必要な措置を講じていきます。

具体的には、農林漁業者による地域の様々な取組や地域の食と農業の魅力の発信を行うとともに、地域の農業・農村の価値や生み出される農林水産物の魅力を伝える交流イベント等を実施します。

VIII 新型コロナウイルス感染症をはじめとする新たな感染症への対応

国民への食料の安定供給を最優先に、新型コロナウイルス感染症の影響を受けた農林漁業者・食品事業者が生産を継続していくための施策を、新型コロナウイルス感染症の状況の推移を見つつ、機動的に実施するとともに、新型コロナウイルス感染症による食料供給の状況について、消費者に分かりやすく情報を提供します。

（1）新型コロナウイルス感染症の感染拡大により、インバウンドや外食需要の減少等の影響を受けている国産農林水産物等の新たな販路の開拓に資する取組を支援します。

（2）外出の自粛等により甚大な影響を受けている飲食業や食材を供給する農林漁業者を支援するため、登録飲食店で使えるプレミアム付食事券を発行する「Go To Eatキャンペーン」の実施期限を延長し、飲食店の需要喚起を図ります。

（3）高水準にある脱脂粉乳在庫を低減する取組を支援します。

（4）入国制限の緩和による外国人材の入国状況を注視しつつ、労働力の確保や農業生産を支える人材の育成・確保に向けた取組を支援します。

（5）農林漁業者の資金繰りに支障が生じないよう、農林漁業セーフティネット資金等の実質無利子・無担保化等の措置、また、食品関連事業者の債務保証に必要な資金の支援を実施します。

（6）家庭食の輸出増加や新規・有望市場シェア獲得、製造設備等の整備・導入等について支援します。また、引き続き新型コロナウイルス感染症の収束時期が不透明である中においても輸出に取り組む事業者と海外バイヤーのマッチングを推進するため、現地に渡航しなくても対応可能なオンライン商談会の実施や、出品者の現地への渡航を前提としないリアルとオンラインを併用した見本市への出展等、JETROによる取組を支援します。

（7）産地や実需者が連携し、輸入農畜産物から国産に切り替え、継続的・安定的な供給を図るための体制整備を支援します。

（8）農林漁業者や食品関連事業者、農泊関連事業者等に対し、新型コロナウイルス感染症に関する支援策や業種別ガイドライン等の内容を周知するとともに、国民に対し、食料品の供給状況等の情報を農林水産省Webサイトで提供します。

Ⅸ　食料、農業及び農村に関する施策を総合的かつ計画的に推進するために必要な事項

1　国民視点や地域の実態に即した施策の展開

（1）幅広い国民の参画を得て施策を推進するため、国民との意見交換等を実施します。

（2）農林水産省Webサイト等の媒体による意見募集を実施します。

（3）農林水産省本省の意図・考え方等を地方機関に浸透させるとともに、地方機関が把握している現場の状況を適時に本省に吸い上げ施策立案等に反映させるため、必要に応じて地方農政局長等会議を開催します。

2　EBPMと施策の進捗管理及び評価の推進

（1）施策の企画・立案に当たっては、達成すべき政策目的を明らかにした上で、合理的根拠に基づく施策の立案（EBPM）を推進します。

（2）「行政機関が行う政策の評価に関する法律」（平成13年法律第86号）に基づき、主要な施策について達成すべき目標を設定し、定期的に実績を測定すること等により評価を行い、結果を施策の改善等に反映します。行政事業レビューの取組により、事業等について実態把握及び点検を実施し、結果を予算要求等に反映します。また、政策評価書やレビューシート等については、農林水産省Webサイトで公表します。

（3）施策の企画・立案段階から決定に至るまでの検討過程において、施策を科学的・客観的に分析し、その必要性や有効性を明らかにします。

（4）農政の推進に不可欠な情報インフラを整備し、的確に統計データを提供します。

ア　農林水産施策の企画・立案に必要となる統計調査を実施します。

イ　統計調査の基礎となる筆ポリゴンを活用し各種農林水産統計調査を効率的に実施するとともに、オープンデータとして提供している筆ポリゴンについて、利用者の利便性向上に向けた取組を実施します。

ウ　地域施策の検討等に資するため、「市町村別農業産出額（推計）」を公表します。

エ　専門調査員の活用など調査の外部化を推進し、質の高い信頼性のある統計データの提供体制を確保します。

3　効果的かつ効率的な施策の推進体制

（1）地方農政局等の各都道府県拠点を通じて、地方公共団体や関係団体等と連携強化を

図り、各地域の課題やニーズを捉えた的確
な農林水産施策の推進を実施します。
（2）SNS等のデジタル媒体を始めとする複数
の広報媒体を効果的に組み合わせた広報
活動を推進します。

4　行政のデジタルトランスフォーメーショ
ンの推進
　　以下の取組を通じて、農業政策や行政手続
等の事務についてもデジタルトランスフォー
メーションを推進します。
（1）eMAFFの構築と併せた法令に基づく手
続や補助金・交付金の手続における添付書
類の削減、デジタル技術の活用を前提とし
た業務の抜本見直し等を促進します。
（2）データサイエンスを推進する職員の養
成・確保等職員の能力向上を図るとともに、
得られたデータを活用したEBPMや政策
評価を積極的に実施します。

5　幅広い関係者の参画と関係府省の連携に
よる施策の推進
　　食料自給率の向上に向けた取組を始め、政
府一体となって実効性のある施策を推進し
ます。

6　SDGsに貢献する環境に配慮した施策の展
開
　　令和3（2021）年5月に策定した「みどり
の食料システム戦略」の実現に向けて生産者、
事業者、消費者等の関係者が戦略の基本理念
を共有するとともに、環境負荷低減につなが
る技術開発、地域ぐるみの活動等を促進する
ため、「みどりの食料システム法案」を第208
回国会に提出したところです。また、みどり
の食料システム戦略推進総合対策等により
戦略の実現に資する研究開発、地域ぐるみで
の環境負荷低減の取組を促進します。

7　財政措置の効率的かつ重点的な運用
　　厳しい財政事情の下で予算を最大限有効
に活用する観点から、既存の予算を見直した
上で「農林水産業・地域の活力創造プラン」
に基づき、新たな農業・農村政策を着実に実
行するための予算に重点化を行い、財政措置
を効率的に運用します。

「食料・農業・農村白書」についてのご質問等は、下記までお願いします。

農林水産省大臣官房広報評価課情報分析室
電話：03-3501-3883
FAX：03-6744-1526
H P：https://www.maff.go.jp/j/wpaper/w_maff/r3/index.html

食料・農業・農村白書 令和4年版

令和4年9月1日　印刷

令和4年9月26日　発行　　　　　　　定価は表紙に表示してあります。

編集　農林水産省
〒100-8950　東京都千代田区霞が関1-2-1
https://www.maff.go.jp/

発行　一般財団法人　農林統計協会
〒141-0031　東京都品川区西五反田7-22-17 TOCビル11階34号
http://www.aafs.or.jp/
電話　03-3492-2950（出版事業推進部）
振替　00190-5-70255

※落丁・乱丁の場合はお取り替えします。

ISBN978-4-541-04373-3　C0061